Monographies DEN

Une monographie de la Direction de l'énergie nucléaire
Commissariat à l'énergie atomique et aux énergies alternatives,
91191 Gif-sur-Yvette Cedex
Tél. : 01 64 50 10 00

Comité scientifique
Georges Berthoud, Gérard Ducros, Damien Féron, Yannick
Guérin, Christian Latgé, Yves Limoge, Gérard Santarini,
Jean-Marie Seiler, Étienne Vernaz, Directeurs de Recherche.

Responsable de thème : Abdallah Lyoussi.

Ont participé à la rédaction de cette monographie :
Christiane Alba-Simionesco, Pierre-Guy Allinei, Catherine
Andrieux-Martinet, Éric Ansoborlo, Nicolas Baglan, François
Baqué, Loïc Barbot, Mehdi Ben Mosbah, Sébastien Bernard,
Maïté Bertaux, Gilles Bignan, Patrick Blaise, Dominique Bois,
Bernard Bonin, Lionel Boucher, Karim Boudergui, Alexandre
Bounouh, Laurent Bourgois, Viviane Bouyer, René Brennetot,
Carole Bresson, Laurent Brissonneau, Fabrice Canto,
Chantal Cappelaere, Cédric Carasco, Sébastien Carassou,
Hubert Carcreff, Frédérick Carrel, Matthieu Cavaro, Frédéric
Chartier, Guy Cheymol, Yves Chicouène, Jérôme Comte,
Bernard Cornu, Gwénolé Corre, Nadine Coulon, Jean-Louis
Courouau, Laurent Couston, Marielle Crozet, Jean-Luc
Dautheribes, Jean-Marc Decitre, Jules Delacroix, Christophe
Destouches, Binh Dinh, Denis Doizi, Christophe Domergue,
Jérôme Ducos, Gérard Ducros, Anne Duhart-Barone,
Céline Dutruc-Rosset, Cyrille Eléon, Éric Esbelin, Nicolas Estre,
Sébastien Evrard, Damien Féron, Gilles Ferrand, Pascal Fichet,
Philippe Fougeras, Damien Fourmentel, Olivier Gastaldi, Benoît
Geslot, Jean-Michel Girard, Marianne Girard, Philippe Girones,
Christian Gonnier, Adrien Gruel, Olivier Gueton, Philippe Guimbal,
Éric Hervieu, Jean-Pascal Hudelot, Hélène Isnard, Fanny Jallu,
Franck Jourdain, Christophe Journeau, Vladimir Kondrasovs,
Christian Ladirat, Guillaume Laffont, Anne-Sophie Lalleman,
Fabrice Lamadie, Hervé Lamotte, Christian Latgé, Florian
Le Bourdais, Alain Ledoux, Daniel L'Hermite, Christian Lhuillier,
Laurent Loubet, Abdallah Lyoussi, Charly Mahé, Carole Marchand,
Clarisse Mariet, Rémi Marmoret, Frédéric Mellier, Frédéric Michel,
Christophe Moulin, Gilles Moutiers, Paolo Mutti, Frédéric
Navacchia, Anthony Nonell, Daniel Parrat, Christian Passard,
Kévin Paumel, Bertrand Pérot, Sébastien Picart, Pascal Piluso,
Yves Pontillon, Cédric Rivier, Gilles Rodriguez, Danièle Roudil,
Fabien Rouillard, Christophe Roure, Henri Safa, Guillaume
Sannié, Nicolas Saurel, Vincent Schoepff, Éric Simon, Jean-
Baptiste Sirven, Nicolas Thiollay, Hervé Toubon, Julien Venara,
Thomas Vercouter, Jean-François Villard, Évelyne Vors,
Dominique You, Élisabeth Zekri.

Directeur de la Publication : Philippe Stohr.

Comité éditorial : Bernard Bonin (Rédacteur en chef),
Olivier Provitina, Michaël Lecomte, Alain Forestier.

Administrateur : Alexandra Bender.

Éditeur : Jean-François Parisot.
Maquette : Pierre Finot.

Correspondance : la correspondance peut être adressée
à l'Éditeur ou à CEA / DEN Direction scientifique, CEA Paris-Saclay,
91191 Gif-sur-Yvette Cedex.
Tél. : 01 69 08 16 75

En couverture : Enregistrement de la divergence de ZOÉ,
première pile atomique française (15 décembre 1948).

Commissariat à l'énergie atomique et aux énergies alternatives

e-den

Une monographie de la Direction
de l'énergie nucléaire

L'instrumentation
et la mesure en milieu nucléaire

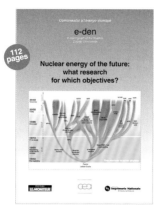
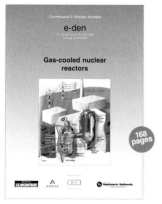

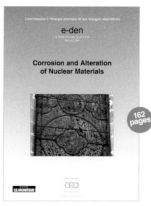

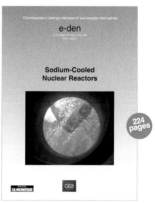
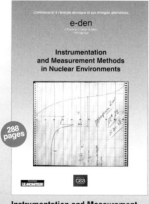

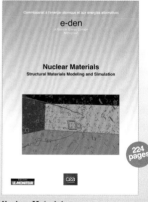
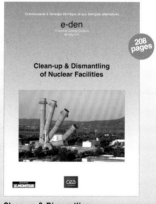

Préface

Sur l'importance de l'instrumentation

L'instrumentation, en général, n'est pas reconnue à sa juste valeur. Les recherches dans ce domaine ont le même statut que celles sur l'élaboration des matériaux : tout le monde sait qu'elles sont indispensables, mais beaucoup pensent que ce qui fait véritablement la science est ce qui vient en aval : la caractérisation des propriétés, l'élaboration théorique. L'instrumentation est souvent perçue de même, elle est sentie comme indispensable à la science, mais rarement considérée comme une science.

Cela n'a pas toujours été le cas : GALILÉE polissait les lentilles pour créer la lunette astronomique et il ne lui serait pas venu à l'esprit de classer cette activité bien au-dessous de la découverte des satellites de Jupiter qu'elle rendait possible. LEEUWENHOEK inventait le microscope et construisait dans la foulée la microscopie des êtres vivants, et plus près de nous, P. B. HIRSH construisait les microscopes électroniques qui lui permettaient d'explorer la nature intime des métaux et alliages. Et nous pourrions citer l'incroyable expérience de CAVENDISH pour prouver la loi de la gravitation en inverse du carré de la distance, qui ramenait en quelque sorte le ciel sur la terre, l'électromètre à plaque utilisé par les CURIE, et cet interféromètre de MICHELSON raffiné, peaufiné presque amoureusement pendant quarante ans... Qui donc oserait considérer ces chefs d'œuvre d'instrumentation comme quantité négligeable ? Et le tout récent prix Nobel de physique qui récompense une découverte dans l'instrumentation des lasers qui a rendu possible le développement de la science des interactions lumière – matière dans la gamme des très hautes puissances prouve encore, s'il en était besoin, l'importance de l'instrumentation, et par les réactions parfois de surprise devant cette attribution, le statut de reconnaissance marginale de l'instrumentation dans la conscience des progrès de la science. Et pourtant le prix Nobel de G. CHARPAK était déjà là pour nous rappeler cette importance.

La science et l'ingénierie ont des relations étroites avec l'instrumentation. L'une a pour objectif de comprendre pour comprendre, l'autre de comprendre pour faire. Les deux sont nécessaires pour l'instrumentation, aux deux l'instrumentation est indispensable. Il n'y a pas d'instrumentation sans une compréhension approfondie de la science sous-jacente, mais la science ne pourrait se faire sans une instrumentation performante. Cette instrumentation performante repose sur une ingénierie de pointe, et il n'est pas d'ingénierie de quelque sophistication qui ne repose sur une instrumentation de haute technicité.

Est-ce à dire pour autant que l'instrumentation est seulement utilisatrice de science ? Ou servante de la science en train de se faire ? Ce serait mésestimer le besoin de science que l'instrumentation engendre. Prenons l'exemple du contrôle non destructif. Les ultrasons permettent d'analyser les défauts macroscopiques des matériaux. Leur sensibilité à la microstructure, à la taille de grain est un domaine largement ouvert et qui demande des recherches fondamentales sur des matériaux modèles. De même, l'analyse du bruit BARKHAUSEN, actuellement fondée grandement sur l'expérience accumulée, bénéficierait largement d'une compréhension de la dynamique collective des parois magnétiques en présence de potentiels d'ancrage divers.

La détection des changements de phase, potentiellement destructeurs dans les réacteurs nucléaires, pourrait stimuler de nouvelles réflexions dans le corpus de connaissance associé au retournement temporel. Tous ces exemples nous montrent à l'évidence que si l'instrumentation nourrit les sciences, toutes les sciences, elle leur pose aussi des questions qui peuvent stimuler de nouvelles approches.

Mais mon propos porte sur la position de l'instrumentation en général : que dire de spécifique sur l'instrumentation nucléaire ? Elle a un point commun avec l'instrumentation spatiale embarquée : d'avoir toutes les exigences de l'instrumentation scientifique, avec toutes les difficultés d'un environnement particulièrement difficile. Avec en prime, pour l'instrumentation nucléaire, un rôle essentiel dans la sûreté des centrales, pour la santé des populations. Que ce soit pour les centrales actuelles dont il est souhaité la prolongation de la durée de vie, pour la gestion de l'aval du cycle du combustible, ou pour le développement de la quatrième génération de réacteurs, l'instrumentation nucléaire jouera un rôle majeur. Il faut se garder de la fascination de la performance, et chaque instrumentation implantée devra répondre à un objectif précis, mais nous ne développerons des réacteurs à neutrons rapides refroidis au sodium que si les méthodes de contrôle permettent d'assurer une détection suffisamment précoce d'une fuite éventuelle ; par ailleurs, les réacteurs hybrides ADS utilisant le plomb fondu devront maintenir un contrôle distribué dans des volumes énormes de la teneur en oxygène du fluide.

Je voudrais aussi souligner le rôle essentiel de l'instrumentation dans la numérisation de l'industrie : l'Industrie 4.0. Une visite de l'usine de la Hague m'a convaincu que l'industrie nucléaire, précisément à cause des conditions de fonctionnement particulièrement drastiques de ses dispositifs, a de longue date pratiqué l'exploitation systématique de données fournies par une instrumentation de haute volée, et qu'elle a déjà vécu l'analyse des masses de données produites par cette instrumentation. La réflexion menée dans ces dernières années sur le rôle de la simulation numérique dans le nucléaire du futur, que ce soit les « jumeaux numériques » dont on parle tant, ou le couplage simulation expérimentation, montre la nécessité d'une instrumentation nucléaire poussée, non seulement sur les outils de recherche, mais sur le parc lui-même.

Cette monographie de la DEN sur l'instrumentation nucléaire est bienvenue et elle arrive à point nommé : c'est l'instrumentation des équipements de recherche qui a permis d'asseoir solidement la science des réacteurs et de développer une énergie nucléaire fiable. C'est l'instrumentation, travaillant en lien étroit avec les simulations numériques et avec les nouvelles « sciences des données », qui permettra de développer le nucléaire du futur.

Yves Bréchet
Haut-Commissaire à l'énergie atomique

Introduction

L'instrumentation et la mesure : une discipline scientifique transversale de plus en plus présente dans des systèmes de plus en plus complexes

« Au commencement, les hommes, avec les instruments que leur fournissait la nature, ont fait quelques ouvrages très faciles à grand-peine et d'une manière très imparfaite, puis d'autres ouvrages plus difficiles avec moins de peine et plus de perfection, et en allant graduellement de l'accomplissement des œuvres les plus simples à l'invention de nouveaux instruments et de l'invention des instruments à l'accomplissement d'œuvres nouvelles, ils en sont venus, par suite de ce progrès, à produire avec peu de labeur les choses les plus difficiles[1] ».

Il faudrait ainsi remonter très loin dans le temps pour trouver les premiers indices de besoin de mesure dans les activités humaines et donc d'instruments pour réaliser ces mesures, ne serait-ce que pour fabriquer des outils, bâtir des habitations, faire du commerce…

La lunette mise au point par GALILÉE en 1609 en est une bonne démonstration et un bon exemple. Elle a marqué son époque, car, grâce à elle, il fit de nombreuses découvertes : les taches du soleil, les cratères de la lune, les satellites de Jupiter, l'anneau de Saturne, ainsi qu'une multitude d'étoiles invisibles à l'œil nu.

---

1. B. SPINOZA, *Traité de la réforme de l'entendement*. SPINOZA a travaillé dans le domaine de l'instrumentation et de la mesure, puisqu'il gagnait sa vie comme tailleur et polisseur de lentilles en verre pour les instruments d'optique. Ces lentilles étaient très recherchées par les grands scientifiques de l'époque, tel le physicien Christiaan Huygens.

Fig. 1. Galilée observant les astres avec sa lunette.

L'invention du spectromètre par FRAUNHOFER en 1815 a permis d'explorer finement les propriétés spectrales des raies de lumière dans le spectre solaire donnant ainsi la première impulsion à la spectrométrie de rayonnement. Charles THOMSON REES WILSON en essayant de reproduire en laboratoire la formation des nuages inventa en 1896 la chambre à brouillard qui allait non seulement ouvrir la voie à la mesure de la charge de l'électron par Robert MILLIKAN en 1910 mais aussi devenir un des principaux instruments de détection en physique des particules.

De fait, l'instrument de mesure est un outil indispensable à toute activité scientifique, technique ou industrielle. On peut même se demander si, par définition, l'instrument de mesure n'est pas consubstantiel aux sciences de la nature, et à leurs applications techniques. En effet, les lois de la nature, qui s'expriment dans le langage des mathématiques, mettent en relation des quantités et grandeurs mesurables dont la connaissance est indissociable de la mise en œuvre de moyens instrumentaux dédiés.

Fig. 2. Frédéric Joliot et Irène Curie mesurant la radioactivité à l'Institut du Radium de Paris.
© ACJC

Cela se retrouve, en particulier, dans la multitude et la diversité des activités liées aux sciences et techniques nucléaires. La détection des rayonnements, et plus généralement les techniques de mesure et d'instrumentation nucléaire, restent au cœur des progrès de la connaissance dans les sciences nucléaires ; progrès de la connaissance, mais aussi garants de la sûreté d'exploitation des installations nucléaires et de la protection contre les rayonnements.

Dès les débuts des études sur l'atome, la capacité de conduire des expériences a reposé sur la capacité de concevoir et de réaliser l'instrumentation associée. Il en allait ainsi dans l'équipe de Frédéric JOLIOT, au Fort de Châtillon, mais aussi, de l'autre côté de l'Atlantique, dans l'équipe de Willard

LIBBY qui « découvrit » le carbone 14, produit naturellement sous l'effet du rayonnement cosmique, par la simple mise en œuvre d'un dispositif permettant d'en mesurer l'activité. Après avoir révolutionné la physique et la médecine, les sciences nucléaires s'apprêtaient alors à révolutionner la connaissance de l'Homme et de son environnement.

Aujourd'hui, les techniques de mesure nucléaire continuent de progresser et d'apporter, au sein des expériences de physique des hautes énergies, une contribution essentielle à la recherche fondamentale et à notre connaissance de l'univers et de ses lois fondamentales, la « physique des deux infinis ». Elles nous permettent également de piloter les réacteurs nucléaires, de contrôler la dosimétrie des personnes potentiellement exposées au rayonnement, de contribuer à la santé publique dans le domaine du diagnostic et de la thérapie, d'assurer certains contrôles relatifs à la sécurité des transports, de vérifier la conformité de composants et de procédés industriels, de contrôler la pollution, de lutter contre la prolifération nucléaire… Pas moins que tout cela, pourrait-on dire !

L'instrumentation nucléaire est donc une discipline transversale qui se développe à partir de défis que constituent les grands projets scientifiques ou industriels souvent confrontés à des environnements extrêmes. L'instrumentation et la mesure en milieu nucléaire, sont de ce point de vue, remarquables du fait du nombre considérable de contraintes qu'elles doivent intégrer. Elles constituent ainsi un élément crucial de la qualité des programmes scientifiques et techniques dans différents domaines qui vont de la recherche fondamentale jusqu'aux applications industrielles en passant par la recherche appliquée notamment aux réacteurs nucléaires, au cycle du combustible, à l'assainissement-démantèlement d'installations nucléaires et à la caractérisation des déchets radioactifs. Ce sont là les principaux domaines d'activité du CEA associés à la mise en œuvre de l'instrumentation et de la mesure pour les applications industrielles de l'énergie nucléaire.

L'instrumentation mise en œuvre pour les applications industrielles de l'énergie nucléaire : une instrumentation soumise à de rudes conditions

Il s'agit de l'instrumentation utilisée pour la mise en œuvre à l'échelle industrielle de l'énergie nucléaire qui concerne tout particulièrement la Direction de l'Énergie Nucléaire au CEA (CEA/DEN).

La spécificité de cette industrie est l'utilisation de matières radioactives et la nécessité de protéger l'Homme et l'environnement d'une exposition excessive aux rayonnements ionisants dans les installations nucléaires ; aussi, requiert-elle une maîtrise totale du contrôle, du pilotage, de l'exploitation et de la sécurité de ses installations et des personnes.

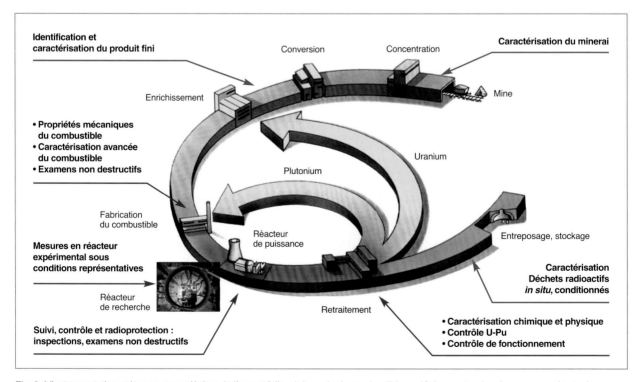

Fig. 3. L'instrumentation et la mesure nucléaires de l'amont à l'aval du cycle du combustible nucléaire : exemples de mesures nécessaires pour la caractérisation des produits et le contrôle des opérations.

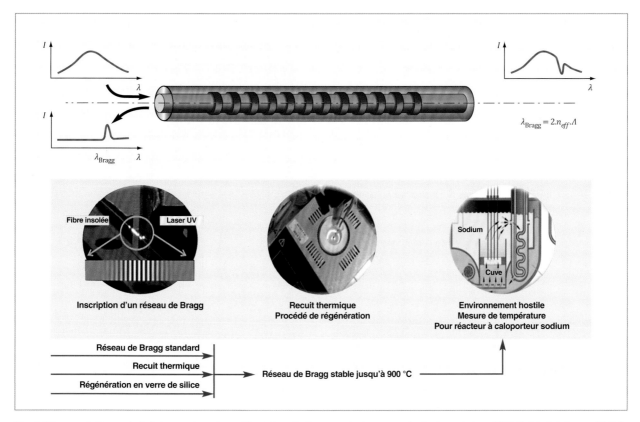

$$\lambda_{\text{Bragg}} = 2.n_{\text{eff}}.\Lambda$$

Fibre insolée   Laser UV

Inscription d'un réseau de Bragg

Recuit thermique
Procédé de régénération

Sodium

Cuve

Environnement hostile
Mesure de température
Pour réacteur à caloporteur sodium

Réseau de Bragg standard
Recuit thermique
Régénération en verre de silice

Réseau de Bragg stable jusqu'à 900 °C

Fig. 4. Réseaux de Bragg régénérés pour la cartographie de température au sein des cuves de réacteurs de type **RNR-Na*** (voir *infra*, pp. 79-81).

De par cette spécificité, les instrumentations nécessaires concernent à la fois :

• Les installations proprement dites, avec des mesures dites « conventionnelles » lorsqu'il s'agit notamment de grandeurs mécaniques, électriques et thermodynamiques comme les pressions et températures, mais adaptées à leur environnement radioactif quand cela est nécessaire, et également des mesures plus spécifiques de rayonnement ;

• la surveillance permanente de l'environnement au moyen d'instruments capables de réaliser des mesures très fines de très bas niveaux de radioactivité (quelques **becquerels***).

Ces instrumentations spécifiques sont requises à chaque phase, depuis la conception jusqu'à la mise en œuvre d'installations nucléaires :

• Dans les phases de définition/conception des installations et dispositifs avec les expérimentations et irradiations de qualification réalisées dans des **maquettes critiques*** et dans des **réacteurs expérimentaux d'irradiation***, notamment ;

• dans les phases d'exploitation des réacteurs et également au-delà de leur arrêt, jusqu'à leur démantèlement.

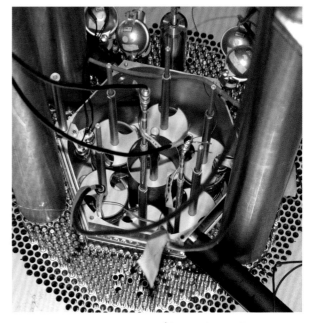

Fig. 5. Cœur du réacteur maquette ÉOLE au CEA de Cadarache en configuration expérimentale dédiée à la mesure de différents paramètres d'intérêt pour les besoins de qualification de schémas de calculs pour le futur réacteur d'irradiation RJH du CEA (effet en réactivité, distributions de puissance, indices de spectre, échauffement nucléaire…).

Ces instrumentations sont également nécessaires pour :

• Réaliser les opérations de contrôles nucléaires de procédé dans les installations du cycle du combustible ;

• assurer les opérations de caractérisation et de contrôle dans les chantiers d'assainissement et de démantèlement ;

• caractériser les colis de déchets radioactifs et ainsi aider à leur bonne gestion ;

• procéder au contrôle des matières nucléaires et au contrôle de non-prolifération [**NRBC(E)***] ;

• assurer la protection de l'Homme et de l'environnement.

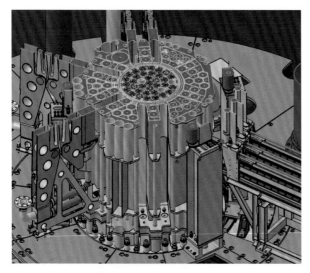

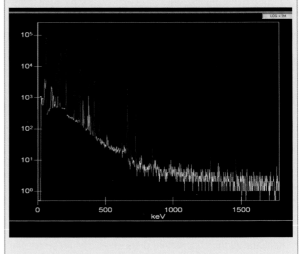

Fig. 6. Le cœur du réacteur d'irradiation RJH en cours de construction à Cadarache. 20 canaux d'irradiation sont prévus pour les tests et qualification des matériaux et combustibles en cœur et en réflecteur ainsi que pour la production de radioéléments pour le médical (voir *infra*, p. 101).

Fig. 7. Mesure avec un détecteur semi-conducteur de type Germanium à Haute Pureté Ge-HP et spectre *gamma* de matières nucléaires en rétention dans une boîte à gants (voir *infra*, p. 165).

Fig. 8. *Gamma* caméras Aladin avec instrumentation complémentaire (CdZnTe, lasers, sonde de débit de dose) et exemple de mesure d'imagerie *gamma* en cellule de haute activité lors d'opérations d'assainissement-démantèlement (voir *infra*, p. 203)

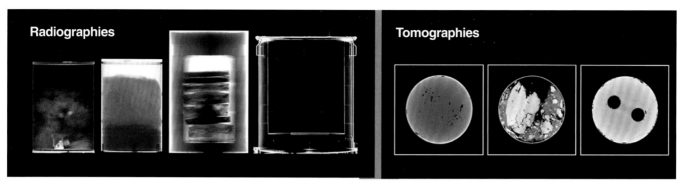

Fig. 9. Exemples de radiographies et tomographies réalisées sur des colis de déchets radioactifs de différents diamètres au moyen d'un tomographe de haute énergie (voir *infra*, p. 169)

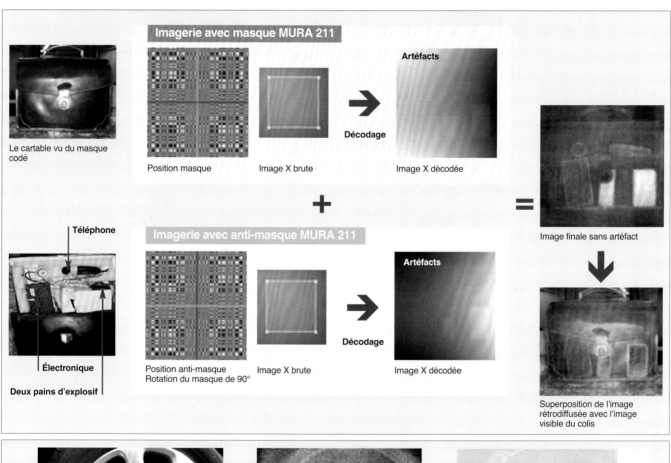

Imagerie avec masque MURA 211

Le cartable vu du masque codé

Position masque — Image X brute — Artéfacts / Image X décodée — Décodage

+

Téléphone

Imagerie avec anti-masque MURA 211

Électronique

Deux pains d'explosif

Position anti-masque Rotation du masque de 90° — Image X brute — Artéfacts / Image X décodée — Décodage

=

Image finale sans artéfact

Superposition de l'image rétrodiffusée avec l'image visible du colis

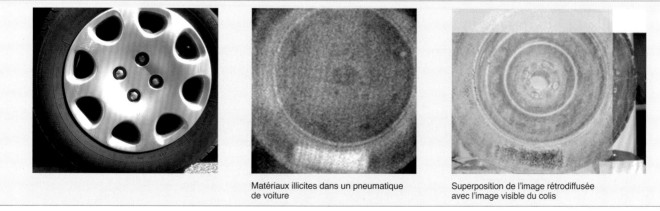

Matériaux illicites dans un pneumatique de voiture

Superposition de l'image rétrodiffusée avec l'image visible du colis

Fig. 10. Images en rétrodiffusion X, en haut, d'un cartable suspect contenant deux pains d'explosifs fictifs, un boîtier électronique et un téléphone cellulaire, en bas, d'un pneumatique de voiture suspect contenant un matériau illicite (voir *infra*, p. 249).

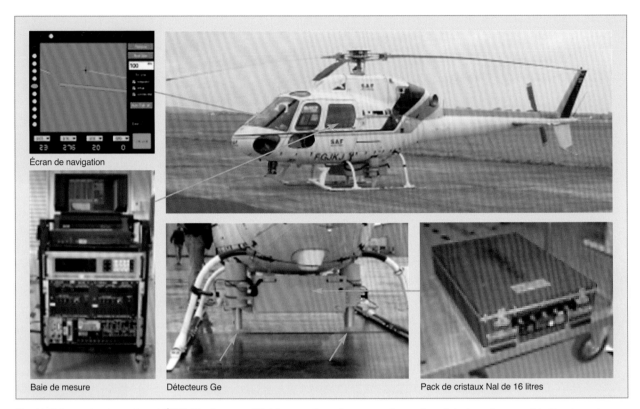

Écran de navigation

Baie de mesure   Détecteurs Ge   Pack de cristaux NaI de 16 litres

Fig. 11. Présentation du système HÉLINUC qui permet d'établir en quelques heures un diagnostic radiologique dans un périmètre de quelques kilomètres carrés à quelques centaines de kilomètres carrés avec une sensibilité allant du niveau de la radioactivité naturelle à celui d'une situation accidentelle grave (voir *infra*, p. 235).

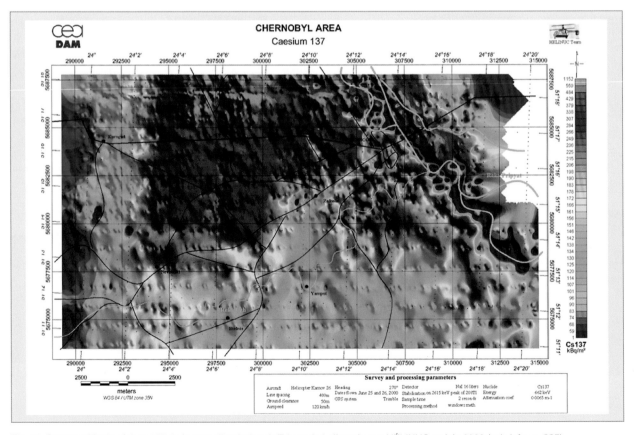

Fig. 12. Cartographie du césium-137 de la zone d'exclusion de Tchernobyl effectuée par HÉLINUC en juin 2000 (voir *infra*, p. 235).

Introduction

L'instrumentation et la mesure dédiées à ces activités sont soumises à des contraintes spécifiques qui sont liées :

• **Aux conditions d'irradiation**
- **Débit de dose*** > 1 **GGy***/j et dommages > 10 **dpa***/an en réacteur de recherche ;

- hauts flux de rayonnements (quelque 10^{14} neutrons. $cm^{-2} s^{-1}$, 20 à 100 Gy/min à 1m pour un **LINAC***) ;

- objets fortement irradiants (combustibles irradiés, cellules chaudes, colis de déchets irradiants…).

• **Aux conditions physico-chimiques**
- Hautes températures (> 300 °C, jusqu'à 1 600 °C voire davantage en situation accidentelle) ;

- corrosion (eau sous pression, métaux liquides…).

• **Aux conditions d'intégration**
- Sondes/capteurs miniatures (dispositifs expérimentaux très étroits : quelques mm disponibles) ;

- faible intrusivité (homogénéité thermique des échantillons, non-perturbation des phénomènes étudiés) ;

- déport de l'électronique, voire du capteur (de quelques dizaines de mètres jusqu'à quelques centaines de mètres).

• **Aux exigences opérationnelles**
- Fiabilité élevée (maintenance impossible sur les objets irradiés) ;

- grande précision requise (exigences scientifiques de plus en plus élevées ; ex. : mesures de dimensions au μm près) ;

- sélectivité recherchée (séparation n-γ, neutrons rapides, neutrons lents, neutrons thermiques) ;

- grande dynamique de mesure (jusqu'à 15 décades).

Ainsi, ces instrumentations doivent être capables de fonctionner dans des environnements contraints en termes de température, de pression, de corrosion, de niveau d'irradiation avec, pour grand nombre d'entre elles, un niveau de rayonnement significatif voire très important. La tenue à l'ensemble de ces contraintes n'est bien sûr pas requise pour toutes les instrumentations, mais celles-ci conditionnent fortement les développements associés pour répondre aux besoins des installations nucléaires. Enfin, le retour d'expérience de l'accident de Fukushima a montré l'importance primordiale de disposer dans les installations nucléaires d'un « noyau dur » de méthodes et moyens de mesures pouvant être déployés et fonctionner dans des conditions de situations accidentelles très sévères.

Ces instrumentations et méthodes de mesure associées ont connu ces dernières années des développements considérables pour répondre à des défis de taille dans les différents domaines d'application mentionnés ci-dessus. Nous pouvons citer entre autres les mesures de rayonnement nucléaire (telles la spectrométrie **gamma*** ou **alpha***, la mesure neutronique passive et active ou l'interrogation photonique au moyen d'accélérateurs d'électrons, l'imagerie photonique et neutronique); les mesures thermiques (au moyen de thermocouples nucléarisés, de la pyrométrie infrarouge, des réseaux de Bragg, de la calorimétrie différentielle); les mesures acoustiques (vision et contrôle sous sodium liquide à haute température, analyse de gaz de fission), les mesures mécaniques (détection de l'interaction pastille-gaine sous flux neutronique, mesure des déformations sous flux ionique et neutronique), les mesures thermo-hydrauliques (caractérisation de la vitesse, la température, la pression et la concentration d'un fluide notamment diphasique, visualisations rapides d'écoulements) et les mesures chimiques ou radiochimiques (analyses élémentaires et isotopiques, spéciation, mesures nucléaires sur échantillons, profils de concentration).

Ainsi, il a été fait le choix dans cette monographie de présenter les développements en instrumentation mesure en milieu nucléaire par thématique ou champ d'application.

L'instrumentation et la mesure en milieu nucléaire constitue un domaine extrêmement vaste. Nous avons choisi de nous limiter aux applications liées à l'énergie nucléaire civile. Cela exclut les thèmes suivants : les mesures fondamentales pour la détermination des données nucléaires de base, instrumentation et mesure en physique fondamentale (physique des hautes énergies, physique des particules, astrophysique...), instrumentation et mesure en sciences de la fusion et en physique des plasmas, instrumentation et mesure pour/dans le médical, instrumentation et mesure pour les techniques de datation, instrumentation et mesure dans l'industrie non nucléaire.

Le lecteur trouvera présentées successivement dans cette monographie l'instrumentation et la mesure appliquées aux domaines suivants :

• Les réacteurs nucléaires de puissance (voir *infra*, p. 17) ;

• les réacteurs nucléaires expérimentaux (voir *infra*, p. 87) ;

• le cycle du combustible nucléaire (voir *infra*, p. 127) ;

• la caractérisation, le contrôle et la gestion des déchets radioactifs (voir *infra*, p. 169) ;

• les opérations d'assainissement-démantèlement d'installations nucléaires (voir *infra*, p. 201) ;

• la protection de l'homme et de l'environnement (voir *infra*, p. 229).

Dans chacun des domaines concernés, cette monographie présente le contexte, les enjeux, les besoins, les verrous technologiques, ainsi que les innovations récentes.

Bonne lecture !

Abdallah Lyoussi,
Département d'étude des réacteurs

L'instrumentation et la mesure pour les réacteurs nucléaires de puissance

Le pilotage optimisé et sûr d'un réacteur nucléaire de puissance requiert de mesurer une gamme très étendue de paramètres physiques et chimiques. En effet, outre la mesure des rayonnements nucléaires résultant notamment des phénomènes de fission au sein du réacteur, la thermique et la thermohydraulique du réacteur doivent être pilotées et donc mesurées pour assurer, en particulier, un rendement optimal du cycle de Carnot assurant la conversion de l'énergie thermique produite en énergie mécanique puis électrique. De même, un contrôle et une maîtrise continue des conditions physico-chimiques et des contraintes mécaniques régnant dans les circuits primaires et secondaires sont nécessaires pour assurer à la fois la performance, une maintenance efficace et une durée de vie optimisée de l'installation. De plus une instrumentation spécifique est dédiée aux inspections périodiques effectuées pendant l'arrêt du réacteur. Enfin, la prévention, la détection et la gestion d'éventuels accidents graves sont indispensables à la sûreté de l'installation.

L'instrumentation joue donc un rôle primordial de plus en plus important dans tous les domaines de fonctionnement d'un réacteur nucléaire comme le montre l'augmentation croissante du nombre de capteurs implantés sur chaque nouvelle génération de réacteur (plus de 2 000 capteurs pour le réacteur de 3e génération de type EPR développé par AREVA[2]).

Cette instrumentation doit, par ailleurs, répondre à des exigences très sévères en termes de fiabilité et de robustesse car elle est utilisée en environnements hostiles (pression, température, radiations), avec une électronique de mesure déportée, des possibilités de maintenance et de réparation limitées. Certaines instrumentations qui assurent des fonctions relatives à la sûreté nucléaire de l'installation doivent de plus répondre à des exigences de fiabilité très élevées. Enfin, la détection de rayonnement présente une gamme de mesure à couvrir quasiment unique avec 15 décades en intensité de **flux*** de neutrons entre le réacteur à l'arrêt et en pleine puissance et un **spectre neutronique*** s'étendant en énergie sur 11 décades.

Ces éléments ont conduit à développer une électronique de mesure et de **contrôle-commande*** adaptée permettant de suivre un grand nombre de capteurs sur de grandes dynamiques (temporelles, énergétiques, intensité) avec des distances importantes jusqu'au capteur (plusieurs dizaines de mètres) et une conception répondant à des contraintes de sûreté telles que la redondance des systèmes, la qualification des opérations de traitement du signal… Le contrôle-commande constitue à lui seul un domaine à part entière avec de nombreux développements. Il ne sera toutefois pas traité dans cette monographie.

Dans les chapitres suivants seront passés en revue les mesures existantes et les développements en cours pour les mesures de rayonnements, les mesures thermiques, thermohydrauliques, mécaniques et chimiques.

---

2. AREVA est appelé désormais « ORANO » pour la partie dédiée au cycle du combustible et FRAMATOME pour la partie dédiée aux réacteurs.

L'instrumentation et les mesures pour la sûreté nucléaire, la prévention et la gestion des accidents graves seront ensuite décrites avant de conclure sur les développements réalisés pour les réacteurs nucléaires électrogènes du futur appelés réacteurs de quatrième génération (Gen IV).

La mesure des rayonnements

La puissance et la **réactivité*** d'un réacteur sont liées au nombre et à la distribution spatiale des réactions de **fission*** qui se produisent à chaque instant dans le cœur. Ces fissions en chaîne émettent des rayonnements (neutrons, photons et particules chargées) soit simultanément à la fission soit en différé lors de la décroissance des **produits de fission*** ou des isotopes activés par les rayonnements ambiants. Une instrumentation de mesure des rayonnements en ligne notamment des neutrons est donc indispensable pour suivre la réactivité et la puissance globale du cœur, sa répartition spatiale (nappe et pics de puissance). Cette instrumentation doit permettre un suivi en fonctionnement normal de l'installation, mais aussi en situation incidentelle et accidentelle afin de favoriser une exploitation optimisée du réacteur, tout en s'assurant de fournir les éléments nécessaires pour garantir la sûreté de l'installation en toutes circonstances.

Cette instrumentation est, en général, constituée d'un détecteur, partie sensible aux rayonnements, qui produit un signal électrique résultant des interactions rayonnement-matière (fig. 13). Ce signal est donc lié plus ou moins directement à l'intensité du rayonnement (neutronique, photonique…) *via* le nombre d'interactions détectées. Le signal est ensuite transporté *via* des câbles vers une électronique d'acquisition qui permet sa mise en forme (amplification, suppression du bruit de fond, conversion en courant ou en tension…). Il est ensuite analysé (mesure de l'intensité du courant, du nombre d'impulsions, numérisation, intégration…) pour remonter à la valeur de l'intensité de flux neutronique par exemple. Le signal peut

aussi être utilisé directement pour enclencher des actions automatiques telle la chute des **barres de commande***, appelée également « arrêt d'urgence » assurant, le cas échéant, la protection du cœur lors d'événements incidentels ou accidentels. Le rayonnement de référence utilisé pour le contrôle-commande d'un réacteur nucléaire est le flux neutronique, car celui-ci est proportionnel aux nombres de fissions dans le cœur. Les systèmes dédiés à la mesure des photons (flux *gamma*) reprennent globalement la même architecture.

En complément aux mesures en ligne, la **dosimétrie*** en réacteur permet de déterminer a posteriori la **fluence*** (ou parfois la **dose***) de neutrons reçue pendant une durée et à un emplacement donnés. Pour cela l'activité induite est mesurée dans les dosimètres activés dont la composition isotopique est connue. Cette **activité*** induite appelée également « activation » est issue de certains isotopes sensibles au flux neutronique via des réactions nucléaires spécifiques. Connaissant les données nucléaires associées à l'isotope (période radioactive) et à la réaction nucléaire d'intérêt (section efficace d'interaction) ainsi que l'historique de l'irradiation du dosimètre, il est possible de remonter à la fluence neutronique reçue par le dosimètre. Cette technique présente de plus l'avantage de permettre une caractérisation en énergie de la distribution des neutrons (spectre neutronique) responsables de l'activation. Elle fournit des valeurs de fluences précises qui peuvent être utilisées pour étalonner les systèmes de mesures neutroniques en ligne.

Dans les réacteurs de puissance à eau sous pression français (**REP***), l'instrumentation neutronique est implantée à la fois à l'intérieur et à l'extérieur de la cuve selon le type de capteur et l'objectif de la mesure. On parle alors d'instrumentation « incore » et « ex-core » respectivement. La figure 14 présente l'implantation de l'instrumentation pour l'EPR (type Flamanville 3) [1]. L'instrumentation pour d'autres types de réacteurs à eau (VVER, réacteurs à eau bouillante (REB), RBMK…) diffère dans les modalités de mise en œuvre, mais pas dans le principe ni les objectifs visés.

L'instrumentation située dans le cœur est constituée, selon les modèles de réacteurs, de détecteurs de types **chambre à fission*** mobiles (**système RIC*** pour les réacteurs français actuellement en fonctionnement [2]) ou d'un système comprenant des **collectrons*** (**SPND***) en position fixe et d'un système d'**aéroballs*** ou AMS (dosimètres à activer en alliage Fer-Vanadium) pour les EPR. L'instrumentation interne du

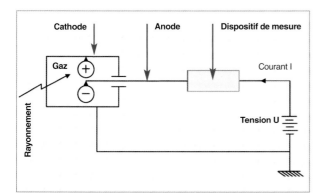

Fig. 13. Principe générique d'un détecteur de rayonnement composé, de gauche à droite, d'un capteur (partie sensible aux rayonnements, ici du gaz), de deux électrodes qui, grâce à la polarisation U, collectent les charges produites. Celles-ci produisent ici un courant I qui est mesuré dans le « dispositif de mesure ».

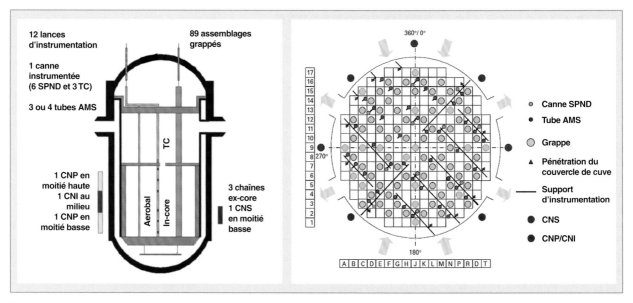

Fig. 14. Implantation des chaînes de mesures dans l'EPR [1] (les sigles CNP, CNI et CNS, AMS, SPND sont explicités ci-après).

cœur fournit des informations sur la distribution du flux de neutrons (fig. 15) qui sont utilisées pour vérifier la conformité du cœur lors des redémarrages, calibrer périodiquement les chambres à ionisation externes, établir des cartes de distributions de la puissance et, enfin, vérifier que l'épuisement du combustible en cours de cycle est conforme au prévisionnel. Par ailleurs, dans le cas d'une instrumentation fixe comme les SPND de l'EPR, elle assure une fonction de protection avec une surveillance in-core et en continu de la nappe de puissance.

En complément, des chambres à ionisation et des **compteurs proportionnels*** sont implantés axialement et azimutalement autour de la cuve [3] (fig. 14 [CNP,CNI et CNS] et 16) pour la surveillance et la régulation de la réactivité et de la puissance globale du cœur. Ces détecteurs sont sensibles aux neutrons de très faibles énergies (**neutrons thermiques***) provenant

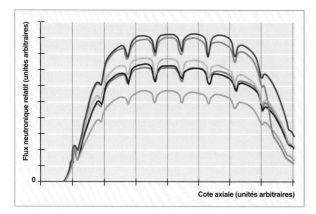

Fig. 15. Profils axiaux de flux obtenus par chambre à fission (les creusements successifs correspondent à l'emplacement des structures de maintien des crayons dans les éléments combustibles).

du ralentissement des neutrons de fission émis par le combustible du réacteur autour d'une énergie cinétique moyenne de 2 MeV.

Chaque type de détecteur est utilisé pour contrôler, de manière automatique ou non, le niveau et l'augmentation de la population neutronique et agir en déclenchant des actions automatiques lorsque par exemple l'évolution temporelle de la population neutronique devient trop rapide. Les chaînes de mesure couvrent le fonctionnement du réacteur du chargement du premier assemblage de combustible dans la cuve en état d'arrêt à froid, cuve ouverte, jusqu'au fonctionnement à puissance nominale. L'augmentation de flux neutronique entre ces états extrêmes représente environ 11 décades qui sont couvertes par trois familles de détecteurs, un détecteur ne pouvant mesurer précisément sur l'ensemble de cette gamme :

1. **CNS** (chambres niveau source) : ce sont des **compteurs proportionnels à dépôt de bore*** fonctionnant en mode impulsionnel. L'amplitude du flux neutronique est proportionnelle au nombre d'impulsions comptées par seconde (ou coups/s). Les CNS couvrent le domaine de fonctionnement allant de 10^{-9} à 10^{-3} % PN (Puissance Nominale).

2. CNI (chambres niveau intermédiaire) : ce sont des **chambres d'ionisation à dépôt de bore*** fonctionnant en mode courant : le niveau de flux est proportionnel au courant mesuré. Cependant, à ce niveau de puissance, le flux de photons *gamma* devient significatif et peut perturber les signaux neutroniques utiles mesurés. Ces chambres doivent donc être compensées pour permettre de remonter au seul courant induit par les neutrons. Les CNI couvrent le domaine de fonctionnement allant de 10^{-6} à 100 % de la puissance nominale notée PN.

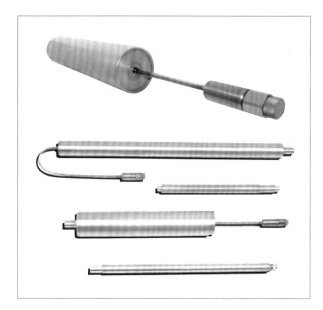

Fig. 16. Exemples de compteur proportionnel à dépôt de Bore.

3. CNP (chambres niveau puissance) : ce sont des chambres d'ionisation à dépôt de bore non compensées pour les γ, car les niveaux de flux neutrons leur sont significativement supé-

rieurs. Elles sont composées de six sections sensibles permettant de mesurer le profil vertical du flux sur la hauteur du réacteur. Les CNP couvrent le domaine de fonctionnement allant de 0,1 à 110 % PN.

Les trois systèmes ont été optimisés (écran de plomb pour atténuer la composante γ, et écran de polyéthylène pour ralentir (thermaliser[3]) les neutrons) afin que les gammes de mesures se recouvrent sur au moins trois décades, permettant ainsi en permanence une mesure fiable (fig. 17).

Les chambres à ionisation et compteurs proportionnels

Le neutron étant une particule électriquement neutre, elle est donc indirectement ionisante. Il faut passer par une réaction intermédiaire pour produire une particule ionisante qui pourra ensuite être détectée. Une des réactions de conversion du neutron la plus utilisée est la réaction de capture d'un neutron thermique par l'isotope 10 du bore :

$$^{10}_{5}\text{B} + {}^{1}_{0}\text{n} \rightarrow {}^{7}_{3}\text{Li}^{*} + {}^{4}_{2}\text{He} + \text{Énergie (2,31 MeV)} \ [94\ \%]$$

$$^{10}_{5}\text{B} + {}^{1}_{0}\text{n} \rightarrow {}^{7}_{3}\text{Li} + {}^{4}_{2}\text{He} + \text{Énergie (2,79 MeV)} \ [6\ \%]$$

La particule α (noyau d'hélium) et le noyau de lithium émis emportent à eux deux une énergie cinétique totale de 2,31 MeV (rapport d'embranchement de 94 %). Ils sont ainsi fortement ionisants.

Pratiquement, pour détecter les particules ainsi émises, on utilise des chambres d'ionisation ou compteurs proportionnels à dépôt de bore. Enrichi en B10, celui-ci est déposé sur les électrodes (anode et/ou cathode) des détecteurs eux-mêmes remplis d'un gaz approprié au sein duquel les ionisations auront lieu suite à la perte d'énergie des produits de réaction. Sont également utilisées des chambres d'ionisation ou compteurs proportionnels contenant du trifluorure de bore (BF3) qui sert de gaz de conversion et de détection du neutron.

Le principe des chambres à ionisation et des compteurs proportionnels est fondée sur l'ionisation directe ou indirecte d'un gaz par un rayonnement, c'est-à-dire la création de paires d'ions positifs et d'électrons. Les ions positifs et les électrons sont collectés par deux électrodes portées à des potentiels différents. Les ions positifs sont attirés par l'électrode négative, la cathode, et les électrons sont attirés par l'électrode positive, l'anode.

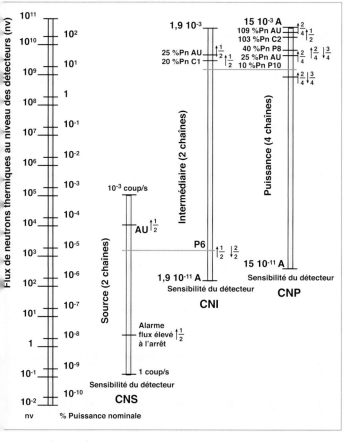

Fig. 17. Gammes de mesure des trois chaînes neutroniques dans les REP [3]. Le flux de neutrons (produit de la densité n par la vitesse v) est exprimé en n.cm^{-2} s^{-1}.

3. Il s'agit de ralentir le neutron jusqu'à une énergie cinétique correspondante à l'énergie de l'agitation thermique des atomes et molécules du milieu. Ainsi, un neutron est conventionnellement dit « thermique » quand il est à l'équilibre thermique (agitation thermique) dans un milieu à une température de 20 °C. Son énergie cinétique moyenne est, par conséquent, de 0,025 eV.

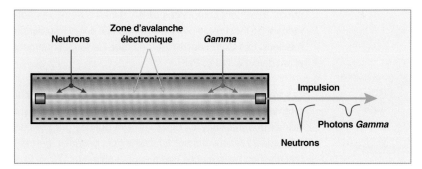

Fig. 18. Effet des rayonnements neutrons et *gammas* sur les compteurs BF3.

Le temps de réponse de ces détecteurs est relativement court (<< 1ms) ce qui permet de suivre en ligne les variations du flux neutronique. Ces capteurs présentent une sensibilité significative aux rayonnements γ qui créent des ionisations parasites dans le gaz remplissant la chambre (fig. 18).

Utilisés en mode impulsion, les capteurs permettent de discriminer les impulsions provenant de l'interaction des produits de réaction, ici l'*alpha* ou le noyau de lithium, de ceux provenant de l'interaction des γ d'amplitudes plus faibles (fig. 18). Cependant, lorsqu'ils sont utilisés en mode courant, cette discrimination n'est plus possible, le détecteur doit donc être conçu pour permettre une compensation analogique. C'est pourquoi on utilise des chambres à ionisation ou des compteurs proportionnels compensés, en particulier, pour les bas niveaux de flux neutroniques en présence de flux photoniques perturbateurs. Ce type de capteur est constitué de trois électrodes cylindriques constituant deux volumes de détection. Une première « sous-chambre » contient le convertisseur enrichi en bore 10 déposé sur la surface des deux électrodes la délimitant. Elle est sensible à la fois aux neutrons et aux photons *gamma*. La seconde « sous-chambre », sans dépôt de bore, est sensible seulement aux photons *gamma* (fig. 19).

La discrimination neutron-*gamma* se fait par un procédé dit « de compensation ». Les courants induits sur l'électrode centrale se retranchent grâce à la polarisation opposée des deux sous-chambres. Avec un réglage adéquat des tensions de polarisation des deux sous-chambres, le courant induit par le flux *gamma* est identique dans les deux sous-chambres. Le courant sur l'électrode centrale est alors représentatif du seul flux neutronique :

$$I_{n+\gamma} - I_\gamma$$

Les chambres à fission

Ce sont des chambres d'ionisation avec un dépôt de matière fissile sur l'une des électrodes. Elles sont décrites plus en détail *infra*, p. 104. Dans le cas des réacteurs de puissance, ce dépôt est constitué d'U 235. Les neutrons interagissent avec l'U 235 selon la réaction de fission de base suivante et donnent naissance en moyenne à deux Produits de Fission (PF), fortement ionisés et fortement énergétiques dont au moins un va ioniser le gaz de la chambre d'ionisation en produisant ainsi une impulsion électrique :

$$U\,235 + \text{ neutron} \rightarrow PF1 + PF2 + \text{Énergie (env. 200 MeV)} + \bar{\nu}\,\text{neutrons}$$

où $\bar{\nu}$ est le nombre moyen de neutrons prompts émis par fission (entre 2 et 3).

Tout comme les chambres à ionisation, les chambres à fission sont elles aussi sensibles aux rayonnements *gamma* mais à moindre mesure, car les produits de la réaction de fission responsable du signal neutronique sont fortement chargés et très énergétiques (en moyenne environ 80 MeV d'énergie par PF) conduisant ainsi à un signal neutronique de forte amplitude aisément discernable des signaux *gamma* parasites. Toutefois, le courant de fuite induit par les rayonnements *gamma* limite leur utilisation pour des mesures en cœur à basse puissance : le flux neutronique γ est alors du même ordre que le flux *gamma* provenant des décroissances radioactives des matériaux environnant le capteur. Le temps de réponse d'une chambre à fission est du même ordre que celui des chambres à ionisation (<<1ms). Elles sont classiquement utilisées en mode impulsion et en mode courant. Cependant, entre ces deux modes quand le signal n'est pas suffi-

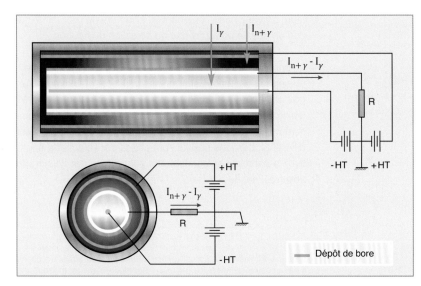

Fig. 19. Schéma d'une chambre d'ionisation compensée *gamma* [4].

sant pour que le courant soit encore établi, on peut utiliser la chambre en mode fluctuation qui utilise la variance du signal pour remonter au taux de réaction. Ce mode présente l'avantage de permettre l'utilisation continue d'une même chambre à fission sur toute la gamme de sa réponse dynamique couvrant ainsi plus de six décades. Par ailleurs, la contribution du signal provenant des photons γ ou X est négligeable grâce à l'utilisation de la variance du signal au lieu de sa moyenne. Le CEA a d'ailleurs développé un dispositif électronique de traitement du signal, le système MONACO, traitant les trois modes [5].

Cependant, la forte section efficace de fission de l'uranium 235 convoluée à un haut niveau de flux neutronique peut induire une perte de sensibilité liée à l'épuisement du dépôt d'U 235. Dans le cas du système RIC, les campagnes de scrutation sont suffisamment courtes pour ne pas induire d'épuisement significatif du dépôt d'uranium. Cependant, pour des raisons de précision de la mesure, il reste nécessaire de tenir compte de l'évolution respective de la sensibilité de chacun des détecteurs, même si elle est faible, et il faut les recalibrer périodiquement.

Les collectrons (SPND)

Les **collectrons***, ou détecteurs à transfert direct de charges (appelés « *Self Powered Neutron Detectors* » - SPND), ont été développés pour la mesure précise et en position fixe, des distributions de puissance du cœur des réacteurs. Ce type de détecteurs se compose de deux électrodes, l'émetteur et le collecteur, séparées l'une de l'autre par un matériau isolant. L'émetteur est générateur de particules chargées provenant de la réaction des neutrons (ou des photons) avec les atomes du matériau le constituant. Le collectron se présente comme un câble coaxial dont la partie centrale constitue l'émetteur et la partie externe le collecteur. Les dimensions d'un collectron sont de l'ordre de quelques millimètres pour le diamètre et de quelques dizaines de centimètres de longueur pour la partie sensible. L'espace entre gaine et émetteur est rempli d'un isolant solide, typiquement alumine ou magnésie. La nature et les dimensions des éléments précédents sont optimisées à chaque utilisation du collectron. La géométrie type d'un collectron est décrite à la figure 20.

Le signal électrique, de quelques picoampères jusqu'à la centaine de nano ampères, est obtenu sans avoir besoin d'appliquer une polarisation lorsqu'il est soumis à un rayonnement de neutrons ou γ. Le détecteur se comporte alors comme un générateur de courant, le signal électrique provenant de la diffusion d'électrons entre l'émetteur interne et la gaine externe est

ensuite transmis par le câble vers l'électronique de mesure. En effet, le parcours des particules chargées étant supérieur à la distance inter-électrodes il y a naissance d'un courant électrique.

Si le capteur est d'une conception fiable et d'un fonctionnement simple, l'interprétation du signal électrique fourni est plus complexe. Les mécanismes de création des électrons à l'origine du signal sont de quatre types :

• Les interactions photons-matière dans l'émetteur, l'isolant ou la gaine avec principalement la diffusion **Compton*** et/ou l'**effet photoélectrique*** ;

• la capture neutronique radiative émettant un rayonnement γ qui induit une diffusion Compton et/ou un effet photoélectrique ;

• la décroissance β⁻ d'un isotope instable dans le détecteur conduisant :
- à l'émission d'une particule β⁻ se comportant comme un électron libre très énergétique (jusqu'à quelques MeV),
- à l'émission de particules γ permettant une diffusion Compton et/ou un effet photoélectrique.

Les contributions relatives de ces quatre mécanismes dépendent fortement des caractéristiques géométriques et de la composition de l'émetteur, mais aussi dans une moindre mesure de celles de l'isolant et de la gaine. Par ailleurs, les deux premiers mécanismes présentés ci-dessus produisent une réponse instantanée du collectron, appelée courant prompt, liée à la variation du flux neutronique ou γ. Les deux autres mécanismes fournissent un courant dit « retardé » car dépendant des constantes de décroissance radioactive des radio-isotopes formés. La composition des contributions de ces mécanismes peut affecter la linéarité de la réponse des collectrons. Par exemple, lors de transitoires rapides de puissance normaux ou accidentels, si l'on double le flux neutronique au niveau du détecteur, seule sa composante de signal prompt verra un doublement instantané de sa valeur.

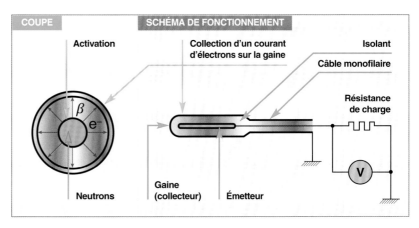

Fig. 20. Schéma de principe de fonctionnement d'un collectron [4].

Les proportions relatives des contributions promptes et retardées conduisent à classer les collectrons en collectrons prompts (émetteur en cobalt, platine, gadolinium et hafnium) et retardés (émetteur en rhodium, vanadium et argent) avec des applications différentes pour chacun.

Les contributions évoluent au cours du temps car les composantes du signal liées aux interactions neutroniques sont dépendantes des concentrations isotopiques dans l'émetteur. Or, sous flux neutronique, ces concentrations isotopiques évoluent au gré des captures neutroniques et des décroissances. Sur le réacteur EPR, un algorithme a donc été développé pour permettre l'évaluation de la loi d'évolution de cette composante [1].

Le CEA a, par ailleurs, développé une méthodologie de calcul de l'évolution de ces contributions : le logiciel MATISSE [6].

Enfin, dans le cas des réacteurs de puissance qui présentent des hauteurs de colonne fissile importantes, une composante due aux interactions *gamma* le long du câble entre le détecteur et le haut du cœur vient s'ajouter au signal. Cette composante peut être supprimée grâce à un câble de compensation,

identique au câble du détecteur et situé dans la même gaine, dont le signal, égal à celui qui doit être compensé, est soustrait électriquement au signal en provenance de l'émetteur.

En dépit de la complexité de l'interprétation des signaux obtenus pour remonter à une valeur absolue du flux neutronique, le collectron est un système de mesure fiable et robuste pour les mesures de flux en relatif et en absolu, à condition de faire des calibrations régulières *in situ*. C'est notamment dans ce but que le système *Aeroball Measurement System* (AMS) a été implanté dans l'EPR qui consiste à réaliser des mesures périodiques du flux neutronique par activation de dosimètres d'alliage Fe-V (aéroballs). Ces mesures servent ensuite à recalibrer les collectrons de cobalt.

La dosimétrie en réacteur

La dosimétrie en réacteur a pour objectif de déterminer le flux intégré de neutrons (fluence neutronique) ainsi que de caractériser leur spectre en énergie pour un emplacement d'irradiation donné [7]. L'une des techniques les plus couramment utilisées à cet effet est la technique d'activation neutronique. Pour cela, des dosimètres, fils ou feuilles de masse et de com-

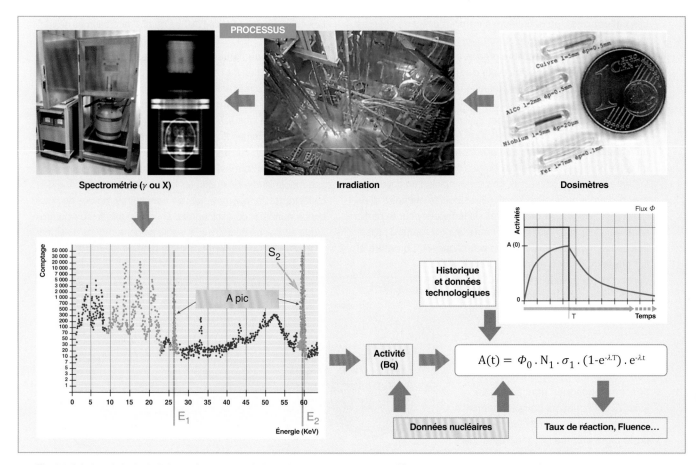

Fig. 21. Principe de la dosimétrie en réacteur avec A l'activité du radio-isotope formé, N_1 le nombre d'atomes du dosimètre, σ_1 la section efficace de la réaction de capture, Φ_0 le flux de neutrons, λ la constante de décroissance radioactive du radio-isotope, T la durée de l'irradiation et t le temps de refroidissement séparant la fin de l'irradiation de la mesure de l'activité.

La mesure des rayonnements

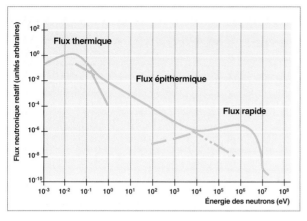

Fig. 22. Allure du spectre neutronique dans un réacteur nucléaire REP.

Tableau 1.

Réaction	Domaine énergétique + neutrons thermiques* et épithermiques	Demi-vie
Au 197 (n,γ) Au 198	Th + epi	2,69 jours
Co 59 (n,γ) Co 60	Th + epi	5,27 ans
Mn 55 (n,γ) Mn 56	Th + epi	2,58 heures
In 115 (n,γ) Inm 116	Th + epi	54,60 mois
Np 237 (n,f) Cs 137	E > 0,6 MeV	30,04 ans
Rh 103 (n,n') Rhm 103	E > 0,7 MeV	56,11 mois
In 115 (n,n') Inm 115	E > 1,3 MeV	4,49 heures
U 238 (n,f) Cs 137	E > 1,5 MeV	30,04 ans
Ni 58 (n,p) Co 58	E > 2,7 MeV	70,86 jours
Zn 64 (n,p) Cu 64	E > 2,8 MeV	12,70 heures
Fe 54 (n,p) Mn 54	E > 3,0 MeV	312,13 jours
Mg 24 (n,p) Na 24	E > 6,1 MeV	14,96 heures
Cu 63 (n,α) Co 60	E > 6,8 MeV	5,27 ans
Al 27 (n,α) Na 24	E > 7,3 MeV	14,96 heures
V 51 (n,α) Sc 48	E > 11,0 MeV	1,82 jour

Le tableau 1 et la figure 23 donnent les caractéristiques des principaux dosimètres utilisés.

position chimique et isotopique parfaitement connues sont irradiés dans le flux de neutrons que l'on cherche à caractériser. Le principe de la mise en œuvre de la dosimétrie en réacteur est présenté sur la figure 21.

Le spectre neutronique est généralement découpé en trois zones (fig. 22) dans les réacteurs nucléaires. Le spectre rapide composé des neutrons d'énergie supérieure à 1 MeV venant directement de la réaction de fission. Le spectre des neutrons intermédiaires ou épithermiques d'énergie comprise entre 1 eV et 1 MeV. Ils sont produits par le ralentissement des neutrons rapides principalement par diffusion élastique sur les noyaux légers, l'hydrogène de l'eau, par exemple. Enfin, les neutrons de basse énergie, (neutrons thermiques) qui vont être capturés ou provoquer des fissions sur l'uranium 235 et ainsi entretenir la réaction en chaîne dans le réacteur. Dans les réacteurs nucléaires, la population des neutrons présente par ailleurs une gamme très étendue à la fois en énergie (11 décades) et en intensité (15 décades, de quelques neutrons par cm^2 et par seconde jusqu'à quelques 10^{14} n.cm^{-2}.s^{-1}).

Les isotopes composant les dosimètres sont choisis en fonction des caractéristiques de la réaction nucléaire mise en œuvre (type de réaction, valeur de la section efficace, forme et domaine énergétique de réponse), de la mesurabilité de l'activité du rayonnement produit par la décroissance du radio-isotope (période, nature, énergie et intensité d'émission des rayonnements de décroissance). Les données nucléaires (sections efficaces, intensité d'émission…) sont issues de bibliothèques internationales telles que JEFF3.2, IRDFF ([8], [9] et [10]).

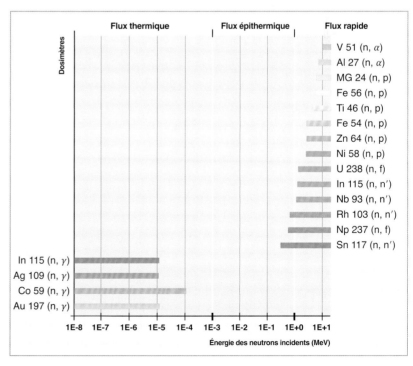

Fig. 23. Domaines de réponse énergétique des principaux dosimètres dans un spectre REP.

Les dimensions et, par conséquent, les masses des dosimètres sont adaptées pour obtenir un niveau de radioactivité suffisant pour permettre la mesure précise de l'activité par **spectrométrie *gamma*** ou **X** mais aussi pour être compatible avec les règles de radioprotection associées à la manipulation de ces dosimètres.

Si l'on prend le dosimètre de cobalt comme exemple de traitement, la réaction d'activation mise en œuvre lors de l'irradiation est la suivante :

$$Co\,59 + n \rightarrow Co\,60^* + \gamma$$

Le nombre n d'atomes de Co 60 obtenus à la fin de l'irradiation d'une durée t suit au premier ordre la loi d'activation suivante :

$$n = \frac{N.\sigma.\varphi}{\lambda}\,(1 - e^{-\lambda t})$$

Avec N le nombre d'atomes de Co 59, σ la section efficace de la réaction de capture, φ le flux de neutrons et λ la constante de décroissance radioactive du Co 60.

Après irradiation, les dosimètres sont récupérés et leurs activités mesurées par spectrométrie *gamma* ou X à l'aide de détecteurs appropriés tels des semi-conducteurs en germanium haute pureté grâce à la mesure fine des énergies X et γ déposées dans le détecteur. La spectrométrie permet d'identifier et de quantifier le ou les rayonnements associés à un isotope particulier (fig. 24). Il est alors possible de déterminer son activité radioactive à partir de l'aire sous les pics du spectre en énergie obtenu lors de sa mesure par un détecteur de spectrométrie.

Par exemple, le Co 60 produit étant radioactif, il se transforme en Ni 60 par décroissance β – avec une période de 5,27 ans

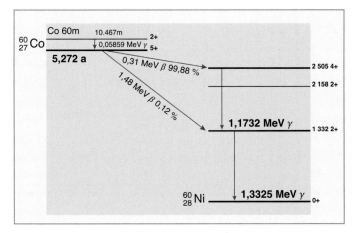

Fig. 25. Schéma de décroissance du Co 59.

accompagnée de deux photons de 1,1732 et 1,3325 MeV (fig. 25).

Pour le dosimètre au cobalt, l'activité en Co 60 (Bq) est donnée au temps t par :

$$A(t) = \lambda.n\,(t) = N.\sigma.\varphi\,(1 - e^{-\lambda t})$$

Une fois l'irradiation terminée, l'activité décroît en fonction du temps de refroidissement (t_r) selon la loi exponentielle suivante :

$$A(t_r) = A_0 \exp(-\lambda t_r)$$

avec A_0, activité en fin d'irradiation.

En résolvant cette l'équation, il est alors possible de remonter à la **fluence*** de neutrons reçus pendant l'irradiation. De plus, en utilisant des dosimètres dont les réactions d'intérêt couvrent différentes parties du spectre neutronique, il est possible de reconstituer la distribution en énergie des neutrons par des techniques d'ajustement de spectre neutronique [11].

Pour des dosimètres faisant intervenir plusieurs réactions d'activation et des conditions d'irradiation complexes, la détermination du flux et sa valeur intégrée sur le temps, la fluence, se fait à l'aide de codes d'évolution neutronique dédiés [12].

La dosimétrie en réacteur est actuellement utilisée pour les réacteurs de puissance dans le cadre du programme de suivi de l'irradiation de la cuve et dans le système AMS de l'EPR.

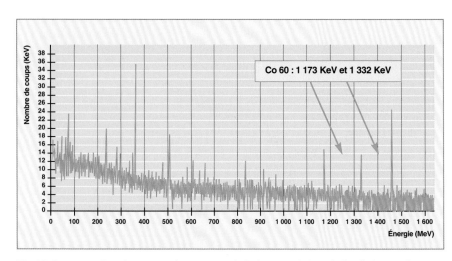

Fig. 24. Spectre en énergie *gamma* obtenu sur un dosimètre au cobalt après irradiation en réacteur.

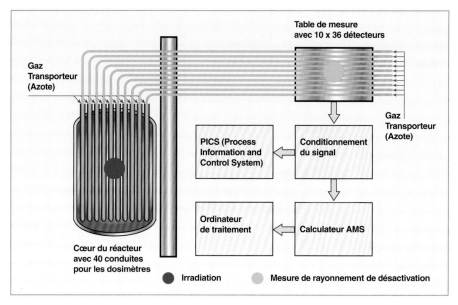

Fig. 26. Description schématique du système AMS (*Aeroball Measurement System*) [14].

Le système AMS de l'EPR

L'objectif de l'AMS ou *Aeroball Measurement System* est de servir d'instrumentation de référence pour obtenir une image précise de la distribution de puissance dans le cœur. Un processus de reconstruction de la puissance par la combinaison des 40 trains de mesures de l'instrumentation AMS et d'un modèle théorique de la distribution de puissance calculée permet d'évaluer la puissance en tous points du cœur [1]. La partie mobile du système pneumatique est composée de 40 trains de billes d'alliage Fe-V circulant dans 40 tubes indépendants dont l'une des extrémités est située dans le cœur, où la longueur du train permet de couvrir la hauteur de la partie active du cœur, et l'autre sur une table de mesure. Le principe de mesure neutronique, dans cette première phase, repose sur l'activation des billes de l'isotope Vanadium 51 par les neutrons du cœur. La mesure d'activité de chaque bille est ensuite effectuée sur une table de mesure contenant un ensemble de 10 lignes de 36 détecteurs semi-conducteurs (fig. 26).

Le programme de suivi de l'irradiation (PSI) de la cuve du réacteur

La cuve est un équipement essentiel pour la sûreté d'un réacteur électronucléaire. C'est, par ailleurs, un composant non remplaçable relevant de la réglementation des appareils sous pression qui présente la particularité d'être soumis à une forte irradiation en fonctionnement qui conduit à une modification des propriétés mécaniques du métal de la cuve. Un programme de suivi de l'irradiation a donc été mis en œuvre par l'exploitant afin de s'assurer de la résistance des cuves des réacteurs, en particulier lors des épreuves décennales : on a disposé dans des capsules d'irradiation des éprouvettes de traction, de ténacité et de résilience représentatives de l'acier des viroles de cœur de la cuve. Les capsules étant implantées entre le cœur et la cuve (fig. 27),

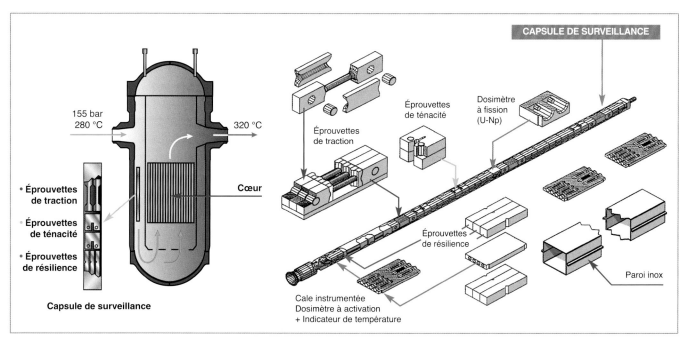

Fig. 27. Schéma d'implantation des capsules dans un REP.

elles sont irradiées deux à trois fois plus rapidement que la cuve (flux supérieur). Elles sont prélevées régulièrement (3, 7, 11, 15... ans) et les caractéristiques mécaniques des éprouvettes sont mesurées. Il est ainsi possible d'anticiper sur l'évolution de la tenue mécanique réelle de la cuve.

Des dosimètres sont aussi embarqués dans ces capsules afin de déterminer la fluence reçue par les éprouvettes. Ils permettent de couvrir l'ensemble du spectre neutronique et donc de remonter non seulement au niveau de flux mais aussi à la forme du spectre de neutrons[4].

L'auto-dosimétrie

La connaissance de la fluence des neutrons rapides d'énergie supérieure à 1 MeV, voire supérieure à 0,1 MeV, au niveau de la face interne de la cuve est actuellement déterminée par calcul à partir de valeurs mesurées au niveau des éprouvettes de surveillance. En effet, la détermination expérimentale de la fluence de neutrons au niveau de la paroi intérieure de la cuve n'est pas possible car la cuve n'est pas instrumentée et un ensemble de limitations mécanique, thermohydraulique et de sûreté interdit d'envisager la pose d'un dispositif accroché sur la face interne de la cuve.

La technique d'auto-dosimétrie (*Retrospective Dosimetry* en anglais) consiste à mesurer l'activité d'un ou de plusieurs radio-isotopes d'intérêt présents dans un échantillon de métal directement prélevé sur le revêtement de la cuve. En principe, la fluence des neutrons peut être déduite de la mesure de l'activité d'une très petite quantité de matière (quelques milligrammes). Cette méthode offre donc la possibilité de mesurer la fluence reçue dans n'importe quel endroit accessible de la cuve et des internes du réacteur sous réserve de disposer d'une teneur suffisante en isotopes sensibles aux neutrons recherchés dans le matériau prélevé. Nous citerons l'exemple du niobium pour la mesure du flux rapide.

Elle a déjà été appliquée « *post mortem* » sur des prélèvements après démantèlement sur le réacteur Chooz-A et plus récemment sur des réacteurs en fonctionnement à l'étranger, comme par exemple sur le réacteur Ringhals (Suède) ou le réacteur tchèque (Dukovany) [13].

Une fois les copeaux récupérés, il faut réaliser la séparation chimique des atomes radioactifs dont on veut mesurer l'activité afin de ne pas être gêné par les rayonnements des autres radio-isotopes. Il faut aussi mesurer la teneur en isotopes pères par analyse isotopique par spectrométrie de masse (ICP-MS). En effet, ces deux valeurs, le nombre de noyaux père et le nombre de noyaux fils sont indispensables à l'inversion de l'équation de utilisée pour déduire le flux neutronique.

Le développement de ces techniques d'auto-dosimétrie est un des axes de recherche mené au CEA pour de possibles applications dans les réacteurs de puissance.

Christophe DESTOUCHES, **Christophe D**OMERGUE,
Loïc BARBOT, **Damien F**OURMENTEL, **Jean-Michel G**IRARD,
Nicolas THIOLLAY, **Jean-François V**ILLARD
et Abdallah LYOUSSI,
Département d'étude des réacteurs

▶ **Références**

[1] M. PFEIFFER, « Instrumentation neutronique du réacteur EPR – Excore- SPND-AMS », *Techniques de l'ingénieur*, BN 3453v1, 2014.

[2] J.-L. MOURLEVAT, « Instrumentation interne des réacteurs » *Techniques de l'ingénieur*, BN3452-1.

[3] J.-P. BUREL, « Instrumentation externe des réacteurs », *Techniques de l'ingénieur*, BN345-1.

[4] A. LYOUSSI, « Détection de rayonnement et instrumentation nucléaire », ISBN 978-2-7598-0018-6, *EDP Sciences*, mars 2010.

[5] L. BARBOT et al., « On Line Neutron Flux Mapping in Fuel Coolant Channels of a Research Reactor» ANIMMA 2013 -IEEE, *Transactions on Nuclear Science* **62**(2) Juin 2013.

[6] L. BARBOT « Experimental validation of a Monte-Carlo based toolbox for self-powered neutron and gamma detector simulation in the OSIRIS MTR», Physor 2016, Sun Valley, États-Unis, ISBN: 978-0-89448-762-2.

[7] C. DESTOUCHES et al., « Major upgrade of the reactor dosimetry interpretation methodology used at the CEA general principle », ISRD 2008, Akersloot, The Netherlands, 2008.

[8] The JEFF-3.1.1, Nuclear Data Library, NEA Data Bank (May 2009), JEFF Report 22.

[9] E.M. ZSOLNAY et al., "Summary description of the new international reactor dosimetry and fusion file (IRDFF release 1.0)", AIEA – INDC (NDS)-0616, 2012.

[10] C. DESTOUCHES et al., « Use of the nuclear data in the reactor dosimetry: limitations, improvements and perspectives », *International Conference on Nuclear Data for Science and Technology*, 2007, Nice, France, DOI: 10.1051/ndata:07175.

[11] G. GRÉGOIRE et al., « CALMAR: a new versatile code library for adjustment from measurements » 15th ISRD proceedings EPJ Web of conference, vol. 106, 2016.

[12] T. TZILANSARA et al., « DARWIN: An evolution code system for a large range of applications », *Journal of Nuclear Science and Technology*, 37, supl. 1, 845-849, DOI: 10.1080/00223131.2000.10875 009.

---

4. Le CEA développe des systèmes d'analyse des dosimètres basés sur le code d'évolution DARWIN/PEPIN 2 [11] et le code d'ajustement de spectre CALMAR [12].

[13] N. Thiollay *et al.*, « Review of retrospective dosimetry techniques and their application to experimental reactors », ANIMMA 2013 -IEEE, *Transactions on Nuclear Science*, **62**(2), juin 2013.

[14] C. Düweke, N. Thillosen, J. Ziethe, « Neutron Flux Incore Instrumentation of AREVA's EPRTM », ANIMMA 2009 Conference, Marseille, France, http://ieeexplore.ieee.org/document/5503769/

Les mesures thermiques et thermohydrauliques

Les paramètres thermohydrauliques sont de première importance pour l'exploitation des ouvrages de production électrique car ils conditionnent des enjeux de sûreté et de performances. Pour l'exploitant, les finalités économiques sont nombreuses. En effet, la connaissance et la maîtrise de ces grandeurs physiques thermohydrauliques doivent :

• Permettre une gestion optimale des différentes filières de production par une meilleure connaissance des données physiques du process,

• apporter des garanties à l'intégrité de certains gros composants de la centrale (chaudière, **générateur de vapeur (GV)***, pompe, échangeur, turbine...) ;

• donner des éléments pour garantir la durée de vie des centrales nucléaires vis à vis de l'Autorité de sûreté ;

Les équipes d'EDF R&D et, à un bien moindre degré, du CEA, ont constaté un accroissement significatif des demandes d'appui technique dans le domaine des mesures thermohydrauliques. Cette tendance va se poursuivre avec :

• Le vieillissement du parc nucléaire ;

• la mise à niveau des installations anciennes ;

• la création de nouvelles installations (EPR, EPR Nouveau Modèle) ;

• le besoin de réexamen de sûreté des tranches ;

• les évolutions technologiques, notamment en matière de micro-capteurs, de fibres optiques, de **transducteurs*** ultra-sonores hautes températures (TUSHT) ;

• le développement des codes de calcul numérique et leur besoin de validation sur des situations industrielles.

Parmi les mesures thermohydrauliques les plus importantes pour l'exploitation industrielle des REP, nous pouvons citer [1] :

• La mesure du bilan enthalpique évalué au secondaire pour la détermination de la puissance (appelée aussi BIL100) ;

• la mesure du débit primaire par la méthode dite RCP114 ;

• la mesure du contrôle économique de performance au secondaire (CEP) ;

• les mesures pour les essais périodiques (dont le BIL100) et les mesures de réception (d'une pompe ou d'un générateur de vapeur, par exemple).

Ces méthodologies métrologiques reposent sur la détermination des grandeurs de base que sont la température, la pression et parfois le débit et le titre de l'eau.

Les mesures de température

Les mesures en cœur [2]

Le flux neutronique ne se répartit pas de façon uniforme à l'intérieur du volume du réacteur, typiquement plus élevé au centre qu'à la périphérie du cœur. C'est, bien sûr, aux points chauds que la puissance fournie se rapproche le plus des limites de conception, voire de sûreté d'où l'obligation de connaître parfaitement la répartition de puissance. La cartographie tridimensionnelle de température en cœur est inaccessible et l'exploitant doit se contenter d'une mesure de la distribution de température de l'eau primaire à la sortie de certains assemblages combustible, grâce à un système qui se compose de plusieurs dizaines de thermocouples mécaniquement positionnés à une cote fixe au-dessus du cœur. Plus précisément, le nombre de **thermocouples*** est de 51 sur les réacteurs de 900 MWe, 50 sur les réacteurs de 1 300 MWe et de 54 sur les réacteurs de 1 450 MWe.

Les mesures de température en sortie du cœur ont un double rôle :

• Détecter des anomalies sur la distribution de puissance en cas d'indisponibilité de mesures neutroniques. La plage de mesure est alors centrée autour de 300 °C ;

• calculer la marge à la saturation et surveiller le cœur en conditions accidentelles. La plage de mesure doit être cohérente avec ces conditions et couvrir une large gamme s'étendant de 0 à 1 200 °C pour assurer la fonction ébulliométrie. Suivant les paliers, tout ou partie des thermocouples est utilisé dans l'ébulliomètre.

Deux thermocouples supplémentaires sont positionnés dans les structures internes supérieures à une cote leur permettant de mesurer la température de l'eau sous le couvercle de la cuve.

Les thermocouples sont de type Chromel-Alumel (type K). Leur précision est de + ou - 1,5 °C de 0 °C à 375 °C et de 0,4 % de la mesure au-dessus de 375 °C. Ils sont sélectionnés pour présenter une dispersion maximale entre eux de 0,8 °C pour une température comprise entre 200 et 370 °C.

Groupés en plusieurs faisceaux, les thermocouples sont introduits dans la cuve grâce à des manchettes traversant le couvercle et assurant l'étanchéité en plusieurs points. Ils sont guidés à l'intérieur de la cuve par des conduits fixés de manière permanente aux internes supérieurs et se positionnent au niveau de la plaque supérieure du cœur par des goussets.

Pour satisfaire les exigences de redondance, l'électronique de traitement de la fonction ébulliomètre est localisée dans deux armoires spécifiques, traitant chacune la moitié des thermocouples. Le cheminement des conduits contenant les thermocouples à l'intérieur des internes supérieurs respecte également ce critère de séparation.

Les boîtiers de soudure froide, au nombre de 2, sont placés dans les armoires de l'ébulliomètre (un dans chaque armoire). Le boîtier de soudure froide est constitué par une boîte isotherme permettant de conserver une température constante.

Les mesures de température ne font pas l'objet d'un traitement sophistiqué. Elles sont transmises au calculateur de tranche qui va en assurer une présentation synthétique sous forme d'une carte de température sur le cœur et effectuer des calculs simples pour présenter à l'opérateur des informations globales telles que déséquilibres azimutal et radial.

Les arrêts de tranche donnent lieu à nombre d'essais périodiques. En particulier, une vérification des isolements électriques des lignes des thermocouples est exécutée à chaque redémarrage, en début de cycle. Elle peut être accompagnée, si nécessaire, par un recalage isotherme des thermocouples, en l'absence de puissance neutronique. Des coefficients de correction sont calculés et introduits dans l'ébulliomètre et le calculateur de tranche.

Les mesures hors cœur

Hors cœur, la température du fluide caloporteur est mesurée en divers endroits, sur chacun des circuits. Au primaire, les mesures les plus cruciales sont réalisées en sortie de cuve (branche chaude) et en sortie de générateur de vapeur (branche froide). Les capteurs couramment utilisés sont des sondes platines dites « rapides », bien adaptées à une utilisation hors rayonnement, dont la partie sensible est placée à l'extrémité d'une canne insérée dans un doigt de gant plongeant dans l'écoulement. Leur plage de mesure s'étend de 0 à 400 °C et leur temps de réponse est de l'ordre de quelques secondes. Le pressuriseur est également le siège de deux mesures de température, réalisées respectivement dans l'eau et dans le ciel de vapeur.

Au secondaire et au tertiaire, les localisations sont éparses. Les capteurs couramment utilisés sont également des sondes platines insérées dans un doigt de gant plongeant dans l'écoulement. L'inertie de ces circuits n'impose pas d'exigence particulière en terme de comportement dynamique. Le temps de réponse standard de ces capteurs est de l'ordre de plusieurs dizaines de secondes.

La précision des capteurs dépend de leur classement, sachant que les exigences sont plus importantes pour les mesures qui sont valorisées pour la démonstration de sûreté.

Globalement, le nombre de sondes destinées à mesurer la température du caloporteur sur les circuits principaux d'un réacteur à eau pressurisée de génération actuelle se situe entre 50 et 100, selon le type de réacteur.

Par ailleurs, la température est mesurée en de nombreux autres endroits, tels que l'enceinte, la piscine, les circuits annexes, les gaines de ventilation, sur divers composants ainsi que dans l'atmosphère ambiante de différents locaux.

Les mesures de pression

Les mesures de pression réalisées sur les circuits d'un réacteur de puissance sont de deux sortes : la pression absolue (ou relative) permet de connaitre le niveau de pressurisation dans un circuit ou un composant, tandis que la pression différentielle peut être mesurée à des fins de débitmétrie avec un organe déprimogène tel qu'un Venturi, ou pour mesurer une hauteur hydrostatique donnant accès à une valeur de niveau. Ainsi, une mesure de la différence de pression entre les plénums haut et bas permet de réaliser l'inventaire en eau de la cuve en situation d'accident de perte de réfrigérant APRP appelé également LOCA en anglais. À l'identique, le niveau d'eau dans les générateurs de vapeur est mesuré grâce à un capteur de pression différentielle.

À une même localisation, on peut rencontrer des capteurs de gammes différentes, selon leur fonction. C'est ainsi que le pressuriseur est équipé de capteurs de pression à gamme resserrée (typiquement [117-173 bar]) pour répondre aux besoins de pilotage et de protection lorsque le réacteur fonctionne nominalement, mais également de capteurs à gamme étendue (typiquement de la pression atmosphérique à 200 bar) destinés à être opérationnels en cas d'accidents accompagnés d'extrêmes excursions de pression.

Différentes technologies de capteurs de pression peuvent être rencontrées, selon la plage et la bande passante souhaitées.

Les capteurs à jauge et piézorésistifs sont les plus utilisés, mais les progrès réalisés ces dernières années par la technologie des semi-conducteurs et des **MEMS*** en particulier a permis l'émergence des capteurs micro-capacitifs au silicium.

Les mesures de débit

En exploitation, il est primordial de connaitre le plus précisément possible le point de fonctionnement du **circuit primaire*** à puissance nominale, sachant que les incertitudes sont prises en compte par des marges de sûreté. L'estimation du point de fonctionnement primaire s'effectue notamment lors d'Essais périodiques, au cours desquelles la tranche est placée en régime ultra-stable. Ainsi, en tout début de cycle, l'Essai périodique RCP114 permet d'obtenir, à partir des mesures de température de Branche Chaude et des bilans enthalpiques au secondaire, une estimation des débits dans les boucles et de l'incertitude correspondante (de l'ordre de 4 %), estimation qui est ensuite conservée une fois pour toute pour l'ensemble du cycle. Par propagation, l'incertitude qui en résulte sur l'évaluation de la puissance thermique d'une boucle est estimée à environ 1,5 % [3].

La connaissance du point de fonctionnement primaire passe également par l'utilisation de modèles et l'exploitation optimale de l'instrumentation déjà présente *in situ*, à savoir le ΔP-Coude servant à détecter des pertes de pompage primaire, les sondes de température en Branche Froide et en Branche Chaude, ainsi que les thermocouples placés en sortie du cœur.

La méthode d'évaluation du débit par ΔP-Coude consiste à mesurer une différence de pression entre l'intrados et l'extrados du coude en sortie de Générateur de Vapeur (fig. 28). Cette différence de pression résulte des efforts différents qu'exerce le fluide sur les parois du tuyau dans lequel il circule, et il a été démontré que l'on peut la relier au débit-boucle avec une incertitude inférieure à 3 % [4]. La mesure ainsi réalisée est donc plus précise qu'avec la méthode indirecte RCP114.

Dans les centrales EDF de production électrique (thermique et nucléaire), la mesure de débit la plus utilisée est celle qui met en œuvre des organes déprimogènes tels que diaphragmes, tuyères et tubes de venturi. Cette technique a été retenue car elle fait l'objet d'une norme internationale : ISO 5167. Le respect de cette norme permet de garantir la précision de la mesure de débit.

Le principe de la mesure consiste à interposer un obstacle ou une singularité (diaphragme, tuyère, venturi) sur le passage d'un fluide s'écoulant en charge dans une conduite, ce qui crée une différence de pression ΔP entre l'amont et l'aval (ou le col) de cet obstacle.

La théorie repose sur l'équation de Bernoulli qui traduit la conservation de l'énergie et qui exprime la variation de la pression dynamique par un changement mesurable de la pression statique. Un coefficient de décharge tient compte des pertes de charge irréversibles, et la norme propose une formule pour sa détermination.

La mise en œuvre de la norme ISO 5167 implique la mise en place d'un obstacle rigoureusement usiné et centré entre les deux tronçons de tuyauterie de rugosité relative minimale. La norme repose sur l'hypothèse d'un profil de vitesse caractéristique d'un écoulement turbulent établi en conduite, ce qui impose que l'obstacle déprimogène soit localisé à une distance minimale de tout élément perturbateur situé en amont et en aval (vanne, coude, réduction...).

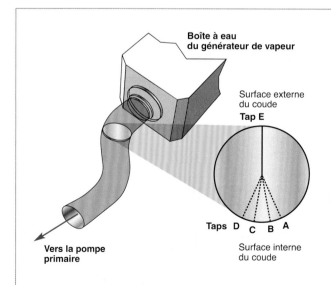

Fig. 28. Prises de pression à l'intrados d'un coude pour la mesure de débit en circuit primaire [3].

La débitmétrie par organe déprimogène est également mise en œuvre au secondaire, où le débit d'alimentation des générateurs de vapeur est évalué de manière continue grâce à une mesure de pression différentielle effectuée sur un diaphragme.

EDF a évalué expérimentalement l'influence d'un certain nombre de grandeurs qui sont présentes en exploitation sur le parc de production, telles que l'encrassement, les défauts géométriques ou l'excentration du diaphragme. Ces évaluations ont permis de quantifier la manière dont ces écarts à la norme impactent la mesure de débit [5].

Les innovations

Il est extrêmement compliqué de déployer sur le parc en exploitation une nouvelle instrumentation devant être installée à demeure en réacteur. Le travail à mener en amont pour justifier la pertinence du déploiement requiert de démontrer que l'idée est simple à mettre en œuvre, qu'elle est compatible avec les contraintes de l'exploitation et qu'elle présente une plus-value suffisante, d'ordre économique et/ou en termes de sûreté. Sur le plan règlementaire, il est illusoire d'envisager la modification d'un composant ou d'une conduite sur un réacteur du parc pour y ajouter un piquage, un doigt de gant ou un simple bossage. Développer une méthode intrusive est donc réservé aux nouveaux modèles. En corollaire, cela signifie que seules les méthodes non intrusives ont une chance de se voir implantées sur un réacteur en exploitation. C'est le cas de la métrologie ultrasonore ou de la mesure de température de peau [6].

La métrologie ultrasonore

Le principe de la mesure ultrasonore repose sur l'analyse de la propagation d'une onde de pression dans un milieu continu. Dans un solide ou un fluide au repos, la célérité du son varie en fonction de la densité du milieu traversé. Dans l'eau, cette célérité dépend de la température et de la pression qui, dans un réacteur en fonctionnement, est déterminée par ailleurs. Un capteur ultrasonore placé perpendiculairement sur la tuyauterie envoie une onde ultrasonore qui se propage à travers l'eau, se réfléchit sur l'interface eau-acier et revient vers le capteur, qui joue ici le double rôle d'émetteur et de récepteur. La distance parcourue par l'onde étant connue, la mesure de son temps de vol permet de remonter à la célérité et donc à la température dans l'eau.

Accessoirement, un capteur ultrasonore placé au bas d'une conduite dénoyée permet également de mesurer la hauteur d'eau dans le circuit. Une telle mesure de niveau représente un intérêt certain pour surveiller la Plage de Travail Basse du circuit de Refroidissement du Réacteur à l'Arrêt (PTB du **RRA***), qui représente l'état le plus porteur de risques.

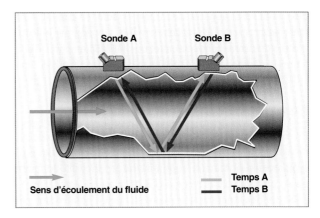

Fig. 29. Principe de la débitmétrie ultrasonore par mesure du temps de transit.

Si le fluide est en mouvement, on accède aisément à sa vitesse en raison du fait qu'une onde sonore se propage plus rapidement dans le sens de l'écoulement qu'à contre-courant. On place deux capteurs en regard l'un de l'autre, de part et d'autre de la conduite et disposés selon une orientation oblique. Ils peuvent également être disposés sur la même génératrice (fig. 29). Jouant alternativement le rôle d'émetteur et de récepteur, ils permettent de quantifier le temps de transit d'une onde dans les directions amont-aval et aval-amont. La différence de temps de transit est directement proportionnelle à la vitesse moyenne d'écoulement du fluide et permet d'accéder au débit avec une incertitude inférieure à 3 % pour une géométrie est parfaitement connue.

Les capteurs ultrasonores utilisables en réacteur doivent avoir été spécialement conçus pour résister à la température pour pouvoir être placés directement au contact de la tuyauterie, sous le calorifuge. Pour assurer le couplage entre le transducteur ultrasonore et la canalisation, les gels classiquement employés sont inadaptés car peu résistants à la température dans la durée. En revanche, on peut utiliser une fine feuille métallique (plomb ou or), ce qui nécessite un système de fixation spécifique pour assurer une force d'appui importante.

Des essais ont été réalisés au centre d'essais de Jeumont-Schneider (Maubeuge) sur un circuit dédié à la qualification des groupes motopompe primaire pour les centrales nucléaires, en conditions équivalentes aux conditions réelles (155 bars, 290 °C, avec un débit jusqu'à 28 000 m³/h). La mesure servant de référence pour la température de l'eau était une sonde Platine installée dans un doigt de gant classique. La comparaison entre cette sonde et les différentes voies de mesures par ultrasons a révélé un écart-type expérimental inférieur à ± 0,4 °C, démontrant la viabilité de la technique ultrasonore pour mesurer la température de l'eau de manière non intrusive dans des conditions quasi-industrielles [7].

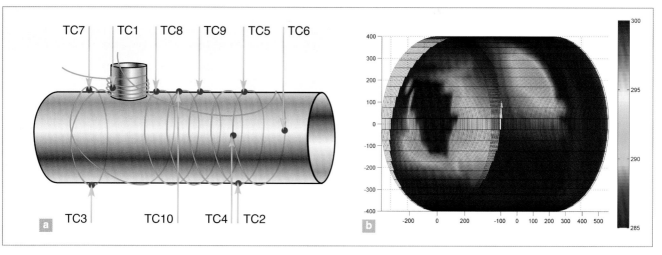

Fig. 30. Disposition des thermocouples et des fibres optiques sur une canalisation (a) et reconstruction par interpolation de la carte de température de surface mesurée par fibre optique (b) [7].

La métrologie par fibre optique

Un système de mesure de la température distribuée par effet Raman est capable de mesurer la température tout le long d'une fibre optique, avec un pas spatial prédéfini. Une impulsion laser monochromatique est envoyée dans une fibre optique. Par effet Raman, celle-ci diffuse aux fréquences Stokes et anti-Stokes et le système mesure, à tout instant, la puissance rétro-diffusée au sein de la fibre à ces deux fréquences. Le rapport entre ces deux puissances est directement lié à la température. Le temps de transit de l'impulsion permet de calculer à quelle distance se trouve la zone explorée.

Cette technique a également été testée en conditions représentatives du fonctionnement d'un circuit primaire. Des fibres de différents types (fibre multimode gainée cuivre, fibre multimode gainée or, fibre monomode gainée or) ont été enroulées en spirale côte à côte sur la tuyauterie afin de pouvoir comparer les différentes mesures de température point à point entre elles. Des thermocouples étaient également disposés au contact de la paroi externe de la conduite (fig. 30a).

À partir des mesures recueillies au long des fibres, il est aisé de réaliser une interpolation du champ de température à la surface de la canalisation (fig. 30b). La comparaison avec les mesures effectuées par thermocouple a révélé des écarts de l'ordre de 0,3 °C, ce qui est meilleur que les précisions attendues des deux systèmes [7].

Le stratimètre

Le stratimètre est un appareil constitué de thermocouples régulièrement espacés en azimut que l'on installe autour d'une tuyauterie en peau externe. Il permet de mesurer les températures azimutales dans les zones sensibles où des situations de stratification, néfastes pour l'intégrité des com-

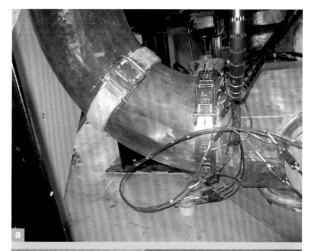

Fig. 31. Stratimètre installé au bas d'un coude du circuit RRA de la centrale de Tricastin-1 (a) et sur la boucle FATHERINO de Cadarache (b) [8].

posants, peuvent exister. EDF a conçu cet appareil et a développé une méthode de reconstitution de la température de peau interne pour évaluer le chargement thermique exercé sur la tuyauterie. Il est prévu d'installer ce système de mesure dans des zones où sont suspectées des fluctuations thermiques susceptibles d'engendrer un phénomène de fatigue thermique (fig. 31a).

Des essais menés sur la boucle FATHERINO à Cadarache (fig. 31b) ont permis de qualifier le stratimètre, de mesurer son temps de réponse et de mettre en évidence l'influence des conditions de mise en contact entre les capteurs du stratimètre et la paroi [8].

Éric HERVIEU,
Direction de l'innovation et du soutien nucléaire

▶ **Références**

[1] N. KERKAR et P. PAULIN, « Exploitation des cœurs REP », coll. « Génie Atomique », *EDP Science*, ISBN : 978-2-86883-976-3 -2008.

[2] J.-L. MOURLEVAT, « Instrumentation interne des réacteurs », *Techniques de l'Ingénieur*, BN 3 452 (2001).

[3] T. MERCIER, « Assimilation de données et mesures primaires REP », thèse de doctorat, École Doctorale de Polytechnique (2015).

[4] O. DENEUX et M. ARENAS, "CFD and metrology in flowmetering: RCS flow measurement with elbow taps and its uncertainty", 16th International Congress of Metrology (2013).

[5] J. VEAU et O. PIEDFER, « Retour d'expérience d'une mesure de débit par diaphragme à EDF », 15ᵉ Congrès International de Métrologie (2011).

[6] C. DUQUENNOY, *Communications privées* (2016).

[7] M. ARENAS, D. BOLDO, S. BLAIRON et L. ULPAT, « Système innovant non-intrusif de mesures haute température pour le fluide et la paroi de conduites », 17ᵉ Congrès international de métrologie (2015).

[8] O. BRAILLARD et J.-C. BONNARD, « Rapport des essais du programme Stratimètre sur l'installation FATHERINO », Note Technique CEA/DTN/STCP/LHC/2016-27A (2016).

Les mesures chimiques

es réacteurs de puissance, dans leur grande majorité, utilisent des circuits d'eau pour évacuer la puissance thermique issue des réactions nucléaires. Les domaines de température rencontrés pour ces circuits couvrent quasiment la totalité du domaine de l'eau liquide (0 °C à 374 °C) et les gammes de pression s'étendent des hautes pressions (allant jusqu'à 155 bars) pour les réacteurs électrogènes ou de propulsions aux « basses » pressions (autour de la pression atmosphérique) pour les réacteurs de recherche.

Les réacteurs à eau sous pression (REP) sont constitués de trois circuits principaux : le **circuit primaire*** qui refroidit le cœur nucléaire (source chaude de l'installation), le **circuit secondaire*** où est produite la vapeur alimentant la turbine et le circuit tertiaire, contenant la source froide de l'installation. De plus, de nombreux circuits auxiliaires additionnels sont utiles au bon fonctionnement de l'ensemble.

Même si l'eau présente de nombreux avantages en tant que **caloporteur***, elle possède aussi un caractère agressif pour les matériaux métalliques. Cela se manifeste *in fine* par de la « corrosion » dégradant progressivement les circuits. Dans la pratique, le phénomène de corrosion du métal peut être minimisé si une couche d'oxyde compact se forme entre la surface métallique et l'eau (passivation des alliages). Or, des oxydes différents peuvent apparaître suivant la valeur du pH et du potentiel redox (E_h) de la phase aqueuse. Le diagramme de Pourbaix du fer dans l'eau fait apparaitre plusieurs domaines (fig. 32), notamment celui de la magnétite (en vert) qui est l'oxyde protecteur de ce métal. Ainsi à 150 °C, il faudrait que le potentiel redox soit d'environ - 600 mV/ENH (Électrode Normale à Hydrogène) et que le $pH_{150 °C}$ soit compris entre 8 et 11 pour que la magnétite apparaisse spontanément et protège le métal. C'est pour imposer ce couple (pH, E_h) que des produits chimiques sont ajoutés dans les circuits

Le pH, potentiel E_h et diagrammes potentiel-pH

e pH représente l'activité des ions H^+ contenus dans une solution et est défini [1] par $pH = - log\ a_{H^+}$. Cette grandeur est unique parmi les grandeurs physico-chimiques car elle n'est pas directement mesurable [2]. Le pH est défini de façon plus pratique en termes de méthodes ou d'opérations utilisées pour le mesurer. On parle alors de définition instrumentale du pH.

La mesure potentiométrique du pH est la plus répandue et la plus exacte ; elle consiste à mesurer une force électromotrice entre une électrode de référence et une électrode de mesure. D'autres méthodes peuvent être utilisées pour mesurer le pH, comme par exemple des méthodes optiques utilisant un changement de couleur de certaines molécules avec le pH [3].

Le potentiel E_h est le potentiel que prend l'électrode dans les conditions physico-chimiques imposées au système. Il est « mesuré » en le comparant à une référence de potentiel : l'électrode à hydrogène dans les conditions (standard) de référence (activité en ions H^+ = 1 et **fugacité*** en H_2 = 1). Par convention, le potentiel de cette électrode hypothétique est nul quelle que soit la température ($E°_{H^+H_2} = - 0\ V$).

Les diagrammes potentiel-pH (E_h-pH), initialement développés par Marcel Pourbaix [4], sont utilisés pour matérialiser les domaines d'existence ou de prédominance des différentes

formes chimiques d'un élément dans une solution (ions, complexe, précipité, métal). Les différentes espèces présentes sur le diagramme sont toutes liées par des processus électrochimiques.

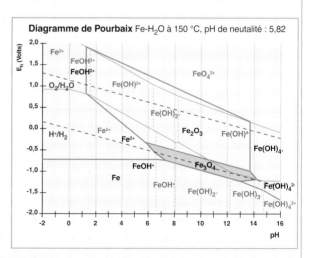

Diagramme de Pourbaix Fe-H$_2$O à 150 °C, pH de neutralité : 5,82

Fig. 32. Le diagramme de Pourbaix du fer indique la forme chimique stable du fer en présence d'eau, en fonction du pH et du potentiel redox E_h de la solution. La zone comprise entre les deux lignes rouges tiretées est le domaine de stabilité de l'eau.

d'eau des réacteurs. Par exemple, pour le circuit primaire des réacteurs électrogènes, de l'acide borique (H_3BO_3) et de la lithine (LiOH) sont ajoutés pour fixer le pH (le bore servant de **poison neutronique***), ainsi que du dihydrogène (H_2) pour fixer le potentiel redox. Pour le circuit secondaire, de l'ammoniaque (NH_4OH) ou de la morpholine (C_4H_9NO) sont ajoutés pour fixer le pH et de l'hydrazine (N_2H_4) est ajouté pour fixer le redox. Ainsi, la protection des matériaux métalliques repose principalement sur le contrôle de ces deux grandeurs : pH et E_h. Les mesures chimiques réalisées sur les circuits visent à garantir le « bon point de fonctionnement chimique ».

Les analyses chimiques réalisées sur les différents circuits sont nécessaires (i) au conditionnement chimique de ces circuits, (ii) à la vérification de l'absence de polluants aux conséquences dommageables (corrosion et encrassement principalement), (iii) au respect des arrêtés réglementaires (notamment en termes de rejets) et (iv) à l'optimisation du fonctionnement de l'installation. Il en résulte un grand nombre de mesures chimiques à réaliser. Le tableau 2 énumère de façon non exhaustive les principales analyses chimiques systématiques réalisées sur les circuits primaires et secondaires des REP. Il y a 3 à 4 **générateurs de vapeur*** (**GV**) par réacteur de puissance, ce qui multiplie d'autant certaines analyses.

Tableau 2.

Principales analyses chimiques systématiques réalisées sur les circuits primaires et secondaires des réacteurs à eau sous pression				
Circuit	**Paramètre**	**Type de mesure***	**Température de mesure**	**Objectif**
Primaire Circuit principal	Bore	Automate en ligne	25 °C	Neutronique
	Hydrogène	Automate en ligne	25 °C	Radiolyse & corrosion
	Lithium	En laboratoire	25 °C	pH optimal
	Cl, F, SO_4, Na	En laboratoire	25 °C	Corrosion localisée
	SiO_2, Ca, Mg, Al	En laboratoire	25 °C	Encrassement
	Oxygène	En Laboratoire	25 °C	Corrosion
Primaire Eau d'appoint	Oxygène	Automate en ligne	25 °C	Corrosion
	Conductivité	Automate en Ligne	25 °C	Pureté de l'eau
	Cl, F, SO_4, Na	En laboratoire	25 °C	Corrosion localisée
	SiO_2, Ca, Mg, Al	En laboratoire	25 °C	Encrassement
	Oxygène	En continu	25 °C	Sécurité (risque d'explosion avec H_2)
Primaire Effluents gazeux	pH	Automate en ligne	25 °C	Corrosion-érosion
Secondaire Eau alimentaire	Hydrazine	Automate en ligne	25 °C	Corrosion
	Oxygène	Automate en ligne	25 °C	Corrosion
	Ammoniaque, morpholine	En laboratoire	25 °C	Conditionnement chimique
	Matières en suspension	En laboratoire	25 °C	Transport des produits de corrosion
	pH	Automate en ligne	25 °C	Corrosion
Secondaire Purge du générateur de vapeur	Na	Automate en ligne	25 °C	Pollution du circuit et corrosion
	Conductivité cationique	Automate en ligne	25 °C	Pollution circuit et corrosion
	Ammoniaque, morpholine	En laboratoire	25 °C	Conditionnement chimique
	Cl, SO_4	En laboratoire	25 °C	Corrosion localisée
	SiO_2, Ca	En laboratoire	25 °C	Encrassement
	Conductivité cationique	Automate en ligne	25 °C	Protection des turbines
Secondaire Eau vapeur	Cl, Na, SiO_2	En laboratoire	25 °C	Protection des turbines
	Conductivité cationique	Automate en ligne	25 °C	Fuites au condenseur
Secondaire Extraction du condenseur	Oxygène	Automate en ligne	25 °C	Entrée d'air au condenseur

* Type de mesure : façon dont la mesure est le plus souvent réalisée. « En laboratoire » = mesure discontinue.

Les mesures chimiques

Les mesures en continu

Les contrôles en continu par des automates en ligne sont en général préférés aux analyses en laboratoire, réalisées sur des prélèvements discrets. La majorité des automates chimiques réalisent des mesures en continu *ex situ*, par dérivation du flux de caloporteur, à température ambiante et à pression atmosphérique. En plus de l'avantage d'être automatiques et continues, les analyses chimiques par automates en ligne permettent l'obtention d'une information qui peut être immédiatement retransmise en salle de commande. Pour valider l'information, une redondance des automates et des recoupements d'indications est mise en place. Par exemple, une augmentation simultanée de la concentration en pollution sodium (élément mesuré quotidiennement par le laboratoire d'analyse de la centrale) et de la conductivité cationique dans les générateurs de vapeur (mesures en ligne réalisées par automates) met en évidence une pollution souvent liée à une fuite au **condenseur***. Ces valeurs sont comparées à celles observées au niveau du condenseur. Pour limiter les dommages sur les tubes du générateur de vapeur liés à la concentration des polluants (phénomène de séquestration), une action rapide peut alors être décidée, comme isoler la partie du condenseur où la fuite est localisée. Cet exemple montre l'importance de mesures chimiques continues et fiables. De plus, les analyses en continu permettant un suivi de l'évolution des paramètres chimiques mesurés, même en dessous des valeurs acceptées, il est possible de détecter de faibles pollutions, voire de les prévenir.

Les mesures réalisées à température ambiante par les automates en ligne concernent notamment (tableau 2) :

• Pour le circuit primaire :

- Le bore qui est ajouté sous forme d'acide borique pour le contrôle de la réactivité neutronique. La teneur en bore est élevée en début de cycle (1 500 mg/kg maximum le plus souvent) et peut être nulle en fin de cycle ;

- l'hydrogène qui est ajouté pour éviter la production d'oxydants (oxygène notamment) par **radiolyse*** de l'eau dans le cœur, c'est-à-dire pour maintenir des conditions réductrices et ainsi limiter les phénomènes de corrosion généralisée ou localisée.

- le pH pour ajuster la concentration en lithine.

• Pour le circuit secondaire :

- Le pH à 25 °C, l'oxygène et l'hydrazine dans l'eau alimentaire permettent de s'assurer que le conditionnement chimique est correctement réalisé. Les valeurs limites de ces paramètres sont essentiellement liées au contrôle des phénomènes de corrosion-érosion des tuyauteries et des appareils qui constituent le train d'alimentation du générateur de vapeur (GV) ;

- la purge du GV est particulièrement surveillée : le pH à 25 °C, la concentration en sodium ainsi que la conductivité cationique à 25 °C sont mesurés en continu dans l'objectif de pouvoir réagir à la moindre pollution et ainsi préserver l'intégrité des tubes du générateur de vapeur qui sont partie intégrante de la deuxième barrière de sûreté des REP. Comme illustré dans la figure 33, le plan constitué par les deux paramètres chimiques représentatifs des pollutions (sodium et conductivité cationique) est divisé en plusieurs zones de fonctionnement : dans les domaines des valeurs attendues et admissibles, le fonctionnement est nominal mais en zone 3, la durée de fonctionnement est limitée à une semaine ; elle n'est plus que de 24 heures en zone 4 et la zone 5 conduit à une baisse de charge immédiate (concentrations supérieures à 150 mg/kg en sodium, par exemple). L'objectif est d'éviter toute corrosion localisée excessive des tubes du générateur de vapeur (amincissement, corrosion intergranulaire, fissures, piqûres…) ;

- la concentration en oxygène et les conductivités cationiques mesurées en continu au niveau du condenseur permettent de vérifier l'intégrité de celui-ci et ainsi d'éviter des corrosions dans le circuit d'alimentation du GV ou dans le GV.

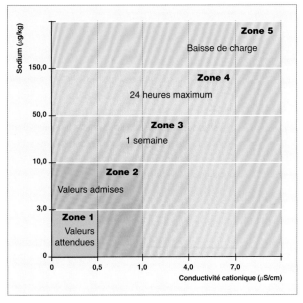

Fig. 33. Zones de fonctionnement relatives aux concentrations en sodium (μg/kg) et à la conductivité cationique à 25 °C (μS/cm) mesurées à la purge du générateur de vapeur d'un REP (les valeurs indiquées sont données à titre d'exemple).
Zone 1 : valeurs attendues / fonctionnement nominal.
Zone 2 : valeurs admises / fonctionnement autorisé.
Zone 3 : dépassement des valeurs admises / fonctionnement autorisé une semaine maximum pour un retour en zone 2.
Zone 4 : dépassement important des valeurs admises / fonctionnement autorisé au maximum 24 heures avant un retour en zone 3.
Zone 5 : dépassement trop important des valeurs admises / baisse de charge immédiate.

Un contrôle et un entretien réguliers sont nécessaires pour garantir la justesse des mesures réalisées par les automates en ligne. Outre des actions préventives de maintenance (remplacement des électrodes, étalonnages, nettoyage…), des comparaisons régulières sont prévues entre les valeurs fournies par les automates en ligne et celles obtenues en laboratoire sur des prélèvements.

Les mesures en discontinu

Malgré l'intérêt et l'importance des mesures en continu évoquées plus haut, de nombreuses mesures chimiques sont réalisées en laboratoire sur des échantillons, à des périodicités variables selon les besoins. Ces mesures sur des prélèvements discontinus (discrets) sont réalisées (i) lorsqu'il n'y a pas d'automates en ligne jugés fiables dans les conditions nominales de fonctionnement (c'est souvent le cas du lithium par exemple pour le circuit primaire), (ii) lorsque l'installation d'automates en ligne demande des efforts de maintenance et d'étalonnage bien supérieurs à la réalisation d'analyses en laboratoire (cas de l'analyse des anions et cations par chromatographie ionique), (iii) lorsque la fréquence de la mesure est faible, (iv) lorsque le volume à analyser est limité (cas des réservoirs d'injection de sécurité),…

Les mesures chimiques en discontinu concernent notamment le lithium et différents polluants (tableau 2) :

• Le lithium est ajouté sous forme de lithine pour obtenir un milieu primaire basique (pH à 300 °C entre 7,0 et 7,2 – pour rappel le pH neutre à 300 °C est de l'ordre de 5,6). L'objectif est de limiter la corrosion généralisée et donc le transport des produits de corrosion et leur activation dans le cœur qui conduirait à une contamination de l'ensemble du circuit primaire. À noter que le lithium est mesuré en continu de façon directe lorsque l'automate en ligne est jugé fiable, ou indirectement par mesure de conductivité ;

• les polluants (Cl, F, SO_4 et Na) sont en général analysés par chromatographie ionique à partir de prélèvements réguliers dans l'objectif d'éviter des phénomènes de corrosion localisée (piqûres et fissures) des aciers inoxydables et des alliages de nickel ;

• d'autres polluants (Ca, Mg, SiO_2) sont régulièrement contrôlés côté primaire et secondaire pour éviter l'entartrage et plus généralement la formation de dépôts durs limitant des échanges thermiques.

De nombreuses autres analyses chimiques, par automates en ligne ou en laboratoire sur prélèvements, sont réalisées pour surveiller les multiples circuits et réservoir d'un REP : les piscines du réacteur, les réservoirs d'eau alimentaire ou d'injection de sécurité, les circuits de refroidissement intermédiaire (souvent conditionnés au phosphate), les circuits de production d'eau déminéralisée…

Les mesures chimiques continues ou discontinues réalisées sur les centrales demandent non seulement des systèmes d'analyse fiables et justes, mais également des dispositifs d'échantillonnage adaptés. Les lignes du dispositif d'échantillonnage du circuit primaire et de la partie haute pression du circuit secondaire assurent le refroidissement et la détente du fluide à analyser dans l'objectif de pouvoir prélever un échantillon représentatif à température ambiante et à pression atmosphérique.

Les mesures réalisées par automates en ligne présentent des avantages majeurs (mesures en continu, transmission directe de l'information…) mais nécessitent un matériel extrêmement fiable, entretenu et étalonné. Le choix en termes de mesures continues ou discrètes évolue d'un pays à l'autre, mais est souvent proche de celui présenté ici. Les principaux points à contrôler par analyses chimiques font par contre l'objet d'un consensus encore plus général.

Il reste néanmoins que toutes ces mesures chimiques sont réalisées à température ambiante et non dans les conditions physico-chimiques réelles des circuits.

Les perspectives : vers des instruments plus robustes, utilisables en ligne et *in situ*

Pour la tenue des matériaux, les deux grandeurs chimiques pH et E_h sont probablement les plus importantes. Or, ces grandeurs ne sont pas directement mesurées sur les circuits d'eau des centrales. Les raisons principales sont que les dispositifs utilisés à température ambiante ne résistent pas aux conditions extrêmes de température et de pression et/ou qu'ils utilisent des espèces chimiques inacceptables pour les circuits nucléaires. Par exemple, la membrane de verre des électrodes pH est soluble dans l'eau à partir de 150 °C et les électrodes redox Ag/AgCl, Hg/Hg_2O_2, etc. contiennent des chlorures, de l'argent ou du mercure, espèces totalement prohibées dans le circuit primaire ou secondaire des réacteurs nucléaires pour des raisons neutroniques.

Mesures électrochimiques du pH et du potentiel redox

La prise en compte de ces contraintes d'utilisation en milieu nucléaire a conduit le CEA à revisiter une des premières méthodes de mesure d'E_h et du pH, à savoir l'utilisation d'électrodes à dihydrogène.

Son principe de fonctionnement repose sur la constitution d'une pile électrochimique (fig. 34) où chaque demi-pile est constituée d'un fil de platine baignant dans une solution

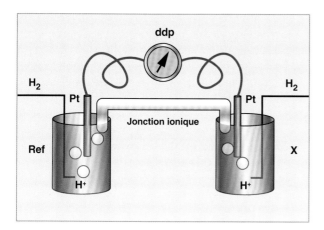

Fig. 34. Schéma de principe d'une pile électrochimique réalisée avec des électrodes à hydrogène.

aqueuse en présence de dihydrogène, c'est-à-dire la constitution de la pile est sous la forme :

$$Pt_R|H_{2(g)}|H^+_{(a)} :: H^+_{(a)}|H_{2(g)}|Pt_X.$$

Dans ces conditions, la différence de potentiel aux bornes des fils de platine Em s'exprime par :

$$E_m = \frac{RT}{F} Ln\left(\frac{a_{H^+}}{f_{H_2}}\right)_X - \frac{RT}{F} Ln\left(\frac{a_{H^+}}{f_{H_2}}\right)_R + E_j = E_{h,X} - E_{h,R} + E_j$$

où l'un des compartiments est pris comme référence (indice R) et le second pour inconnue (indice X), et où a désigne l'ac-

tivité des ions H^+ dans chacun des compartiments et f la fugacité du gaz. Ainsi, la même cellule électrochimique peut être utilisée pour mesurer le potentiel redox E_h ou un pH ($pH = -log\ a_{H^+}$). En effet, si le pH et la fugacité de H_2 du compartiment de référence sont fixes, alors la mesure de E_m permet de déterminer le E_h de ce compartiment X par rapport à celui du compartiment de référence (au potentiel de jonction près E_j). Pour mesurer le pH du compartiment X, il suffit d'imposer la même pression de gaz aux deux compartiments afin d'égaler les fugacités d'H_2 et ainsi d'accéder à la mesure de l'activité de H^+ du compartiment X par rapport à celle du compartiment de référence.

Si le principe de mesure de ces deux grandeurs physiques est simple à réaliser à température ambiante, les choses se compliquent sensiblement à haute température et pression, par exemple pour faire buller un gaz dans un fluide sous une centaine de bars de pression lorsque l'électrode se trouve connectée à un circuit primaire ou secondaire.

Deux dispositifs ont été conçus et réalisés au CEA : l'instrumentation ApHrodite pour les mesures de pH (utilisable uniquement en laboratoire) et l'instrumentation ERedox pour les mesures de potentiel rédox sur sites industriels. La figure 35 donne une vue d'ensemble de ces deux instruments.

Les matériaux choisis pour construire ces instruments (principalement des alliages de zirconium, de titane et un fil de platine) ne présentent pas a priori de risque particulier pour les circuits nucléaires. Une autre particularité de ces deux instru-

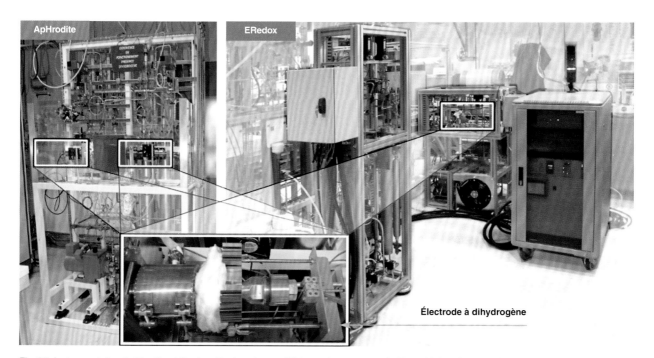

Fig. 35. Instrumentation ApHrodite et Eredox développées au CEA pour les mesures de E_h et pH dans les conditions de températures et de pressions des circuits REP.

ments est de pouvoir faire circuler les milieux étudiés afin de maintenir constante la chimie utilisée dans le compartiment de référence et s'affranchir ainsi d'éventuelles dérives dues à des réactions chimiques parasites. Cela peut s'avérer crucial lorsque le système de mesure doit rester connecté au circuit principal pendant plusieurs mois. L'autre particularité de ces dispositifs est de pouvoir adapter la chimie du compartiment de référence en fonctions du circuit connecté aux électrodes, par exemple une solution de référence à base de B-Li pour des mesures sur circuit primaire où à base d'ammoniaque pour des mesures sur le circuit secondaire.

Les optodes pour la mesure du pH

Des capteurs innovants de mesure du pH, utilisant la lumière, sont également développés au CEA. La mesure repose sur l'utilisation d'une optode (**opt**ical electr**ode**). Celle-ci est constituée d'une fibre optique à l'extrémité de laquelle est greffé, de manière covalente, en utilisant le procédé GraftFast™, un indicateur coloré sensible au pH.

Un schéma de principe du dispositif expérimental est représenté à la figure 36.

Cette technique est peu coûteuse et ne nécessite pas l'usage d'une électrode de référence. L'optode possède un temps de réponse court et est insensible aux interférences électromagnétiques. Le procédé de greffage est robuste, il permet une mesure en ligne et à distance.

Les domaines d'utilisation visés pour ces nouveaux capteurs concernent les mesures de pH à température ambiante et les mesures dans l'eau pure par exemple, où le pH est difficile à mesurer. La possibilité de greffer simultanément plusieurs indicateurs colorés sensibles dans des zones complémentaires de pH permet d'accroître le domaine de fonctionnement du capteur.

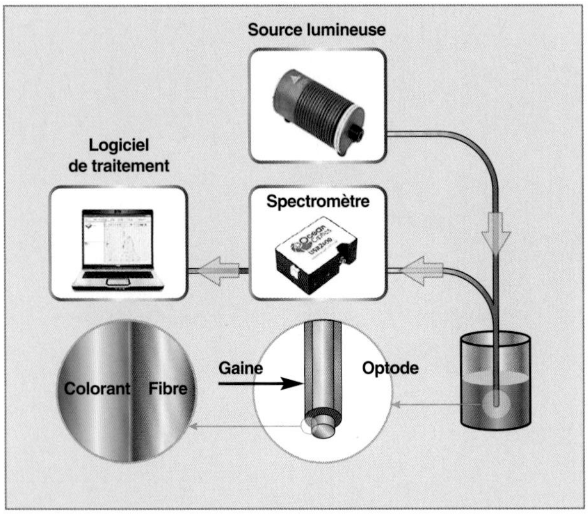

La modification par synthèse organique des indicateurs colorés commerciaux offre un vaste champ de perspectives. Cette technique peut, par exemple, être utilisée pour le suivi de la dégradation des bétons (milieux basiques), l'analyse environnementale (milieux neutres), le contrôle des processus de retraitement (milieux acides), etc.

Dominique You, **Céline** Dutruc Rosset,
Élisabeth Zekri, **Carole** Marchand,
Denis Doizi, **Damien** Féron, **Frédéric** Chartier
Département de physico-chimie
et Guy Deniau,
Institut rayonnement matière de Paris-Saclay

▸ **Références**

[1] R. P. Buck *et al.*, "Measurement of pH. Definition, Standards, and Procedures", *Pure Appl. Chem.*, vol. 74, n°11, pp. 2169-2200, 2002.

[2] R. G. Bates, "Determination of pH: Theory and Practice", UMI, Ed. 2, 1973.

[3] H. Galster, "pH measurement: fundamentals, methods, applications, instrumentation", Wiley-VCH, 1re édition, ISBN-10: 3527282378, 1991.

[4] M. Pourbaix, « Atlas d'équilibres électrochimiques », Gauthier-Villars, Paris, 1963.

Fig. 36. Schéma de principe de fonctionnement d'une optode pH.

Les mesures chimiques

Les mesures mécaniques

Introduction

Les réacteurs nucléaires électrogènes sont composés de plusieurs équipements sous pression dont le comportement mécanique doit être contrôlé. Il y va de la sûreté des réacteurs, en particulier pour ce qui concerne le maintien de l'intégrité de la cuve et des circuits primaires qui constituent la première barrière de confinement. Un enjeu particulièrement fort réside aussi dans le contrôle de l'acier de cuve dans un contexte d'allongement de la durée de vie des réacteurs et du durcissement de la réglementation. Cela implique une inspection en service, très complète lors des arrêts décennaux, à l'aide d'examens non destructifs (END) présentés très succinctement ci-après et qui ont principalement deux objectifs :

• La détection et la caractérisation (localisation, nature, forme, orientation, dimensions...) de défauts apparus depuis la mise en service de la cuve ;

• la surveillance de l'évolution de défauts ou d'une zone présentant une singularité.

Dans le cas de la cuve, l'inspection comprend l'examen télévisuel à 100 % pour en obtenir une véritable cartographie détaillée de sa surface interne. En complément des examens par ultrasons focalisés, elle permet le contrôle volumique de toutes les soudures et de la bride (entre la cuve et le couvercle) et la recherche de défauts de surface dans la région en regard du cœur (examen VPM).

Les mesures dans la cuve sont réalisées à l'aide de la Machine d'Inspection en Service (MIS) [1] sur les zones présentées dans la figure 37.

D'autres techniques de contrôle non destructif sont appliquées (non détaillées dans ce document) comme la gammagraphie, les mesures par courant de Foucault, la magnétoscopie, le ressuage... selon l'équipement inspecté (générateur de vapeur, tuyauterie, condenseur...).

Ces mesures qui permettent de s'assurer de l'intégrité de l'acier composant les éléments du circuit primaire et de la cuve en particulier doivent être complétées par des études analytiques sur les matériaux de structure du réacteur sous sollicitation thermomécanique, radiologique et chimique qui sont détaillées ici.

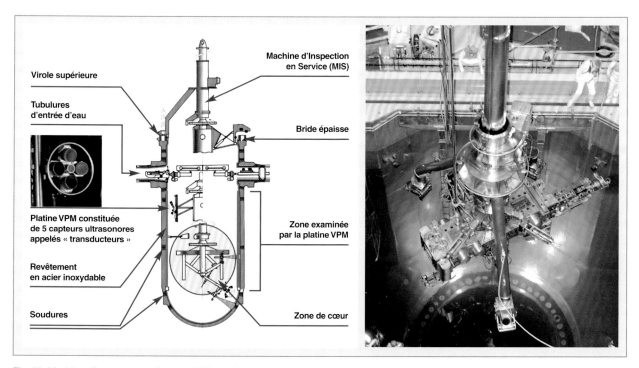

Fig. 37. Machine d'Inspection en Service (MIS) et détail des zones inspectées.

Les outils de caractérisation mécanique utilisés dans le domaine de l'énergie nucléaire visent à identifier les propriétés des matériaux afin de déterminer leurs performances et prévoir leur durée de vie en opération, en situation incidentelle ou accidentelle ainsi qu'en transport ou en entreposage. Les résultats expérimentaux sont utilisés pour développer des lois de comportement des matériaux et des critères de rupture qui sont ensuite intégrés à des codes de calculs de structure. À l'échelle des objets ou composants utilisés dans l'industrie nucléaire, les caractérisations phénoménologies intégrant les phénomènes tels que l'irradiation, les sollicitations thermomécaniques, les couplages avec le milieu sont le plus souvent suffisantes pour fournir les propriétés d'usage des matériaux et démontrer l'intégrité des structures durant la vie des réacteurs. De plus, dans l'objectif d'accroître la compréhension des phénomènes physiques mis en jeu, une démarche nécessitant l'étude des matériaux depuis l'échelle atomique jusqu'à l'échelle macroscopique du composant est aujourd'hui nécessaire et mise en œuvre. Cela se décline, pour les caractérisations mécaniques, par le développement et la mise au point d'essais mécaniques réalisés sur des échantillons de plus de plus petits, sur une échelle s'étendant aujourd'hui du micromètre à quelques centimètres. Ces essais permettent d'accéder à des propriétés de plus en plus locales et permettent d'expliquer des comportements observés à des échelles supérieures. L'utilisation d'échantillons de dimensions de plus en plus faibles permet également d'accéder, pour un volume de matière donné, à un plus grand nombre d'essais et donc de données expérimentales.

Dans ce contexte, le CEA conçoit et développe des équipements expérimentaux innovants afin de caractériser finement les matériaux dans des conditions les plus représentatives possibles des conditions en réacteur. Pour les matériaux irradiés, le développement de chaque nouvelle technique expérimentale comprend un processus de mise au point et validation expérimentale « en froid », une validation des essais par calculs aux éléments finis (rendue le plus souvent nécessaire de par l'absence de normes applicables pour ces essais), une

démarche de nucléarisation des équipements avant implantation finale en laboratoire « chaud ».

Avec la complexité des essais mécaniques réalisés et l'accès ou non à certaines données selon l'instrumentation qu'il sera possible de mettre en œuvre (qui sera nécessairement limitée lorsqu'il s'agira de caractériser des matériaux irradiés), cette démarche nécessite de déployer une approche combinant mesures expérimentales et simulations, approche permettant de s'assurer que les connaissances acquises permettent d'identifier les propriétés intrinsèques au matériau.

Ainsi, des essais de traction sur mini-éprouvettes, essais Charpy et mini-Charpy, essais Small Punch Tests (SPT), essais de nano-indentation... sont réalisés dans les laboratoires du CEA.

Les essais mécaniques Charpy et mini-Charpy

L'essai Charpy est un essai de flexion par choc d'une éprouvette de longueur 55 mm et de section 10 mm x 10 mm comportant une entaille sous l'effet d'un mouton-pendule. Cet essai, du nom de son inventeur, est utilisé depuis près d'un siècle à la détermination de la résistance au choc des matériaux appelée résilience. Cette caractéristique est largement utilisée dans les spécifications des matériaux car c'est un indicateur très sensible de la fragilité d'un matériau. L'énergie absorbée par la rupture est mesurée, ce qui permet de remonter à la résilience (énergie absorbée ramenée à la surface, exprimée en J/cm^2). Lorsque le mouton pendule est « instrumenté », c'est-à-dire équipé d'une électronique d'acquisition, il est possible d'accéder au taux de rupture fragile (ou cristalinité). La réalisation d'essais à différentes températures permet d'évaluer la transition ductile/fragile et la fragilisation des matériaux sous l'effet de l'irradiation ou du vieillissement thermique. Ce type d'essais est très utilisé pour caractériser le comportement du matériau de cuve notamment ([2] à [8]).

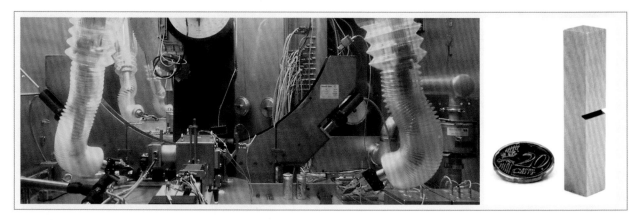

Fig. 38. Cellule blindée M10 du CEA : Mouton Pendule Charpy 300 Joules instrumenté et éprouvette Charpy conventionnelle pour la mesure de la résilience d'échantillons d'acier de cuve.

Les mesures mécaniques

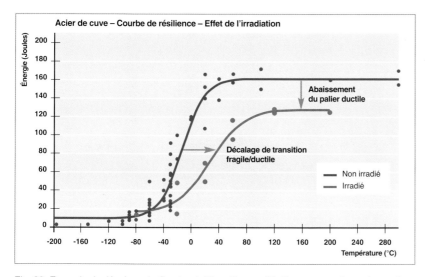

Fig. 39. Exemple du décalage de Courbe de Transition en Résilience mesurée sur le mouton-pendule de 300 Joules pour l'acier de Cuve 16MND5.

Au cours des dernières années, l'utilisation d'éprouvettes mini-Charpy s'est répandue. L'éprouvette mini-Charpy est une éprouvette Charpy de taille réduite par un facteur 2 à 3 environ (fig. 40). On peut prélever 12 éprouvettes mini-Charpy dans le volume d'une éprouvette Charpy traditionnelle. L'intérêt de cette évolution vers les petites éprouvettes est manifeste lorsque le matériau à caractériser est disponible en petite quantité ou que le produit qu'il constitue est de faible épaisseur.

L'utilisation des résultats d'essais Charpy n'est pas directe pour garantir l'intégrité des structures nucléaires (cuve, tuyauterie, internes...) puisque la taille maximale de défaut admissible compte tenu des chargements appliqués doit être évaluée en regard des dimensions de l'échantillon. Cette question

présuppose un défaut de type fissure et un chargement thermomécanique quasi statique avec de surcroît une taille de composant telle que le confinement en pointe de la zone plastique soit assuré. Or, dans l'essai Charpy classique, le chargement est dynamique (par choc). Le défaut est une entaille aiguë avec un rayon de fond d'entaille et non une fissure. La taille de l'éprouvette est insuffisante pour assurer un confinement de la zone plastique. Il existe donc une problématique de transférabilité de l'éprouvette à la structure qu'il est aujourd'hui possible d'appréhender empiriquement avec l'utilisation de méthodes de corrélation ou en mettant en œuvre des modélisations fines, permettant de démontrer la transférabilité de ces résultats à celles obtenues avec des approches de type mécanique de la rupture.

Les essais de ténacité sur petites éprouvettes (CTR)

L'essai de ténacité permet de mesurer la résistance d'un matériau à la rupture fragile ou à la déchirure ductile. Pour déterminer expérimentalement la ténacité, une éprouvette préentaillée est utilisée. En exerçant sur cette éprouvette un système de forces appropriées, on soumet la fissure à un mode d'ouverture et on évalue l'énergie élastique libérée par la progression de la fissure. La ténacité est proportionnelle à la racine carrée de cette énergie. Cet essai va au-delà de l'essai de résilience qui ne permet pas de prévoir de façon quantitative la rupture de pièces contenant une fissure de dimensions données. L'essai de ténacité permet d'obtenir des caractéristiques de ténacité (ou facteur d'intensité de contrainte critique) fragile et ductile telles que K_{IC} et J_{IC}, caractéristiques directement utilisables pour les calculs d'intégrité de structures [3],[5],[13] (fig. 41 et 42). Selon le volume des composants disponibles, comme par exemple les vis d'internes de cuves de réacteur, les quantités de matière irradiée disponibles ne permettent pas de réaliser des essais de ténacité conventionnels. Il devient, dans ce cas, nécessaire de pouvoir tester de plus petites éprouvettes telles que des CTR 5, par exemple, éprouvettes prélevées dans des barres ou éléments de visserie.

De la même manière que les éprouvettes mini-Charpy, les éprouvettes CTR-5 doivent permettre de réaliser des essais de ténacité. La validité de ces essais et, en particulier, leur transférabilité doivent alors faire l'objet d'études détaillées associant aux expériences une modélisation par calcul aux éléments finis.

Fig. 40. Éprouvette mini-Charpy.

Fig. 41. Éprouvettes de ténacité de type (a) CT-10, (b) CTR-5.

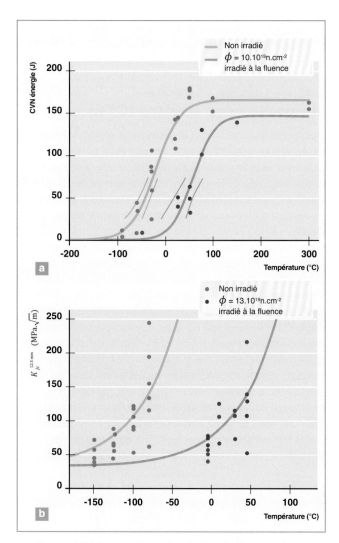

Fig. 42. a) Résilience obtenue à partir d'essais Charpy en fonction de la température pour un acier de cuve non irradié et irradié.
b) Ténacité quasi-statique fonction de la température pour un acier de cuve non irradié et irradié [2].

Les essais de flexion ou traction sur mini-éprouvettes

De nombreux programmes nécessitent la mise en œuvre d'essai de flexion ou traction sur mini-éprouvettes. Dans la plupart des cas, les dimensions des échantillons se situent aujourd'hui à la limite de ce qu'il est possible de réaliser pour une caractérisation mécanique représentative du comportement macroscopique des matériaux (fig. 43 et 44).

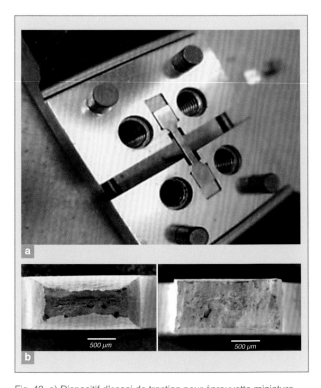

Fig. 43. a) Dispositif d'essai de traction pour éprouvette miniature plate (épaisseur 1,0 mm, L₀ = 5 mm). b) facies et striction à rupture fonction de la dose reçue (ductile avec striction significative à gauche, fragile avec très peu de striction à droite).

Fig. 44. Mini-éprouvettes de traction testées au CEA.

De ce fait, elles nécessitent une mise au point expérimentale particulière, devant être validée sur des montages « froids » et matériaux non irradiés préalable à la caractérisation de matériaux irradiés en cellules blindées. Pour les géométries les plus petites et non axisymétriques comme les éprouvettes plates de traction, la simulation aux éléments finis 3D est alors obligatoire pour interpréter les résultats expérimentaux [10, 11].

Les essais Small Punch Test (SPT)

L'essai Small Punch Test (SPT) consiste à poinçonner un petit disque de diamètre compris entre 3 à 6,4 mm et d'épaisseur 0,2 à 0,5 mm. Ce type d'essai présente le double intérêt de pouvoir identifier, à partir d'une très faible quantité de matière, la loi de comportement du matériau mais aussi son énergie à rupture. Il est donc tout particulièrement attractif pour la caractérisation des matériaux irradiés pour lesquels les quantités de matière irradiées sont limitées. Ainsi, des travaux de développement importants de ce type d'essais réalisés vers la fin des années 2000 ont conduit à la conception, la fabrication et la qualification d'un montage SPT nucléarisé en vue de son introduction et utilisation en cellules blindées du CEA (fig. 45) [9].

De nombreux essais SPT ont depuis été réalisés et ont permis de vérifier, outre sa simplicité de mise en œuvre, sa pertinence et son intérêt. Il s'agit d'un essai quasi-statique réalisable à différentes températures. Malgré des dimensions d'échantillons particulièrement réduites, le volume de matière

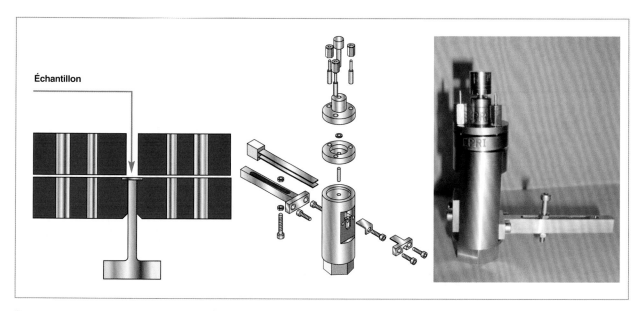

Fig. 45. Schémas de principe de l'essai Small Punch Test et montage nucléarisé disponible au CEA.

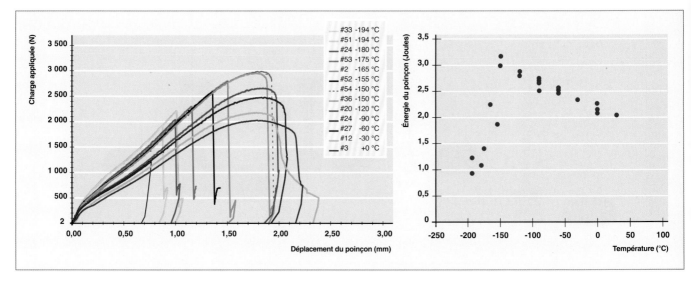

Fig. 46. Courbes force-déplacement et énergie à rupture en fonction de la température obtenues à partir d'essais SPT (acier de cuve 16MND5).

sollicité est particulièrement important, ce qui en constitue l'intérêt majeur. Les comportements mesurés s'avèrent peu sensibles aux conditions aux limites et peu sensibles aux phénomènes de friction mis en jeu durant l'essai. Les courbes force-déplacement ainsi mesurées sont donc pertinentes et s'avèrent particulièrement utiles lorsque que peu de matière est disponible pour les caractérisations (fig. 46). Cette technique doit encore être validée pour une utilisation sur matériau irradié en laboratoire chaud.

Les essais de micro ou nano-indentation

La micro-indentation et la nano-indentation sont des techniques d'indentation instrumentées permettant la détermination des propriétés mécaniques locales des matériaux [14]. Elles peuvent aussi bien être appliquées aux matériaux massifs qu'aux revêtements ou couches minces. Ces techniques consistent à mesurer la profondeur d'enfoncement d'un indenteur de géométrie connue dans un matériau dans le but d'obtenir ses propriétés élasto-plastiques ou de fluage. À partir d'un essai de micro-indentation instrumenté (permettant de mesurer la réponse charge-déplacement de l'indenteur) ainsi que la mise en œuvre de techniques de calculs inverses, il est possible d'en déduire une loi de comportement locale des matériaux, tout comme cela pourrait être fait à partir d'un essai de traction classique mais, de fait, plus macroscopique. Un intérêt tout particulier de ce type d'essais réside également dans la confrontation entre la modélisation des essais réalisés à l'échelle macroscopique aux résultats expérimentaux obtenus par nano-indentation. La compréhension de ces phénomènes peut amener à améliorer la modélisation en permettant de faire un lien micro-macro intéressant pour la relation entre

défauts cristallographiques existants ou créés durant un essai mécanique et leur incidence sur les propriétés mécaniques macroscopiques. Cette technique devra être transférée en laboratoire chaud pour étendre son application aux échantillons irradiés.

Les essais de compression par micro-piliers

La possibilité de prélever par érosion ionique au **MEB-FIB*** des nano-échantillons irradiés ouvre la voie à des caractérisations nano-mécaniques de matériaux irradiés. Ainsi, des essais de compression de micro-piliers sont envisagés. La figure 47 présente des micro-piliers obtenus par érosion ionique qui pourraient être testés par les techniques de nano-indentation afin de de s'approcher d'une mesure des caractéristiques microscopiques des matériaux.

La boucle de corrosion en conditions REP

Dans le cœur des réacteurs à eau sous pression, les matériaux, en particulier les crayons combustibles à gainage en alliage de zirconium et les composants internes de la cuve, sont exposés au milieu primaire constitué d'eau à 325 °C et 155 bars, avec addition de lithium, bore et hydrogène. La corrosion des alliages de zirconium, ainsi que l'hydruration qui en est la conséquence, est un facteur déterminant pour l'atteinte du taux de combustion maximal du combustible nucléaire et pour la fiabilité des assemblages combustibles. Les mécanismes et cinétiques de corrosion sont affectés par l'irradiation neutronique.

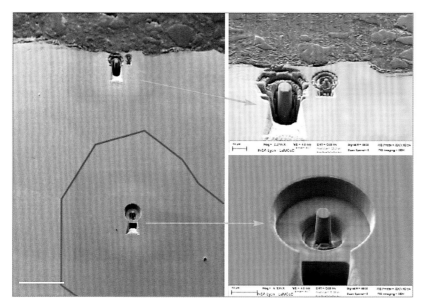

Fig. 47. Essais de compression des micro-piliers [14], technique pour la caractérisation mécanique de petits échantillons irradiés.

Certaines parties des composants internes de cuve, constituées d'acier inoxydable, sont également soumises à des contraintes : la synergie entre cette sollicitation mécanique, l'irradiation neutronique et la corrosion par le milieu primaire peut conduire au phénomène de corrosion sous contrainte assistée par l'irradiation, ce dernier étant un des paramètres pris en compte dans la détermination de la durée de vie des réacteurs.

Afin d'étudier les mécanismes de ces deux phénomènes de corrosion distincts, une boucle de corrosion comprenant trois autoclaves, reproduisant les conditions en température, pression et chimie du milieu primaire a été installée au CEA en enceinte blindée [15] pour effectuer des essais sur matériaux préalablement irradies aux neutrons, en REP ou en réacteur expérimental. Les autoclaves sont équipés d'une instrumentation permettant de suivre la mesure de pression (bar), la température (°C), et la pression partielle d'hydrogène *in-situ*, réaliser des mesures électrochimiques, et réaliser des essais de traction avec mesure de la vitesse de propagation des fissures par différence de potentiel.

Pour améliorer la compréhension et la modélisation des phénomènes d'amorçage de fissuration intergranulaire rencontrés sur la visserie en acier inoxydable austénitique 316 écroui des Réacteurs à Eau sous Pression (REP), la méthodologie mise en œuvre consiste à réaliser des essais de corrosion sous contraintes en milieu nominal REP dans la boucle de corrosion du CEA. Des observations au Microscope Electronique à Balayage (MEB) sont réalisées à l'issue des essais afin de caractériser et quantifier la fissuration intergranulaire.

Chantal CAPPELAERE,
Département des matériaux nucléaires

▸ **Références**

[1] Brochure de présentation de la Machine d'Inspection en Service (MIS), INTERCONTROLE 2017, http://www.intercontrole.com/FR/accueil-278/www-intercontrole-com-brochures-et-documents.html.

[2] B. BOURDILIAU, G-M. DECROIX , X. AVERTY, P. WIDENT and Y. BIENVENU, "Comparative study on Charpy specimen reconstitution techniques", *Nuclear Engineering and Design*, 241, pp. 2722-2731, 2011.

[3] J. HURE, C. VAILLE, P. WIDENT, D. MOINEREAU, C. LANDRON, S. CHAPULIOT, C. BENHAMOU and B. TANGUY, "Warm Pre Stress effect on highly irradiated Reactor Pressure Vessel Steel", *Journal of Nuclear Materials*, 1-22, 2014.

[4] C. SAINTE CATHERINE, S. ROSINSKI, J. FOULDS, M. WU, MESSIER, "Comparison of Charpy-V and Small Punch Transition region Fracture Behaviour for an Un-irradiated 16MND5 forging Material", CCC 2001 - Charpy Centenary Conference, Poitiers, October 2001, France.

[5] A. PARROT, A. DAHL, G. CHAS, F. CLÉMENDOT, B. TANGUY, "Evaluation of fracture toughness from instrumented Charpy impact tests for a Reactor Pressure Vessel steel using local approach to fracture: an application to the French surveillance program", Proceedings of Fontevraud 7, 26-20 september, 2010; France.

[6] A. PINEAU, B. TANGUY, "Advances in cleavage fracture modelling in steels: micromechanical numerical and multiscale aspects", *C.R. Physique*, 2010.

[7] C. POUSSARD, C. SAINTE CATHERINE, P. FORGET, and B. MARINI, "On the Identification of Critical Damage Mechanisms Parameters to Predict the Behavior of Charpy Specimens on the Upper Shelf", *Predictive Material Modeling: Combining Fundamental Physics Understanding, Computational Methods and Empirically Observed Behavior*, ASTM STP 1429, M. T. Kirk and M. Erickson Natishan, Eds., American Society for Testing Materials, West Conshohocken, PA, 2003.

[8] C. Sainte Catherine, C. Poussard, R. Schill, and P. Forget, "Comparison of Charpy-V and Sub-size Charpy Test Results on an Un-irradiated and Low Alloy RPV Steel", *Charpy to Present Impact Testing: Proceeding of the Charpy Centenary Conference*, 2-5 October, Poitiers, France, 2001.

[9] C. Sainte Catherine, S. Rosinski, J. Foulds, M. Wu and Messier, "Small Punch Test (SPT): EPRI-CEA Finite Element Simulation Benchmark and Inverse Method for the Determination of Elastic Plastic Behavior", ASTM 4th Symposium on Small Specimens Test techniques, Reno, USA, 21-23 January, 2001.

[10] C. Sainte Catherine, C. Poussard, J. Vodinh, R. Schill, N. Hourdequin, P. Galon, and P. Forget, "Finite Element Simulations and Empirical Correlation for Charpy-V and Subsize Charpy Tests on an Unirradiated Low-Alloy RPV Ferritic Steel", *Small Specimen Test Techniques: Fourth Volume, ASTM STP 1418*, M. A. Sokolov, J. D. Landes, and G.E. Lucas, Eds, American Society for Testing Materials, West Conshohocken, PA, 2002

[11] B. Tanguy, C. Bouchet, S. Bugat and J. Besson, "Local approach to fracture based prediction of the ΔT_{56J} and $\Delta T_{KIc,100}$ shifts due to irradiation for an A508 pressure vessel steel", *Engineering Fracture Mechanics*, 73, pp. 191-206, 2006.

[12] B. Tanguy, A. Parrot, F. Clémendot and G. Chas, "Assessement of pressure vessel steel irradiation embrittlement up to 40 years using local approach to fracture modelling. Application to the French surveillance program", *Proceedings of the ASME 2011 Pressure Vessels and Piping Division Conference*, PVP-2011, July 17-21, Baltimore, Maryland, USA, 2011.

[13] J. Hure, C. Vaille, P. Wident, D. Moinereau, C. Landron, S. Chapuliot, C. Benhamou and B. Tanguy, "Warm PreStress effect on highly irradiated Reactor Pressure Vessel steel", *Journal of Nuclear Materials*, 00, 2014, pp. 1-22.

[14] D. Tumbajoy-Spinel, « Mesure du gradient des propriétés mécaniques des zones hyper-déformées à partir des essais de nano-indentation et micro-compression de piliers », *La complexité pour demain*, Journées Scientifiques de l'Université de Lyon, 5 novembre 2014.

[15] P. Bossis, F. Gomez, J.-P. Gozlan, M. Tupin and P. Plantevin, "Design and Installation of an Autoclave Recirculation Loop for IASCC Studies", International Conference on Water Chemistry of Nuclear Reactor Systems 2006, Jeju (Korea), October 23-26, 2006.

L'instrumentation et la mesure pour la sûreté, la prévention et la gestion des accidents graves

L'instrumentation actuellement en œuvre sur le parc des réacteurs nucléaires français

L'instrumentation spécifiquement dédiée à la gestion des accidents graves était assez rudimentaire et imparfaite à l'origine des premiers réacteurs nucléaires. Elle n'a dès lors cessé de progresser mettant à profit les événements ayant conduit aux accidents majeurs survenus dans le passé, tels que ceux de 1979 sur le réacteur à eau sous pression TMI-2 de la centrale nucléaire de Three-Mile Island aux États-Unis, puis de 1986 sur la centrale nucléaire de la filière russe RBMK à Tchernobyl, accident qui a marqué une rupture dans le développement de l'électronucléaire mondial [1]. Enfin, en 2011, l'accident de Fukushima au Japon a de nouveau pointé la nécessité d'améliorer encore cette instrumentation, afin de la rendre fiable et robuste dans l'environnement sévère rencontré lors de tels accidents (absence prolongée d'alimentation électrique, dans des locaux soumis à de hautes températures, une forte humidité, et en présence d'un niveau de radiations élevé).

Suite à l'accident de TMI-2, l'instrumentation dédiée aux accidents graves a été considérablement renforcée [2, 3]. Le principe général de sûreté reposant sur le concept de « défense en profondeur » a été étendu pour traiter de telles situations. En France, un Guide d'Intervention en Accident Grave (GIAG) a été élaboré par l'exploitant EDF et validé par l'Autorité de Sûreté Nucléaire (**ASN***). Il vise à apporter une aide aux équipes techniques de crise en vue d'assurer au mieux le confinement des substances radioactives. En cas d'accident grave, la priorité n'est plus la sauvegarde du cœur du réacteur mais celle de l'enceinte de confinement. Schématiquement, pour chaque mode identifié de risque de défaillance de l'enceinte, le GIAG contient les procédures à suivre : ce sont les procédures U, pour ultimes. Les opérateurs disposent d'une instrumentation spécifique destinée à identifier au mieux l'état du réacteur et activer la procédure adéquate. Les principales mesures sont les suivantes :

• La température en sortie du cœur, mesurée par thermocouples. Elle est utilisée en particulier pour décider de la mise en œuvre du GIAG dès qu'elle atteint la valeur de 1 100 °C. Cette valeur correspond, par corrélation, au début de l'emballement de la réaction d'oxydation des gaines, puis à leur fusion inéluctable. À ce moment-là, la responsabilité de la conduite du réacteur est transférée de l'équipe de conduite aux équipes techniques de crise ;

• le débit de dose dans l'enceinte, mesuré par des chambres *gamma* à haut flux. Relié à l'état de dégradation du cœur par une corrélation, il constitue le deuxième critère de mise en œuvre du GIAG, dès lors qu'il atteint une valeur seuil correspondant à la rupture de toutes les gaines de combustible. Il est utilisé en redondance de la mesure de température en sortie du cœur ;

• la pression dans l'enceinte, qui va déterminer le seuil de déclenchement de l'isolation de l'enceinte, de même que l'activation éventuelle de la procédure ultime dite « U5 de dépressurisation filtrée » (voir ci-dessous) ;

• le niveau d'eau dans la cuve, qui permet d'appréhender la cinétique de dénoyage du cœur ;

• l'activité à la cheminée, signature de rejets radioactifs ;

• enfin, un thermocouple est placé au fond du puits de cuve de chaque réacteur du parc pour détecter l'arrivée du **corium*** sur le radier, en tant que signature de la rupture de la cuve.

Parmi les cinq procédures ultimes existantes, nous ne détaillerons ci-dessous que la procédure U5 car c'est la seule qui conduit à des rejets contrôlés dans l'environnement[5]. C'est sur l'amélioration de son instrumentation que repose une partie des travaux de R&D conduits à ce jour au CEA. Les autres procédures applicables sont décrites dans [2], [3].

La procédure U5 répond au risque de rupture de l'enceinte sur le moyen terme lorsque sa pression atteint sa limite de dimensionnement, qui est de 5 bars. Une telle situation peut en effet se produire au-delà de 24 heures après l'arrêt du réacteur sous l'effet de la vaporisation de l'eau injectée dans la cuve pour tenter de refroidir le cœur fondu, ou par la production de gaz incondensables lors de l'érosion du béton du radier par le corium, après la rupture de la cuve. Plutôt que de risquer une défaillance irréversible de l'enceinte conduisant à un rejet important de produits radioactifs dans l'environnement, il a été jugé opportun d'effectuer une dépressurisation volontaire de l'enceinte à travers un système de filtration de la majorité des produits radioactifs. Ce type de système, souvent dénommé « éventage-filtration », a été installé sur de nombreux réacteurs à travers le monde, sous l'appellation

---

5. De ce fait, cette procédure ne peut être appliquée qu'en concertation étroite avec les pouvoirs publics.

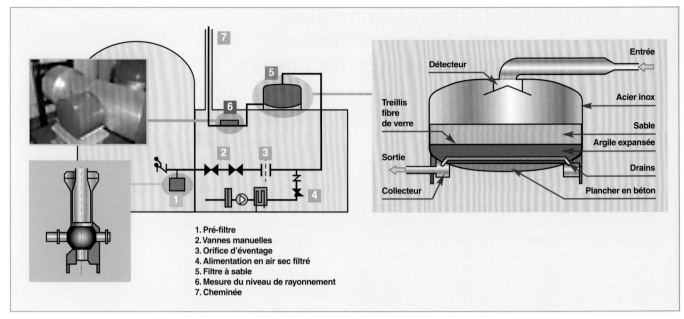

Fig. 48. Schéma du dispositif U5 « éventage-filtration » de l'enceinte de confinement, utilisé sur les réacteurs du parc REP français.

1. Pré-filtre
2. Vannes manuelles
3. Orifice d'éventage
4. Alimentation en air sec filtré
5. Filtre à sable
6. Mesure du niveau de rayonnement
7. Cheminée

anglaise *Filtered Containment Venting System* (FCVS)[6]. En France, le choix du système s'est porté sur ce que l'on appelle classiquement le « filtre U5 » décrit ci-après et schématisé sur la figure 48.

Nous trouvons de l'amont vers l'aval :

• Un préfiltre métallique, localisé à l'intérieur de l'enceinte, dont la fonction est de piéger au moins 90 % des espèces radioactives sous forme d'aérosols. Entre le préfiltre métallique et le filtre à sable, situé à l'extérieur de l'enceinte, la ligne est chauffée pour éviter toute condensation de la vapeur d'eau, et, par conséquent, l'atteinte potentielle d'une concentration en hydrogène explosive ;

• le filtre à sable, de conception unique au parc REP français, est situé à l'extérieur de l'enceinte, généralement sur le toit du bâtiment auxiliaire. Il est de forme cylindrique d'un diamètre de 7 mètres pour une hauteur de 4 mètres et pèse de l'ordre de 90 tonnes. Ses capacités de filtration garantissent un facteur de décontamination supérieur à 100 pour les espèces radioactives sous forme d'aérosols et supérieur à 10 pour l'iode gazeux moléculaire. En revanche, il ne retient pas les gaz de fission xénon et krypton et sa capacité à retenir l'iode gazeux organique ainsi que les espèces gazeuses du ruthénium, RuO_4 notamment, est à ce jour inconnue ;

• enfin, en aval du filtre à sable se trouve une chaîne de mesure en ligne par spectrométrie *gamma* destinée à quantifier les rejets des gaz de fission et des espèces gazeuses

de l'iode qui n'ont pas été retenues par le filtre à sable. Elle est construite autour d'un détecteur à **scintillation*** de type NaI(Tl) robuste, mais faiblement résolu en énergie, comme tout scintillateur de ce type. Elle a par ailleurs été dimensionnée avec des hypothèses de **terme source*** qui ont notablement évolué à la baisse ces dernières années. Cette chaîne de mesure, de conception ancienne, doit être prochainement rénovée par EDF, qui devrait mettre à profit pour cela les avancées attendues des projets actuellement conduits au CEA.

Ce système d'éventage-filtration de l'enceinte, a été progressivement implanté sur l'ensemble du parc REP français entre 1987 et 1995.

Suite à l'accident de Fukushima, des limites à la gestion actuelle des accidents graves ont été identifiées nécessitant une amélioration de l'instrumentation [4, 5, 6]. Parmi elles, on trouve en particulier la relation incertaine entre la mesure du débit de dose dans l'enceinte et l'état de dégradation du cœur, ainsi que la signature de la rupture de cuve par l'unique thermocouple placé sur le radier au fond du puits de cuve. C'est dans ce contexte que le CEA développe avec ses partenaires une instrumentation nouvelle dont l'objectif majeur est d'apporter aux équipes de crise un meilleur diagnostic de l'état du cœur tout au long du déroulement de l'accident. On peut notamment citer :

• Une instrumentation dédiée à la mesure des produits de fission (PF) en sortie du filtre à sable reposant sur un ensemble de techniques complémentaires que sont la spectrométrie *gamma* (PF radioactifs), la chromatographie en phase gazeuse (gaz de fission) et la spectrométrie d'absorption

---

6. Il n'en existait malheureusement pas sur les réacteurs de Fukushima.

L'instrumentation et la mesure pour la sûreté, la prévention et la gestion des accidents graves

optique (iode moléculaire et organique, ainsi que tétraoxyde de ruthénium) [7] ;

• une instrumentation dédiée au suivi de l'écoulement du combustible fondu depuis la rupture de la cuve jusqu'à sa progression au sein du radier et à son éventuel percement, au moyen de perches collectrons-thermocouples situées dans le puits de cuve et de nappes de fibres optiques positionnées à différentes profondeurs dans le radier [8, 9].

L'instrumentation mise en œuvre par le CEA sur ses programmes dédiés aux études sur les accidents graves

Depuis l'accident de TMI-2, le CEA conduit des programmes expérimentaux, en étroite collaboration avec EDF et l'**IRSN***, pour améliorer la compréhension et la connaissance des phénomènes physiques complexes mis en jeu lors d'un accident grave de réacteur de puissance. La majorité de ces programmes sont conduits sur deux installations complémentaires du CEA situées à Cadarache[7] : la plateforme PLINIUS, dédiée à l'étude de la dégradation du cœur, notamment dans sa phase tardive après fusion du cœur et formation du corium, et le laboratoire VERDON, dédié à la caractérisation du Terme Source, relâchement des PF et leur transport dans le circuit primaire.

Les paragraphes qui suivent présentent une description succincte de ces deux équipements, en se focalisant plus spécifiquement sur leur instrumentation associée.

La plateforme PLINIUS, dédiée à l'étude du corium

La plateforme expérimentale PLINIUS du CEA à Cadarache est dédiée à l'étude du comportement du corium prototypique. On appelle « corium » le matériau issu de la fusion du combustible et d'éléments d'un réacteur, qui se forme lors d'un accident grave. Le corium prototypique est un mélange de même composition chimique que le corium réel, mais ayant une composition isotopique différente : en pratique on utilise de l'oxyde d'uranium appauvri à la place d'uranium enrichi et on ne simule pas les éléments transuraniens. Tout en ayant un comportement très proche, le corium prototypique est donc d'un emploi plus aisé qu'un corium réel produit à partir de combustible irradié car il n'est pratiquement pas radioactif.

Le corium forme un bain fondu à des hautes températures (entre 1 500 et 3 000 °C) soumis à une puissance volumique résiduelle due à la radioactivité. Un couplage fort et complexe entre des phénomènes de thermohydraulique (convection dans le bain, rayonnement, échauffement des matériaux en contact avec le corium) et de physicochimie (solidification, volatilisation, ablation de matériaux) se développe au sein de ce bain.

Les phénomènes suivants ont été étudiés ou sont actuellement étudiés par le CEA sur les installations de la plateforme PLINIUS :

• Étalement du corium (à sec) ;

• solidification du corium et formation de croûtes ;

• interaction corium-eau ;

• interaction corium-béton ;

• refroidissement d'un bain de corium ;

• thermochimie du corium (oxydation, interaction avec matériaux, relâchement d'aérosols…) ;

• propriétés thermophysiques du corium.

Pour ce faire, plusieurs installations d'essais ont été conçues au CEA [10] :

• VITI pour des essais analytiques (en particulier de thermochimie) sur quelques grammes de corium ainsi que pour la mesure de propriétés thermo-physiques ;

• KROTOS pour l'étude des interactions corium-eau avec quelques kilogrammes de corium ;

• VULCANO pour des essais d'étalement à sec, de solidification de bain, d'interaction corium-béton avec des masses de corium de l'ordre de 50 kg ;

• MERELAVA, en cours de construction, pour étudier le refroidissement de bains de corium de 50 à 80 kg.

Du fait des hautes températures et des contraintes liées à l'utilisation d'uranium, même appauvri, une instrumentation spécifique a dû être développée. Deux catégories de mesures ont amené à des développements particuliers : les mesures des hautes températures et les mesures issues de traitement d'images dans le visible ou de radioscopies X. Par ailleurs, la technique de mesure de propriétés physiques du corium (densité, tension de surface, viscosité) sera décrite.

---

7. D'autres programmes expérimentaux, relatifs notamment à la thermodynamique des accidents graves et au risque hydrogène, sont conduits au CEA Paris-Saclay.

La mesure des hautes températures

Les températures sont principalement mesurées par **pyromé-trie optique***. Le principe de la pyrométrie est de remonter à la température d'un corps par mesure du spectre du rayonnement thermique qu'il émet. Dans le cas d'une mesure de pyrométrie « bichromatique », on se contente de mesurer le rapport de l'intensité lumineuse émise à deux longueurs d'onde. En supposant l'émissivité identique aux deux longueurs d'ondes de mesure (hypothèse de corps gris), la température de surface du corium peut être estimée à partir du rapport des radiances aux longueurs d'ondes selon la loi de Wien :

$$R(T) = \frac{\lambda_1^{-5}}{\lambda_2^{-5}} \frac{\exp\left(-\frac{hc}{k\lambda_1 T}\right)}{\exp\left(-\frac{hc}{k\lambda_2 T}\right)}$$

Les incertitudes sur les émissivités du corium sont une des sources principales d'incertitude pour ce type de mesure et peuvent conduire à une incertitude de l'ordre de ± 50 % sur la température mesurée.

L'étalonnage des pyromètres dans l'installation VITI a été réalisé au moyen de cellules à points fixes de températures eutectiques [11]. Pour cela, des mélanges eutectiques Cobalt-Carbone (1 324 °C), Ruthénium-Carbone (1 953 °C) et Rhénium-Carbone (2 475 °C) ont été utilisés. Le point d'inflexion de la courbe de température lors de la fusion de l'eutectique (fig. 49) indique une température fixe à quelques degrés près qui ne peut pas être affectée par l'interaction entre le creuset et le bain, le matériau du creuset étant l'un des matériaux constitutifs de l'eutectique.

Les mesures pyrométriques ont été complétées pour certaines applications par de la **thermographie infrarouge***. Néanmoins, les mesures optiques ne permettent que de connaître la température de surface d'un bain de corium. Pour obtenir la température interne, il faut utiliser des mesures intrusives qui sont rendues difficiles par les très hautes températures et l'agressivité chimique des matériaux étudiés.

Pour des bains de corium oxydes, des thermocouples tungstène-rhénium gainés tungstène permettent de mesurer des températures jusqu'à 2 200-2 300 °C. Par contre, ces capteurs ne résistent pas à un bain métallique, du fait de la présence d'un eutectique fer-tungstène à une température de 1 530 °C. Récemment, le CEA a mis au point un système de gainage protégeant le capteur de température à la fois de l'acier fondu et du corium oxyde, nécessaire pour les expériences VULCANO simulant le comportement de mélanges oxyde-métal.

Les mesures par traitement d'images

Dans l'installation VULCANO, la progression de l'étalement du corium est suivie à l'aide du traitement d'images de la section d'essai d'étalement. On utilise pour cela une caméra vidéo munie d'un objectif grand angle installé dans un caisson refroidi à l'air, ce qui permet l'observation de corium à plus de 1 800 °C à moins de 10 cm de la caméra (fig. 50, en bas). Le calibrage géométrique (fig. 50, en haut) s'effectue en positionnant un damier sur la veine et en corrélant les positions des pixels représentant les sommets des carreaux (de 10 cm de côté) [12].

La visualisation et le traitement d'images sont aussi un des diagnostics principaux des expériences d'interaction corium-

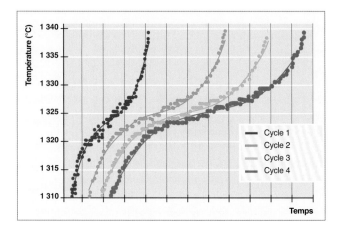

Fig. 49. Évolution en fonction du temps de la température mesurée lors de la fusion d'un eutectique cobalt-carbone (1 324 °C). L'inflexion entre 1 323,9 et 1 325,5 °C permet l'étalonnage des pyromètres.

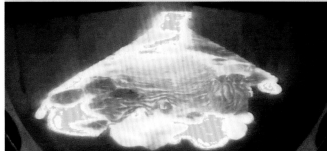

Fig. 50. Visualisation des expériences d'étalement du corium à sec. En haut : calibrage de la caméra grand-angle avec un damier ; en bas : coulée de corium.

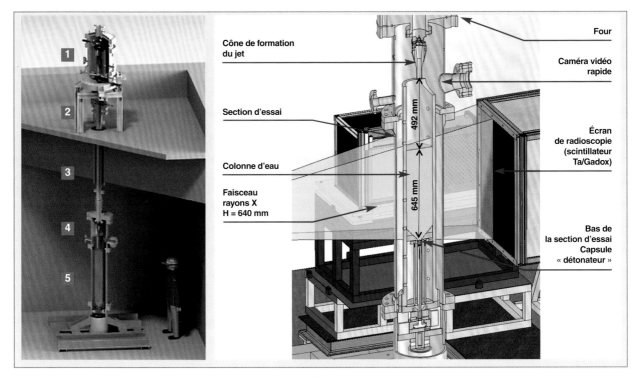

Fig. 51. Installation KROTOS pour l'étude de l'interaction corium-eau. À gauche : schéma d'ensemble (configuration eau profonde) ; à droite : zoom sur la section d'essai et la visualisation (configuration eau peu profonde).

eau dans l'installation KROTOS (fig. 51). Cette installation est principalement constituée d'un four résistif (1) permettant de chauffer et fondre jusqu'à 6 kg de corium et de le transférer, *via* un tube de transfert (3), vers la section d'essai (5) remplie d'eau. Après une phase dite de pré-mélange pendant laquelle le jet de corium se fragmente et les échanges thermiques entraînent la formation de vapeur d'eau, une explosion de vapeur peut être déclenchée à l'aide d'un « détonateur » (une capsule de gaz sous haute pression dont la détente va déstabiliser les films de vapeur présents autour des gouttes de corium).

La distribution du corium, de l'eau liquide et des gaz (vapeur d'eau, gaz incondensables tels que l'hydrogène) est obtenue par traitement d'images radioscopiques obtenues à l'aide d'une source de photons de hautes énergies (**accélérateur*** linéaire d'électrons de 9 MeV Linatron), (1) sur la figure 52 gauche). Les photons sont filtrés (pour éviter une saturation de l'image et durcir le spectre), collimatés (pour réduire le bruit sur l'image en éliminant une part notable du rayonnement diffracté) et traversent la section d'essai (3) et le tube d'essai (tous deux en alliage d'aluminium, afin de réduire l'atténuation des photons tout en garantissant la tenue mécanique).

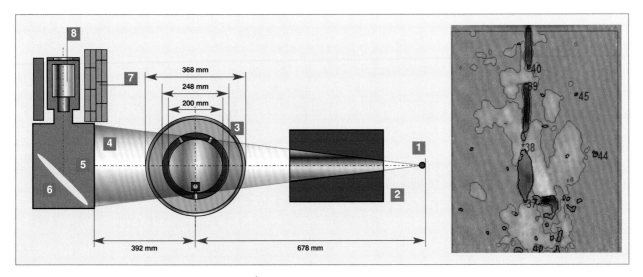

Fig. 52. Radioscopie du corium lors d'essais KROTOS. À gauche : schéma en vue de dessus ; à droite : image radioscopique après traitement.

Le rayonnement transmis atteint l'écran du scintillateur (4) qui convertit les photons incidents en lumière visible sur la face arrière de l'écran. Un miroir (5) à 45° permet de protéger la caméra vidéo (8) des photons par des écrans en plomb (8). Une fréquence d'acquisition de 55 à 200 Hz peut être mise en œuvre. Plusieurs positions de la fenêtre de visualisation (de 300 à 640 mm de haut) peuvent être choisies selon les objectifs de l'expérience (étude du lit de débris ou de la fragmentation du jet).

Le traitement d'image [13] permet de séparer le corium (en noir sur la figure 52 droite), l'eau liquide (en gris) et les gaz (en clair) et d'estimer les fractions volumiques des phases présentes dans le pré-mélange, les surfaces et volumes des gouttes de corium ainsi que leur vitesse.

Pour la future installation PLINIUS-2 [14] qui permettra l'étude de l'interaction corium-sodium ainsi que la réalisation d'expériences avec des masses plus significatives de corium prototypique (plusieurs centaines de kilogrammes selon les types d'essais), des adaptations du traitement d'images radioscopiques sont à l'étude. En particulier, du fait du très petit diamètre des particules de corium retrouvées après interaction avec le sodium (diamètre médian de l'ordre de quelques dixièmes de millimètres), il sera nécessaire de suivre des nuages de gouttelettes au lieu d'un suivi individuel de gouttes comme actuellement pratiqué sur KROTOS.

La mesures des propriétés thermophysiques d'une goutte de corium

L'installation VITI (Viscosité – Température Installation) a été conçue pour effectuer des mesures de viscosité et de tension de surface du corium par lévitation aérodynamique [15]. Une goutte de corium est mise en lévitation sur un film de gaz de moins de 100 μm arrivant à travers une membrane poreuse (diffuseur) qui sert aussi de suscepteur pour le chauffage par induction (fig. 53).

Suivant la valeur du nombre d'Ohnesorge reliant la viscosité η, la tension de surface σ, la masse volumique ρ et le rayon de courbure R de la goutte :

$$Oh = \frac{\eta}{(\sigma\rho R)^{0,5}},$$

la mesure de la viscosité [16] s'effectue dans le mode apériodique ($Oh > 0,77$) ou dans le mode périodique ($Oh < 0,77$). Dans le mode apériodique, la goutte est déformée en approchant un second diffuseur de la face supérieure de la goutte. Le diffuseur est relâché et le temps de relaxation de la goutte est inversement proportionnel à sa viscosité.

La forme au repos de la goutte est liée à la tension de surface et à la densité du fluide (fig. 54) par l'équation de Laplace :

$$\frac{d\theta}{ds} = -\frac{\sin(\theta)}{x} + \frac{\rho.g}{\sigma} \times z\, \frac{2}{R_c},$$

avec :
- θ : angle entre la normale à la goutte et l'horizontale,
- s : coordonnée curviligne ($ds = \sqrt{dx^2 + dz^2}$),
- R_c : rayon de courbure au sommet de la goutte,
- x et z : coordonnées respectivement horizontale et verticale

Cette équation est résolue numériquement afin d'estimer la tension de surface.

Dans le cas périodique, on excite le diffuseur avec un pot vibrant et on mesure, par traitement d'image, les déformations de la goutte. La viscosité est reliée à la largeur du pic de la première résonance par :

$$\eta_{p\acute{e}riodique} = \frac{2\pi}{3} \cdot R_{po}^2 \cdot \rho \cdot \Delta f$$

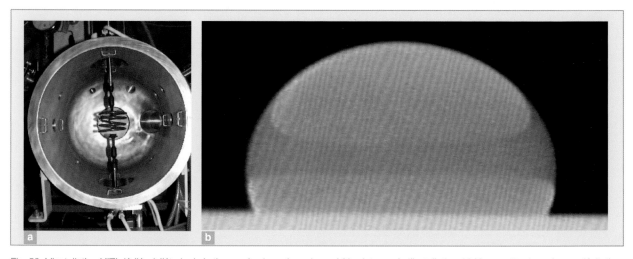

Fig. 53. L'installation VITI dédiée à l'étude de la thermophysique du corium. a) Vue interne de l'installation. b) Une goutte de corium en lévitation aérodynamique.

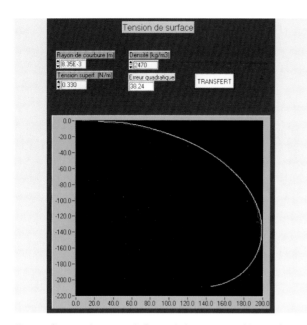

Fig. 54. Comparaison entre la forme de la goutte expérimentale (en blanc) et celle issue du calcul (en rouge) permettant d'estimer la tension de surface du corium.

Pour obtenir des hautes températures, les deux diffuseurs (en graphite) sont chauffés par induction. L'échantillon d'oxydes est d'abord chauffé par rayonnement depuis les deux diffuseurs, puis, devenant à son tour conducteur à haute température, le couplage électromagnétique induit un chauffage complémentaire. L'utilisation de ces deux modes de chauffage réduit les gradients de température dans l'échantillon. De plus, une cloche en graphite entoure le dispositif d'essai et limite les pertes thermiques. Un **pyromètre*** bichromatique est utilisé pour mesurer la température de surface de la goutte. Deux caméras vidéo permettent de mesurer les rayons polaires et équatoriaux de la goutte après analyse d'image.

Dans le cas où la lévitation ne peut pas se produire de façon satisfaisante, une technique alternative, dite de la goutte sessile [17], posée sur un substrat, est en cours de mise au point pour la mesure de la densité et de la tension de surface.

Le laboratoire VERDON, dédié au terme source

L'installation VERDON du CEA à Cadarache, est dédiée à l'étude du comportement des produits de fission (PF), à savoir leur relâchement du combustible et leur transport dans le **circuit primaire***, en situation accidentelle de réacteurs nucléaires (fig. 55). Elle dispose de fonctionnalités expérimentales uniques au monde [18]. Les expériences sont conduites sur des combustibles irradiés dans les REP du parc EDF, puis ré-irradiés juste avant l'essai en réacteur d'irradiation technologique appelés aussi **MTR*** (Material Testing Reactor) pour reconstituer l'inventaire en produits de fission (PF) de courte **demi-vie***.

Mise en service en 2011, cette installation remplace avec des fonctionnalités améliorées l'installation VERCORS [21] du CEA à Grenoble arrêtée fin 2002, qui avait permis de conduire pendant vingt ans des études sur ce même thème et d'élaborer une base de données relative au relâchement des PF parmi les plus complètes au monde[8].

Les essais VERDON consistent à porter à très haute température, généralement jusqu'à sa fusion, un tronçon de combustible irradié dans un environnement représentatif d'un accident grave. Ils sont réalisés dans une cellule de haute activité. Le circuit expérimental, schématisé sur la figure 55, est constitué d'un four à l'intérieur duquel est positionné l'échantillon combustible constitué d'un tronçon de plusieurs pastilles dans leur gaine d'origine et d'un circuit aval comprenant deux configurations complémentaires : l'une destinée quasi exclusivement à l'étude du relâchement des PF (circuit CER), l'autre destinée à l'étude combinée de leur relâchement et de leur transport dans le circuit primaire d'un réacteur nucléaire (circuit CET). En aval de ce circuit expérimental, une boîte à gants permet le recueil et la mesure en ligne des gaz de fission par chromatographie en phase gazeuse et **spectrométrie gamma***.

Le four VERDON est un four inductif pouvant chauffer l'échantillon combustible jusqu'à une température maximale de 2 600 °C, sous un balayage de fluide dont la composition est ajustable en hélium, hydrogène, vapeur d'eau et/ou air. La température du combustible est mesurée par un pyromètre visant la face inférieure du creuset, support du combustible.

Le circuit CER (Circuit Expérimental Relâchement) piège les produits de fission (PF) dans un filtre aérosols positionné juste au-dessus du four. Au-delà de ce filtre, les formes gazeuses de l'iode sont piégées dans un filtre sélectif dénommé « Maypack ». Seuls les gaz incondensables injectés et les gaz de fission sortent de la cellule pour être stockés puis analysés dans une boîte à gants. Pendant l'essai, trois systèmes de spectrométrie *gamma* en ligne, mesurent (1) la cinétique d'émission des PF hors du combustible, (2) leur cinétique de dépôt dans le filtre et (3) la cinétique d'arrivée de l'iode gazeux dans le *Maypack*, grâce à une électronique d'acquisition rapide, compensant les pertes de comptage.

Dans le cas du circuit CET (Circuit Expérimental Transport), les PF émis par le combustible sont transportés dans une ligne chauffée à 700 °C afin de limiter leur condensation jusqu'à l'entrée d'un ensemble de 4 tubes à gradients de température, dénommés « TGTM » (Tubes à Gradient de Température Multiples), alimentés de façon séquentielle et dont la fonction est de représenter des surfaces plus froides sur lesquelles les dépôts de PF vont se produire. La température de ces tubes, linéairement décroissante de 700 °C à

---

8. Vingt-cinq essais VERCORS ont été réalisés entre 1983 et 2002.

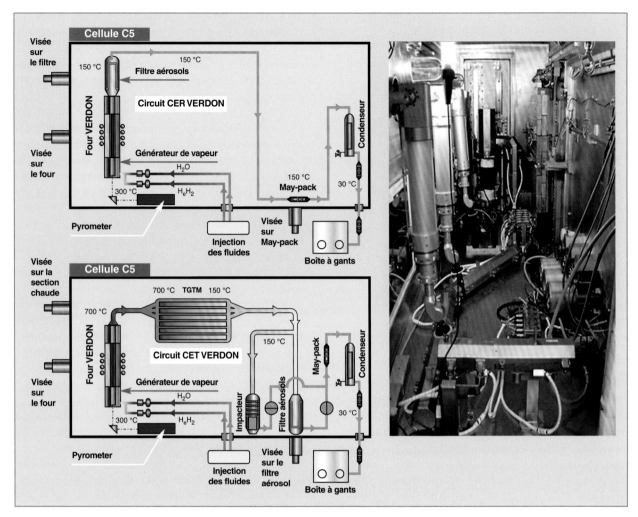

Fig. 55. Circuits de l'installation expérimentale VERDON, dédiée à l'étude du combustible en situation d'accident grave.

l'entrée jusqu'à 150 °C à la sortie[9], permet ainsi d'étudier la physico-chimie des PF dans le circuit primaire d'un réacteur nucléaire par la mesure de la température de condensation de leurs vapeurs, correspondant aux pics de dépôts observés. En aval du TGTM, on retrouve les mêmes éléments que dans la configuration CER, ainsi qu'un filtre additionnel permettant de piéger les oxydes gazeux de ruthénium.

Pendant l'essai, de nombreux capteurs placés le long du circuit expérimental, enregistrent continûment température, pression et débit du fluide. La cinétique de relâchement et le transport des PF est quant à elle mesurée par spectrométrie *gamma* (et chromatographie en phase gazeuse pour les gaz de fission).

Après chaque essai, les composants de la boucle expérimentale sont démontés puis mesurés quantitativement sur un banc de scrutation *gamma* afin d'établir un bilan précis du relâchement des PF, ainsi que leur localisation sur chacun de ces composants. Ce banc dispose pour cela d'un ensemble de collimations variées et adaptées aux géométries et activités attendues.

Ces mesures de spectrométrie *gamma* constituent un des apports essentiels de ces essais et présentent quelques caractéristiques particulières qu'il est utile de préciser ici [19] :

• L'activité élevée du combustible irradié et fraîchement ré-irradié en réacteur nucléaire d'irradiation technologique MTR nécessite d'utiliser des géométries de mesure finement collimatées et de disposer le détecteur à une distance de plusieurs mètres de l'échantillon. Par ailleurs, la mesure étant effectuée à travers différentes structures (les différents éléments isolants du four inductif, par exemple), la quantification de la mesure nécessite un processus d'étalonnage complexe ;

9. Ces températures correspondent respectivement à la température à la brèche lors d'une rupture de tuyauterie primaire d'un REP en branche chaude (700 °C) ou en branche froide (150 °C), de même que la température moyenne régnant dans l'enceinte (150 °C), pendant un accident grave.

L'instrumentation et la mesure pour la sûreté, la prévention et la gestion des accidents graves

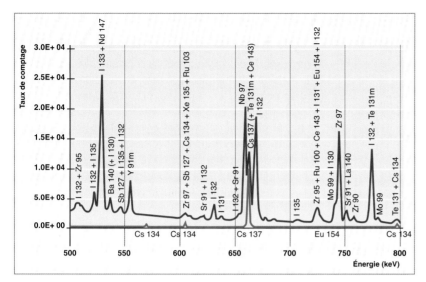

Fig. 56. Comparaison d'un spectre *gamma* de combustible « fraîchement » réirradié (en rouge) avec un spectre *gamma* de combustible « refroidi » (en bleu) dans la gamme d'énergie 500 à 800 keV.

• la cinétique de relâchement des PF impose d'acquérir des spectres sur des courtes durées, de l'ordre de la minute. Pour disposer d'une statistique suffisante pour la majorité des PF, il faut alors recourir à une électronique de pointe, corrigeant automatiquement les pertes de comptages jusqu'à des taux de comptage supérieurs à 100 000 coups/seconde ;

• enfin, la complexité des spectres contenant des PF de courte demi-vie impose le développement d'un logiciel spécifique pour corriger efficacement les multiples interférences et superpositions de raies *gamma*. La figure 56 illustre ce grand nombre de raies γ dans une fenêtre du spectre comprise entre 500 et 800 keV, pour un combustible fraîchement irradié, en rouge, par rapport au même combustible ayant dépassé plusieurs années de désactivation, en bleu. Nous voyons en particulier, que l'unique raie *gamma* du Cs 137, située à 662 keV, habituellement bien isolée et facilement mesurable, présente dans le cas d'un spectre fraîchement ré-irradié une raie de Nb 97 sur son flanc gauche, une raie de I 132 sur son flanc droit et deux raies secondaires de Te 131m et Ce 143 qui lui sont totalement superposées. Il faut ajouter à cela que parmi ces PF, certains présentent des filiations en cascade, qu'il n'est pas simple de corriger, notamment lorsque le PF « père » présente une volatilité différente de celle de son « fils ». C'est le cas notamment du couple Ba 140-La 140, mais aussi souvent de Te 132-I 132, Zr 95-Nb 95 ainsi que de nombreux isotopes de l'iode, PF volatil, vers ceux du xénon, PF gazeux.

Le laboratoire VERDON bénéficie, en outre, de l'ensemble des équipements de micro-analyse du CEA et de l'expertise des équipes acquise depuis de nombreuses années sur l'analyse du combustible irradié pour effectuer des examens approfondis après chaque essai, en particulier les équipements suivants :

• Microscope optique et microscope électronique à balayage **MEB*** pour l'étude de l'évolution de la microstructure du combustible ;

• **microsonde électronique*** et spectromètre de masse à ionisation secondaire (**SIMS***), pour l'analyse des PF restant dans le combustible et l'identification de potentielles co-localisations ;

• micro-**DRX*** pour l'étude des phases cristallographiques.

Enfin, plus tardivement, des analyses chimiques sont effectuées par **ICP-MS*** (voir *infra*, p. 133) après lixiviation des principaux composants de la boucle d'essai situés en aval du combustible, afin de quantifier le relâchement des éléments non mesurables par spectrométrie *gamma*, notamment uranium, plutonium, américium ainsi que tous les PF stables ou radioactifs non émetteurs *gamma* et de longue demi-vie, en particulier Sr 90[10].

L'expérience acquise par le CEA au travers de ce programme expérimental, sur la connaissance du comportement des PF et notamment sur les spécificités de leur mesure par spectrométrie *gamma*, s'est révélée particulièrement utile dans les semaines qui ont suivi l'accident de Fukushima [20]. Alors qu'un déficit d'instrumentation concernant notamment les données thermo-hydrauliques était criant et empêchait de dresser un diagnostic fiable sur l'état des réacteurs et des piscines, l'analyse des mesures de PF transmises par l'exploitant japonais TEPCO et/ou les autres organismes internationaux a permis au CEA d'établir en ligne un diagnostic de la situation et confirmer notamment que :

• L'origine des rejets provenait quasi exclusivement des réacteurs et non pas des piscines, information particulièrement précieuse, notamment en regard de la piscine 4, dont le dénoyage avait été envisagé, et parfois annoncé trop hâtivement dans les médias ;

• les cœurs des trois réacteurs étaient très endommagés avec une fusion probablement très étendue, diagnostic qui fut confirmé par la suite.

---

10. Le Sr 90 est un émetteur *bêta* pur, de vingt-neuf ans de demi-vie, c'est à dire quasiment la même que Cs 137. Peu volatil pendant la phase de dégradation du cœur, il peut s'accumuler par la suite par lixiviation dans l'eau qui est injectée dans le réacteur. Sur le long terme, il est, avec le Cs 137, le principal responsable de la contamination des eaux de Fukushima.

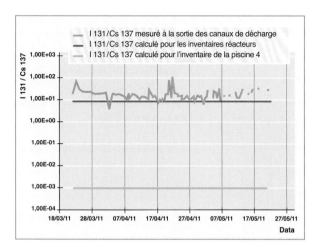

Fig. 57. Comparaison des rapports I 131/Cs 137 mesurés à la sortie des canaux de décharge des réacteurs et calculés respectivement pour les réacteurs et la piscine 4 après l'accident de Fukushima.

La figure 57 illustre l'analyse qui a été conduite pour confirmer que l'origine des rejets provenait bien des réacteurs accidentés et pas des piscines. Cette analyse porte sur les rapports de deux PF volatils de comportement similaire en termes de relâchement et de demi-vies très différentes : huit jours pour I 131 et 30 ans pour Cs 137. Ces rapports sont comparés aux valeurs mesurées en sortie du canal de décharge en mer et à celles calculées à partir des inventaires des cœurs (rapport élevé car combustible « frais ») et des piscines (rapport moins élevé de plusieurs décades car combustible usé). Pour les autres piscines que la piscine 4, dont les combustibles étaient encore plus anciens, les rapports sont plusieurs décades en dessous de ce graphe.

Les détecteurs à scintillation

Les détecteurs à scintillation [22] ont été parmi les premiers à être utilisés pour détecter les rayonnements ionisants. Ils présentent l'avantage d'être robustes, assez faciles d'utilisation et de posséder une efficacité de détection élevée. Ils ne nécessitent pas de refroidissement.

Les matériaux scintillateurs ou radioluminescents émettent de la lumière sous l'impact de rayonnements α, β, γ. Les particules directement ionisantes (électrons, protons, *alphas* ; ions et noyaux d'atomes…) perdent leur énergie principalement en excitant les atomes et molécules du scintillateur[11]. Une fraction seulement de cette énergie est réémise sous forme de lumière par un processus de fluorescence et phosphorescence consécutif à la désexcitation des atomes du scintillateur. Il s'agit du phénomène de scintillation qui décroît exponentiellement en fonction du temps.

Les détecteurs à scintillation sont constitués d'un bloc scintillateur qui convertit l'énergie déposée en rayonnements lumineux de faible intensité, couplé à un photomultiplicateur qui transforme les photons de scintillation en électrons puis en signal électrique mesurable par amplification du signal initial (fig. 58 et 59).

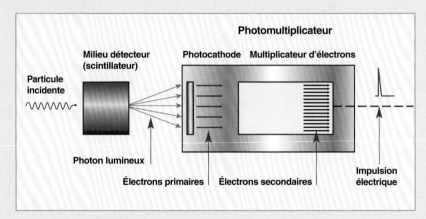

Fig. 58. Principe général du détecteur à scintillation.

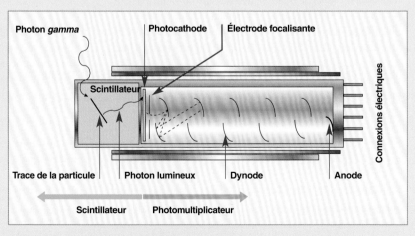

Fig. 59. Schéma d'un détecteur à scintillation (scintillateur + photomultiplicateur).

11. Des réactions d'ionisations peuvent avoir lieu. Mais c'est le phénomène d'excitation qui reste prépondérant dans la détection par scintillation.

60

L'instrumentation et la mesure pour la sûreté, la prévention et la gestion des accidents graves

Fig. 60. Photographie d'un exemple de détecteur à scintillation.

Le nombre de photons de scintillation est proportionnel à l'énergie cédée au milieu. Ces détecteurs se prêtent donc bien à la spectrométrie γ. Leur résolution en énergie est beaucoup moins bonne que celle des détecteurs à semi-conducteur mais ils sont facilement utilisables et peuvent être portables.

On distingue deux grandes familles de scintillateurs utilisés pour la mesure de rayonnements nucléaires: les minéraux et les organiques.

Les scintillateurs inorganiques ou minéraux les plus rencontrés sont l'Iodure de sodium (NaI) et l'Iodure de césium (CsI) pour les mesures de spectrométrie X et *gamma*, le sulfure de zinc (ZnS) pour la détection des particules chargées lourdes. Ils sont cependant limités par leur faible pouvoir de résolution en énergie et un temps de réponse relativement long (≈ 250 ns). Cela ne permet pas de mesurer des flux de rayonnement élevés. Les scintillateurs minéraux présentent les propriétés suivantes :

• Il est possible de réaliser des cristaux de grand volume (donc meilleure efficacité) ;

• leur temps de réponse est relativement long (de 200 ns à 1 μs) ;

• leur réponse en énergie est linéaire ;

• ils sont parfois hygroscopiques (inconvénient).

Les scintillateurs organiques (plastiques) présentent peu d'intérêts pour des mesures en spectrométrie X ou γ à cause de leur composition essentiellement en carbone et hydrogène qui leur confère un numéro atomique Z trop faible. Ils sont néanmoins largement utilisés car d'une part ils sont disponibles sous des volumes et des surfaces importants et d'autre part ils disposent d'un temps de réponse relativement court (~10 ns).

Les scintillateurs organiques présentent les propriétés suivantes :

• Ils sont très rapides (temps de réponse de l'ordre de 1 ns à 10 ns), ces scintillateurs sont utilisés pour les forts taux de comptage et pour la mesure temporelle ;

• ils sont peu coûteux et peuvent être construits sous diverses formes ;

• le rendement global des solutions liquides (benzène, etc.) ou des matières plastiques (polystyrène, polyvinyltoluène) est relativement faible ;

• la réponse en fonction de l'énergie est pratiquement linéaire notamment pour les électrons avec lesquels ils sont employés pour faire de la spectrométrie.

Le temps de réponse du détecteur à scintillation est en général beaucoup plus grand que le temps de ralentissement (arrêt) d'une particule ionisante dans le scintillateur. L'impulsion croît donc très rapidement en un temps fini puis décroît suivant une loi exponentielle de constante de temps τ liée à la probabilité de désexcitation.

Le photomultiplicateur (PM) a pour rôle de convertir le signal lumineux émis par le scintillateur en un signal électrique suffisamment élevé pour être exploité par une électronique associée appropriée. Pour cela, il est constitué d'une cellule photoélectrique (photocathode) émettant des électrons arrachés par effet photoélectrique et d'un multiplicateur d'électrons formé d'un certain nombre d'électrodes à émission secondaire appelées dynodes. Les dynodes sont des électrodes portant un revêtement susceptible d'émettre des électrons. Portées à des potentiels croissants, chaque dynode libère 2 à 3 électrons par électron reçu, l'ensemble multipliant ainsi le nombre d'électrons émis par la photocathode (fig. 58 et 59).

Les détecteurs à scintillation sont utilisés aussi bien en laboratoire pour la mesure relativement fine d'énergie (spectrométrie X et γ) que sur le terrain dans les appareils de contrôle et de caractérisation.

Théoriquement et moyennant certaines adaptations, la majorité des rayonnements nucléaires directement et indirectement ionisants (α, β, γ, X, neutrons, noyaux d'atomes) sont potentiellement détectables par des détecteurs à scintillation.

Tableau 3.

Propriétés et domaines d'utilisation des principaux types de détecteurs à scintillation				
Type	Principales caractéristiques	Rayonnements les plus fréquemment détectés	Domaine d'application	Exemples
Scintillateurs Minéraux (monocristaux) NaI, CsI	Efficacité de détection élevée pour les *gammas* -	X, γ, β	• radioprotection • comptage • spectrométrie γ de terrain • médecine nucléaire	• systèmes de contrôle et de détection (gros détecteurs) • scintiblocs Na I de laboratoire • γ caméra pour scintigraphies monophotonique ou par émetteur β^+
Scintillateurs Organiques (plastiques, liquides)	- temps de réponse court - Faible efficacité	Particules chargées (β essentiellement) Détection de neutrons rapides	• spectrométrie β • radioprotection	• scintillation liquide (pour β mous) • sonde de radioprotection pour β (énergie moyenne)

Viviane Bouyer, Jules Delacroix,
Christophe Journeau, Pascal Piluso,
Département de technologie nucléaire
Gérard Ducros, Yves Pontillon
Département d'étude des combustibles
et Abdallah Lyoussi,
Département d'étude des réacteurs

▶ **Références**

[1] J. Mahaffey, "Atomic accidents, a history of nuclear meltdowns and disasters", *Pegasus Books* (2014).

[2] D. Jacquemain *et al.*, « Les accidents de fusion du cœur des réacteurs nucléaires de puissance, État des connaissances », IRSN EDP Sciences (2013).

[3] J. Libmann, « Approche et analyse de la sûreté des réacteurs à eau sous pression », INSTN CEA collection enseignement (1987).

[4] Collectif européen, *NUGENIA Roadmap 2013*.

[5] AIEA, "Accident monitoring systems for Nuclear Power Plants", *IAEA Nuclear Energy Series*, Report NP-T-3.16 (2015).

[6] M. Farmer *et al.*, "Reactor safety gap evaluation of accident tolerant components and severe accident analysis", *Argonne National Laboratory*, ANL/NE-15/4 (2015).

[7] G. Ducros *et al.*, "On-line Fission Products measurements during a PWR severe accident: the French DECA-PF project", *ANIMMA International Conference*, 20-24 April 2015, Lisbon, Portugal.

[8] P. Ferdinand, L. Maurin, S. Rougeault, H. Makil, G. Cheymol *et al.*, "DISCOMS: DIstributed Sensing for COrium Monitoring and Safety", CANSMART 2015, 16th of July, 2015, Vancouver, British Columbia, Canada.

[9] L. Barbot, V. Radulović, C. Destouches, J.-F. Villard, V. Dewynter-Marty, F. Malouch and F. Lopez, "Experimental validation of a Monte Carlo based toolbox for Self-powered neutron and *gamma* detector simulation in the OSIRIS MTR", PHYSOR Conf. 2016, 1-5 May 2016, Sun Valley, USA.

[10] V. Bouyer, N. Cassiaut-Louis, P. Fouquart and P. Piluso, "PLINIUS Prototypic Corium Experimental Platform: Major Results and Future Works", *Proceedings of NURETH16*, Chicago, IL, USA (2017).

[11] C. J. Parga, C. Journeau, A. Tokuhiro, « Development of metal-carbon eutectic cells for application as high temperature reference points in nuclear reactor severe accident tests », *High-Temperatures – High Pressures*, 41, pp. 423-448 (2012).

[12] C. Journeau, Y. Jung, J. Pierre, "Visualization of a 2,000°C Melt spreading over a plane", *8th Int Symp. Flow Visualization*, Sorrente, Italie.

[13] C. Brayer *et al.*, "Analysis of the KROTOS KFC test by coupling X-Ray image analysis and MC3D calculations", *Int. Conf. Advances nucl. Power Plants (ICAPP'12)*, Chicago IL (2012).

[14] C. Journeau *et al.*, "Corium-Sodium and Corium-Water Fuel-Coolant-Interaction Experimental Programs for the PLINIUS2 Prototypic Corium Platform", *17th International Topical Meeting on Nuclear Reactor Thermal Hydraulics (NURETH-17)*, Xi'an, Chine (2017).

[15] D. Grishchenko and P. Piluso, "Recent progress in the gas-film levitation as a method for thermophysical measurements: application to ZrO_2-Al_2O_3 system", *High Temperatures – High Pressures*, 40, pp. 127-149 (2011).

[16] M. Perez, L. Salvo, M. Suéry, Y. Bréchet and M. Papoular, "Contactless viscosity measurement by oscillations of gas levitated drops", *Phys. Rev. E61*, pp. 2669-2675 (2000).

[17] N. Chikhi, P. Fouquart, J. Delacroix and P. Piluso, "Influence of steel properties on the progression of a severe accident: measurement

of 304L and 16MND5 steel density and surface tension", *17th International Topical Meeting on Nuclear Reactor Thermal Hydraulics (NURETH-17)*, Xi'an, Chine (2017).

[18] M.P. FERROUD-PLATTET *et al.*, "CEA VERDON laboratory at Cadarache: new hot cell facilities devoted to studying irradiated fuel behaviour and fission product releases under simulated accident condition", *HOTLAB International Conference*, 21-23 Septembre 2009, Prague, République Tchèque.

[19] G. DUCROS *et al.*, "Use of *gamma* spectrometry for measuring fission product releases during a simulated PWR severe accident: application to the VERDON experimental program", *ANIMMA International Conference*, 7-10 juin 2009, Marseille, France.

[20] G. DUCROS *et al.*, "Main lessons learned from Fission Product release analysis, for the understanding of Fukushima Dai-Ichi NPP status", *ANS Winter meeting*, 11-15 novembre 2012, San Diego, USA.

[21] G. DUCROS, Y. PONTILLON and P.P. MALGOUYRES, "Synthesis of the VERCORS experimental programme: separate-effect experiments on Fission Product release, in support to the PHEBUS-FP programme", *Annals of Nuclear Energy*, 61 (2013) pp. 75-87.

[22] A. LYOUSSI, « Détection de rayonnement et instrumentation nucléaire », ISBN 978-2-7598-0018-6, *EDP Sciences*, mars 2010.

L'instrumentation et la mesure pour les réacteurs de 4e génération

Besoins, enjeux et motivations

La surveillance en exploitation des centrales nucléaires, exigence forte de l'exploitant et des autorités de sûreté, est réalisée par les mesures d'un certain nombre de paramètres qui concernent aussi bien la surveillance continue du réacteur en fonctionnement qu'une inspection en service approfondie lors des arrêts programmés. Or, le concept de réacteur à neutrons rapides à caloporteur sodium (**RNR-Na***) de 4e génération, de par la présence de sodium chaud (jusqu'à plus de 550 °C en fonctionnement et environ 200 °C lors des arrêts pour inspection), opaque et difficilement « vidangeable », conduit à utiliser une instrumentation très spécifique pour réaliser ces mesures qui, de plus, sont parfois réalisées en milieu très hétérogène et en mode transitoire rapide. Aussi, le CEA a-t-il engagé pour le projet **ASTRID***, en collaboration avec ses partenaires historiques EDF et AREVA ainsi que d'autres (académiques et industriels), un effort de R&D important sur ce thème, au-delà de la capitalisation de l'expérience acquise en France avec les réacteurs SFR précédents (RAPSODIE, PHÉNIX et SUPERPHÉNIX) et à l'international [1].

Le démonstrateur technologique ASTRID, avec ses installations de recherche associées, est destiné en premier lieu à démontrer à une échelle suffisante les avancées technologiques obtenues en qualifiant au cours de son fonctionnement les options innovantes, notamment dans les domaines de la sûreté et de l'opérabilité, en vue de soutenir la conception des réacteurs commerciaux de 4e génération [2].

En sus de l'instrumentation conventionnelle (déjà existante dans les réacteurs nucléaires de générations 2 et 3), l'instrumentation envisagée pour le réacteur **ASTRID*** est adaptée et tire parti des propriétés physiques spécifiques au sodium :

• Le sodium conduisant bien le son (faible atténuation mais qui augmente avec la fréquence), l'instrumentation acoustique constitue un bon moyen pour contrôler d'une part l'absence d'apparition de situations anormales durant le fonctionnement du réacteur, et d'autre part pour vérifier lors des arrêts le bon état des structures. Ainsi, sont développées des méthodes de caractérisation de l'état ou du désordre des structures (défauts au sein des soudures notamment, déplacement des structures, présence d'obstacles) et du milieu sodium (engazement, cavitation, ébullition, présence de fuite de gaz ou de vapeur dans les échangeurs thermiques) ;

• le sodium étant un métal paramagnétique, cette propriété est utilisée pour réaliser des mesures avec des capteurs électromagnétiques : débitmètres à distorsion de flux magnétique pour les mesures de débit et de vitesse du sodium mais également pour caractériser son engazement, sondes de niveau du sodium ;

• le sodium étant un fort réducteur chimique, la teneur en oxygène dans le sodium est mesurée avec des sondes électrochimiques de façon à limiter l'apparition de phénomènes de corrosion des matériaux et du transfert de contamination associé.

Ces techniques et procédés d'instrumentation sont abordés dans les paragraphes suivants (hors mesures neutroniques traitées par ailleurs), à travers leur principe de mesure, les transmetteurs de signaux et la simulation associée. Leurs utilisations pour un réacteur nucléaire tel qu'ASTRID forment la conclusion de ce chapitre, en tant qu'applications industrielles [3].

Les mesures ultrasonores

Ces mesures sont réalisées soit de manière active (émission d'ondes acoustiques dans l'espace à surveiller/inspecter et enregistrement des signaux transmis ou réfléchis (échos) - on peut ainsi mesurer la plupart des paramètres qui caractérisent le caloporteur : température, vitesse, position de niveau libre, présence de bulles dans le sodium), soit de manière passive afin de détecter certains événements anormaux ou incidentels tels que l'ébullition du sodium dans le cœur nucléaire, la cavitation dans les pompes mécaniques, les fuites de gaz ou d'eau dans le sodium des échangeurs de chaleur, les chocs dus aux corps migrants, les défaillances mécaniques... La qualité des mesures dépend fortement des traducteurs utilisés en sodium et de leur positionnement relatif vis-à-vis des cibles visées (capteur immergé en sodium ou externe) avec des porteurs immergés en sodium, et des conditions perturbantes du milieu (gradients de température et de vitesse, présence de bulles dans le sodium). Selon les applications présentées ci-après, les fréquences utilisées couvrent la gamme de quelques kHz à quelques MHz [4].

Les techniques et procédés

Dans un SFR, la présence d'une couverture d'argon au-dessus du sodium liquide primaire (utile pour rendre inerte le circuit de sodium et pour compenser sa dilatation/contraction lors des variations de température) conduit à l'engazement normal et continu de ce dernier, principalement par dissolution/nucléation. Bien que présentant de très faibles taux de vide – de l'ordre de 10^{-6} – et constitué de microbulles (diamètre de quelques dizaines de micromètres), cet engazement modifie la propagation ultrasonore dans le sodium, ce qui permet de le caractériser.

Les développements en cours portent principalement sur des techniques acoustiques actives. Les plus intéressantes à ce jour sont la célérimétrie acoustique à basse fréquence [5] et l'inversion de mesures spectroscopiques d'atténuation et de célérité [6].

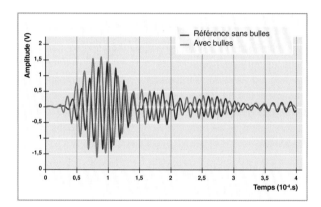

Fig. 61. Mesure de la célérité à basse fréquence d'un liquide engazé. Du décalage de temps observé, il est possible de déduire le taux de vide.

L'apport de l'acoustique non linéaire est aussi à l'étude. La caractérisation de populations de bulles complexes sans informations *a priori* constitue un véritable challenge.

Des expérimentations sont actuellement menées en eau mais l'objectif à moyen terme est de qualifier en sodium une méthode permettant de remonter au taux de vide et à l'histogramme des rayons des bulles avant d'envisager une implantation en réacteur. À cette fin, une autre problématique est actuellement génératrice de R&D : la génération de microbulles dans du sodium liquide.

La détection de fuites par des méthodes acoustiques passives est elle aussi nécessaire car le circuit tertiaire d'un SFR est pressurisé et une fuite du fluide tertiaire (azote ou eau) dans le sodium du circuit secondaire, au niveau de l'échangeur de chaleur est possible. Elle provoque un bruit que l'on peut détecter. Dans le cas de l'eau, la réaction chimique avec le sodium crée un bruit supplémentaire au sein du **Générateur de Vapeur*** (**GV**).

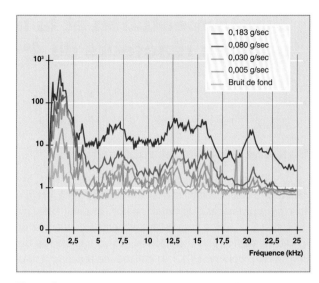

Fig. 62. Spectre acoustique d'injection d'eau dans du sodium (**KAERI***).

Deux méthodes cumulables peuvent être utilisées pour la détection rapide de ce bruit. Une méthode de traitement d'antenne : par corrélations entre les bruits relevés en différents points de la surface externe de l'enveloppe de l'échangeur, pour localiser son site d'origine en extrayant le bruit localisé du bruit ambiant (fig. 63). La connaissance des fonctions de transfert entre la source de bruit et les récepteurs est obtenue soit par mesure, soit par un modèle numérique. Ainsi, une fuite ayant un rapport signal sur bruit de 24 dB a pu être localisée [7]. Les capteurs acoustiques peuvent être fixés sur la paroi externe de l'échangeur (figure suivante) ou en bout de guides d'ondes.

L'autre méthode s'intéresse au traitement du signal issu d'un seul capteur, en utilisant diverses méthodes de traitement du signal : utilisation d'une valeur caractéristique comme la densité spectrale de puissance ou d'une classification plus élaborée. De telles méthodes permettent depuis longtemps une détection pour un rapport signal sur bruit entre -16 et -20 dB [7]. Les bruits émis étant assez variés, cette détection est plutôt basée sur la seule détection d'une déviation du bruit par rapport au bruit de fonctionnement normal. Une méthode performante a été obtenue au CEA en utilisant la densité spectrale de puissance et les chaines de Markov cachées [9], les paramètres du modèle étant optimisés grâce au bruit enregistré lors du fonctionnement sans fuite. La fuite est détectée lorsque la probabilité que le bruit puisse être issu du modèle ajusté chute en dessous d'une valeur limite (fig. 64).

La détection acoustique de l'ébullition du sodium est étudiée afin de détecter très rapidement (quelques secondes) le bouchage instantané d'un assemblage combustible [10] : un écoulement diphasique est induit, qui peut rapidement conduire à l'endommagement du combustible et génère un

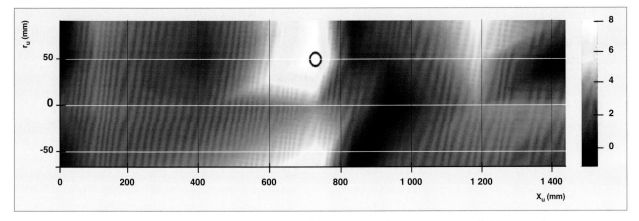

Fig. 63. Traitement d'antenne (exprimé relativement en dB) appliqué à chaque point dans une maquette cylindrique en acier, avec écoulement d'eau. O : position de la source expérimentale du bruit (4 dB de plus que le bruit ambiant), X : 50 capteurs positionnés à l'extérieur du cylindre [8].

bruit hydrodynamique, à distinguer du bruit de fond associé au fonctionnement normal du réacteur. Lors de l'ébullition du sodium au sein de l'assemblage combustible, la source principale du bruit acoustique est constituée par la condensation, en raison de la forte sous-saturation au sein de l'assemblage et de la grande diffusivité thermique du sodium [11]. Ce résultat permet de construire la forme du spectre acoustique qui sera déformé par la structure lors de sa propagation dans le milieu liquide. À ce jour, la détection acoustique d'ébullition, vis-à-vis d'autres systèmes de détection, n'est pas encore mature pour être utilisée en tant que système de sûreté.

Une étude originale a permis de comparer les signaux acoustiques, associés d'une part à l'ébullition et d'autre part à la cavitation du sodium : la figure 65 présente le principe du dispositif spécial utilisé ainsi que les signaux acoustiques enregistrés.

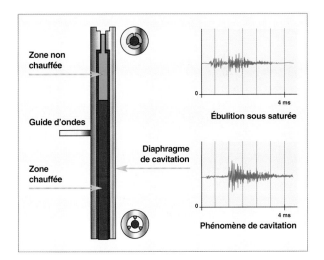

Fig. 65. Schéma de principe du dispositif d'essai de cavitation et d'ébullition sous saturée du sodium (gauche). Signaux acoustiques enregistrés *via* un guide d'onde (droite).

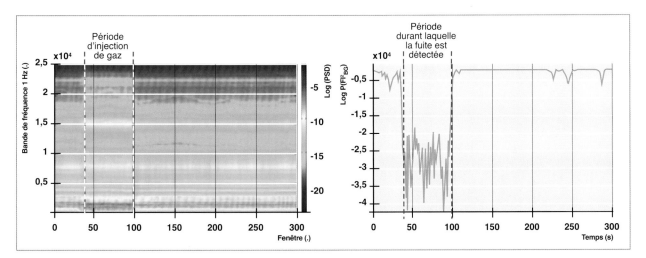

Fig. 64. Signal acoustique incluant une injection de gaz dans le générateur de vapeur du réacteur PHÉNIX ; sonagramme du signal (à gauche) et probabilité normée de correspondre au modèle de Markov basé sur le bruit de fond (à droite) [9].

Ainsi, la cavitation se révèle plus bruyante que l'ébullition en régime sous saturé. La détection acoustique de la cavitation du sodium permet de prévenir l'usure précoce (par érosion) des matériaux soumis à l'implosion des bulles qui se forment dans des zones de dépression, telles que l'extrados des parties tournantes dans les pompes mécaniques. À noter que le bruit de cavitation peut masquer celui issu de l'ébullition, selon le taux d'engazement du sodium, qu'il convient donc de caractériser en parallèle.

Parmi les procédés de mesure acoustique applicables aux SFR, la télémétrie permet de déterminer la distance entre un traducteur ultrasonore émetteur-récepteur et des objets immergés dans le sodium liquide, par une mesure du temps de vol aller-retour de l'onde. Ce type de mesure a été réalisé depuis le début de l'exploitation des SFR et se généralise à de nombreuses applications ; avec un seul capteur, il nécessite que le faisceau ultrasonore soit en incidence normale par rapport à la surface de la cible visée, afin de récupérer des échos. La mesure de transmission est aussi possible avec un émetteur et un récepteur.

Une première application réside dans le système appelé VISUS qui permet de détecter un obstacle dans la portion d'espace comprise entre le haut des assemblages combustibles et le bas du bouchon couvercle cœur (**BCC***), afin de sécuriser la manutention des assemblages combustibles qui implique la rotation du BCC : typiquement, dans les SFR actuels, la perche du VISUS tourne sur un secteur de 180°, monte et descend sur 50 cm, a une portée acoustique de plusieurs mètres, grâce à deux traducteurs ultrasonores TUSHT immergés en sodium et embarqués à son extrémité inférieure (fig. 66) [12, 13].

La présence d'un obstacle dans cet espace (tiges de barre de commande, tiges de translation du mécanisme de barre de commande ou assemblage combustible mal inséré) est détectée par l'écho de réflexion sur cet obstacle, pour autant que le faisceau acoustique des traducteurs ultrasonores vise la zone à scanner perpendiculairement (écho dit « spéculaire »), qu'il

ne génère pas trop d'échos parasites sur le plan supérieur des têtes d'assemblages, et que l'absence de piégeage de bulles soit garantie sur la trajectoire des ultrasons.

Une seconde application réside dans le système de télémétrie appelé « SONAR » qui permet de mesurer, sans contact, les déplacements radiaux de deux têtes d'assemblages combustibles, à des fins de surveillance continue de la compaction globale du cœur du réacteur (fig. 67). Typiquement, dans les SFR actuels, la perche du SONAR est fixe, sa partie inférieure étant immergée en sodium. La mesure de la position et du déplacement des deux têtes est réalisée via deux TUSHT situés à quelques décimètres des surfaces visées. Dans le réacteur PHÉNIX, cette mesure a été réalisée en continu de 1996 à 2009 [14].

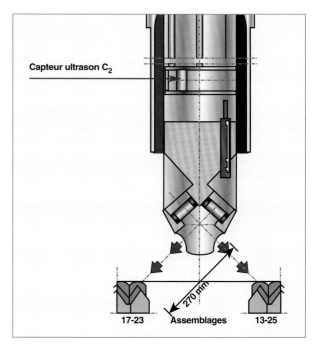

Fig. 67. Vue schématique du fonctionnement du SONAR de PHÉNIX (selon une coupe verticale).

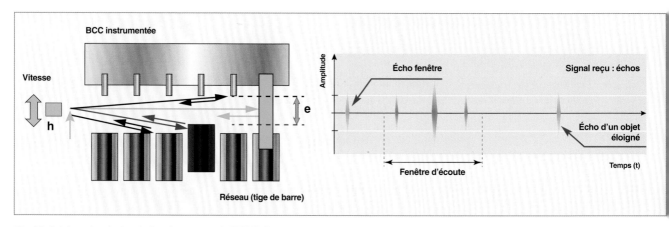

Fig. 66. Schéma de principe du fonctionnement du VISUS (à gauche : selon une coupe verticale) et signaux ultrasonores enregistrés (à droite).

L'instrumentation et la mesure pour les réacteurs de 4e génération

L e sodium est un milieu opaque qui interdit l'imagerie optique. Pour obtenir des images du cœur, nous pouvons recourir aux ultrasons. Dans les conditions du fonctionnement nominal d'un SFR, la mesure acoustique est altérée par le caractère très inhomogène et turbulent du sodium liquide : la propagation des ultrasons est très perturbée par les conditions thermo-hydrauliques locales (vitesse d'environ 10 m/s et gradient thermique d'environ 50 K en sortie du cœur) [15]. Ainsi, on observe des variations de temps de vol, même pour des différences de température de seulement 1 % dans un gradient thermique statique et aussi en présence de fluctuations thermiques aléatoires en écoulement turbulent [16].

Il est possible de « voir en sodium », en réalisant des mesures télémétriques ultrasonores en 3D. Les applications sont nombreuses et concernent l'inspection en régime d'arrêt (sodium isotherme à environ 200 °C) : vision générale dans la cuve primaire, identification de repères codés sur les têtes d'assemblages combustibles, détection de défauts de type fissures débouchantes, détection de petits corps migrants et métrologie précise de la surface des composants et structures immergés.

Comme en optique, il faut disposer d'au moins deux angles de vue, ce qui est obtenu en déplaçant un capteur ultrasonore mono-élément ou en utilisant un capteur multiéléments.

Comme déjà mentionné, la qualité des images repose sur les performances des **transducteurs*** ultrasonores utilisés, sur l'ampleur de phénomènes parasites au sein du sodium liquide (mouvements, gradients thermiques, engazement du milieu liquide) et sur les caractéristiques des cibles visées (capacité « échogène » selon leur matériau, leur forme et état de surface, leur position…). Les techniques de reconstruction d'images de type SAFT *(Synthetic Aperture Focusing Techniques)* ou ses dérivées sont mises en œuvre.

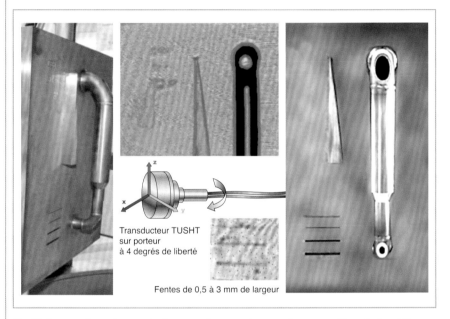

Transducteur TUSHT sur porteur à 4 degrés de liberté

Fentes de 0,5 à 3 mm de largeur

Fig. 68. Images d'une plaque métallique gravée, scannée en sodium par un Transducteur Ultra Sonore à Haute Température (TUSHT) mono-élément.

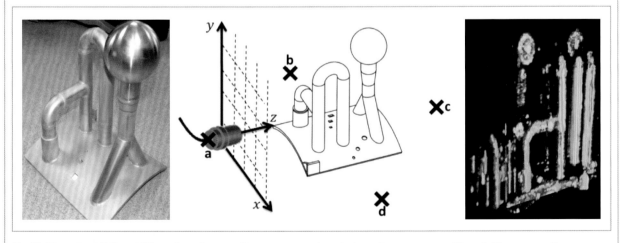

Fig. 69. Maquette métallique tridimensionnelle, scannée en eau par un transducteur ultrasonore mono-élément et image acoustique reconstituée [17].

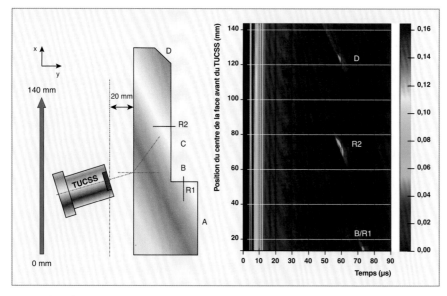

Fig. 70. Contrôle d'une pièce étalon scannée en sodium à 200 °C par un capteur ultrasonore piézoélectrique [18].

Les applications des ultrasons au contrôle non destructif

Les contrôles non destructifs visent à détecter des défauts de type fissures, notamment dans les cordons de soudure des structures, et jouent un rôle-clé dans la démonstration de sûreté : leur mise en œuvre en milieu sodium à 200 °C impliquent de disposer de capteurs ultrasonores piézoélectriques ou EMAT spécifiques. Dans le contexte des SFR, l'impédance acoustique (produit de la masse volumique et de la célérité du son dans le matériau considéré) du sodium étant bien plus faible que celle de l'acier des structures, les phénomènes de réflexion, réfraction, diffraction et polarisation d'onde sont très spécifiques.

Avec un capteur ultrasonore immergé en sodium, une démonstration a été réalisée en laboratoire dans des conditions réalistes, qui a permis, avec un procédé d'inspection convention-nel, de détecter des entailles usi-nées de 20 mm de profondeur (fig. 70).

Pour le cas de petits défauts dans des milieux très hétéro-gènes tels que les soudures épaisses (40 mm) multi-passes, une méthode adjointe (rétropro-pagation par retournement tem-porel de la différence des échos acoustiques, issus du milieu sain et du milieu avec défaut) permet de détecter des fissures ou des trous Ø 1mm ; elle a été validée par des essais en eau et comparée à des simulations au moyen du logiciel de simulation thermomécanique COMSOL (fig. 71) [19].

Avec un capteur ultrasonore hors sodium, l'inspection de structures situées dans la cuve principale est envisagée depuis l'extérieur. Comme illustré sur la figure 72, il s'agit d'uti-liser les modes de propagation adaptés pour détecter des défauts de type fissures, par ondes ultrasonores guidées dans les structures traversées (et contrôlées) et réémises entre elles via le fluide (sodium) [20].

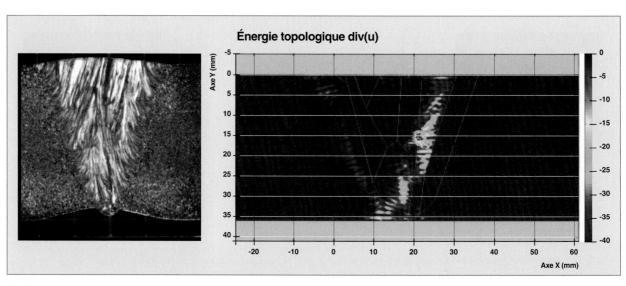

Fig. 71. Imagerie de défauts dans des soudures multipasses (ici un trou Ø 1mm dans une soudure en acier) par méthode adjointe.

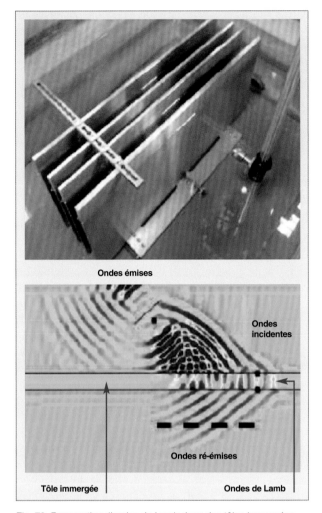

Ondes émises

Ondes incidentes

Ondes ré-émises

Tôle immergée　　　　**Ondes de Lamb**

Fig. 72. Propagation d'ondes de Lamb dans des tôles immergées (montage en eau et simulation COMSOL).

Les capteurs de mesure

Le CEA a conçu un capteur ultrasonore fonctionnant jusqu'à 600 °C et plus (TUSHT) avec un matériau piézoélectrique (niobate de lithium, $LiNbO_3$ ou LN, avec un rapport isotopique favorable à la tenue sous irradiation) à haut point de Curie (environ 1 130 °C) qui peut être utilisé en émetteur-récepteur.

En émission, le signal électrique induit une déformation mécanique du matériau, générant une onde acoustique dans le milieu environnant (sodium) et inversement, en réception, l'onde acoustique provoque une déformation mécanique (traduite en signal électrique).

Ainsi, ce type de capteur est-il utile pour les nombreuses applications mentionnées précédemment, tant pour les contrôles périodiques réalisés à 200 °C que pour la surveillance continue (jusqu'à 600 °C) : télémétrie et imagerie, CND, thermométrie, mesure d'engazement, détection acoustique…

L'immersion en sodium oblige à protéger le matériau piézoélectrique du contact avec le sodium (par une lame interface faisant partie du boitier en acier inoxydable), à l'oxygéner en permanence (par des mini-tubes de balayage d'air) et à assurer le mouillage acoustique de la face avant. Ainsi le traducteur actuel se présente-t-il sous la forme d'un petit cylindre de 30 à 55 mm de diamètre et de 40 mm de longueur environ, muni d'un long câble électrique (fig. 73).

Au-delà des versions actuelles (Ø 15 mm et Ø 40 mm ; face avant plane ou concave), des études visent à développer des modèles multi-éléments (pour une focalisation électronique adaptative, voir la figure 74).

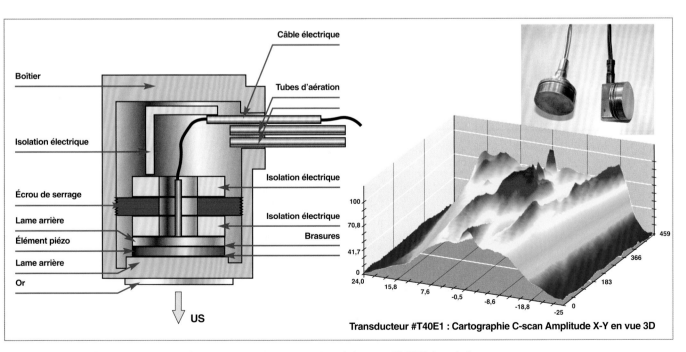

Transducteur #T40E1 : Cartographie C-scan Amplitude X-Y en vue 3D

Fig. 73. Schéma de principe, vue d'un prototype et champ acoustique émis par un TUSHT dans de l'eau.

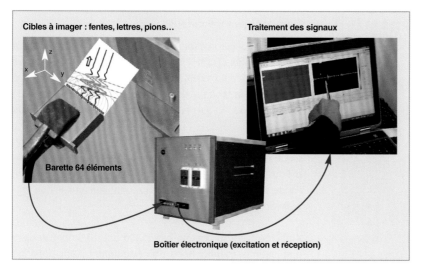

Fig. 74. Illustration de mesures avec traducteur ultrasonore multiéléments pour imager des cibles.

Un premier prototype de barrette de 64 éléments a été conçu, fabriqué puis testé avec succès en sodium à 200 °C. La figure 75 présente d'autres configurations possibles.

Une alternative intéressante au concept précédent de matériau piézoélectrique réside dans un capteur électro-magnétique (EMAT) : en effet, comme déjà utilisé dans l'industrie de l'acier, le couplage d'un circuit électrique et d'un champ magnétique induit des courants de Foucault dans le sodium environnant, ce qui génère directement des ultrasons au sein du fluide. Ce

concept libère de toute contrainte de mouillage acoustique entre le capteur et le sodium. Ainsi, des applications à haute température sont-elles possibles, la présence du sodium liquide conduisant comme précédemment à utiliser un boitier en acier inoxydable.

Le concept EMAT se révèle bien adapté aux contrôles en sodium liquide [22] et des prototypes de 8 éléments ont été testés avec succès (fig. 76) [23].

La simulation de propagation acoustique avec la plateforme CIVA

Les procédés de mesures ultrasonores dans le sodium liquide peuvent être simulés par la plateforme logicielle CIVA [24] : les ondes émises par un capteur (piézoélectrique ou EMAT [25], mono ou multi-éléments) sont reproduites de manière analytique par des lancés de rayons dans le domaine à inspecter, jusqu'aux interfaces du domaine et défauts recherchés où elles sont transmises et réfléchies pour atteindre le capteur récepteur.

Le capteur (fig. 77) (et sa trajectoire) peut être décrit de manière simplifiée ou bien le signal émis par le capteur peut être importé pour réaliser le calcul de champ acoustique et de réponse du défaut virtuel, ou bien le calcul des forces de Lorentz (capteur EMAT) peut être effectué dans le module des Courants de Foucault.

Le matériau du milieu simulé, solide pour les structures et liquide pour le sodium, est décrit par ses propriétés physiques qui peuvent être décrites de manière homogène ou pas (vitesse et atténuation variables dans l'espace, selon les champs de vitesse et de température).

La propagation des ondes ultrasonores est simulée en mode volumique (ondes longitudinales ou transversales) ou guidé (selon les propriétés géométriques et acoustiques du milieu). Pour le cas des ondes guidées dans les plaques, la méthode **SAFE*** *(Semi Analytical Finite Element method)* permet de prendre en compte des changements de forme et des défauts en 3D, grâce au couplage des calculs modaux et d'une zone maillée par éléments finis.

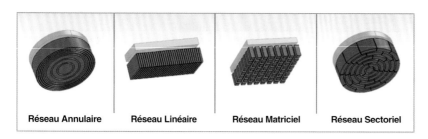

Fig. 75. Différentes architectures de traducteurs ultrasonores multiéléments pour inspection en sodium.

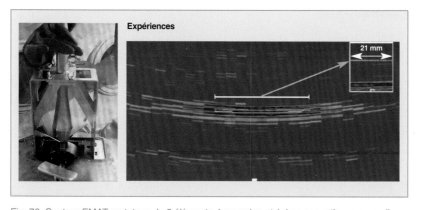

Fig. 76. Capteur EMAT prototype de 8 éléments. Immersion et échos acoustiques en sodium à 200 °C.

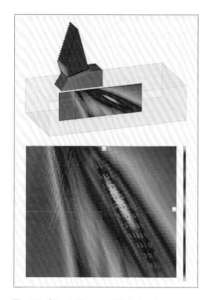

Fig. 77. Simulation par CIVA du champ acoustique lors d'un contrôle avec capteur multi-éléments.

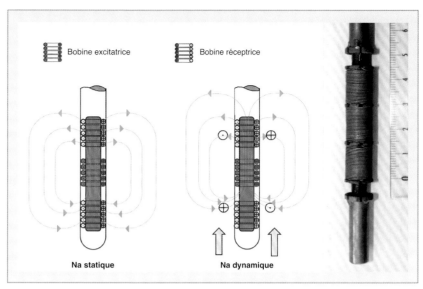

Fig. 78. Schéma de principe et image d'un débitmètre à distorsion de flux prototype du CEA avec trois bobines Ø 12 mm.

Avec un capteur multi-éléments, le traitement des signaux (reconstruction des signaux reçus sur chaque élément de capteur, depuis les différents points du domaine inspecté) utilise la méthode TFM *(Total Focusing Method)* pour synthétiser les pics de pression qui rendent compte des défauts recherchés et les imager dans l'espace sondé. Cette méthode est très efficace lorsque l'acquisition est réalisée en appliquant la méthode FMC *(Full Matrix Capture)* où les signaux associés à toutes les paires d'éléments émetteur-récepteur sont collectés.

Les mesures électromagnétiques par courants de Foucault pour le contrôle en réacteur

La détection de fuite d'un fluide sous pression vers le sodium, en sus de méthodes acoustiques passives (voir plus haut), peut être réalisée avec des débitmètres électromagnétiques. Appelés **DDF*** (**Débitmètre à Distorsion de Flux**), ils comportent trois bobines en cuivre : celle du milieu est parcourue par un courant électrique qui induit un champ magnétique dans les bobines aval et amont ainsi que des courants de Foucault dans le sodium. Lorsque le fluide (sodium) est en mouvement, la distorsion du champ magnétique conduit à déséquilibrer le système et à pouvoir corréler la différence de courant induit dans les bobines aval et amont, à la vitesse, et donc au débit de sodium (fig. 78).

Dans certaines conditions, un DDF, en présence de bulles dans le sodium, peut aussi permettre de mesurer simultanément le taux de vide et le débit [26].

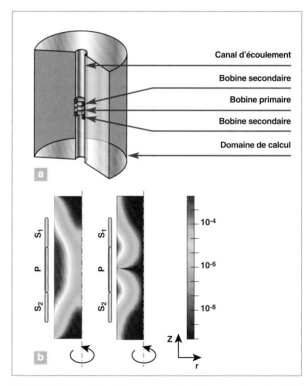

Fig. 79. (a) Géométrie utilisée pour la simulation numérique du DDF (b) Distribution des densités de flux magnétique (axial et radial) dans le canal d'écoulement.

Le contrôle de l'intégrité des tubes d'échange de chaleur dans les générateurs de vapeur est primordial pour prévenir toute fuite susceptible d'établir un contact entre l'eau et le sodium, conduisant à une réaction fortement exothermique.

Un contrôle par sonde ultrasonore est possible mais la méthode de contrôle par **Courants de Foucault*** (**CF**) est

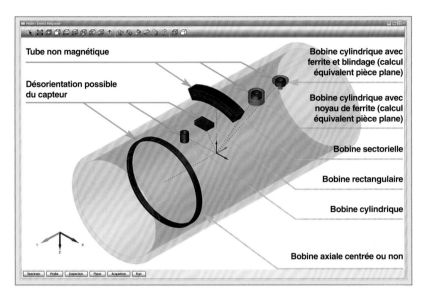

Tube non magnétique

Désorientation possible du capteur

Bobine cylindrique avec ferrite et blindage (calcul équivalent pièce plane)

Bobine cylindrique avec noyau de ferrite (calcul équivalent pièce plane)

Bobine sectorielle

Bobine rectangulaire

Bobine cylindrique

Bobine axiale centrée ou non

Fig. 80. Différents types de sondes à courants de Foucault simulées par le logiciel CIVA pour contrôler un tube.

souvent utilisée car efficace, robuste et peu coûteuse [27] : un inducteur (une bobine par exemple), excité par un courant alternatif à une certaine fréquence, crée un champ magnétique. Placé au voisinage d'une pièce métallique, ce champ crée à son tour des courants induits dans le tube à contrôler, appelés Courants de Foucault. Ces courants génèrent un champ magnétique, capté par un récepteur (une bobine par exemple). En présence d'un défaut dans la pièce, la répartition spatiale des courants de Foucault est modifiée, ainsi que le champ magnétique qu'ils génèrent. Il en résulte une modification (impédance, tension) au niveau du récepteur. La mesure de cette variation permet de mettre en évidence le défaut recherché (fig. 79 et 80).

Dans le contexte des SFR, le matériau et la géométrie des tubes, la présence des tubes voisins et des grilles de supportage, les résidus de sodium sont autant de paramètres à prendre en compte.

En termes de développement de sondes la technologie de gravure sur film souple permet le développement de sondes CF flexibles. Les capteurs magnétiques (type GMR) permettent un contrôle efficace à basse fréquence, nécessaire pour les tubes ferromagnétiques. Ils permettent également la séparation des différentes composantes (longitudinales et transverses) de défauts complexes.

Les mesures chimiques et radiochimiques

Nous nous intéressons ici spécialement à la maîtrise de la qualité du sodium et du gaz de couverture utilisé sur le réacteur.

Le sodium, utilisé pour refroidir le cœur et transporter la chaleur vers le système de conversion d'énergie, contient des impuretés :

• Présentes lors de la fourniture initiale et conforme aux spécifications de fabrication, à cause de leurs conséquences potentielles, telles que la corrosion des structures (F, Cl...), la contamination du sodium (Ag, U, Ca, Li...), la contamination de l'argon du ciel de pile, (K qui produit de l'argon 41), la formation de particules (Ca dont l'oxyde est stable en milieu sodium...), la dégradation des propriétés mécaniques des matériaux (C)...

• apparaissant lors du fonctionnement. Ces impuretés sont :

- l'hydrogène entrant de manière continue dans le circuit secondaire par diffusion et produit par la corrosion aqueuse dans les GV et par décomposition de l'hydrazine N_2H_4 (utilisée pour contrôler cette corrosion), mais aussi plus généralement issu de la décomposition des traces d'humidité, en présence de sodium, introduites lors des manutentions. La réaction sodium-eau introduit de l'hydrogène directement, par décomposition de l'hydroxyde de sodium formé ;

- l'oxygène, introduit essentiellement lors des opérations de manutention, notamment adsorbé à la surface des composants ou issu, d'une part de la décomposition des oxydes métalliques présents sur les parois métalliques des composants, et d'autre part des traces de vapeur d'eau. La décomposition de l'hydroxyde de sodium libère également de l'oxygène. L'oxygène dissous contribue à la corrosion principalement des surfaces des gaines de combustible (partie la plus chaude) et par voie de conséquences à la radiocontamination des structures internes du circuit primaire, notamment celles des échangeurs intermédiaires (partie la plus froide) et des pompes mécaniques ;

- le tritium venant du cœur (fission ternaire du plutonium) ou de l'activation du bore ;

- des produits carbonés (C, carbonate...) suite à des pollutions incidentelles telles que des entrées d'huile de pompe, de graisse de lubrification...

- des radionucléides libérés lors des ruptures de gaine (gaz nobles, iode...).

Il est donc nécessaire de disposer de moyens de surveillance et de contrôle de la qualité du sodium et du gaz de couverture, car une dégradation de leur pureté pourrait conduire à des difficultés d'exploitation telles que corrosion, radio-contamination, bouchages induits par la cristallisation localisée dans les parties « froides » du réacteur, de dosimétrie locale…

Le dispositif appelé piège froid permet de piéger essentiellement l'oxygène et l'hydrogène (ainsi que le tritium) par abaissement de la solubilité en ions O= et H-, afin de respecter les règles générales d'exploitation ([O] < 3 ppm), afin de maîtriser la corrosion dite « généralisée » et pour détecter une réaction sodium-eau dans le GV ([H] < 0.1ppm). Il peut piéger également d'autres impuretés avec une efficacité limitée. Son fonctionnement nécessite de suivre l'évolution de la concentration des deux impuretés prépondérantes dans un réacteur que sont l'oxygène et l'hydrogène.

La mesure de la qualité du sodium

La surveillance de la qualité du sodium peut être réalisée par deux types de mesures :

• Mesure en ligne de la teneur en impuretés dissoutes, à l'aide de l'indicateur de bouchage (oxygène et/ou hydrogène) ou bien mesure spécifique notamment à l'aide de sondes électrochimiques pour l'oxygène, l'hydrogène et le carbone. Pour l'hydrogène, la mesure peut être également effectuée par diffusion de l'hydrogène au travers d'une membrane de nickel puis mesure du flux d'hydrogène grâce à un spectromètre de masse ;

• mesure par prélèvement de sodium, dans un godet (dénommé TASTENA en France) ou une manchette, et analyse en laboratoire par une méthode adaptée au type d'impureté recherchée (absorption atomique pour les éléments dissous métalliques, spectrométrie *gamma* pour les impuretés radioactives, scintillation liquide pour le tritium, carbone…) ;

La mesure en ligne de la teneur en impuretés dissoutes

Le moyen de mesure le plus utilisé est l'indicateur de bouchage : son principe consister à faire circuler du sodium refroidi dans une « pastille » percée d'orifices de petite taille, et de faire baisser de manière contrôlée sa température suivant un gradient donné (habituellement 3 °C/minute). En dessous d'une certaine température, les impuretés, essentiellement Na_2O et NaH, cristallisent dans les orifices de la pastille, réduisant la section de passage, ce qui initie une baisse du débit, correspondant à la température dite de bouchage Tb. Plus Tb est basse, plus le sodium est propre (fig. 81).

La mesure fournie par l'appareil n'étant pas spécifique d'une impureté, la connaissance de la situation de pollution rencontrée permet d'estimer généralement quelle est l'impureté dominante. L'obtention d'une température de bouchage inférieure à 110 °C permet de garantir une température de saturation du sodium en impuretés inférieure à 130 °C. Tb, non spécifique d'une impureté O= ou H-, est inférieure de quelques degrés aux températures de saturation (Tsat) en O= et H-, établies à partir des lois de solubilités (l'écart entre Tb et Tsat pouvant être de l'ordre de 20 °C).

La qualité voulue du sodium est obtenue en réalisant des cycles successifs lors desquels on observe le début du phénomène de bouchage (le débit diminuant d'environ 50 % lors de la baisse de température) puis de débouchage (les impuretés piégées dans les orifices de la pastille se dissolvant lors de la remontée de la température). La température dite « de débouchage » Tdb est très proche de la température de saturation Tsat de l'impureté dominante (ayant la température de saturation la plus élevée) : on considère que Tdb = Tsat + 5 °C. En pratique, on utilise Tdb comme indication la plus précise - et non Tb qui est sujette parfois à interprétation.

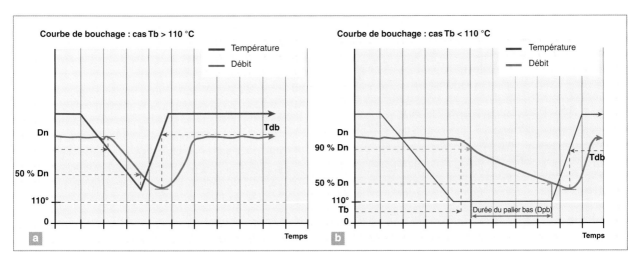

Fig. 81. a) courbe de bouchage (Tb > 110 °C). b) courbe de bouchage (Tb < 110 °C).

La durée du palier bas (Dpb) constitue aussi un élément d'appréciation de la pureté du sodium. Des corrélations ont été établies lors d'expérimentations sur une boucle d'essais en sodium et ont fait l'objet d'une publication [18] ; toutefois ces corrélations sont associées à une géométrie d'indicateur de bouchage et à ses paramètres de fonctionnement.

Les mesures fournies par un indicateur de bouchage permettent d'être sûr de la pureté du sodium et de fixer la température du point froid du piège pour assurer une campagne de purification efficace, mais, en cas de forte pollution, nécessitent de développer une analyse complexe sur les constituants de cette pollution. C'est pourquoi d'autres instruments de mesure, spécifiques à chacune des impuretés à contrôler, s'avèrent utiles pour compléter l'analyse et le suivi de la qualité du sodium.

Par ailleurs, dès les années 60, les mesures électrochimiques par sondes potentiométriques ont été étudiées pour suivre la chimie du sodium : chacune de ces sondes est spécifique à la mesure de concentration d'un élément chimique spécifique dans le sodium, et fournit une réponse rapide et sur une large gamme. Bien que testées en réacteurs (EBR-II…), leur usage est resté pour l'essentiel limité au laboratoire (fig. 82).

Le principe est celui d'une mesure de potentiel chimique entre le sodium liquide et une référence intégrée dans la sonde, dont le potentiel chimique de l'élément à mesurer est fixé. La mesure de potentiel répond à la loi de Nernst :

$$\Delta E = \frac{\mathcal{R}T}{n\mathcal{F}} \, ln \, \frac{a_i^{Na}}{a_i^{ref}} \quad (1)$$

où $\mathcal{F}$ est la constante de Faraday, n le nombre de charges en jeu, $\mathcal{R}$ la constante des gaz parfaits, T la température en degrés Kelvin (K) et a_i l'activité chimique de l'élément i dans le sodium (Na) et le milieu de référence [29].

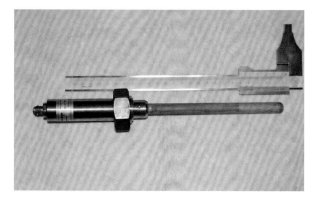

Fig. 82. Sonde potentiométrique pour la mesure de l'oxygène dans le sodium liquide, à base de thorine yttriée (United Nuclear Corporation, États-Unis).

Fig. 83. Hydrogène-mètre à diffusion (membranes en nickel).

Le logarithme de l'activité chimique (concentration) mesurée étant inversement proportionnel à la température, la précision sur la température joue au premier ordre sur la précision de la mesure. Différents types de sondes existent en fonction des éléments à mesurer, en particulier la membrane électrolyte qui va séparer la référence du sodium liquide. Les éléments d'intérêts principaux sont l'oxygène (pour le suivi de la corrosion des structures et du cœur), l'hydrogène (pour la détection de la réaction entre sodium et eau) et le carbone (pour évaluer le risque de carburation/décarburation des matériaux de structure) [30, 31].

La mesure du taux d'**oxygène** en sodium est réalisée par des sondes constituées d'un électrolyte de type oxyde conducteur ionique de l'oxygène, par exemple la thorine yttriée ($Th_{1-x}Y_xO_{2-x/2}$), souvent sous forme de doigt de gant, éventuellement brasé à un tube métallique, avec une référence métal liquide oxyde (par exemple In/In_2O_3). Des céramiques ioniques alternatives à la thorine sont également étudiées ($Hf_{1-y}Y_yO_{2-y/2}$ ou $Zr_{1-z}Y_zO_{2-z/2}$).

La mesure du taux d'**hydrogène** en sodium est réalisée par des sondes constituées de référence généralement à base de métal liquide hydrure de type Li/LiH, avec un électrolyte solide $CaBr_2$-$CaHBr$ (mode de réalisation de l'institut IGCAR, Inde). La température d'utilisation des sondes varie de 400 °C à 600 °C (fig. 83).

Pour l'hydrogène, révélateur d'une possible fuite d'eau dans le sodium (cas des GV), la mesure peut être également effectuée par diffusion de l'hydrogène au travers d'une fine membrane de nickel puis mesure du flux d'hydrogène grâce à un spectromètre de masse. Un étalonnage périodique permet d'établir une corrélation entre concentration en hydrogène dans le sodium et flux d'hydrogène mesuré.

La mesure du taux de **carbone** en sodium est réalisée par des sondes qui utilisent un électrolyte fondu, le mélange Na_2CO_3-Li_2CO_3 contenu dans un feuillard en fer, à travers

Fig. 84. Godet « TASTENA » pour le contrôle de la pureté du sodium utilisé dans le réacteur SUPERPHÉNIX.

lequel le carbone diffuse. Le graphite est généralement utilisé comme référence. La température de fonctionnement de la sonde dépasse 500 °C.

Les mesures par prélèvement de sodium

Du sodium peut être prélevé dans un godet (dénommé « TASTENA » en France) ou une manchette, gelé puis transporté et analysé en laboratoire par une méthode adaptée au type d'impureté recherchée (absorption atomique pour les éléments dissous métalliques, spectrométrie *gamma* pour les impuretés radioactives, scintillation liquide pour le tritium, carbone...) (fig. 84). En Allemagne, un procédé de distillation permet d'éliminer le sodium métallique en préalable à toute analyse chimique. À noter que ces prélèvements ne sont pas utilisés pour mesurer les teneurs en oxygène et hydrogène en raison des trop fortes imprécisions, dues, d'une part au risque de pollution par l'air humide et, d'autre part, aux méthodes d'analyse utilisées.

Le TASTENA a été développé et utilisé pour mesurer périodiquement la concentration en radio-isotopes présents dans le sodium du circuit primaire. Le godet, fixé à l'extrémité d'une perche, est immergé dans le sodium puis retiré, démonté sous

gaz inerte et transporté vers le laboratoire d'analyse. À cette fonction initiale s'est ajoutée la mesure du carbone. Suite à la pollution en air de **SUPERPHÉNIX*** en juin 1990, le TASTENA a été utilisé pour suivre la concentration et le comportement des impuretés métalliques Fe, Cr et Ni, présents dans le sodium sous forme élémentaire M ou d'oxyde ternaire Na_x-M_y-O_z (exemple : $NaCRO_2$).

Le prélèvement par manchette, sur un circuit dérivé, permet une plus grande représentativité de l'échantillon de sodium mais il faut prendre en compte le risque de dépôts préférentiels sur les « parois froides » de la manchette, par exemple pour le césium et le tritium.

La mesure de la qualité du gaz de couverture (LIBS)

La spectroscopie sur plasma induit par laser (*Laser-Induced Breakdown Spectroscopy*, **LIBS*** décrite plus en détail p. 221 [32]) est une technique d'analyse élémentaire directe et rapide, adaptée à la mesure en ligne, en particulier au contrôle de procédé et à la surveillance des réacteurs. Pour les SFR, la LIBS est développée comme outil de surveillance de la chimie du sodium liquide, incluant la détection des ruptures de gaines, et pour la détection de feux de sodium.

Pour le contrôle de la chimie du sodium, la LIBS vise à permettre de détecter une rupture d'étanchéité des circuits, se traduisant par une entrée d'air humide dans le circuit primaire, donc d'oxygène et d'hydrogène dissous, voire d'entrée d'eau dans un circuit secondaire équipé d'un GV, ou encore la rupture d'une gaine de combustible introduisant des produits de fission. Dans le premier cas, la LIBS permet de surveiller les produits de corrosion métalliques issus des matériaux de structure (fer, chrome, nickel...) avec une limite de détection

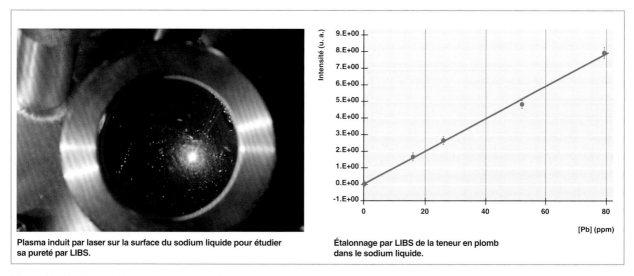

Plasma induit par laser sur la surface du sodium liquide pour étudier sa pureté par LIBS.

Étalonnage par LIBS de la teneur en plomb dans le sodium liquide.

Fig. 85. Vue du plasma induit par laser sur la surface du sodium liquide pour étudier sa pureté par LIBS et mesure de concentration de Pb en Na.

de l'ordre de la ppm en quelques minutes de mesure, et leur lente accumulation. Pour tous les composés présents en solution (carbures, oxydes…), la LIBS offre une alternative aux prélèvements de sodium par TASTENA (fig. 85).

Dans le cas des ruptures de gaine, leur détection précoce est associée à une limite de détection de plusieurs ordres de grandeur plus basse, puisque les éléments recherchés dans le sodium présentent des teneurs sub-ppb. La LIBS n'atteint pas ces niveaux de sensibilité, et d'autres solutions existent comme la spectrométrie de masse (API-MS) [33] ou encore la CRDS *(Cavity Ring Down Spectroscopy)* [34], *via* la mesure des produits de fission gazeux (xénon et krypton) relâchés dans le ciel de pile.

La mesure du tritium

Comme de nombreux types de réacteurs, les SFR produisent du tritium qui a la faculté de migrer par perméation à haute température à travers les matériaux métalliques, tels que les tubes des échangeurs intermédiaires. On constate ainsi la présence de tritium dans les différents circuits sodium (primaire et secondaire), dans des concentrations variant d'un facteur 10 entre les circuits primaire (gamme de quelques dizaines de kBq/g de sodium) et secondaires (gamme de quelques kBq/g de sodium).

Pour le démonstrateur ASTRID, l'option innovante d'une mesure en ligne (et jusqu'à 500 °C) de très faibles concentrations de tritium en sodium liquide est prise en considération. La technique envisagée est celle d'un système à membrane de perméation, suivie, en aval, par une jauge de pression et une mesure par spectrométrie de masse ou par comptage *bêta* (fig. 86) [35].

De tels systèmes sont également envisagés pour des mesures en PbLi dans le domaine de la fusion thermonucléaire et des prototypes sont actuellement testés par l'ENEA.

Pour le *Prototype Fast Reactor* (PFR), l'UKAEA a expérimenté un système basé sur une perméation du tritium à travers une membrane de nickel immergée dans un flux de sodium, d'un catharomètre et d'un compteur proportionnel [36].

La détection des fuites (Na, H₂O, gaz)

La détection des fuites permet de conforter la sûreté de fonctionnement et la disponibilité des SFR, en limitant leurs conséquences (surpression, échauffement, engazement du sodium, corrosion).

Les éventuelles fuites de fluide tertiaire (eau pour le cas des GV et azote pour les échangeurs sodium-azote) du système de conversion d'énergie dans le sodium du circuit secondaire peuvent être détectées par la mesure du taux d'hydrogène et d'azote dans le sodium.

Le principe de fonctionnement de la détection d'hydrogène retenue est le suivant : l'hydrogène présent dans le sodium diffuse dans un circuit sous ultra-vide, à travers la paroi d'un perméateur à membrane en nickel (épaisseur 300 μm). Un dispositif de pompage (pompe primaire et pompe turbomolé-

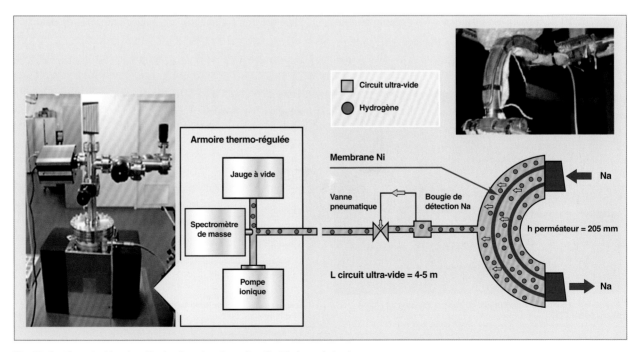

Fig. 86. Système de détection d'hydrogène dans le sodium liquide (perméateur).

culaire), couplé à une pompe ionique avec jauge de pression, permet de mesurer la pression partielle d'hydrogène dans l'enceinte sous vide. Un spectromètre de masse donne accès à la concentration en hydrogène, moyennant un étalonnage préalable du système.

Ce système [37], qualifié sur les réacteurs français PHÉNIX et SUPERPHÉNIX, présente un temps de réponse de plusieurs dizaines de secondes. Les gammes de débit de fuite d'eau dans le sodium (cas d'un système de conversion d'énergie eau-vapeur) sont inférieures à 100 g/s (gamme des « petites fuites »).

Les performances atteintes dans ces réacteurs ont été les suivantes :

• Gamme de mesure :
  $1 < (H_2) < 500 \ \mu g/kg$ pour $300 < TNa < 550 \ °C$;

• seuil de détection ~15 $\mu g/kg$ avec une bonne fiabilité ;

• temps de réponse < 93 s.

Des améliorations résident dans la modification du matériau constitutif de la membrane de perméation (remplacement de Ni par Ta, Nb ou V, matériaux présentant un coefficient de diffusion plus élevé que le nickel sur une large plage de température) et dans l'amélioration des performances du système d'analyse de l'hydrogène (équipements plus récents avec une jauge à vide mesurant la pression totale d'hydrogène dans l'ultra-vide et un spectromètre de masse quadripolaire).

Les éventuelles fuites de sodium liquide à l'extérieur des tuyauteries (ou des composants), recouvertes de plusieurs couches de calorifuge plaqué (cas des circuits de sodium secondaire d'ASTRID), peuvent être détectées par la mesure de la perte d'isolation électrique entre la tuyauterie transportant le sodium et la seconde couche de calorifuge : le sodium issu d'une fuite au niveau de la tuyauterie, se répand au travers d'une première couche d'isolant thermique et électrique et va permettre de réaliser un contact entre la tuyauterie et la couche détectrice (fig. 87).

La détection est ainsi assurée tout autour de la tuyauterie et peut être adaptée à tout type de composant tel que vanne, réservoir… Pour les fuites de petits débits, soit ~ 1 cm³/minute, un temps de détection d'une dizaine d'heures est le critère actuellement retenu.

Les mesures par fibres optiques / Réseaux de Bragg (détection fuite sodium et gaz)

En raison de leur immunité électromagnétique, de leur faible intrusivité, de leurs bonnes propriétés métrologiques (atténuation de 0,2 à 0,3 dB/km), de leur robustesse, du déport des systèmes de mesure et de leur capacité de multiplexage tant spectral que temporel, les **réseaux de Bragg*** et la réflectométrie fréquentielle basée sur la diffusion Rayleigh constituent des candidats prometteurs pour l'instrumentation des SFR [39, 40].

L'analyse de la variation de la longueur d'onde de Bragg renvoyée permet de remonter au mesurande vu par le réseau (température / pression / déformation). Ainsi, une fuite de sodium métal liquide entraînant une élévation locale de température, il est possible de la détecter par une fibre optique interrogée selon la technique de rétrodiffusion Rayleigh qui permet l'établissement du profil de température le long de la fibre.

L'intérêt majeur de ces capteurs réside dans l'exploitation des capacités de multiplexage spectral permettant de réaliser un réseau dense de capteurs opérationnels en environnement sévère (réalisation de plusieurs dizaines de réseaux sur des longueurs décamétriques, chaque réseau correspondant à une longueur d'onde de résonance distincte).

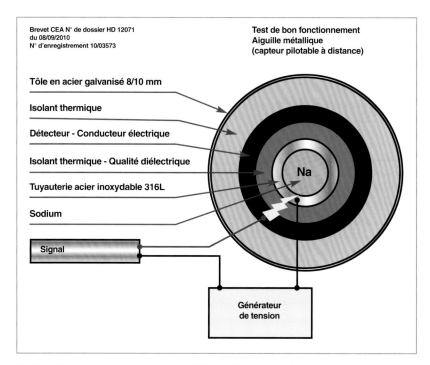

Fig. 87. Schéma de principe du système CEA de détection de fuite sur une tuyauterie véhiculant du sodium liquide [38].

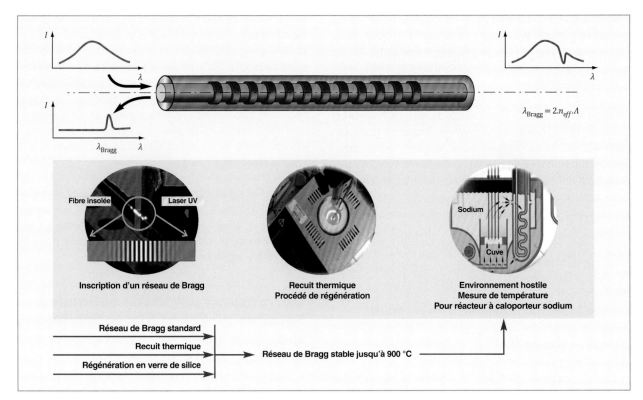

Fig. 88. Réseaux de Bragg régénérés pour la cartographie de température au sein des cuves de réacteur à neutrons rapides refroidis au sodium.

Vis à vis des contraintes opérationnelles de rayonnement ionisant, de hautes températures (550 °C) et éventuellement d'immersion en milieu sodium liquide, qui effaçaient la signature optique d'un réseau de Bragg (la longueur d'onde de Bragg) le développement récent de techniques d'ingénierie

thermique de la silice et d'inscription par laser à impulsions ultra-courtes (35-100 fs) ont permis de lever ce verrou.

Ces fibres particulières (fig. 88) sont fabriquées, étalonnées, testées et conditionnées en chaînes allant jusqu'à vingt

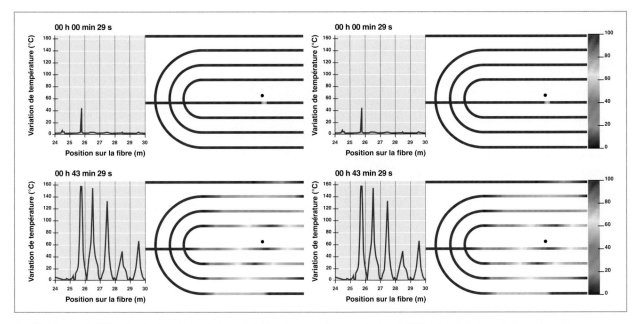

Fig. 89. Mesure de l'élévation de température le long de la fibre (à gauche), reconstitution de l'élévation de la température à la surface de la canalisation suivant le maillage de la fibre (à droite), au début et à la fin de l'expérience de fuite.

réseaux de Bragg haute température sur une unique fibre optique. Des essais de vieillissement à 890 °C pendant plus de 9 000 heures ont pu être conduits avec succès. Des sondes à réseaux de Bragg conditionnées en capillaire métallique ont été testées entre 100 et 500 °C : des temps de réponse de 150 ms et des relevés de gradients thermiques en sodium ont pu être mesurés. Leur étalonnage permet l'utilisation de ces sondes sur des plages de température allant de 100 °C à 900 °C avec des résolutions au degré. Des mesures de dérive de la longueur d'onde de Bragg et de perte de réflectivité, réalisées sur des échantillons après irradiation en capsule à des fluences supérieures à 10^{19} neutrons rapides/cm², ont permis de confirmer la possibilité de garder des réseaux opérationnels malgré une fluence pour laquelle la structure de la silice est fortement modifiée (compaction et variation d'indice) [41].

Les sondes toutes fibrées interrogées par réflectométrie Rayleigh peuvent aussi permettre la détection des fuites de sodium liquide sur les tuyauteries des circuits secondaires : une simple fibre optique, continûment sensible, permet une mesure répartie dont le temps de réponse est de l'ordre de la minute et la résolution en température du degré. La mesure de l'anomalie thermique, ou point chaud, sur un profil de référence en température (fig. 89) dispose d'une résolution spatiale centimétrique.

Le cas spécifique du démonstrateur ASTRID

L'Instrumentation, l'Inspection en Service et la Réparation (ISI&R pour *In Service Inspection & Repair*), constituent un des axes forts du projet ASTRID dès le début de ce projet (2010). En effet, l'opacité et la réactivité du sodium, et le niveau de température de ces réacteurs rendent ces activités plus complexes et surtout plus pointues que dans un réacteur à eau. Dans le passé, la difficulté pour réaliser l'inspection périodique des structures internes du circuit primaire avait été relevée par l'Autorité de Sûreté Nucléaire comme un point à améliorer de la filière, devant impérativement atteindre un niveau équivalent à celui d'un réacteur de type REP (Réacteur à Eau sous Pression).

Certes des progrès tout à fait significatifs ont été atteints depuis sur le réacteur PHÉNIX lors de sa réévaluation de sûreté en 1999-2000 et lors des examens qui ont été conduits à ce moment-là sur le réacteur. Mais l'inspection en service reste toujours un des enjeux majeurs de cette filière. C'est pourquoi ce domaine est étudié dès la phase de conception pour le prendre en compte et disposer de l'instrumentation, des capteurs et des moyens d'inspection qui permettront le démarrage et l'exploitation du démonstrateur ASTRID.

Les développements menés actuellement sur l'ISI&R portent sur 5 axes, qui déterminent les développements des diffé-

rentes technologies de capteurs et instrumentations à employer (voir tous les chapitres précédents) [3] :

• La prise en compte de l'ISI&R à la conception ;

• la surveillance continue ;

• les inspections périodiques, règlementaires et programmées ;

• les inspections exceptionnelles, en cas de doute ou d'anomalie ;

• les opérations de réparation et remplacement des composants en vue de la sauvegarde de l'investissement.

La prise en compte des objectifs et contraintes liées à l'inspection dès le début du projet, vise à diminuer par conception le besoin d'inspection (en remplaçant par exemple une soudure par une pièce forgée) et à démontrer l'inspectabilité de toute structure ou composant :

• En favorisant l'accessibilité à un maximum de zones et en démontrant en même temps l'innocuité de défaillances des zones restreintes non contrôlables ;

• en simplifiant par construction l'inspection des zones à contrôler (accessibilité du capteur, domaine de fonctionnement compatible avec les performances du capteur ou détecteur).

Pour formaliser cette démarche, une annexe du code de construction **RCC-MRx** (annexe A20) a été mise à jour en 2012 pour intégrer les recommandations issues du retour d'expérience et faciliter la réalisation des inspections.

Pour les besoins du projet, les systèmes de mesures complets sont développés pour chaque type de mesure : depuis la technologie retenue pour la mesure jusqu'au traitement final de l'information par l'opérateur, en passant par le capteur lui-même, le positionnement du capteur par rapport à la grandeur à mesurer, le moyen d'amener le capteur à l'endroit souhaité (notion de porteur), le transfert du signal et le traitement du signal.

Le domaine couvre l'ensemble des mesures existant sur une centrale nucléaire mais il est évident que le circuit primaire, par la présence de sodium radioactif et la nécessaire surveillance du cœur nucléaire, présente les plus forts enjeux en termes de sûreté. Cela donne lieu à de nombreuses études d'ingénierie et à des programmes de recherche mais surtout de développements, tant au niveau du CEA qu'au niveau de ses partenaires AREVA, EDF, COMEX Nucléaire, TOSHIBA.

À ce jour, une ou plusieurs solutions ont été identifiées pour répondre à chacun des besoins, ce qui représente des dizaines de voies de développements dont les chapitres précédents procurent une cartographie en matière d'avancées et d'innovations exploratoires applicables à court, moyen ou long terme.

La surveillance en exploitation

Dans le domaine de la surveillance continue, les technologies employées dans les réacteurs PHÉNIX et SUPERPHÉNIX donnaient globalement satisfaction. Cependant, pour ASTRID, les enjeux additionnels de la surveillance sont :

• Répondre à des exigences de sûreté accrues pour diminuer la probabilité d'occurrence d'un accident grave et en même temps prendre en compte cet accident grave pour pouvoir en réduire les conséquences ; ceci passe dans certains cas par une redondance ou une diversification des moyens de mesure, et par la détection de situations non prises en compte dans le passé ;

• prendre en compte le retour d'expérience de l'accident de Fukushima qui a montré la nécessité de développer une instrumentation toujours opérationnelle en situation(s) post-accidentelle(s) pour pouvoir gérer dans la durée les conséquences d'un accident grave. De plus, une analyse est menée sur l'implantation d'une instrumentation dédiée à ces accidents graves, qui pourrait être à poste fixe ou mise en place après l'accident ;

• tirer bénéfice des évolutions technologiques ; il s'agit donc d'intégrer dans la conception d'ASTRID les progrès considérables réalisés dans le domaine de l'instrumentation en termes d'avancées technologiques, de miniaturisation, de traitement du signal et de l'information, pour en améliorer les performances, la disponibilité, renforcer la fiabilité, faciliter l'exploitation, réduire le volume d'intrusion des capteurs et réduire (si possible) leurs coûts.

L'inspection périodique

Pour les réacteurs PHÉNIX et SUPERPHÉNIX, la prévention de la dégradation des structures internes de supportage du cœur était assurée par des marges de dimensionnement conséquentes ainsi qu'un contrôle qualité de réalisation très poussé. Ces exigences demeurent pour ASTRID mais des progrès sont attendus par l'Autorité de Sûreté en matière d'inspection périodique des structures et des composants importants pour la sûreté.

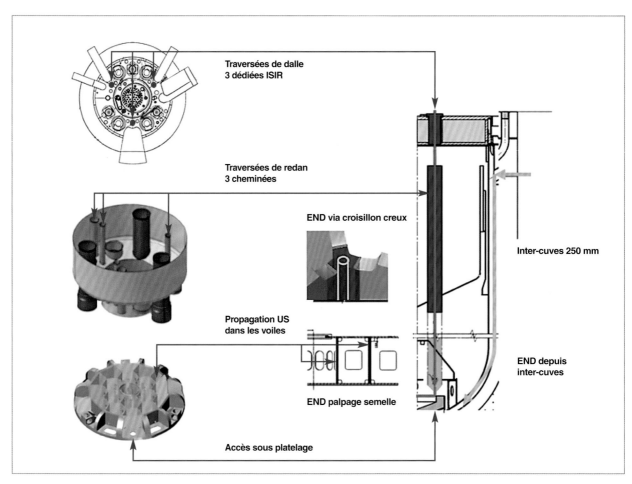

Fig. 90. Accès prévus pour l'inspection du platelage du démonstrateur ASTRID.

Comment rendre opérationnel un outil de mesure, ou comment passer du capteur prototype (TRL 7) au capteur industrialisé (TRL 9) ?

L'échelle TRL *(Technology Readiness Level)* ou niveau de maturité technologique définit neuf étapes qui jalonnent le passage entre l'idée du concept (TRL1) et l'état de capteur disponible « sur étagère » (TRL9) prêt pour une utilisation dans l'industrie (fig. 91).

Le CEA, en se positionnant notamment sur les TRL4 à TRL7, contribue à ce travail de maturation de nouveaux instruments de mesure pour le tissu industriel français.

Pour finaliser le développement technologique des futurs instruments de mesure, les prototypes doivent fonctionner en conditions représentatives des conditions industrielles.

Cela implique de transmettre le savoir-faire acquis par le CEA, lors de la phase de recherche et de développement, à un industriel qui en assurera la production avec la qualité requise :

• Certification du capteur (vis-à-vis de la règlementation) ;

• rationalisation / standardisation du procédé de fabrication de petites-moyennes séries ;

• fiabilisation du capteur (marges connues sur ses limites de fonctionnement) ;

• réduction des coûts de fabrication ;

• réductions des délais de fabrication ;

• pérennité de la fabrication sur plusieurs décennies, au travers de l'implication d'un tissu industriel ;

• transfert de propriété intellectuelle, concession de licence.

Le travail de R&D passe par l'évaluation de la maturité des instrumentations concernées, la construction des plans de développement nécessaires pour augmenter cette maturité et l'analyse des risques associés (non-atteinte des performances attendues – précision, longévité… – et/ou conséquences pour le projet industriel associé).

Le cycle de vie du produit est décrit de manière détaillée (voir ci-dessous) afin de vérifier chaque étape à franchir : fabrication, validation, installation et mise en route, utilisation (phase de réalisation de la mesure) et maintenance.

I. Performances attendues (concerne les dispositifs)
1. Items spécifiques…
2. Items génériques, par exemple, temps de réponse

II. Tenue à l'environnement
1. Sodium
2. Irradiation
3. Température en utilisation nominale
4. Température incidentielle
5. Taux de disponibilité
6. Durée de vie

III. Fabricabilité
1. Pérennité de la matière
2. Maîtrise des procédés d'assemblage
3. Propriété industrielle/brevet

IV. Validation
1. Maîtrise de la validation en environnement sodium
2. Validation unitaire
3. Validation unitaire connectique
4. Validation unitaire électronique
5. Validation de la chaîne de traitement du signal

V. Installation/mise en route

VI. Maintenance
1. Température
2. Autodiagnostic
3. Démontabilité/remplacement

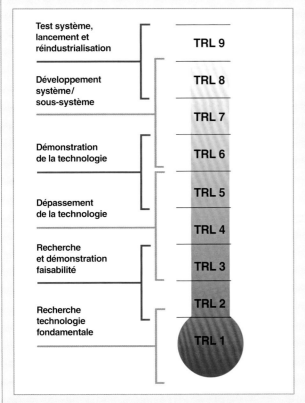

Fig. 91. L'échelle TRL *(Technology Readiness Level)* définit neuf étapes du concept à l'industrialisation d'un outil de mesure.

Ainsi, pour le futur démonstrateur technologique ASTRID, les systèmes de mesures acoustiques et électromagnétiques font l'objet de cette approche (TUSHT, VISUS, SONAR, DDF...).

Après avoir précisé les exigences auxquelles ces systèmes devront répondre (compatibilité avec le sodium, tenue sous irradiation et à haute température, durée de vie, fiabilité...), puis évalué leur niveau de maturité technologique actuel, le CEA a lancé les travaux nécessaires pour progresser : cela passe surtout par des démonstrations et qualifications expérimentales, les outils de simulation contribuant à orienter les essais.

Le tableau 4 indique la correspondance entre niveau de maquettage (élément ou système complet, niveau d'échelle, conditions d'environnement) et TRL.

Les plans de développements s'étalent sur plusieurs années (entre 4 et 8 ans), selon le niveau d'innovation, les moyens mobilisés et les risques impactés.

Tableau 4.

Le cycle de vie du produit	
État de développement	TRL atteint
Maquette simplifiée	4
Maquette représentative	5
Prototype et environnement représentatif	6
Pré-série	7

La présence du sodium rend cette inspection délicate ; c'est pourquoi elle a été prise en compte dès l'avant-projet d'ASTRID. Cette inspection peut aussi contribuer à disposer de données pour alimenter le dossier de justification de la durée de vie de 60 ans.

Au-delà d'une conception de réacteur facilitant les accès, les développements portent non seulement sur les capteurs, mais aussi sur les porteurs et le traitement du signal. L'ensemble de ces composants doit résister aux conditions de l'inspection : niveau de température et de rayonnement nucléaire, présence de sodium ou d'aérosols de sodium. Quand cela est possible, l'inspection à partir de l'extérieur du circuit primaire est privilégiée car elle reste toujours plus facile qu'en sodium. Sont privilégiées très largement les méthodes ultrasonores et, dans une moindre mesure, les courants de Foucault.

La réparation

En termes de **réparabilité**, des résultats ont été obtenus, tant pour le nettoyage par laser que pour le soudage par laser. Les techniques de réparation *in situ* restent toutefois encore à un faible niveau de maturité technologique, de sorte que la priorité est clairement orientée vers de l'**inspectabilité** accrue, et la capacité de remplacer les composants. La difficulté de cette thématique réside aussi dans le fait de trouver des scénarios de réparation suffisamment génériques sans être trop irréalistes. Cette réflexion a conduit à définir une notion de développement de « boîte à outils de réparation » pour faire face à des problématiques diverses, voire inattendues.

Conclusions

Le projet ASTRID a permis de fédérer toutes les actions de recherche et de développements sur l'instrumentation, la mesure et le développement de capteurs pour les réacteurs de 4e génération refroidis au sodium. L'application pour ASTRID, avec un planning et un échéancier de réalisation, permet de replacer l'ensemble de ces développements dans une perspective industrielle concrète.

Ainsi, dans un tel projet, la recherche exploratoire d'innovations doit être jalonnée par une analyse des performances du système complet, par l'évaluation du niveau de maturité du système lui-même [utilisation d'une échelle de TRL (*Technological Readiness Level*)], mais aussi par le niveau de maturité de l'intégration de ce système dans un milieu complexe [par l'utilisation d'une échelle IRL (*Integration Readiness Level*)].

Prenant en compte ces deux échelles de maturité et l'intérêt des différents systèmes de mesures à répondre à des besoins plus ou moins critiques, le projet ASTRID a dû infléchir ses choix pour les différents types d'instrumentation et de capteurs : ceux qui seront indispensables dès le démarrage du réacteur, et ceux dont il convient de poursuivre les études pour les tester sur le réacteur en fonctionnement, en vue d'une qualification ultime et des applications industrielles plus lointaines.

François BAQUÉ, Olivier GASTALDI, Matthieu CAVARO, Frédéric MICHEL, Christian LHUILLIER, Frédéric NAVACCHIA, Kévin PAUMEL, Christian LATGÉ, Marianne GIRARD et Laurent BRISSONNEAU,
Département de technologie nucléaire

Florian Le Bourdais, Jean-Marc Decitre,
Département imagerie simulation pour le contrôle

**Thomas Vercouter, Fréderic Chartier, Denis Doizi,
Jean-Louis Courouau, Jean-Baptiste Sirven,
Anthony Nonell, Fabien Rouillard, Guy Cheymol,**
Département de physico-chimie

Gilles Rodriguez,
Département d'étude des réacteurs

Alexandre Bounouh, Guillaume Laffont
Département de métrologie, instrumentation et information

et Gilles Moutiers
Direction de l'innovation et du soutien nucléaire

▶ **Références**

[1] F. Baque *et al.*, « Development of Tools, Instrumentation and Codes for Improving Periodic Examination and Repair of SFRs », *Science and Technology of Nuclear Installations Journal: Fast Reactors and Advanced Light Water Reactors for Sustainable Development*, vol. 2012 (2012), Article ID 718034.

[2] CEA DEN, « Avancées des recherches sur la séparation-transmutation et le multi-recyclage du plutonium dans les réacteurs à flux de neutrons rapides », juin 2015.

[3] F. Baque *et al.*, "In service Inspection and Repair of the Sodium Cooled Astrid reactor prototype", Conférence ICAPP 2015, Nice, mai 2015, Papier 15041.

[4] F. Baqué *et al.*, « ASTRID In Service Inspection and Repair: review of R&D program and associated results ». *Proc. Int. Conf. Fast React. Relat. Fuel Cycles Safe Technol. Sustain. Scenar.*, FR13. Paris, France : International Atomic Energy Agency (IAEA), 2013.

[5] M. Cavaro, *Physics Procedia*, 70 (2015) pp. 496-500.

[6] X. Wu and G.L. Chahine,"Development of an acoustic instrument for bubble size distribution measurement", *Journal of Hydrodynamics*, Ser. B, vol. 22, Issue 5, Supplement 1, pp. 330-336, October 2010.

[7] IAEA-TECOOC-946. "Acoustic signal processing for the detection of sodium boiling or sodium-water reaction in LMFRs. Final report of a co-ordinated research programme 1990-1995".

[8] J. Moriot, « Détection vibro-acoustique passive d'une réaction sodium-eau par formation de voies dans un générateur de vapeur d'un réacteur nucléaire à neutrons rapides refroidi au sodium », LVA INSA Lyon, CEA Cadarache, Lyon, 2013.

[9] A. Riber Marklund, "Passive Acoustic Leak Detection for a Sodium-gas Heat Exchanger – Thesis Progress Report", CEA/DEN/CAD/DTN/STCP/LIET/RT/2016-005.

[10] J.-M. Seiler, "Studies on Sodium-Boiling Phenomena in Out-of-Pile Rod Bundles for various accidental situations in LMFBR: Experiments and Interpretations", *Nuclear Engineering and Design*, 82, pp. 227-239, 1984.

[11] M. Vanderhaegen, *Modélisation du bruit acoustique d'ébullition du sodium lors des bouchages d'assemblage dans les réacteurs au sodium*, thèse Paris 7, 2013.

[12] J. Guidez, « PHÉNIX, le retour d'expérience », ISBN : 978-2-9529575-8-8 (2012).

[13] J. Guidez et G. Prêle, « SUPERPHÉNIX, les acquis techniques et scientifiques », ISBN : 978-94-6252-135-3 (2016).

[14] J.-L. Berton and G. Loyer, "Continuous monitoring of the position of two subassembly heads of PHENIX at 350 MWth power and 550°C temperature", SMORN VII, Avignon, 1995.

[15] N. Massacret *et al.*, "Modelling of ultrasonic propagation in turbulent liquid sodium with temperature gradient", *Journal of Applied Physics*, 115, **20**, [2014] (pp. 204905-204905-8).

[16] M. Nagaso *et al.*, "Ultrasonic thermometry simulation in a Sodium Fast Reactor core based on a spectral-element method: Evidence of the acoustic signature of a one-percent temperature difference", *Ultrasonics*, 68 (2016) pp. 61-70.

[17] A. Kumar, G. Gobillot *et al.*, *Under Sodium Imaging of SFR Internals – Simulation Studies in Water*, ANIMMA 2011.

[18] J.-F. Saillant *et al.*, *First results of non-destructive testing under liquid sodium at 200°C*, Conférence annual 2016 IEEE International Ultrasonics Symposium, Tours, France, 18-21 septembre, 2016.

[19] S. Mensah *et al.*, "Ultrasonic imaging in liquid sodium: a differential method for damages detection", Conférence ICU Metz 2015, papier ICU2015/403.

[20] P. Kauffmann *et al.*, "Study of Lamb waves in order to perform Non Destructive Testing behind screens", Conf. Int. ANIMMA 2017, Liège, Belgique.

[21] Ch. Lhuillier *et al.*, "In sodium tests of ultrasonic transducers", Conf. Int. ANIMMA 2011, Gand, Belgique.

[22] Ch. Lhuillier *et al.*, "Generation IV nuclear reactors: under sodium ultrasonic transducers for inspection and surveillance", Conf. Int. ANIMMA 2013, Marseille.

[22] D. Prémel *et al.*, "Numerical simulation of electromagnetic acoustic transducers in time domain", *Stud. Appl. Electromagn. Mech.* [En ligne], 2012. vol. 36, pp. 19 28.

[23] F. Le Bourdais and T. Le Pollès, "Liquid sodium test results of an 8 element phased array EMAT probe for nuclear applications", Proc. 11th Int. Conf. NDE Relat. Struct. Integr. Nucl. Press. Compon., 2016.

[24] F. Le Bourdais *et al.*, "Design of Ultrasonic Inspection Methods for Sodium Cooled Reactors by CIVA Simulation", *Proc. Third Int. Conf. Adv. Nucl. Instrum. Meas. Methods Their Appl.,* ANIMMA 2013. Marseille, France, [s.n.], 2013.

[25] P. Calmon *et al.*, "CIVA: an expertise platform for simulation and processing NDT data", *Ultrasonics*, 2006, vol. 44, pp. e975-e979, site http : http://www.extende.com/fr.

[26] M. Kumar, *Étude d'une méthode de détection de gaz dans du sodium liquide par méthode électromagnétique pour les Réacteurs nucléaire à Neutrons Rapides refroidis au Sodium (RNR Na)*, thèse université de Toulouse, 2016.

[27] O. Moreau *et al.*, *Experimental validations of eddy current testing models: case of multiple flaws affecting a steam generator tube*, ICNDE2010.

[28] D. Féron, "Plugging indicator measurement of low impurity concentrations at a constant orifice temperature", International Seminar on material behaviour and physical chemistry in liquid metal systems, March 24-26, 1981 in Kernforschungszentrum Karlsruhe (Germany).

[29] R.C. Asher, R. Dawson, D.C. Harper, T.B.A. Kirstein, F. Leach, S.Y. Moss, A.N. Moul, R.G. Taylor and R. Thompson, "C.C.H. Wheatley, The Harwell oxygen meters and the Harwell carbon meter", *LIMET Liquid Metal Technology*, BNES, Oxford, 1984.

[30] R. Ganesan, V. Jayaraman, S.R. Babu, R. Sridharan and T. Gnanasekaran, "Development of Sensors for On-Line Monitoring of Nonmetallic Impurities in Liquid Sodium", *J. Nucl. Sci. Technol.*, 48 (2014) pp. 483-489.

[31] F. Macia, M.-C. Steil, J. Fouletier, V. Ghetta, A. Muccioli, V. Lorentz et J.-L. Courouau, « Comportement de céramiques à base de zircone et d'oxyde d'hafnium en milieu sodium liquide », *Matériaux 2014*, 24-28 nov., Montpellier, France (2014).

[32] C. Maury, J.-B. Sirven, M. Tabarant, D. L'Hermite, J.-L. Courouau, C. Gallou, N. Caron, G. Moutiers and V. Cabuil, "Analysis of liquid sodium purity by Laser-Induced Breakdown Spectroscopy. Modeling and correction of signal fluctuation prior to quantitation of trace elements", *Spectrochim. Acta Part*, B **82**, pp. 28-35 (2013).

[33] D. Doizi, J.-L. Roujou, *API-MS for Argon on line monitoring in ASTRID*, ANIMMA 2015, Lisbonne, Portugal.

[34] P. Jacquet, A. Pailloux, G. Aoust, J.-P. Jeannot, D. Doizi, "Cavity Ring-Down Spectroscopy for Gaseous Fission Products Trace Measurements in Sodium fast Reactors", *IEEE Transactions on Nuclear Science*, vol. 61, n°4, (2014).

[35] O. Gastaldi, N. Ghirelli, I. Ricapito and A. Ciampichetti, "Tritium: Production, Uses and Environmental Impact, Tritium production in breeding blankets", *Novapublishers*.

[36] IAEA Tecdoc 687, IAEA-TECDOC, 687, Chapter 6, (1993).

[37] K. Paumel, "Comparative tests of two hydrogen-meter technologies in the PHENIX reactor", Int. Conf. NPIC & HMIT 2012 July 22-26, San Diego 2012.

[38] S. Albaladéjo, *Dispositif de détection de fuite et revêtement d'organe de transport ou de stockage de fluide comportant ce dispositif de détection*, Brevet CEA 2013.

[39] G. Laffont, R. Cotillard, P. Ferdinand, G. Blévin, J.-P. Jeannot and G. Rodriguez, "Regenerated Fiber Bragg Grating Sensors for High Temperature Monitoring in Sodium-cooled Fast Reactor", International Conference on Fast Reactors and Related Fuel Cycles: Safe Technologies and Sustainable Scenarios, FR13, Paris, France, March 2013.

[40] G. Laffont, R. Cotillard and P. Ferdinand, « Multiplexed regenerated fiber Bragg gratings for high-temperature measurement », *Measurement Science and Technology*, vol. 24, n°9, September 2013.

[41] L. Remy, G. Cheymol, A. Gusarov, A. Morana, E. Marin and S. Girard, "Compaction in optical fibres and fibre Bragg gratings under nuclear reactor high neutron and gamma fluence", *IEEE Transactions on nuclear science*, vol. 63, n°4, August 2016.

L'instrumentation et la mesure pour les réacteurs expérimentaux

L'instrumentation et la mesure sont essentielles pour la qualité et la compétitivité des programmes expérimentaux scientifiques et technologiques menés dans les réacteurs nucléaires de recherche. Les mesures en réacteur participent, en effet, au développement, à la mise au point et à la qualification des composants et des systèmes nucléaires, et cela à différents niveaux :

• Pour la détermination des données nucléaires, utilisées notamment dans les modèles de simulation permettant l'étude, la conception et la qualification des composants et des systèmes. Ces données peuvent être, par exemple, des sections efficaces de réactions nucléaires intégrales ou différentielles, des taux de réactions nucléaires (fission, capture) etc. Leur détermination est le plus souvent réalisée dans des réacteurs de très faible puissance de type maquettes critiques (ÉOLE, MINERVE et MASURCA) à l'aide de chaînes de mesures des flux neutroniques et des rayonnements photoniques performantes ;

• au cours des programmes d'irradiation visant à étudier et vérifier le comportement des composants, des combustibles, de matériaux ou des systèmes sous rayonnement nucléaire en situation normale ou accidentelle, mais également sous contraintes thermiques ou physico-chimiques associées. Ces programmes sont conduits dans les réacteurs d'irradiations technologiques ou d'études de sureté (respectivement le réacteur **RJH*** et le réacteur **CABRI***) offrant des flux neutroniques intenses et des spectres neutronique spécifiques.

L'instrumentation et la mesure permettent d'une part l'évaluation des doses neutroniques et photoniques appliquées, le contrôle et le suivi des conditions expérimentales, notamment par la mesure des températures et des conditions physico-chimiques, d'autre part le suivi en ligne des paramètres requis pour le programme expérimental, par exemple les déformations de l'échantillon, l'évolution de sa conductivité thermique ou le relâchement de gaz ;

• pour la conduite et la surveillance des réacteurs eux-mêmes, notamment à travers le contrôle des flux neutroniques et de la puissance thermique du réacteur, mais également en support à l'exploitation et à la gestion des réacteurs.

La spécificité de cette instrumentation tient d'une part aux exigences élevées en termes de précision requise pour satisfaire les besoins scientifiques des programmes, d'autre part aux fortes contraintes associées à la mesure en réacteur, parmi lesquelles on peut citer :

• Des contraintes liées aux conditions d'irradiation (flux neutroniques et photoniques intenses, induisant la dégradation des matériaux, le changement de composition par transmutation, l'apparition de courants parasites, etc.) ;

• des contraintes liées aux conditions physico-chimiques des expériences (températures élevées, eau sous pression, métaux liquides, etc.) ;

• des contraintes liées aux conditions d'intégration (capteurs miniaturisés en raison de la taille très réduite des dispositifs expérimentaux, grande distance entre les détecteurs et leur électronique, etc.) ;

• des contraintes opérationnelles (exigence de fiabilité élevée en raison de la difficulté, voire l'impossibilité de maintenance ou de remplacement des capteurs irradiés).

Dans les chapitres qui suivent sont présentés les principaux développements et réalisations en instrumentation et mesure pour les réacteurs de recherche que sont les maquettes dites critiques ou ZPR en anglais pour *Zero Power Reactors* (ÉOLE, MINERVE et MASURCA), les réacteurs d'irradiation technologique ou MTR en anglais pour *Material Testing Reactor* (le réacteur RJH) ainsi que les réacteurs expérimentaux pour les études de sureté et les études physiques (CABRI, ILL et ORPHÉE).

Abdallah LYOUSSI,
Département d'études des réacteurs

L'instrumentation et la mesure pour les maquettes critiques

Contexte et besoins en neutronique expérimentale

La qualification des **données nucléaires de base*** et des formulaires de calcul neutronique développés au CEA se fait en majeure partie grâce à la conception et à la réalisation d'expériences sur trois réacteurs expérimentaux de très faible puissance, appelés « maquettes critiques », et installés à Cadarache : ÉOLE, MINERVE et MASURCA. Les deux premières sont destinées à être remplacées à l'horizon 2028 par une nouvelle installation pérenne et plus polyvalente : ZEPHYR *(Zero power Experimental PHYsics Reactor)*.

Ces maquettes sont adaptables, faciles d'accès et aisées à instrumenter. On trouvera leur description détaillée dans la monographie DEN « Les réacteurs nucléaires expérimentaux », ainsi que dans la monographie « La neutronique ». Une de leurs caractéristiques principales est leur puissance de fonctionnement faible, permettant de s'affranchir d'outillages de manipulation encombrants (boîtes à gants ou cellules chaudes).

La maquette critique ÉOLE (puissance max. 1 000 W), a divergé en 1965. Elle est destinée aux études neutroniques de validation expérimentale des paramètres des réseaux modérés à eau légère, (**Réacteurs à Eau sous Pression*** [REP] et **Réacteurs à Eau Bouillante*** [REB]).

MINERVE est un réacteur piscine également de type maquette critique ayant divergé en 1959 à Fontenay-aux-Roses, et transféré à Cadarache en 1977. Ce réacteur est basé sur un concept de configuration couplée munie d'un dispositif d'oscillation d'échantillons permettant la mesure très précise des effets en **réactivité*** (10^{-7}, ce qui représente une incertitude de 1 % sur un effet de 1 **pcm***) et ainsi obtenir des informations précieuses sur les données nucléaires constituant l'échantillon.

Le réacteur MASURCA (5 kW max), a divergé en 1966. Il est destiné aux études neutroniques de réseaux de **Réacteurs à Neutrons Rapides (RNR*)**. Ce réacteur, de type « Meccano® » peut contenir des cœurs d'un volume allant jusqu'à 6 m³, constitué de tubes de section carrée chargés individuellement de réglettes ou de plaquettes de combustible, de matériaux de structure et de caloporteur représentatifs des RNR.

Fig. 92. Les trois maquettes critiques, de haut en bas, ÉOLE, MINERVE et MASURCA.

Maquettes critiques et expériences intégrales

L'objectif principal lors de la conception d'une expérience intégrale est de rendre cette expérience aussi représentative que possible vis-à-vis du besoin en qualification exprimé (outils de calcul et bibliothèques de données nucléaires). On peut distinguer deux types d'expériences intégrales. Celles de type « fondamental » visent à qualifier les données nucléaires de base par la mesure de paramètres fondamentaux tels que facteurs de multiplication k$_{eff}$*, indices de spectre*, sections efficaces*, facteur de conversion*, coefficient de température* ou fraction effective de neutrons retardés β_{eff}. Celles de type « maquette » visent à qualifier les méthodes de calcul à travers des paramètres intégraux tels que les distributions de taux de réaction, les effets en réactivité intégraux tels que les efficacités du bore soluble, des grappes d'absorbants ou encore les coefficients de vidange (sodium ou vide) (voir les monographies DEN intitulées : *Les réacteurs nucléaires expérimentaux* et *La neutronique*).

La réalisation de programmes expérimentaux en neutronique nécessite l'utilisation de nombreuses techniques expérimentales permettant d'acquérir les différents paramètres physiques utiles. Ces techniques permettent entre autres choses de mesurer une réactivité absolue (échelle de réactivité) ou relative (différence entre deux réactivités), des distributions de flux et de taux de réaction absolus ou relatifs (niveau ou perturbation), ou de déterminer des **doses*** (*gamma* ou neutron) également absolues ou relatives. L'instrumentation dédiée au pilotage de ces petits réacteurs (chambres à fission et chambres d'ionisation) n'est pas traitée explicitement dans cette monographie car elle est similaire à celle utilisée pour les réacteurs de puissance.

Les differents types d'instrumentation pour les expériences dans les maquettes critiques

L'instrumentation doit permettre de caractériser finement l'ensemble des paramètres physiques clés de la neutronique et de la photonique (échauffements nucléaires, spectrométrie sur éléments combustibles/matériaux irradiés). Chaque paramètre ou phénomène mesuré fait généralement appel à l'utilisation simultanée de plusieurs techniques expérimentales afin d'obtenir et de maîtriser l'incertitude cible associée.

La maîtrise de cette incertitude est fondamentale car elle pilote la précision sur les écarts calcul-expérience (C/E) dans le processus de validation expérimentale des codes de neutronique, des schémas de calcul et des bibliothèques de données nucléaires (sections efficaces, rendements de fission, fractions de neutrons retardés, etc.). Sans entrer dans les détails, une incertitude faible sur le résultat de mesure permet de garantir *a posteriori* la précision, ainsi que les marges de performance et de sûreté des formulaires de calcul des cœurs de réacteurs. L'amélioration continue des précisions de mesure (techniques et instrumentation associée) permet de progresser à la fois dans l'amélioration de la connaissance des données nucléaires (les matrices de variance-covariance associées) et dans la transposition d'une expérience à un cas « réel ».

Chaque technique repose sur une instrumentation dédiée. Dans les maquettes critiques, on en distingue essentiellement quatre principales : les chambres à fission, les détecteurs de photons (principalement des chaînes Ge[HP]) pour réaliser des mesures hors réacteur de spectrométrie *gamma* (sur crayon combustible ou échantillon activé), et les détecteurs à activation pour la dosimétrie neutronique ou photonique.

Dans une maquette critique, les effets globaux liés à la réactivité ou à un effet en réactivité sont généralement mesurés à l'aide de chambres à fission miniatures (quelques millimètres de diamètre). Il en va de même des paramètres cinétiques, tels que la fraction de **neutrons retardés*** de fission (β_{eff}), ou la durée de vie des **neutrons prompts*** de fission (Λ).

Les effets locaux liés à des taux de réaction peuvent être également mesurés par chambres à fission. C'est par exemple le cas de la mesure des indices de spectre (rapport de taux de comptage de deux chambres à fission de dépôt fissile différents), qui caractérisent les proportions de neutrons d'énergie donnée dans une configuration expérimentale. L'indice de spectre « fission U 238 / fission U 235 » mesuré par deux chambres à fission de dépôt fissile U 238 et U 235 fournira – calculs complémentaires à l'appui – la proportion de **neutrons rapides*** (fission de l'U 238) par rapport à la proportion de **neutrons thermiques*** (fission de l'U 235). Les distributions de taux de réaction au sein même du combustible, qui est une donnée fondamentale pour la qualification des outils de calcul, est quant à elle réalisée sur combustible irradié hors réacteur au moyen de la mesure par **spectrométrie *gamma***, qui s'appuie sur une instrumentation et une électronique associée *ad hoc* (voir *infra*, p. 171).

La **dosimétrie par activation neutronique**, basée également sur la spectrométrie *gamma*, permet de caractériser le spectre neutronique en différents points du réacteur. Des dosimètres, généralement sous forme de petits disques métalliques, sont irradiés dans les emplacements à caractériser (voir *supra*, p. 24). La décroissance des éléments radioactifs créés est ensuite mesurée, permettant de calculer le taux de réaction en absolu. En utilisant différents matériaux, sensibles à des neutrons d'énergies différentes, on peut donc obtenir une information sur la répartition énergétique des neutrons.

La **dosimétrie par activation photonique** permet de mesurer le flux *gamma* grâce à des détecteurs sensibles aux photons *gamma* présents dans le réacteur. Là encore, la « lecture » des dosimètres, qui se présentent sous forme de disques ou de carrés de dimensions types inférieure au centimètre, se fait post irradiation. L'échauffement des différents matériaux de structures, barres de contrôle, réflecteur, etc., soumis aux flux neutron et *gamma* en maquette critique, est déterminé à partir de mesures par dosimétrie thermo- et optoluminescente (voir *infra*, p. 94). En effet, la faible puissance de ce type de réacteur ne permet pas de mesurer directement et avec précision les échauffements nucléaires par calorimétrie, comme

Grandeur recherchée	Instrumentation	Technique de mesure
Tailles critiques	• Chambres à fission	• Temps de doublement
Distributions de puissance (taux de fission)	• Chambre à fission • Spectrométrie γ	• Mesure neutronique • Spectrométrie γ
Cotes critiques dans diverses situations de fonctionnement	• Chambres à fission	• État critique
Efficacités intégrales et différentielles des barres de contrôle	• Chambres à fission	• Méthode Rod drop + méthode MSM • Temps de doublement
Coefficient de température isotherme	• Chambres à fission	• Temps de doublement + méthode MSM
Profil axial et radial de flux thermique et épithermique	• Chambres à fission • Spectrométrie γ • Dosimétrie	• Mesure neutronique • Spectrométrie γ
Paramètres cinétiques	• Chambres à fission	• Méthodes de bruit (Cohn-αFeynman) • Oscillations de puissance
Effets en réactivité	• Chambres à fission	• Temps de doublement + méthode MSM, technique d'oscillation d'échantillon
Échauffements nucléaires	• Dosimètres luminescents TLD, OSLD	• Activation photonique
Caractérisation spectrale (indices de spectre)	• Chambres à fission • Spectrométrie γ • Dosimétrie par activation neutronique	• Indice de spectre
Propagation neutronique/fluence	• Chambres à fission • Dosimétrie par activation neutronique	• Transmission neutronique

c'est le cas dans les réacteurs d'irradiation technologique (voir *infra*, p. 101).

Le tableau 5 présente l'instrumentation et les techniques de mesures associées en regard des grandeurs à mesurer dans les réacteurs de type maquette critiques.

Les paragraphes suivants détaillent ces techniques de mesures et les instrumentations associées.

Les mesures par chambres à fission

Les mesures par chambres à fission (voir *infra*, p. 104) sont employées dans les maquettes critiques pour :

• La détermination des états **critiques*** : la connaissance du niveau de criticité est basée sur la mesure de l'évolution temporelle de la population neutronique. Lorsque le réacteur est dans un état sur-critique la population neutronique croît exponentiellement, avec une période proportionnelle au **temps de doublement*** de la configuration. Cette valeur du temps de doublement est ensuite insérée dans l'**équation de Nordheim*** (ou *in-hour*), qui fournira la réactivité associée en pcm (pour cent mille). C'est une mesure absolue, qui nécessite cependant au préalable la connaissance des paramètres cinétiques de la configuration du cœur étudié ;

• les mesures en « sous-**critique*** » : elles sont basées sur la méthode de l'amplification de la source [1] : ces techniques sont fondées sur le fait que pour un état sous-critique donné, le produit de la réactivité par la population neutronique est constant. Les effets en réactivité liés à l'introduction d'une perturbation neutronique sont mesurés par des comptages sous-critiques sur différentes chambres à fission, placées à différentes positions dans le cœur pour mettre en évidence les effets spatiaux. Les comptages sont alors comparés à des comptages réalisés dans la configuration de référence, et étalonnés sur un effet en réactivité bien connu (on utilise généralement la réactivité de la barre de pilotage du cœur pour déterminer la constante). Cette comparaison donne directement la variation de la réactivité, c'est donc une mesure relative ;

• les mesures de la puissance : l'utilisation de chambres dont la masse de dépôt fissile est parfaitement connue permet ainsi de remonter au taux de fission global dans le cœur, et donc à une mesure en direct de la puissance neutronique. Cette application spécifique nécessite une étape préalable de calibration du détecteur dans un champ neutronique étalon primaire [2], ainsi que le calcul du rapport du taux de fission dans le cœur expérimental et dans la chambre à fission. Cette donnée préalable est généralement obtenue à partir d'un calcul Monte-Carlo (voir la monographie DEN « La Neutronique »).

Le développement de nouveaux types de détecteurs présentant des caractéristiques comparables ou complémentaires aux instrumentations actuelles, de type chambres à fission ou chambres à dépôt de bore, est un sujet d'étude pour les équipes du CEA. Parmi les candidats potentiels, les micromégas, sous forme miniaturisée (piccolo micromégas), ont démontré un potentiel important pour des applications variées de physique des réacteurs [20]. L'utilisation de détecteurs de type **Micromégas*** (structure gazeuse de Micromesh) a été initiée en 1995 au CEA par I. GIOMATARIS et collaborateurs [19]. Les micromégas ont été développés initialement pour la détection de particules chargées avec des applications pour les faisceaux de particules en accélérateurs, Il s'agit d'une chambre d'avalanche à faces parallèles à deux étages avec un espace d'amplification (gap) étroit de l'ordre de 100 μm. Le volume de gaz est divisé en deux régions par une mince micro-grille qui sépare l'espace d'amplification de l'espace de dérive. Dans la région au-dessus du maillage, appelée région de conversion, les électrons primaires produits par ionisation dérivent vers le maillage et passent ainsi dans le gap d'amplification où ils sont multipliés.

L'extension de cette technologie à des applications de type réacteurs de recherche a fait l'objet d'une importante phase de développement à la fin des années 90. Les études menées au début des années 2000 n'ayant toutefois pas permis de concrétiser un prototype, le développement d'une nouvelle maquette critique, ZEPHYR, dont la flexibilité attendue est grandement améliorée, en particulier pour le maquettage des problèmes de propagation neutronique ou de protection/transmission, représente une opportunité de reprendre et d'améliorer les concepts existants, à l'aune des derniers développements de la simulation Monte-Carlo.

Dans ZEPHYR, l'utilisation de détecteurs gazeux de type micromégas est pressentie pour deux applications différentes :

1. la complémentarité avec des détecteurs de type chambre à fission miniature pour la mesure locale de flux.

2. le développement d'un détecteur permettant de mesurer les flux directionnels, à l'extérieur du cœur est une priorité pour les études de propagation neutronique dans les structures de réacteurs.

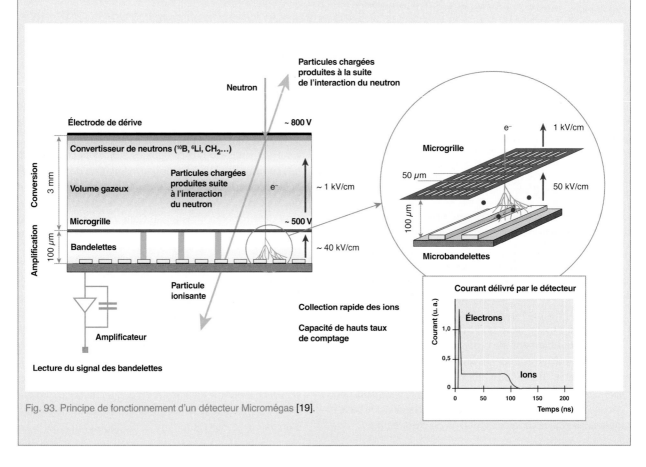

Fig. 93. Principe de fonctionnement d'un détecteur Micromégas [19].

Les mesures par spectrométrie gamma (gamma-scanning)

Les techniques de détermination de taux de réaction, dites « post irradiation », sont basées sur la mesure de la population des *gamma* issus de la désintégration/désactivation des radionucléides créés par une réaction d'intérêt (fission, capture radiative, (n,p), (n,α)...).

Deux méthodes existent pour l'analyse des spectres obtenus par spectrométrie *gamma* (fig. 94 et 95) [3] :

• la spectrométrie de pic particulier permet d'obtenir l'activité en absolu d'une raie d'énergie donnée, correspondant à la réaction investiguée. On peut ainsi remonter au taux de réaction d'intérêt dans un matériau inerte ou fissile. Cette technique est, par exemple, utilisée pour le recalage des cartes de taux de fission de combustibles différents (MOX et UO$_2$), ou pour des mesures d'indices de spectre, tels que le taux de conversion, défini comme le rapport de la capture de l'U 238 (mesurée par activité *gamma* du Np 239) sur la fission de l'U 235 (mesurée *via* l'activité *gamma* d'un produit de fission de référence, comme le Sr 92 ou le La 140),

• la spectrométrie intégrale consiste à déterminer l'activité totale des *gamma* au-dessus d'un seuil en énergie donné. Les comptages sont beaucoup plus rapides et précis (beaucoup plus grande statistique de comptage), mais cette technique requiert la caractérisation de la décroissance de l'activité *gamma* totale (et non plus seulement pour un unique radionucléide) au cours de la mesure de l'élément mesuré.

Les détecteurs utilisés pour ces applications sont des **semi-conducteurs à base de germanium de haute pureté (Ge[HP])** couplés à une chaîne électronique comprenant un **pré-amplificateur de charge**, un **amplificateur** et un système de **traitement du signal** permettant de trier les impulsions en fonction de leur amplitude, c'est-à-dire en fonction de l'énergie déposée par les *gammas* dans le détecteur. Les détecteurs germanium Ge[HP], refroidis à l'azote liquide, pré-

Fig. 95. a) Banc de spectrométrie *gamma* « capture U 238 » (ÉOLE/MINERVE) ; b) DSP et HT associés.

sentent une excellente résolution en énergie (de l'ordre de 1 à 2 keV sur la gamme d'énergie de quelques centaines de keV à 2-3 MeV), et sont couramment utilisés lors des mesures sur ÉOLE et MINERVE. Ces diodes Ge[HP] sont couplées à un système de traitement numérique du signal délivré par le préampli, appelé « DSP »[12] *(Digital Signal Processor).*

---

12. Ce système prend en charge les impulsions par le préamplificateur et assure la mise en forme et leur conversion analogique/numérique afin d'être directement exploitables par l'analyseur multicanaux. Il dispose en particulier de fonctionnalités plus poussées pour ajuster finement la correction du temps mort, qui peut être important pour les forts taux d'émission photonique.

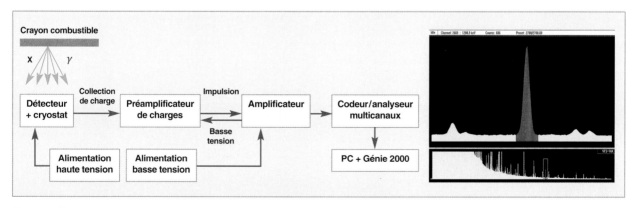

Fig. 94. a) Schéma de principe d'une chaîne de spectrométrie *gamma* ; b) spectre *gamma* d'un crayon UO$_2$ irradié (extraction du pic du Sr 92 à 1380 keV).

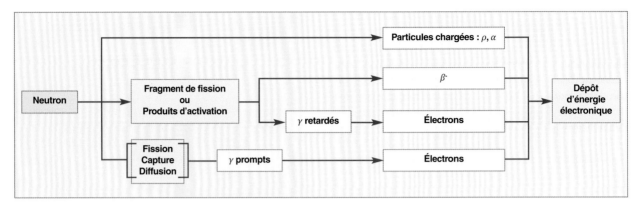

Fig. 96. Description schématique des processus de dépôt d'énergie électronique dans les détecteurs luminescents.

Les mesures d'échauffement nucléaire par détecteurs luminescents

La très faible puissance de fonctionnement (typiquement une centaine de Watts) des maquettes critiques n'autorisant pas la détermination de l'échauffement nucléaire par mesure directe de la température (calorimétrie) ou par spectrophotométrie (dosimétrie chimique), les techniques expérimentales traditionnellement utilisées pour ce type de mesures reposent sur l'utilisation de détecteurs à ionisation de gaz (chambres d'ionisation) ou de dosimètres dits relatifs (films photographiques, diodes semi-conductrices, dosimètres thermo- et photoluminescents). Ces techniques [4, 5] permettent de quantifier l'échauffement nucléaire via la mesure de l'énergie déposée par unité de masse (dose absorbée généralement exprimée en **mGy***) dans les matériaux d'intérêt par les rayonnements ionisants (photons, neutrons et particules chargées). Les divers processus menant au dépôt d'énergie électronique dans les détecteurs sont illustrés sur la figure 96.

Ces techniques font appel à des matériaux dits luminescents, exploitant la capacité de certains composés cristallins tels que le CaF_2, le LiF ou l'alumine à piéger les électrons excités par interactions neutroniques et photoniques à des niveaux énergétiques créés entre leurs bandes de valence et de conduction (gap) par la présence naturelle ou l'introduction artificielle de défauts au sein de leur structure (lacunes, dislocations, impuretés chimiques, dopage). En pratique, deux types de détecteurs luminescents, dont le principe général est schématisé sur la fig. 97 sont particulièrement adaptés à la mesure de l'échauffement photonique en maquette critique :

• Les **dosimètres thermoluminescents** (TLD) : l'ensemble des électrons piégés dans le gap est libéré par stimulation thermique, généralement post-irradiation, selon une loi spécifiquement optimisée pour chaque type de TLD (vitesse de chauffe, température et durée). Parallèlement, la luminescence émise par recombinaison radiative d'une partie des électrons est collectée par un photomultiplicateur et convertie en signal électrique. Les TLD étant totalement « vidés »

lors de la stimulation thermique, il n'est possible de les lire qu'une seule fois pour une mesure donnée. Ils peuvent en revanche être réutilisés après un recuit de « remise à zéro ».

• les **dosimètres luminescents stimulés optiquement** (OSLD) : les électrons sont libérés par stimulation optique en ligne ou post-irradiation via le flash lumineux d'un laser ou d'une diode électroluminescente. La lumière incidente est filtrée et la luminescence émise par le matériau est également collectée par un photomultiplicateur. Pour une mesure donnée, la stimulation optique étant parfaitement contrôlée en termes d'intensité et de durée, il est possible de relire les OSLD plusieurs fois en ne « vidant » qu'une faible proportion des pièges électroniques du gap. Certains matériaux tels que l'alumine présentent simultanément des propriétés thermo- et optoluminescente.

La valeur de la dose photonique absorbée par les dosimètres lors d'une irradiation est obtenue en appliquant aux signaux de luminescence un coefficient d'étalonnage mesuré en

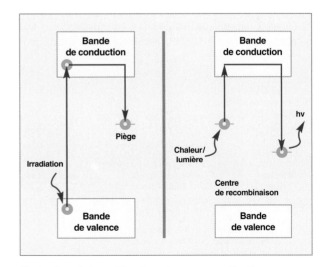

Fig. 97. Description schématique des processus électriques intervenant lors de la détection par dosimètres thermo- et optoluminescents.

champ *gamma* pur, ainsi que plusieurs facteurs correctifs liés au matériau environnant et à la composante neutronique du flux. Notons que l'épaisseur du matériau d'intérêt (pilulier en aluminium, acier, hafnium, etc) dans lequel les mesures sont réalisées doit être suffisante pour atteindre les conditions d'équilibre électronique dans les dosimètres [6].

La connaissance précise des échauffements nucléaires est au centre d'une démarche d'optimisation des méthodes de mesure d'échauffement *gamma* en maquette critique, et notamment la difficile question de la déconvolution des doses neutron et *gamma* en champs mixte. Le programme expérimental CANDELLE (CAlibration Neutronique de DÉtecteurs Luminescents à base de Lithium Enrichi) a pour objectif de déterminer expérimentalement la contribution des neutrons aux doses intégrales mesurées en réacteur par les dosimètres TLD à base de fluorure de lithium dopé (LiF:Mg,Ti). Cette méthode repose sur la déconvolution du signal luminescent émis après irradiation en champ mixte *gamma*-neutron par les TLD LiF, généralement enrichis en Li-7 afin d'optimiser le ratio des sensibilités *gamma*/neutron. La réponse luminescente des TLD est mesurée d'une part en champ *gamma* pur (calibration auprès d'une source de 60 Co par exemple), et d'autre part en champ neutron pur [7]. L'application d'une méthode de discrimination *a posteriori* [8] aux mesures d'échauffement *gamma* dans ÉOLE lors d'irradiation typiques de 10 min à 10 W permet d'estimer des contributions neutroniques aux doses intégrales mesurées de l'ordre de 5 à 15 % selon les emplacements de mesure (centre-cœur, périphérie, eau, etc.) avec environ 10 % d'incertitude sur ces valeurs [9].

Quelques exemples d'utilisation de l'instrumentation

La mesure de la fraction effective de neutrons retardés par oscillation

La technique de mesure dite « par oscillation » est spécifiquement utilisée sur le réacteur MINERVE, qui reste à ce jour le seul réacteur au monde où cette technique est implémentée [7]. Elle consiste à provoquer des petites perturbations périodiques de certaines propriétés neutroniques à l'aide d'échantillons de matière d'intérêt oscillés périodiquement dans un canal situé au centre du cœur. Cette oscillation provoque des perturbations locales (autour du canal d'oscillation) et globales du flux sur l'ensemble du réacteur. Ces perturbations entraînent une variation du niveau de la population neutronique. Elle est sensible à l'importance du flux de neutrons dans la zone perturbée, à la variation des taux de production et d'absorption, et à la fonction de transfert du réacteur considéré. Ainsi, la variation du **facteur de multiplication effectif***, induite par la perturbation, permet d'obtenir la variation de **réactivité $\Delta\rho$*** introduite par l'échantillon considéré. La fonction de transfert [8], en particulier, permet de remonter aux propriétés des neutrons retardés de la configuration. Une nouvelle approche, complémentaire aux mesures traditionnelles de « bruit neutronique « (voir la monographie DEN intitulée « La neutronique ») a été employée dans MINERVE pour déterminer ces paramètres (fig. 98) [9]. Au centre de la cavité, un appareillage spécial, appelé oscillateur, permet d'effectuer des mesures de réactivité d'échantillons spécifiques grâce à un pilote rotatif

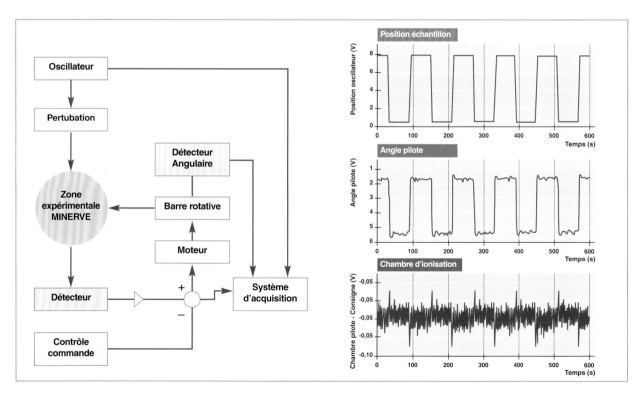

Fig. 98. Diagramme fonctionnel du pilote automatique et exemple de signal obtenu par la chaîne de détection.

jouant le rôle de compensateur de réactivité (l'angle de rotation des parties absorbantes de ce pilote est proportionnel à la réactivité introduite dans le cœur). La figure 98 reprend le diagramme de fonctionnement de l'oscillateur asservi, ainsi qu'un exemple de mesure dite « globale » obtenu par une chambre d'ionisation placée en périphérie du cœur, fonction de la position de l'échantillon oscillé et de l'angle de rotation de la barre absorbante.

Dans MINERVE, le mouvement de l'oscillateur peut être choisi sinusoïdal, ou trapézoïdal (pseudo-carré). Contrairement à un signal purement sinusoïdal, qui excite un seul mode (le mode fondamental), un signal pseudo-carré va exciter plusieurs modes (les harmoniques) en plus du mode fondamental. Pour des oscillations de période $T \gg 1$ seconde, la forme de l'oscillateur peut être approchée par un signal carré dont les harmoniques d'ordre supérieur sont données par la série de Fourier du signal, et la perturbation de réactivité associée $\delta\rho\,(t)$ est donnée par :

$$\delta\rho\,(t) = \sum_{n=0}^{\infty} \rho_n \sin \omega_n t \cong \rho_0 \frac{4}{\pi} \sum_{n=1,3,5,\ldots}^{\infty} \frac{\sin \omega_n t}{n}, \omega_n \equiv 2\pi f n \ (4)$$

où f est la fréquence d'oscillation de l'échantillon, ω_n la pulsation harmonique associée, et ρ_0 est son effet en réactivité. Une caractéristique importante d'un signal carré est que l'énergie « stockée » dans ses harmoniques supérieures décroît selon son ordre en n^{-1}. Les résultats issus des mesures dans MINERVE sont repris sur les figures 99 et 100.

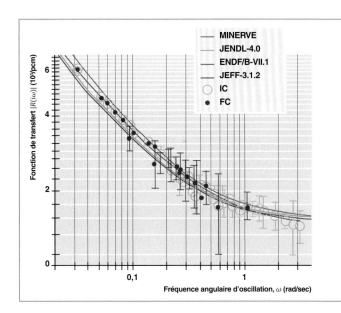

Fig. 100. Valeurs de $|R(i\omega)|$ obtenues sur toutes les durées d'oscillations, toutes les chaines de mesures (CI et CF) et toutes les harmoniques supérieures, en fonction des fréquences angulaires. Le travail réalisé dans MINERVE est tracé en noir, et comparé aux courbes théoriques obtenues à l'aide d'autres évaluations.

La mesure en ligne de l'échauffement nucléaire par dosimétrie de luminescence et fibre optique

Le principal intérêt des mesures d'échauffement nucléaire en ligne réside dans la possibilité d'accéder au débit de dose instantané délivré pendant l'irradiation, ainsi qu'à la dose *gamma* retardée intégrée par les détecteurs après la chute des barres de contrôle. Concrètement, la mise en œuvre des techniques de dosimétrie en ligne par fibre optique (FO) repose sur l'un des deux concepts suivants :

• L'utilisation de la fibre optique en tant que vecteur des informations optiques intervenant dans le protocole de détection, assurant la liaison entre le détecteur et la chaîne d'acquisition (stimulation laser, signaux luminescents) ;

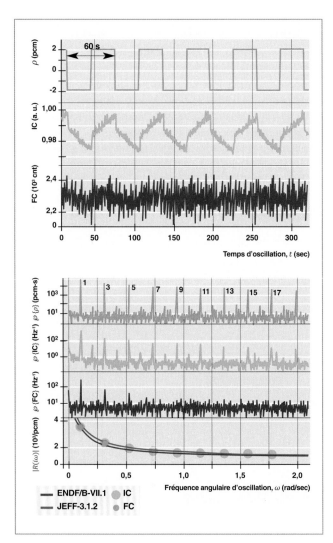

Fig. 99. En haut : Dynamique temporelle de la perturbation induite par oscillation d'un échantillon (a) et la réponse des chambres d'ionisation (CI) et fission (CF). En bas : amplitude de la fonction de transfert $|R(i\omega)|$ calculée pour la période (60 sec), les densités spectrales associées aux chambres (b et c) ainsi que les valeurs de la fonction de transfert par rapport aux points théoriques tracés avec les données nucléaires issues des bases ENDF/B-VII.1 et JEFF-3.1.2.

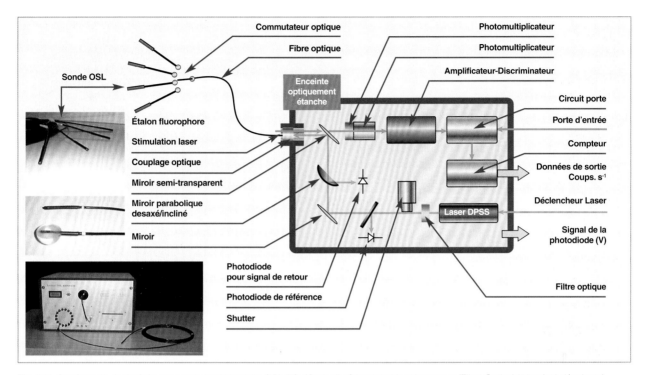

Fig. 101. Système de dosimétrie par sonde luminescente OSL/FO *(Optically Stimulated Luminescence/Fiber Optics)* (16 voies) développé par le CEA [10, 11].

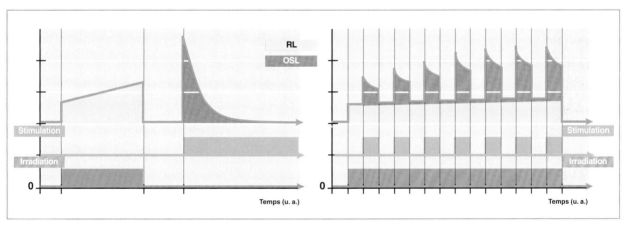

Fig. 102. Protocoles d'irradiation et de stimulation de sondes luminescentes pour la mesure de l'échauffement *gamma* OSL/FO (issus de [12]).

• l'utilisation de la fibre optique elle-même en tant que détecteur et vecteur des informations optiques.

Les principales techniques dosimétriques reposant sur ces différentes utilisations sont décrites dans [5]. On ne présente ici que le système de dosimétrie OSL/FO *(Optically Stimulated Luminescence/Fiber Optics)* développé par le CEA [13] (fig. 101). Ce système repose sur l'utilisation d'une sonde OSL en alumine connectée à l'extrémité d'une fibre optique. Un faisceau laser focalisé à travers la FO assure la stimulation optique de la sonde dont l'émission luminescente est redirigée par la fibre vers un photomultiplicateur. Le signal OSL est émis quasi instantanément lorsque la stimulation est déclenchée, et décroît ensuite d'autant plus rapidement que la puissance laser est élevée.

Selon les caractéristiques de la sonde (géométrie, masse) et de la stimulation laser (puissance, durée), deux protocoles de mesure peuvent être mis en œuvre (fig. 102) :

• à gauche : acquisition en ligne du signal de radioluminescence (**RL***) émis par la sonde de manière prompte pendant l'irradiation (sans stimulation laser), suivie immédiatement après la fin de l'irradiation du déclenchement de la stimulation laser et de l'acquisition du signal OSL. Les mesures OSL étant réalisées post-irradiation, elles ne sont pas affectées par d'éventuels signaux parasites tels que le **rayonnement Čerenkov*** et la photoluminescence de la fibre sous irradiation, ce qui permet d'estimer l'effet de ces rayonnements par comparaison avec les mesures RL en ligne, et donc d'en corriger les effets ;

• à droite : acquisition en ligne du signal RL couplée à la stimulation périodique du signal OSL, celui étant isolé du fond radioluminescent par soustraction des périodes avec et sans stimulation laser.

Par l'intermédiaire d'une calibration précise du système, en dose et en débit de dose, pour chacun de ses modes de fonctionnement RL et OSL, l'ajustement du protocole de stimulation laser permet finalement d'accéder en ligne au débit de dose délivré lors de l'irradiation, ainsi qu'à la dose totale intégrée par la sonde, corrigée des effets Čerenkov et photoluminescents [12].

La prise en compte de l'instrumentation dans la modélisation

Grâce aux avancées importantes du calcul haute performance (ou HPC – *High Performance Computing*), l'instrumentation et sa modélisation est de plus en plus prise en compte à la fois dans les études de conception, mais également dans l'interprétation des résultats. Bien que de petite taille, celle-ci génère localement des perturbations du flux qui peuvent dans certains cas influencer les mesures de manière non négligeable. Les premières approches concernent les mesures par chambres à fission miniatures (en particulier les 4 et 8 mm de diamètre), qui sont un outil essentiel en physique des réacteurs. La grandeur physique d'intérêt lors de son utilisation est le taux de fission par unité de masse. Il s'agit d'une grandeur intégrée en énergie qui fait intervenir les sections efficaces de fission et la distribution en énergie des neutrons incidents. La précision cible pour ces mesures est de l'ordre du %, ce qui impose de parfaitement maîtriser toutes les sources d'incertitudes et de biais, ainsi que de connaitre la perturbation de l'ensemble de détection sur l'environnement de mesure.

Le système de détection est typiquement constitué du capteur (la chambre à fission), d'un connecteur et d'un câble coaxial pour la polarisation du détecteur et la transmission du signal électrique. Introduit au sein de la zone fissile du réacteur, cet ensemble de mesure est très intrusif et perturbe le champ neutronique : d'une manière directe *via* la diffusion et surtout l'absorption des neutrons et d'une manière indirecte en modifiant le taux de fission des crayons combustibles adjacents. Prendre en compte l'interaction du détecteur avec son environnement impose de disposer d'une description géométrique fine du détecteur et d'une connaissance précise des matériaux qui le constituent. La modélisation nourrit ensuite la simulation neutronique qui est en charge de reproduire finement l'expérience réellement réalisée. Sont utilisés pour cela des codes de calculs Monte-Carlo. Malheureusement, cette approche augmente nettement la complexité des simulations et, en conséquence, le nombre d'heures de calcul nécessaires pour faire converger les résultats.

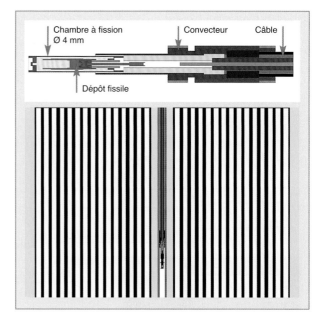

Fig. 103. Schéma de l'ensemble **chambre à fission**, connecteur et câble de transmission du signal (haut) et modélisation Monte-Carlo du système de mesure au centre du cœur du réacteur MINERVE.

Une approche alternative, moins pénalisante en temps de calcul, consiste à ne pas simuler l'expérience réelle mais plutôt à corriger la mesure en calculant le biais entre le résultat de la mesure et la grandeur physique recherchée (*i.e.* non perturbée par le système de mesure). La mesure est alors associée à un coefficient correcteur, qui dépend lui-même du flux neutronique considéré. En pratique le biais introduit par le système de mesure impacte la partie thermique du flux neutronique. Elle n'est donc significative que dans les applications en réacteur à eau et ne concerne que les isotopes **fissiles*** dans le domaine thermique (U 235, Pu 239, Pu 241). On observe des erreurs systématiques de l'ordre de 2 % pour les détecteurs les plus petits et jusqu'à 7 % pour les plus volumineux [16].

Cette modélisation a des impacts significatifs sur l'analyse des résultats « bruts » de mesure de ce type de détecteurs. La modélisation plus fine de ces derniers à l'aide de méthodes de type Monte-Carlo, qui pourront de plus permettre la modélisation des phénomènes intrinsèques aux détecteurs, représente une avancée significative à la fois dans l'interprétation de programmes passés et actuels, mais également dans la conception des futurs programmes en maquettes critiques, ou réacteurs de recherche.

Conclusion

L'instrumentation en maquette critique joue un rôle fondamental dans la réalisation des programmes expérimentaux et la compréhension fine et précise des phénomènes physiques mis en jeu. Leur développement ainsi que l'utilisation de plus en plus poussée de nouvelles technologies au travers de techniques de mesure innovantes permettent de garantir les incertitudes cibles utiles aux outils de calcul des cœurs de réacteurs.

Outre l'utilisation des chambres à fission pour les mesures en ligne et de la spectrométrie *gamma* ou X pour les mesures hors ligne , de nouvelles techniques ont fait leur apparition telle la dosimétrie de luminescence, pour la mesure des échauffements *gamma*, et l'amélioration commune des schémas de calcul et des bibliothèques de données nucléaires associées, ou encore l'utilisation de fibres optiques pour les mesures de distribution spatiale du flux neutronique.

En parallèle, de nouveaux modèles de chambres à fission sont développés et qualifiés pour une meilleure maîtrise des flux et spectres neutroniques (voir *infra*, p. 104). Par ailleurs, une étude CEA est actuellement en cours afin d'évaluer l'adaptation de détecteurs de type Micromégas, destinés à la détection de particules chargées de plus haute énergie [17] à la détection des flux de neutrons en réacteur de type maquette critique. L'objectif est double : à la fois déterminer le spectre neutronique (fonction de l'énergie), mais également le flux directionnel. Enfin, les perspectives d'amélioration continue de l'instrumentation permettront d'atteindre les incertitudes cibles nécessaires aux futures expériences en cours de conception dans le projet de maquette critique ZEPHYR *(Zero power Experimental PHYsics Reactor)* [18].

Patrick BLAISE, Benoît GESLOT,
Adrien GRUEL et Frédéric MELLIER,
Département d'études des réacteurs

▸ **Références**

[1] P. BLAISE, P. FOUGERAS and F. MELLIER, "Application of the Modified Source Multiplication (MSM) Technique to Subcritical Reactivity Worth Measurements in Thermal and Fast Reactor Systems", *IEEE Transactions on nuclear science*, 10.1109/TNS.2011.2115254, vol. 58, June 2011.

[2] V. LAMIRAND *et al.*, "Miniature Fission Chambers Calibration in Pulse Mode: Inter laboratory Comparison at the SCK.CEN BR1 and CEA CALIBAN Reactors", *IEEE Transactions on Nuclear Science*, Aug. 2014.

[3] G. BIGNAN *et al.*, in *Dan Cacuci's Handbook of Nuclear Engineering*, vol. 3, chap. 18, Elsevier Ed. (2010).

[4] P. BLAISE, J. DI SALVO, C. VAGLIO-GAUDARD, D. BERNARD, H. AMHARRAK, M. LEMAIRE and S. RAVAUX, "Nuclear heating measurement in critical facilities and experimental validation of code and libraries - an application to prompt and delayed γ nuclear data needs", *Physics Procedia*, vol. 59, pp. 3-16, 2014.

[5] M. LE GUILLOU, A. GRUEL, C. DESTOUCHES and P. BLAISE, "State of the art on nuclear heating measurement methods and expected improvements in Zero Power research Reactors", *EPJ Nuclear Sciences and Technologies*, 3, 11, 2017.

[6] H. AMHARRAK, J. DI SALVO, A. LYOUSSI, P. BLAISE, M. CARETTE, A. ROCHE, M. MASSON-FAUCHIER and A. PEPINO, "Development and optimization of nuclear heating measurement techniques in Zero Power experimental Reactors", *IEEE Transactions on nuclear science*, 09/2014, 61(5).

[7] http://lpsc.in2p3.fr/index.php/fr/groupes-de-physique/poles-accelerateurs-sources-dions-plamas/accelerateurs/genepi, page web du LPSC, 2017.

[8] G. GAMBARINI, G. BARTESAGHI, S. AGOSTEO, E. VANOSSI, M. CARRARA and M. BORRONI, "Determination of *gamma* dose and thermal neutron fluence in BNCT beams from the TLD-700 glow curve shape", *Radiation Measurements*, vol. 45, n° 3-6, pp. 640-642, 2010.

[9] M. LE GUILLOU, A. BILLEBAUD, A. GRUEL, A. KESSEDJIAN, O. MELPLAN, D. DESTOUCHES and P. BLAISE, "The CANDELLE experiment for characterization of neutron sensitivity of LiF TLDs", Proc. Int. Conf. ANIMMA 2017.

[10] B. GESLOT, A. GRUEL, P. WALCZAK, P. LECONTE and P. BLAISE, "A hybrid pile oscillator experiment in the Minerve reactor", *Annals of Nuclear Energy*, 108 (2017), pp. 268-276.

[11] D.L. HETRICK, *Dynamics of nuclear reactors*, University of Chicago Press, Chicago, USA (1971).

[12] E. GILAD, O. RIVIN, H. ETTEDGUI, I. YAAR, B. GESLOT, A. PEPINO, J. DI SALVO, A. GRUEL and P. BLAISE, "Estimation of the delayed neutron fraction β_{eff} of the MAESTRO core in MINERVE Zero Power Reactor", *Journal of nuclear science and technology*, 2015.

[13] S. MAGNE, L. AUGER, J. M. BORDY, L. DE CARLAN, A. ISAMBERT, A. BRIDIER, P. FERDINAND and J. BARTHE, "Multichannel dosemeter and Al2O3:C Optically Stimulated Luminescence fibre sensors for use in radiation therapy: Evaluation with electron beams", *Radiation Protection Dosimetry*, vol. 131, n° 1, pp. 93-99, 2008.

[14] S. MAGNE, E. SPASIC, P. FERDINAND, I. AUBINEAU-LANIÈCE, L. DE CARLAN, J. M. BORDY, A. BRIDIER, C. GINESTET et C. MALET, « Dosimétrie in vivo en surface du patient et en intracavitaire par procédé OSL/FO multivoies pour la radiothérapie », Congrès national de radioprotection, Tours, juin 2011.

[15] R. GAZA, S. W. S. MCKEEVER, M. S. AKSELROD, A. AKSELROD, T. UNDERWOOD, C. YODER, C. E. ANDERSEN, M. C. AZNAR, C. J. MARCKMANN and L. BOTTER-JENSEN, "A fiber-dosimetry method based on OSL from Al2O3:C for radiotherapy applications", *Radiation Measurements*, vol. 38, n° 4-6, pp. 809-812, 2004.

[16] B. GESLOT, V. LAMIRAND, J. DI SALVO, A. GRUEL, C. DESTOUCHES and P. BLAISE, "Correction factors to apply to fission rates measured by miniature fission chambers in various neutron spectra Proc.", Int. Conf. IGORR-2014, Bariloche, novembre 2014.

[17] J. PANCIN *et al.*, "Piccolo Micromegas: First in-core measurements in a nuclear reactor", NIM-A, 592, pp. 104-113 (2008).

[18] P. BLAISE, F. BOUSSARD, P. LECONTE and P. ROS, "Experimental R&D innovation for Gen-2,3 & IV neutronics studies in ZPRs: a path to the future ZEPHYR facility in Cadarache", Proc. Int. Conf. IGORR-RRFM2016, Berlin, March 2016.

[19] I. Giomataris, Ph. Rebourgeard, J.P. Robert and G. Charpak, *Nucl. Instr. Meth.* A376, pp. 29-35 (1996).

[20] S. Andriamonje *et al.*, "New neutron detectors based on Micromegas technology", NIM A 525 (2004), pp. 74-78.

L'instrumentation et la mesure pour les réacteurs d'irradiation de type MTR*[13]

Les enjeux des mesures pour les irradiations technologiques

Les enjeux des mesures pour les études et la qualification des matériaux sous irradiation

Les irradiations technologiques menées sur les matériaux sont, en général, destinées soit à valider, en conditions représentatives, notre connaissance des phénomènes observés en service, soit à tester de nouvelles nuances de matériaux industriels dans des conditions représentatives de la filière concernée et du phénomène étudié.

Les expériences d'irradiation de matériaux demandent la maîtrise (ou à défaut, de la connaissance fine) des conditions appliquées ainsi que la mesure de la réponse des matériaux, qu'elle soit réalisée *in situ* ou *ex situ*.

Les plus simples de ces expériences, dites « de cuisson », consistent à irradier des échantillons sans autre sollicitation que celle due à l'environnement expérimental (température, flux neutronique, spécificités du milieu), et de quantifier *a posteriori* l'impact du dommage d'irradiation reçu sur les propriétés d'usage du matériau, en général ses propriétés physiques ou mécaniques. Ce type d'irradiation est très largement utilisé, que ce soit pour étudier les évolutions des propriétés mécaniques des matériaux (fragilisation de l'acier de cuve, évolution des propriétés viscoplastiques des alliages de zirconium constituant le gainage) ou encore leur évolution dimensionnelle en l'absence de sollicitation mécanique (grandissement sous flux des alliages de zirconium, gonflement des aciers inoxydables des internes). La relative simplicité de ces expériences permet, en général, de tester simultanément un grand nombre d'échantillons. Certaines irradiations de cuisson plus évoluées consistent à placer dans des portes échantillons des éprouvettes judicieusement conçues pour être sollicitées mécaniquement sans contrôle extérieur du chargement (éprouvettes tubulaires pré-pressurisées destinées à l'étude du fluage d'irradiation, éprouvettes de flexion trois points destinées à l'étude de la relaxation sous flux, etc.).

Les enjeux industriels liés à ces irradiations de cuisson sont de tout premier ordre (extension de la durée de vie, qualifications de gestions des assemblages combustibles). Pour ces expériences, les paramètres clés sont la stabilité dans le temps et la connaissance précise des conditions d'irradiations (température, flux, spécificités du milieu).

Si les irradiations de cuisson simple sont très largement utilisées pour les études en soutien aux industriels du nucléaire, il existe au moins deux domaines pour lesquels le besoin d'irradiations de matériaux plus fortement instrumentées en réacteur de recherche est important :

- Le premier domaine concerne les phénomènes multiphysiques, comme la corrosion sous contrainte assistée par l'irradiation (IASCC) qui est, par exemple, susceptible de conduire à la fissuration intergranulaire de vis de liaison cloison/renfort d'interne. L'IASCC est le fruit des interactions entre le matériau, le milieu et la contrainte, qui sont complexifiées par les effets de l'irradiation sur le milieu (radiolyse) et le matériau (fluage, ségrégation intergranulaire, gonflement, durcissement, localisation de la déformation plastique). Certains de ces phénomènes sont d'ores et déjà étudiés par des expérimentations hors flux sur matériaux vierges ou irradiés. Néanmoins, l'étude de la cinétique de l'IASCC, ainsi que celle des effets synergiques entre l'irradiation, la contrainte et la chimie, devra s'appuyer sur des expérimentations sous flux fortement instrumentées ;

- l'autre domaine est celui des mécanismes de déformation sous flux, et notamment celui des matériaux de l'assemblage combustible. Les alliages de zirconium ont, en effet, une structure cristalline de type hexagonale compacte, qui ne présente pas les mêmes propriétés mécaniques suivant les directions de sollicitation (on parle d'« anisotropie »), associée à un mode d'élaboration qui conduit à des grains dont l'orientation cristalline est préférentielle suivant certaines directions (on parle de « texture »). Cela se répercute sur le comportement macroscopique du matériau et doit être pris en compte dans les modèles de comportement. Actuellement, le comportement sous flux des alliages de zirconium n'est accessible avec certitude que pour certaines directions de chargement. En l'absence d'hypothèses très fortes, cela reste insuffisant pour prédire avec efficacité la réponse du matériau dans d'autres conditions de sollicitations. Or, dans le cadre de l'optimisation de la gestion des assemblages combustibles, les modèles de déformation sous flux des alliages de zirconium doivent être aussi évolués que possible, afin de pouvoir rendre compte de l'historique complexe du chargement mécanique vu par le matériau en service et d'assurer le caractère prédictif des codes

---

13. *Material Testing Reactors* appelés également « réacteurs d'irradiation technologique ».

de calculs associés. Ces modèles ne peuvent être déterminés, et les codes associés qualifiés, qu'au moyen d'expérimentations sous flux permettant de modifier en cours d'irradiation les conditions expérimentales (température, chargement mécanique) et de mesurer précisément la réponse du matériau. C'est par exemple l'objectif qui est fixé pour le dispositif MÉLODIE, présenté *infra*, p. 109.

Si les irradiations de cuisson simple restent indispensables dans une démarche de choix de matériaux et d'acquisition de données de base en conditions représentatives, les irradiations fortement instrumentées sont quant à elles la clé pour valider les modèles de plus en plus évolués et prédictifs d'évolution des matériaux en réacteurs de puissance.

L'irradiation aux ions et l'installation JANNUS

Les sources de neutrons sont rares et coûteuses, les réacteurs d'irradiation des matériaux sont peu nombreux dans le monde. Les expériences de cuisson sont très longues, et leur retour d'expérience par conséquent très lent. Il existe un autre moyen, moins représentatif mais beaucoup plus rapide de faire des déplacements atomiques dans la matière (jusqu'à 10 dpa/h) : l'irradiation aux ions lourds.

Les irradiations aux ions peuvent être fortement instrumentées : c'est par exemple le cas dans l'installation à triple faisceau JANNUS, située sur les campus d'Orsay et de Saclay, Outre le faisceau principal destiné à produire les dégâts d'irradiation, un voire deux autres faisceaux peuvent être dirigés sur l'échantillon pour le caractériser en temps réel ou pour y implanter des ions simulant des produits de réaction nucléaire. La représentativité de ce type d'irradiation reste problématique : contrairement aux neutrons, les ions produisent des dégâts d'irradiation dans une zone très réduite et cet endommagement, anisotrope, se fait uniquement par perte d'énergie électronique. Malgré ces difficultés, l'intérêt de l'irradiation aux ions pour la validation de modèles d'endommagement par irradiation est maintenant confirmé.

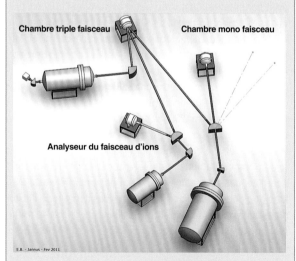

Fig. 104. Schéma de la plateforme de multi-irradiation aux ions JANNUS.

Les enjeux des mesures pour les études et la qualification des combustibles

L'étude du comportement d'un combustible nucléaire sous flux neutronique se trouve à la rencontre de plusieurs domaines de la physique : neutronique, thermique, mécanique, physico-chimie sous rayonnement. De plus, la composition et les propriétés d'un matériau fissile évoluent continuellement au cours de sa vie en réacteur du fait de l'irradiation : création et migration des produits de fission, formation de composés chimiques, endommagement du réseau cristallin, variation du potentiel d'oxygène etc. Le matériau se place ainsi constamment hors d'état d'équilibre thermodynamique. En conséquence, ce sont des phénomènes hautement couplés qui vont conduire aux valeurs des observables macroscopiques du matériau fissile, tels que le champ de température, le gonflement, le fluage, la précipitation des bulles de gaz de fission, la fracturation de la pastille, le relâchement des produit de fission, etc.

Pouvoir séparer et quantifier les phénomènes élémentaires actifs dans un combustible sous flux est donc d'une importance cruciale pour comprendre, maîtriser, puis prédire grâce à la simulation les effets résultants. À ce titre, la mesure de paramètres physiques locaux en cours d'irradiation est une étape nécessaire pour accéder à ces phénomènes élémentaires. Cela est réalisé, lors d'irradiations expérimentales, en équipant l'échantillon de combustible (crayon, aiguille, plaque...) et son environnement proche d'une instrumentation souvent multiple et présentant, entre autres exigences, une intrusivité minimale.

En pratique, certaines techniques de mesure sur échantillon de combustible ont déjà atteint un bon niveau de maturité et de robustesse : température centrale de pastille combustible et de surface de gaine par thermocouple, pression gazeuse interne par capteur de type **LVDT***, capteur à contre-pression ou capteur acoustique, allongement de colonne par LVDT, etc. D'autres paramètres physiques sont également d'un intérêt fort pour la connaissance et la modélisation mais nécessitent encore des développements en instrumentation : fluage du matériau fissile, contact pastille-gaine, potentiel d'oxygène, etc.

Ces mesures individuelles permettent de déconvoluer les phénomènes élémentaires et ainsi de retrouver quantitativement l'effet cumulé de leurs fréquents couplages sur les grandeurs macroscopiques. Toutefois, l'efficacité de cette démarche ne se conçoit qu'à travers l'utilisation de la mesure en temps réel, la seule à même de séparer temporellement l'activation de plusieurs phénomènes, de quantifier à chaque instant leur amplitude et de détecter l'instant éventuel de « discontinuités », sous forme de seuils d'apparition, d'accélération, etc. De plus, ce type de mesure est indispensable pour comprendre des effets hautement dépendants du protocole expérimental conduit, et en particulier ceux qui ne conservent pas la mémoire de chaque phase expérimentale antérieure (mesure d'une pression totale de gaz de fission relâché, par exemple). Un exemple important et fréquent est la réalisation de séquences expérimentales d'irradiation avec application de paramètres évolutifs (variations de puissance nucléaire, de température ou de débit de caloporteur, etc.), pour lesquelles des mesures sur l'état final de l'échantillon ne permettent pas d'accéder à la réponse de celui-ci au changement de valeur d'un paramètre d'environnement. Une mesure en ligne, avec son incertitude associée, est par suite et de loin la plus efficace pour comprendre l'évolution de l'échantillon, et constitue la donnée de base pour établir les lois et les modèles de comportement du combustible.

L'instrumentation implantée dans les expériences en réacteur d'irradiation technologique

La spécificité de l'instrumentation implantée en MTR tient, d'une part, aux exigences élevées en termes de précision requise pour satisfaire les besoins scientifiques des programmes, d'autre part aux fortes contraintes associées à la mesure en réacteur d'irradiation, parmi lesquelles nous pouvons citer :

• Des contraintes liées aux conditions d'irradiation, en particulier les flux neutroniques et photoniques intenses, qui provoquent la dégradation des matériaux constituant les capteurs, le changement de leur composition par transmutation, et l'apparition de courants électriques parasites notamment par effets Compton et photoélectrique ;

• des contraintes liées aux conditions physico-chimiques des expériences, en raison des températures élevées et des spécificités du milieu (eau sous pression, métaux liquides) ;

• des contraintes liées aux conditions d'intégration, imposant la miniaturisation des capteurs en raison de la taille très réduite des dispositifs expérimentaux, et nécessitant une distance de plusieurs dizaines de mètres entre les détecteurs et leur électronique ;

• des contraintes opérationnelles, avec une exigence de fiabilité élevée en raison de la difficulté, voire l'impossibilité de maintenance ou de remplacement des capteurs irradiés.

Répondre aux exigences malgré ces contraintes nécessite de conduire des programmes de recherche et développement sur l'instrumentation en réacteur, avec comme double objectif d'accroître les performances des mesures existantes et d'élargir le champ des mesures accessibles dans les MTR [1].

Les principaux besoins en mesures pour les MTR sont synthétisés sur la figure 105. Ils peuvent se décliner en deux principales catégories :

• D'une part, les mesures des rayonnements, directement liées à la caractérisation des rayonnements neutroniques et photoniques. Ces mesures sont nécessaires pour le fonctionnement du réacteur et pour la connaissance des conditions d'irradiation des expériences ;

• d'autre part, les mesures des autres paramètres physiques caractérisant les échantillons irradiés ou leur environnement.

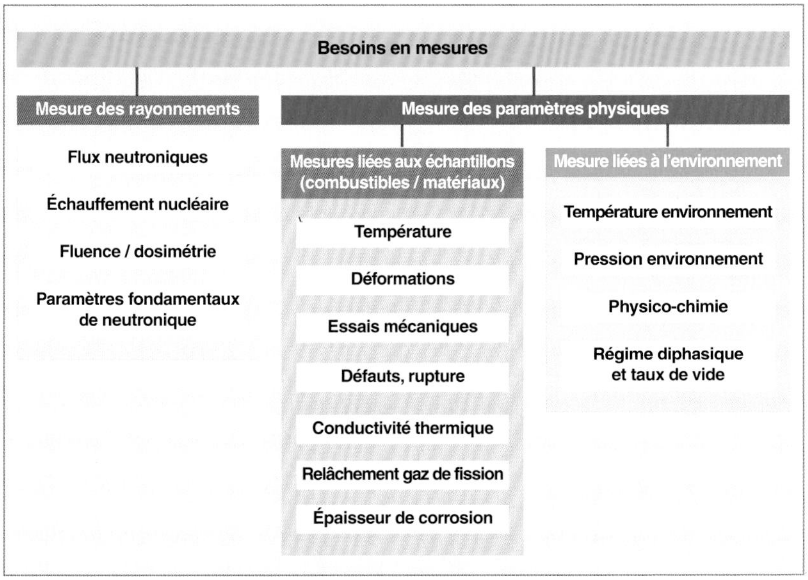

Ces mesures reposent en particulier sur l'utilisation de **détecteurs à activation appelés également « dosimètres »** (voir *supra*, p. 24), qui permettent la détermination en différé du flux neutronique. Les détecteurs sont constitués de petits échantillons de matériaux purs ou d'alliages de composition connue avec une grande précision (fig. 106). Les dosimètres sont positionnés en réacteur dans les emplacements à caractériser. Sous l'effet de l'irradiation neutronique, ils s'activent par création d'éléments radioactifs. La mesure de leur activité radioactive, réalisée *a posteriori* par spectrométrie *gamma* ou X, permet d'évaluer précisément la dose neutronique reçue par les détecteurs. En irradiant simultanément des dosimètres de différentes natures, sélectionnés en fonction de la sensibilité neutronique

Fig. 105. Organigramme des besoins en mesures pour les réacteurs d'irradiation, constituant les principaux sujets de recherche et développement actuels.

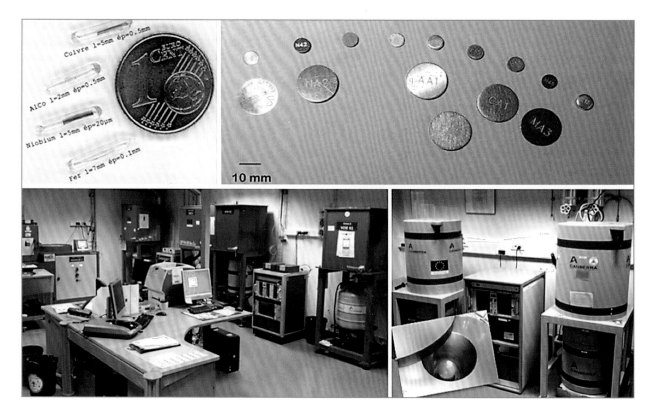

Fig. 106. En haut : dosimètres utilisés en réacteurs de recherche ; en bas : vues de la plateforme MADERE dédiée à la mesure de l'activité massique de dosimètres par activation, au CEA Cadarache.

des matériaux, il est également possible de remonter au spectre énergétique des neutrons incidents.

Ces mesures de référence sont réalisées au CEA sur une plateforme dédiée appelée « MADERE » (Mesures Appliquées à la Dosimétrie En REacteurs) située à Cadarache, et accréditée COFRAC® pour la mesure de l'activité massique des dosimètres par activation.

Dans le domaine de la dosimétrie, des travaux récents ont permis des progrès significatifs, notamment sur les volets suivants :

• L'amélioration des mesures d'activité des dosimètres émetteurs X [2, 3, 4] (niobium et rhodium), avec comme objectif l'évaluation plus précise des fluences neutroniques pour des énergies supérieures à 1 MeV ;

• le développement de nouveaux dosimètres destinés à la meilleure caractérisation du domaine épithermique [5] (neutrons d'énergie comprise entre 1 keV et 1 MeV) à travers la sélection et la validation expérimentale d'un dosimètre à base de zirconium, qui met en œuvre de manière originale à la fois des mesures d'activité massique du Zr 95 par spectrométrie *gamma* et des analyses par spectrométrie de masse par accélérateur (SMA) du Zr 93 stable ;

• des études de développement de dosimètres innovants réalisés par implantation ionique des atomes d'intérêt. L'enjeu est de disposer de dosimètres contenant une quantité faible mais précise des éléments d'intérêt, et capables d'accumuler de très fortes **fluences*** neutroniques tout en conservant une activité radioactive modérée, compatible avec une gestion simple de la radioprotection associée à la mesure ;

• l'amélioration de l'interprétation des résultats de mesure, en particulier en termes de traitement des incertitudes et d'ajustement du spectre neutronique.

En complément de la dosimétrie d'activation, la mesure des flux neutroniques dans les expérimentations en MTR peut être réalisée en ligne au moyen de capteurs de type **collectrons*** (générateurs de courant dont le signal est créé par les interactions des rayonnements avec les matériaux du capteur) ou de détecteurs à remplissage gazeux de type **chambre à fission***. Ces derniers sont des capteurs dont au moins une électrode est recouverte d'un fin dépôt de matière fissile (fig. 107). Les réactions de fission induites par les neutrons incidents dans le dépôt génèrent des produits de fission fortement énergétiques qui, lorsqu'ils quittent le dépôt, ionisent le gaz de remplissage. Les charges ainsi créées sont collectées grâce à un champ électrique induit par la différence de potentiel appliquée entre l'anode et la cathode. Ce type de

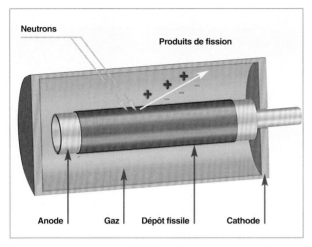

Fig. 107. Présentation schématique du principe physique d'une chambre à fission.

neutroniques présentant un intérêt direct pour l'expérimentateur (taux de fission dans l'U 235 ou le Pu 239 du combustible). Un choix judicieux des isotopes fissiles dans les chambres à fission permet également d'accéder à des informations sur le spectre neutronique (indice de spectre), certains isotopes étant plus fissiles que d'autres avec des neutrons lents ou des neutrons rapides. Ces détecteurs ont fait l'objet de nombreux développements et optimisations depuis une quinzaine d'années [6].

Pour les besoins d'instrumentation de ses réacteurs, le CEA dispose d'un atelier de fabrication des chambres à fission situé à Cadarache. Cet atelier unique est dédié à la conception et la fabrication de chambres à fission spécifiques en termes de géométries et de nature des dépôts (fig. 108). Il est notamment équipé d'une cabine de radiographie X, qui permet d'une part de réaliser des contrôles par imagerie, et d'autre part de tester le bon fonctionnement des détecteurs par ionisation de leur gaz à l'aide du faisceau X. L'étalonnage neutronique des chambres à fission peut ensuite être réalisé dans les réacteurs dits « maquettes », en particulier le réacteur MINERVE de Cadarache.

capteur présente l'avantage d'une véritable mesure en temps réel du flux neutronique. De plus, le choix d'un isotope adéquat pour le dépôt permet d'accéder à des taux de réaction

Fig. 108. En haut : photographie et radiographie de chambres à fission fabriquées par le CEA (diamètre externe de 1,5 mm à 8 mm) ; en bas : vue de l'atelier de fabrication des chambres à fission de Cadarache, et de sa cabine de contrôle RX.

Ces dernières années, le CEA a élargi la gamme de ses chambres à fission, en concevant et fabriquant des détecteurs présentant des performances accrues pour les besoins des programmes expérimentaux, en particulier des chambres sub-miniatures, d'un diamètre externe pouvant descendre à 1,5 mm, mais également des chambres à fission à espace inter-électrodes réduit ou des chambres à double dépôt fissile. Ces innovations bénéficient des progrès importants réalisés dans la modélisation des détecteurs, qui permet de simuler la création et le mouvement des charges électriques dans les capteurs, donc la génération du signal. Cette modélisation, validée par de nombreux essais dans différents réacteurs de recherche, est essentielle pour la conception des détecteurs et l'interprétation de leur signal [7].

Chaîne de mesure en ligne du flux de neutrons rapides

En terme de développement, un effort important a été récemment porté sur la **mesure du flux de neutrons rapides** (E ≥ 1 MeV), qui constitue une composante neutronique essentielle pour l'évaluation des dommages subis par les matériaux. En effet, dans les MTR, cette grandeur n'était jusqu'à présent pas accessible en ligne, mais uniquement évaluée par calculs ou de manière intégrée et différée par dosimétrie d'activation. La perspective des futurs programmes expérimentaux du réacteur d'irradiation technologique **RJH*** en construction à Cadarache a conduit le CEA à investiguer la possibilité de mesurer en ligne les flux de neutrons rapides intenses. La chaîne de mesure **FNDS*** *(Fast-Neutron-Detection-System)* a ainsi été développée par le CEA et le SCK-CEN dans le cadre de leur laboratoire commun d'instrumentation. Ce système est valorisé par deux brevets d'invention et a été récompensé par le prix 2017 de l'Innovation Technologique remis par la Société française d'énergie nucléaire. Il s'agit de la première et unique instrumentation permettant la mesure en ligne et en temps réel du flux de neutrons rapides dans les conditions typiques des MTR, dans lesquels le flux neutronique très intense (~ 10^{15} n.cm^{-2}. s^{-1}) est généralement dominé par les neutrons thermiques, et est accompagné d'un fort flux *gamma* qui perturbe la mesure neutronique en ligne.

FNDS est basé sur l'utilisation d'une chambre à fission équipée d'un dépôt fissile de Pu 242 [8], utilisée dans un mode de pilotage appelé « mode fluctuation », qui permet une réjection efficace de la contribution *gamma* parasite [9]. FNDS intègre également un logiciel spécifique chargé de traiter les mesures en calculant l'évolution sous irradiation du matériau fissile des détecteurs et en ajustant en temps réel leur sensibilité, de manière à produire une évaluation précise des flux de neutrons thermiques et rapides, même pour des fluences élevées (fig. 109).

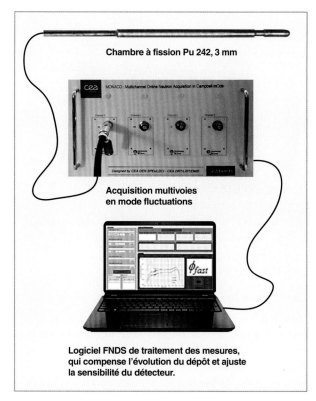

Fig. 109. Illustration du système FNDS permettant de mesurer en temps réel le flux de neutrons rapides dans les réacteurs d'irradiation technologique.

La qualification expérimentale du système FNDS, à travers plusieurs campagnes d'essais réalisées dans différents réacteurs français et européens a permis de confronter le signal FNDS avec le résultat des mesures neutroniques de référence par dosimètres d'activation avec un écart inférieur à 5 % [10].

Dans le domaine de la mesure des paramètres physiques en MTR, des potentialités nouvelles ont été apportées par l'utilisation en réacteur de techniques innovantes, en particulier les **mesures acoustiques et optiques**.

À titre d'illustration, nous pouvons citer la caractérisation en temps réel du relâchement des gaz de fission dans les combustibles irradiés en MTR, qui est désormais accessible aux expérimentateurs grâce à un **capteur ultrasonore** [11, 12, 13, 14, 15] développé par le CEA et ses partenaires (Institut d'électronique et des systèmes de l'université de Montpellier et le SCK-CEN.

Ce capteur est composé d'un transducteur piézoélectrique mesurant la propagation des ondes acoustiques dans une cavité cylindrique contenant le gaz à analyser (fig. 110). La célérité des ondes acoustiques dans la cavité permet d'esti-

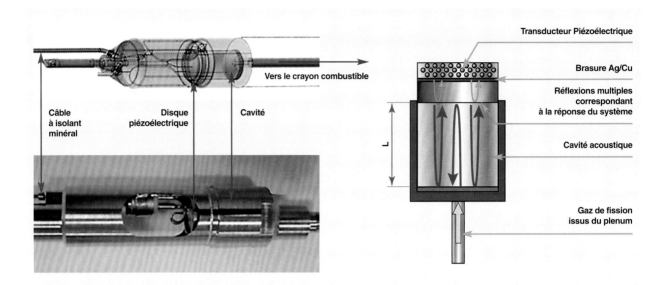

Transducteur Piézoélectrique

Brasure Ag/Cu

Réflexions multiples correspondant à la réponse du système

Cavité acoustique

Gaz de fission issus du plenum

Câble à isolant minéral

Disque piézoélectrique

Cavité

Vers le crayon combustible

L

Fig. 110. Capteur acoustique du relâchement des gaz de fission.

mer la masse molaire du gaz. Ce capteur, lorsqu'il est connecté à un crayon combustible, permet donc de mesurer en ligne et en temps réel l'évolution de la composition du gaz contenu dans le plenum du crayon, et donc d'estimer le relâchement des gaz de fission (principalement xénon et krypton) dans le crayon.

L'intérêt de ce capteur unique au monde est non seulement de détecter en temps réel les relâchements de gaz dans le crayon combustible, mais également de permettre la distinction entre les relâchements d'hélium et les relâchements de gaz de fission pour faire la part des uns et des autres dans le mécanisme de gonflement des crayons combustibles sous-irradiation. Cette instrumentation brevetée a déjà été mise en exploitation avec succès dans le réacteur d'irradiation **OSIRIS*** arrêté depuis décembre 2015, dans le cadre de l'expérience REMORA3 de caractérisation des gaz de fission [16]. Elle constitue un atout de premier plan pour les futurs programmes expérimentaux du RJH relatifs aux études du combustible.

De la même manière, l'implantation récente de **mesures optiques** en MTR offre de nouvelles perspectives aux expérimentateurs.

En premier lieu, il faut noter que cette implantation est rendue possible par l'émergence de fibres optiques adaptées, présentant en particulier une faible atténuation induite par les radiations [17]. Le domaine spectral sur lequel cette atténuation est la plus faible se situe autour de la longueur d'onde 1 μm.

Le capteur Fabry-Pérot (FP), placé en extrémité d'une fibre optique, s'appuie sur l'interférométrie en lumière blanche pour

réaliser une mesure d'élongation sur des échantillons de matériaux sous irradiation. Il a été optimisé pour un fonctionnement sous forte fluence neutron et *gamma* et à haute température (jusqu'à 400 °C). Il peut par exemple être soudé en 2 points (fig. 111), avec une longueur de jauge (Lg) un peu supérieure à 1 cm, et mesurer une élongation de plus de 100 μm (1 % de Lg) avec une précision de l'ordre du micromètre [18].

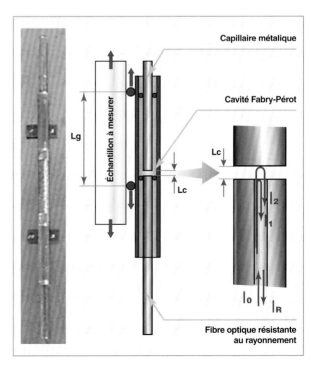

Capillaire métalique

Cavité Fabry-Pérot

Échantillon à mesurer

Lg

Lc

Lc

I_2

I_1

I_0 I_R

Fibre optique résistante au rayonnement

Fig. 111. Capteur interférométrique Fabry-Pérot pour la mesure de déformation d'échantillons.

Ce capteur FP durci, de dimension réduite (diamètre 2 mm), a été développé par le CEA et ses partenaires dans le cadre du laboratoire commun CEA/SCK-CEN d'instrumentation. D'autres mesures dimensionnelles et des mesures de température par réseaux de Bragg (voir *supra*, p. 79) ou s'appuyant sur la pyrométrie optique sont aussi en développement.

L'intégration des mesures dans les dispositifs expérimentaux

Le réacteur d'irradiation technologique RJH a pour objectif principal la réalisation d'expérimentations dédiées à la qualification de combustibles et matériaux nucléaires sous forte irradiation neutronique. Il est envisagé en fonctionnement nominal jusqu'à une dizaine d'expérimentations matériaux en cœur et jusqu'à une dizaine d'expérimentations combustible en réflecteur.

Les performances d'irradiation du RJH et le développement de sa capacité expérimentale tiennent compte d'un large retour d'expérience principalement des réacteurs européens à finalité similaire en exploitation tel, par exemple : OSIRIS en France, BR2 en Belgique, HFR aux Pays-Bas et HRP en Norvège.

Par rapport à cette génération de réacteurs de recherche qui a entre 50 et 60 ans, le RJH doit tenir compte de besoins pointus exprimés par les scientifiques (notamment dus aux progrès de la simulation). Ainsi, il se différencie de ses prédécesseurs par ses performances accrues en termes de flux neutronique rapide et thermique ($\sim 10^{15}$ n.cm^{-2}.s^{-1}), de dommage aux matériaux (jusqu'à 16 **dpa***/an) et par son parc d'équipements expérimentaux pour lesquels la conception a été optimisée sur deux axes principaux :

• La maîtrise des conditions d'irradiation (gradient de flux, de température…) ;

• l'accès à des mesures en ligne de paramètres physiques liés aux expérimentations comme par exemple les flux neutroniques, les échauffements nucléaires, l'élongation de matériaux sous flux, le relâchement de gaz de fission dans les combustibles…

Ce dernier point est d'une importance stratégique pour la qualité des expériences de R&D qui seront menées dans le RJH et ainsi pour le plan de charge du réacteur. Il est donc crucial de disposer d'une capacité d'instrumentation précise, fiable et robuste répondant à ces besoins.

Parmi les irradiations expérimentales d'échantillons en MTR, il convient de souligner celles relatives à la « caractérisation » des mécanismes, c'est-à-dire celles qui permettent, après une phase préalable d'identification, de quantifier précisément les phénomènes d'intérêt qui affectent l'échantillon irra-

dié et d'améliorer notre compréhension des mécanismes impliqués. Ces irradiations sont en particulier destinées à l'établissement de modèles de calcul. Elles sont particulièrement notables car elles nécessitent un contrôle précis des conditions expérimentales (les températures, les flux et spectres des neutrons, la pression, éventuellement la contrainte appliquée) et une mesure également précise et si possible « directe » du phénomène d'intérêt (déformation, épaisseur d'oxyde, relâchement de gaz, etc.). Elles sont en général fortement instrumentées. Par ailleurs, la tendance s'oriente de plus en plus vers des mesures « en ligne », (c'est-à-dire pendant l'irradiation) qui renforcent le caractère « direct » de la mesure et permet aussi de réduire le coût expérimental, en particulier par rapport à des expériences où la mesure du phénomène d'intérêt nécessite une opération de « déchargement – mesure – rechargement – reprise de l'irradiation ». Le besoin d'un fort niveau d'instrumentation et de précision, et le besoin éventuel d'un pilotage de certains paramètres se traduit souvent par des conceptions complexes de dispositifs. Cet aspect va être illustré dans les deux exemples ci-après.

Le premier exemple concerne le dispositif Adeline (*Advanced Device for Experimenting up to Limits Irradiated Nuclear fuel Elements*, fig. 112), destiné à l'étude du comportement du combustible de réacteurs à eau sous pression (REP) ou à eau bouillante (**REB***) en situation de rampes de puissance. Plus précisément, l'objectif est d'analyser les possibilités de rupture de gaine associées à ce type de sollicitation. Le dispositif est donc conçu pour simuler les conditions thermo-hydrauliques des réacteurs de puissance, de plus, il est installé sur un système mobile permettant de piloter la distance qui le sépare du cœur, ce qui permet de réaliser les rampes de puissance requises. Ce dispositif est un défi à plus d'un titre :

• Au niveau du contrôle des paramètres d'essai qui sont principalement les conditions thermo-hydrauliques et la puissance : le fait de rapprocher le dispositif expérimental pour faire évoluer la puissance de 200 W/cm à par exemple 550 – 600 W/cm pendant des temps relativement courts de l'ordre de la minute avec pour objectif de conserver une température d'entrée du réfrigérant stable, nécessite une instrumentation suffisante pour piloter les paramètres et anticiper l'augmentation d'échauffement *gamma* dans les structures (qui se fait avec une dynamique différente de celle de la puissance de fission). Par ailleurs, le contrôle de la puissance pendant le transitoire, qui se fera principalement par le suivi du flux neutronique dans le dispositif d'essai, nécessite de « croiser » cette information avec un bilan thermique (mesures du débit et de l'échauffement de l'eau dans les conditions thermo-hydrauliques locales) dont l'analyse doit prendre en compte les dégagements de puissance *gamma* dans les structures et dans le crayon expérimental lui-même, tout ceci en régime transitoire, ce qui impose le recours à des moyens de calcul et à une instrumentation

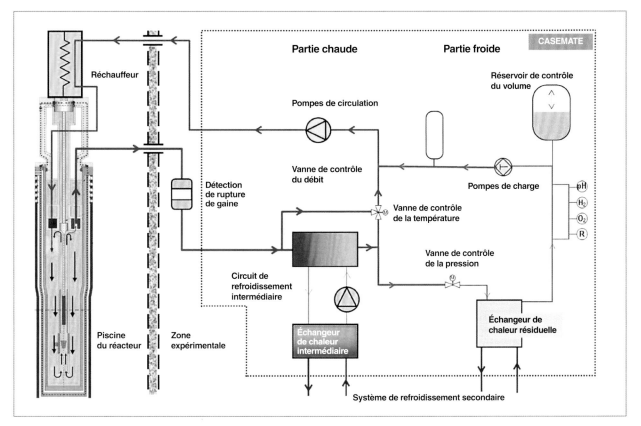

Fig. 112. Schéma de principe de la boucle expérimentale Adeline pour l'étude des éléments combustibles dans le réacteur Jules Horowitz.

suffisante et performante pour discriminer toutes les contributions avec les inerties associées ;

• au niveau des phénomènes attendus : un tel transitoire va conduire à une sollicitation mécanique de la gaine compte tenu de la dilatation du combustible, mais aussi du fait d'une situation thermique « inhabituelle » du combustible qui aura un impact sur les relâchement des gaz de fission et/ou sur le gonflement gazeux dans le combustible, cette sollicitation dépendra de plus des ancrages entre la gaine et le combustible, c'est-à-dire de son historique. L'interprétation d'un tel essai nécessite donc des mesures « au plus près » des différents mécanismes, on cherchera en particulier à mesurer l'allongement gaine (sachant que cette mesure doit intégrer la dilatation des structures sur lesquelles sont fixés les composants du capteur), l'évolution de la pression interne du crayon, les températures atteintes, ainsi que l'évolution temporelle de l'activité de l'eau (par suivi « en ligne » de l'activité mais aussi par prélèvements) pour compléter / confirmer les signaux de détection de rupture mais aussi pour évaluer les conséquences de telles situations incidentelles.

L'illustration d'une expérimentation très instrumentée relative aux matériaux peut être fournie par l'expérience MÉLODIE, destinée à quantifier en ligne le fluage axial et circonférentiel d'une gaine soumise à un chargement biaxé piloté et en conditions représentatives de fonctionnement des REP

(fig. 113) [19]. La contrainte circonférentielle est obtenue par la pressurisation de l'échantillon de gaine, le pilotage du rapport de contraintes est obtenu en agissant axialement sur la gaine par compression ou traction au moyen de systèmes pneumatiques (soufflets). Cette expérimentation a été réalisée en 2015 dans le réacteur d'irradiation OSIRIS pour pouvoir être adaptée ultérieurement aux conditions du RJH. Elle a permis de mesurer non seulement l'allongement de l'échantillon (fluage axial) en ligne, mais également les déformations diamétrales lors des intercycles du réacteur, sans déchargement du dispositif. L'implantation des systèmes de pilotage des contraintes, des dispositifs de mesure des déformations (dont un dispositif mobile pour le profil axial du diamètre), et des thermocouples pour le contrôle thermique de l'ensemble, dans un environnement extrêmement contraint, a nécessité un travail de conception très approfondi pour élaborer un dispositif complexe, tant au niveau de la fabrication des composants qu'au niveau des techniques d'assemblage.

Il faut également souligner que les dispositifs expérimentaux sont équipés de capteurs spécifiques destinés à la sureté de l'expérience (température, pression des enveloppes de confinement, de tenue à la pression, etc.) qui viennent s'ajouter aux capteurs expérimentaux. La gestion des « passages étanches » pour faire sortir les câbles des capteurs et les lignes « fluide » (contrôle des étanchéités, pilotage des systèmes pneumatiques) hors du dispositif d'irradiation, dans un

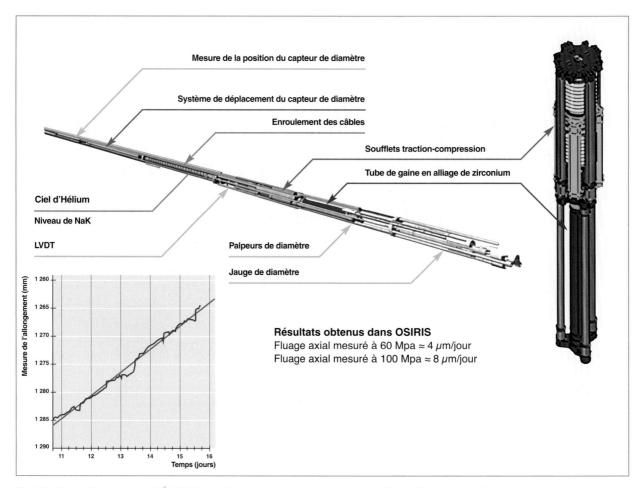

Fig. 113. Dispositif expérimental MÉLODIE pour l'étude du comportement mécanique d'échantillons sous irradiation et sous contrainte bi-axiale.

environnement géométrique extrêmement contraint, conduit également à des techniques de montage et d'assemblage souvent très complexes et parfois limitantes.

Dispositif de cartographie de l'échauffement nucléaire en réacteur

Dans un réacteur expérimental de type MTR, la connaissance de l'échauffement de la matière provoqué par le champ de rayonnement est une grandeur importante. Le dépôt d'énergie par unité de temps et de masse ou échauffement nucléaire exprimé en watt/gramme ($W.g^{-1}$), généré par l'interaction des photons *gamma* et des neutrons avec la matière, est l'une des données d'entrée clé pour le dimensionnement des dispositifs expérimentaux et pour la maîtrise des températures dans ces dispositifs en cours d'irradiation. Cette grandeur est mesurée à l'aide de calorimètres dont le fonctionnement repose toujours sur le principe de la mesure de l'augmentation de température d'un noyau de référence sous l'effet du dépôt d'énergie créé par les rayonnements. Un effort important en R&D a été mené ces dernières années au CEA afin d'améliorer la connaissance de l'échauffement en réacteur, non seulement en valeur absolue mais aussi en distribution

spatiale. Un nouveau système de mesure (CALMOS pour CALorimètre Mobile OSiris) a ainsi été développé et mis en service sur le réacteur OSIRIS [20]. Le système de mesure est composé d'une cellule calorimétrique fonctionnant en mode différentiel montée sur son système à déplacement, qui permet (fig. 114) :

• Une mesure ponctuelle grâce à une taille réduite de capteur (diamètre 18 mm) ;

• des répartitions axiales simultanées de l'échauffement et du flux thermique sur une plage de 1 150 mm, couvrant la partie fissile et une certaine plage au-dessus du cœur, avec un nombre de points de mesure aussi important que nécessaire ;

• un système de déplacement axial automatique de la cellule calorimétrique, associé à une interface logicielle spécifique qui permet de programmer et réaliser les scrutations à la demande, et donc de suivre l'évolution de ces distributions au cours du cycle réacteur ;

• une large plage de mesure, s'étendant de quelques dizaines de mW/g à environ 12 $W.g^{-1}$.

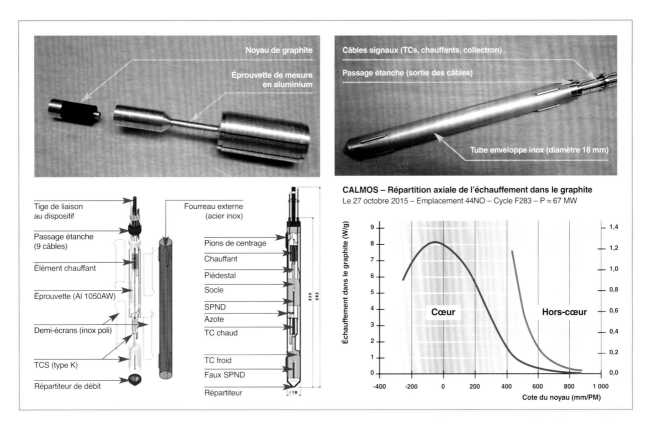

Fig. 114. Dispositif CALMOS pour la mesure des échauffements nucléaires en réacteur. En haut : éprouvette de mesure (gauche), ensemble de la cellule calorimétrique (droite) ; en bas : les composants de la cellule (gauche), exemple de répartition axiale obtenue (droite).

Les performances attendues sur le réacteur Jules Horowitz en termes de niveaux de flux vont être accompagnées d'un niveau d'échauffement nucléaire plus important qu'à OSIRIS (jusqu'à environ 20 W.g⁻¹), et le développement de cette nouvelle instrumentation s'inscrit dans la perspective d'une préparation à la caractérisation fine des emplacements expérimentaux de ce nouveau réacteur. Le dispositif CARMEN (CAlorimétrie en Réacteur et MEsures Nucléaires) [21] en cours d'études par le CEA et ses partenaires (AMU/IM2NP[14] au travers du Laboratoire commun d'Instrumentation et de Mesure en Milieux EXtrêmes, LIMMEX entre le CEA et Aix-Marseille Université), sera, pour sa partie calorimétrie, une transposition du dispositif CALMOS adaptée aux conditions de fonctionnement du réacteur RJH. Le dispositif CARMEN dans sa première version a été testé avec succès en 2012 dans le réacteur OSIRIS [22].

La complémentarité entre les mesures en ligne et post-irradiation

Les essais, qu'ils soient relatifs aux combustibles ou aux matériaux, peuvent s'accompagner de modifications plus ou moins prononcées de géométrie des échantillons, allant d'une faible déformation (déformation des matériaux et combustibles sous irradiation) à des changements très significatifs (par exemple : perte de géométrie du combustible liée à des situations accidentelles sévères). Ils peuvent également induire des modifications de position des émetteurs *gamma* (diffusion de produits de fission dans un combustible due à un transitoire de température). De plus, l'irradiation expérimentale peut elle-même fabriquer de nouveaux produits radioactifs quantifiables. Tous ces phénomènes sont autant d'éléments qui permettent d'avoir recours à des techniques d'examens non destructifs du dispositif expérimental (sans extraction de l'échantillon irradié) pour :

• Vérifier que les conditions expérimentales sont conformes aux attentes ;

• détecter, quantifier certains phénomènes induits par l'expérience ;

• préparer la localisation des examens destructifs si l'échantillon ne peut pas être extrait.

14. Aix-Marseille Université / Institut Matériaux-Microélectronique-Nanosciences de Provence.

Les bancs d'examens non destructifs gamma et X immergés

Pour le RJH, ces examens non destructifs (**END***) sont réalisés en mettant en œuvre deux bancs mécaniques immergés, l'un disposé en piscine réacteur et l'autre en piscine d'entreposage des éléments irradiés. Ces bancs **UGXR*** (*Underwater Gamma and X-Ray*, voir fig. 115) ont pour objet de déplacer, selon trois degrés de liberté, les différents dispositifs d'essai afin de procéder à leurs examens [23]. Chaque dispositif d'essai est une structure lourde et volumineuse permettant le supportage, l'instrumentation et la mise en condition d'un échantillon de combustible ou de matériau introduit dans le cœur du RJH ou sa périphérie.

Les deux bancs UGXR permettront de pratiquer les examens suivants :

• La spectrométrie *gamma* pour la mesure quantitative, avant et après expérience, de la répartition spatiale des émetteurs *gamma* dans l'échantillon expérimental et en périphérie. Compte tenu de la diversité des objets à mesurer (activités et géométries), le système dispose de fonctionnalités avancées de collimation permettant d'adapter les performances

de détection (germanium de haute pureté, électronique haut taux de comptage) à tout type d'échantillons du RJH ;

• l'imagerie photonique haute énergie, radiographique et tomographique, avec le plus haut niveau de définition envisageable (100 μm en résolution spatiale), de l'échantillon expérimental et des structures d'équipement interne du dispositif d'essai. Cette technique est basée sur un accélérateur linéaire (LINAC) prototype auto blindé présentant une tache focale des électrons sur la cible de conversion photonique (par rayonnement de freinage : Bremsstrahlung) compatible avec les objectifs d'imagerie haute résolution, un flux et un spectre en énergie adaptés aux objets à mesurer, ainsi qu'un ensemble de détection photonique novateur constitué de matrices de semi-conducteurs situées derrière une fente de collimation en tungstène.

Les mesures issues de ces différentes techniques, associées aux coordonnées spatiales sur l'objet, sont ensuite exploitées par des programmes informatiques spécialisés qui assurent des opérations de corrections, de dépouillement et de reconstruction d'images tomographiques. L'intérêt expérimental de ces mesures suppose l'atteinte d'une grande précision d'observation dimensionnelle (de l'ordre de 100 μm) pour visuali-

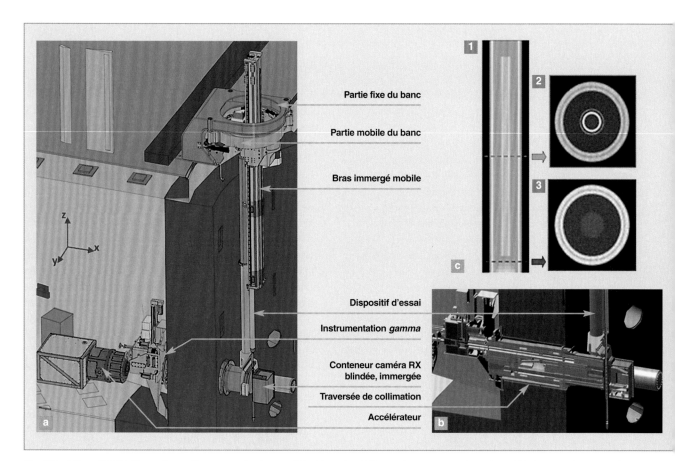

Fig. 115. a) Banc UGXR d'imagerie γ et X sous eau du réacteur Jules Horowitz. b) Traversée *gamma* et RX du banc UGXR. c) Radiographie (1) et tomographies planes (2 et 3) issues de simulations de propagation γ et X sur un objet cylindrique de 40 mm de diamètre et de 700 mm de haut.

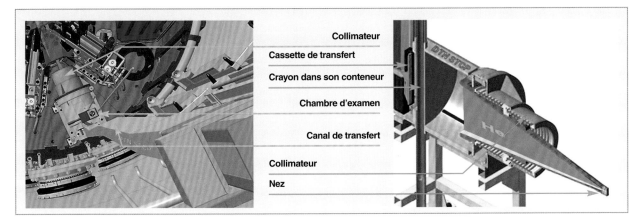

Fig. 116. Vue plongeante du Système d'Imagerie Neutronique (SIN) en piscine du RJH (à gauche) et vue éclatée (à droite).

ser des fissures, des points de corrosion, etc. dans les échantillons de combustible ou de matériaux irradiés dans le RJH, associée à une grande flexibilité et une dynamique exceptionnelle de la mesure *gamma*.

Le système d'imagerie neutronique du RJH

Les bancs d'imagerie photonique UGXR du RJH seront accompagnés par un banc dédié à l'imagerie neutronique des crayons de combustible irradiés. Cette complémentarité des instruments d'examens non destructifs constituera un des grands atouts du réacteur.

L'imagerie neutronique est complémentaire de l'imagerie photonique du fait de la sensibilité différente des neutrons thermiques et des photons de haute énergie en fonction des matériaux. Elle permet essentiellement de mettre en évidence la présence de composés hydrogénés ou **neutrophages***, ainsi que la présence de défauts de structure, mais aussi de déterminer qualitativement le type de combustible examiné (UOX, **MOX***..., voir fig. 117), information non accessible en radiographie X. Parmi les examens prévus avec le SIN (Système d'Imagerie Neutronique, voir fig. 116), nous pouvons citer :

• La recherche de présence d'eau ou d'hydrogène : diagnostic de perte d'étanchéité, quantification de la concentration en hydrures, quantification et localisation d'infiltrations d'eau dans l'échantillon ;

• la détection d'isotopes fissiles : vérification globale d'un échantillon après réception, suivi de l'évolution de l'enrichissement en fonction du temps, détection et caractérisation de grains fissiles isolés ;

• la détection et quantification d'isotopes absorbants les neutrons thermiques (dans la gaine par exemple) ;

• la visualisation d'éléments légers sous des parois de matériaux denses : suivi d'un niveau de liquide à l'intérieur d'un récipient (sodium ou NaK, par exemple), vérification finale d'instruments métalliques complexes, positionnement précis de capteurs (jonctions de thermocouples...).

Le SIN est développé pour être installé sous eau en exploitant les neutrons du cœur pour former une image en transmission d'éléments combustibles. Ces derniers seront imagés après avoir été extraits de leur dispositif d'essai et positionnés dans un conteneur dédié. La fluence neutronique nécessaire sur le plan de détection pour former une image exploitable est de l'ordre de 5.10^{10} $n_{th}.cm^{-2}$, correspondant à une durée d'exposition de l'ordre de 15 min. La performance visée du SIN en terme de résolution est de 200 μm. Le système offrira en outre la possibilité d'une résolution spatiale variable en permettant de moduler le rapport L/D (longueur sur diamètre du diaphragme) du collimateur *via* plusieurs ouvertures de collimation.

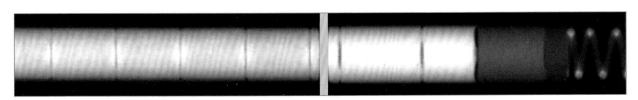

Fig. 117. Exemples de neutronographies comparables à celles attendues sur le Système d'Imagerie Neutronique (SIN) du RJH : détection d'humidité à gauche, et à droite contraste isotopique entre des pastilles **MOX*** (gris clair) et oxyde d'uranium naturel (gris foncé) [24].

Le SIN s'appuie sur une technique d'imagerie par transfert, qui est rendue indispensable du fait de la très forte émission *gamma* de l'objet examiné positionné à très faible distance du plan de détection. Le banc est constitué d'un collimateur pyramidal pressurisé à l'hélium, dont le nez est positionné au plus près du cœur pour extraire le flux neutronique le plus important. Une chambre d'examen accueille l'élément à imager, suivie par la zone de détection où est placée une cassette comportant l'élément imageur.

L'imagerie neutronique par transfert est fondée sur l'utilisation d'une feuille métallique en dysprosium (Dy), dont l'activation par le flux de neutrons thermiques *via* la réaction Dy 164 (n,γ) Dy 165 permet de produire une image latente de la transmission à travers l'objet examiné. À l'issue de son exposition, la feuille activée est sortie de la piscine du réacteur dans sa cassette *via* un canal de transfert, puis son émission *bêta* (due au Dy 165) est enregistrée pour produire une image numérique. Différents systèmes imageurs peuvent être exploités en vue de générer ces images : film argentique développé puis numérisé, écran radioluminescent à mémoire, ou système optoélectronique.

Pour tous ces examens, le fait de pouvoir réaliser au niveau du réacteur un différentiel avant / après irradiation, avec les mêmes moyens de caractérisation, permet de bien identifier ce qui n'est imputable qu'à l'expérience, avant toute manipulation lourde ou transport. Malgré tout, il faut préciser que les techniques mentionnées, mises en œuvre dans un environnement « réacteur » et donc souvent en co-activité avec les opérations d'exploitation, sont en général moins précises que celles mises en œuvre dans les labos chauds dédiés spécifiquement aux examens.

Les capacités actuelles de mesures et d'analyses post-irradiatoires pour les études des matériaux

Les capacités de mesure et d'analyse du CEA pour la science des matériaux irradiés (hors combustible) peuvent être regroupées suivant leur caractère destructif ou non destructif.

Les techniques non destructives sont fréquemment utilisées lors de campagnes de mesures inter-cycles, afin de déterminer la cinétique d'évolution en cours d'irradiation des propriétés des matériaux. Sont réalisées notamment des mesures dimensionnelles, *via* métrologie classique, métrologie laser, ou par ombroscopie. Ces techniques sont utilisées pour l'étude du fluage sous irradiation et de la croissance libre, notamment.

Sont mesurées aussi des propriétés physiques, comme la densité, en utilisant des techniques dites d'immersion (dans le bromobenzène) ou encore par pycnomètrie hélium. Ces mesures permettent notamment de quantifier le gonflement des matériaux sous irradiation. Le pouvoir thermoélectrique (**PTE***) des aciers est une propriété physique qui est perturbée par tous les défauts du réseau cristallin (atomes de soluté, précipités, dislocations). À ce titre, c'est aussi une grandeur d'intérêt que l'on mesure pour quantifier de manière empirique les évolutions de microstructure avec l'irradiation dans les études de vieillissement des aciers de cuve.

En termes de techniques destructives, le CEA dispose d'un panel cohérent d'outils d'analyses de la science des matériaux, adapté aux conditions spécifique de manipulation de matière irradiée : outils de caractérisations mécaniques conventionnelles (traction, résilience, ténacité, fluage…) ou avancées (corrosion sous contrainte, boucles de corrosions en milieu REP), outils de caractérisations physico-chimiques (analyses de gaz, microsonde électronique, diffraction des rayons X, microscopie RAMAN), et enfin outils de caractérisations microstructurales classiques (microscopies optiques, électronique en balayage ou transmission) ou avancées (Sonde Atomique Tomographique).

Mesures post-irradiation sur les combustibles en Laboratoire de Haute Activité (LHA)

En complément aux mesures réalisées « en ligne » ou « en temps réel » en réacteur, celles acquises lors de la phase post-irradiation sur les échantillons de combustibles nucléaires permettent d'apporter des informations scientifiques nouvelles, qui s'appuient notamment sur les éléments favorables suivants :

• L'échantillon étant totalement accessible, car extrait de son dispositif et souvent déconnecté de son porte échantillon, les techniques non destructives sont mises en œuvre au plus près de l'échantillon ;

• les composants constituant la chaîne de mesure, et notamment les têtes de détection, ne sont pas soumises aux contraintes d'intégration et d'encombrement, et sont moins affectées par les rayonnements, ce qui permet de privilégier les performances ;

• l'examen n'est souvent pas contraint par le temps (dans la mesure où il s'agit bien d'un examen « final » après achèvement du processus d'irradiation), ce qui permet, joint au point précédent, de gagner en sensibilité et/ou en résolution.

Sur le plan méthodologique, les mesures post-irradiatoires permettent :

• D'accéder à un « état final » à la fois intégral et détaillé de l'échantillon testé, notamment suite à des séquences sollicitantes (transitoires de puissance ou de refroidissement, essais de sureté…) pour lesquelles la brièveté de l'essai ne permet pas de suivre finement l'évolution de l'échantillon sans interférer sur le comportement de celui-ci. Cet état final peut d'autre part constituer un « état de référence » (physique ou contractuel) de l'objet examiné, avant transport et/ou utilisation dans un autre programme expérimental ;

• de mesurer des propriétés physiques locales et des grandeurs caractéristiques du matériau combustible irradié, données physiques requises par les modèles de comportement des combustibles, afin d'améliorer leurs lois, étendre leur base de validation et réduire les incertitudes associées ;

• d'identifier et de sélectionner des zones d'intérêt, qui seront examinées, après découpe et conditionnement, avec des techniques fines et de micro- et nano-analyse. Certaines portions bien caractérisées pourront ensuite être utilisées lors d'essais analytiques mis en œuvre en cellules blindées de haute activité (notamment des essais de sûreté).

Les mesures post-irradiatoires sur les combustibles nucléaires se déroulent selon un processus mettant en œuvre des examens non destructifs et destructifs en laboratoire de haute activité, décrits *infra*, p. 139.

Conclusion

L'instrumentation est un élément clé de la qualité et de la compétitivité des programmes expérimentaux menés dans les réacteurs d'irradiation. Les systèmes de mesure développés pour ces besoins font appel aux techniques de mesure les plus performantes, adaptées à un environnement particulièrement contraint. Les mesures en réacteurs sont par ailleurs indissociables des examens post-irradiatoires réalisés sur les matériaux et combustibles dans les laboratoires de haute activité. C'est pourquoi un laboratoire chaud MOSAIC est à l'étude sur le site de Cadarache pour permettre l'analyse des matériaux et combustibles irradiés dans le futur réacteur RJH. La complémentarité et la qualité de ces moyens d'irradiation et d'analyse assureront au CEA sa capacité à répondre aux enjeux industriels de la filière nucléaire.

Jean-Francois VILLARD, **Gilles** BIGNAN,
Christian GONNIER, **Philippe** GUIMBAL,
Département d'études des réacteurs
Daniel PARRAT,
Département d'étude du combustible
Éric SIMON, **Christophe** ROURE, **Bernard** CORNU,
Département de technologie nucléaire
Hubert CARCREFF,
Département de modélisation
et de simulation des systèmes et des structures
Sébastien CARASSOU
Département des matériaux nucléaires
et Guy CHEYMOL,
Département de physico-chimie

▸ **Références**

[1] B.G. KIM, J.L. REMPE, J-F VILLARD and S. SOLSTAD, "Review of Instrumentation for Irradiation Testing of Fuels and Materials", *Nuclear Technology*, 176, Nov 2011, pp. 155-187.

[2] J. RIFFAUD et al., "Study of 93mNb and 103mRh for reactor dosimetry", ICRS-13 RPSD 2016.

[3] V. SERGEYEVA, "Determination of Neutron Spectra Within the Energy of 1 keV to 1 MeV by Means of Reactor Dosimetry", IEEE NSS 2015.

[4] V. SERGEYEVA et al., "High efficiency and X-ray spectrometry improvements at the CEA-MADERE Measurement Platform", ISRD15, 2014.

[5] V. SERGEYEVA et al., "92, 94 Zr irradiation for neutron flux dosimetry by (n, γ) reaction", ND 2016.

[6] B. GESLOT et al., "Development and manufacturing of special fission chambers for in-core measurement requirements in nuclear reactors", ANIMMA 2009.

[7] B. GESLOT et al., "Correction factors to apply to fission rates measured by miniature fission chambers in various neutron spectra", IGORR 2014.

[8] P. FILLIATRE et al., "Reasons why Pu-242 is the best FC deposit to monitor fast neutron flux", *Nuclear Instruments and Methods in Physics Research*, A 593, pp. 510-518 (2008).

[9] L. VEMEEREN et al., "Experimental verification of Fission Chamber *gamma* signal suppression by the Campbelling Mode", *IEEE TNS*, vol. 58, n° 2, April 2011.

[10] D. FOURMENTEL et al., "In-Pile Qualification of the Fast-Neutron-Detection-System", ANIMMA 2017.

[11] J-F. VILLARD et al., "High accuracy sensor for on-line measurement of the internal fuel rod pressure during irradiation experiments", RRFM 2013.

[12] J-F. VILLARD et al., "Improving high-temperature and fission gas release measurements in irradiation experiments", IAEA Technical Meeting, Halden, Norway September 2007.

[13] D. FOURMENTEL et al., "Acoustic Sensor for In-Pile Fuel Rod Fission Gas Release Measurement", IEEE TNS, vol. 58, pp. 151-155, février 2011.

[14] J-F. VILLARD and M. SCHYNS, "Advanced In-Pile Measurements of Fast Flux, Dimensions and Fission Gas Release", *Nuclear Technology*, vol. 173, pp. 86-97, janvier 2011

[15] E. ROSENKRANTZ, *Conception et tests d'un capteur ultrasonore dédié à la mesure de la pression et de la composition des gaz de fission dans les crayons combustibles*, thèse de doctorat, 2007.

[16] T. LAMBERT et al., "REMORA 3 - The First Instrumented Fuel Experiment with On-Line Gas Composition Measurement by Acoustic Sensor", ANIMMA 2011.

[17] G. CHEYMOL, H. LONG, J.F. VILLARD and B. BRICHARD, "High Level Gamma and Neutron Irradiation of Silica Optical Fibers in CEA OSIRIS Nuclear Reactor", *IEEE Trans. Nucl. Sci.*, vol. 55, pp. 2252-2258, 2008.

[18] G. CHEYMOL, A. GUSAROV, S. GAILLOT, C. DESTOUCHES and N. CARON, "Dimensional Measurements Under High Radiation With Optical Fibre Sensors Based on White Light Interferometry - Report

on Irradiation Tests", *IEEE Trans. Nucl. Sci.*, vol. 61, n° 4, pp. 2075-2081, 2014.

[19] P. GUIMBAL *et al.*, "Results of the MELODIE experiment, an advanced Irradiation Device for the study of the irradiation creep of Light Water Reactor (LWR) claddings with full online capabilities", ANIMMA 2017.

[20] H. CARCREFF *et al.*, "First In-Core Simultaneous Measurements of Nuclear Heating and Thermal Neutron Flux obtained with the Innovative Mobile Calorimeter CALMOS inside the OSIRIS Reactor", *IEEE Transactions on Nuclear Science*, vol. 63, n°.5, pp. 2662-2670, October 2016

[21] A. LYOUSSI, CH. REYNARD-CARETTE *et al.*, "IN-CORE program for on line measurements of neutron, photon and nuclear heating parameters inside Jules Horowitz MTR Reactor", *Proceedings of European Nuclear Conference*, pp. 374-376, Marseille, France, May 2014.

[22] D. FOURMENTEL *et al.*, "Nuclear Heating Measurements in Material Testing Reactor: a Comparison Between a Differential Calorimeter And a *Gamma* Thermometer", *IEEE Transactions on Nuclear Science Nuclear Science*, vol. 60, 1 (2), pp. 328-335 (2013).

[23] C. ROURE *et al.*, "Non-Destructive Examination Development for the JHR Material Testing Reactor", ANIMMA 2013.

[24] PARRAT *et al.*, "The Future Underwater Neutron Imaging System of the Jules Horowitz MTR: an Equipment Improving the Scientific Quality of Irradiation Programs", *Joint IGORR 2013* and *IAEA Technology Meeting*, Daejeon (Republic of Korea), 13-18 Oct 2013.

L'instrumentation et la mesure en réacteurs expérimentaux pour les études de sûreté et les études physiques

Le réacteur CABRI

Objectifs scientifiques du réacteur CABRI

Le réacteur de recherche CABRI est un réacteur expérimental dédié à l'étude du comportement des combustibles de réacteurs expérimentaux d'irradiation et de puissance dans certaines situations accidentelles. Le CEA y réalise des programmes de R&D définis et pilotés par l'IRSN dans le cadre de collaborations nationale et internationale.

Il s'est adapté depuis sa construction en 1962 pour répondre aux besoins des études de sûreté et à la réalité du parc électronucléaire français. Depuis 1978 les programmes expérimentaux CABRI visent à étudier le comportement du combustible nucléaire lors d'une injection accidentelle de **réactivité*** appelé accident **RIA*** pour « *Reactivity Injection or Initiated Accident* ». Les essais transitoires effectués dans le cadre de ces programmes visent à améliorer la sûreté des réacteurs dans les situations de fonctionnement nominales et accidentelles, à valider les codes de calcul multi-physiques dédiés à la simulation du comportement des réacteurs en situation transitoire ou accidentelle et à concevoir et tester des combustibles innovants tels les combustibles dits « *Accident Tolerant Fuel* ».

À l'époque, une boucle expérimentale « sodium » avait été mise en place au centre du cœur nourricier de CABRI, afin d'imposer les conditions thermohydrauliques idoines au combustible d'essai permettant ainsi de répondre aux besoins des études pour les combustibles de réacteurs à neutrons rapides.

La modification de l'installation engagée en 2003 permet désormais de fonctionner avec une boucle à eau pressurisée, dans les conditions thermohydrauliques représentatives des Réacteurs à Eau sous Pression (155 bar et 300 °C) et d'apporter des connaissances complémentaires sur le comportement des crayons combustibles lors d'un accident de type RIA pour les études de sûreté des réacteurs industriels. Le programme **CIP*** *(Cabri International Program)* comporte douze essais de type RIA dont deux essais en boucle « sodium » et dix essais à venir en boucle à eau sur des crayons combustibles de natures différentes [1].

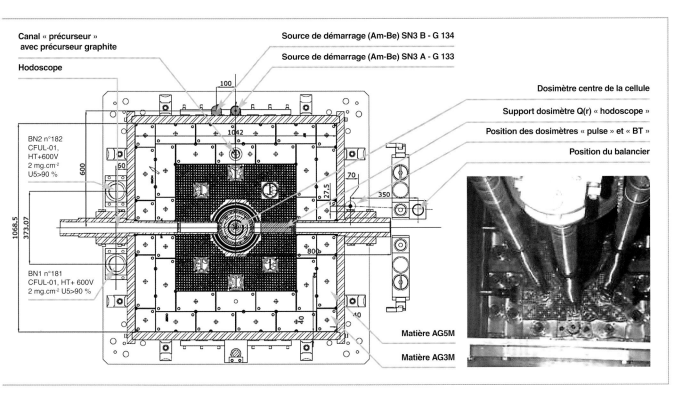

Fig. 118. Description globale du cœur du réacteur CABRI.

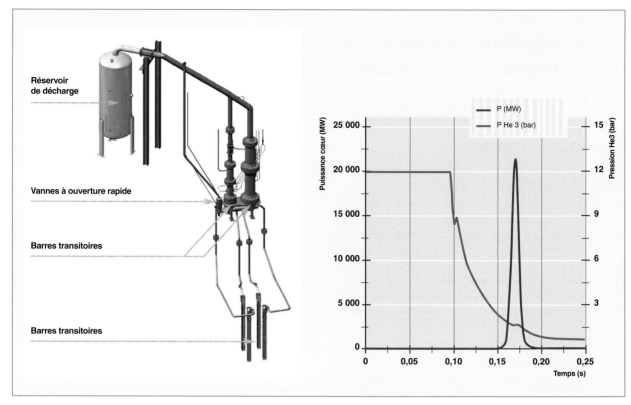

Fig. 119. Vue générale du système de barres transitoires de CABRI (à gauche) et allure typique d'une dépressurisation et d'un transitoire de puissance RIA dans CABRI (à droite).

Description du réacteur CABRI

Le réacteur est de type piscine constitué d'un cœur d'une puissance maximale en régime stable de 25 MW et refroidi par un circuit d'eau (débit de 3 215 m³/h). Le cœur du réacteur de géométrie parallélépipédique (65 cm de côté par 80 cm de haut) est composé de 1 487 crayons combustibles (UO₂ enrichi à 6 % en U 235) gainés en acier, conçus pour résister aux variations rapides de puissance lors des essais. L'échantillon combustible à tester est implanté dans un dispositif positionné au centre de la boucle d'essai. Un système de mesure, appelé « hodoscope », traverse le cœur de part en part et permet de mesurer en temps réel les événements dans le combustible testé. Le pilotage du réacteur est assuré par six barres de commandes et de sécurité, chacune constituée de vingt-trois crayons en hafnium naturel.

La caractéristique majeure du réacteur CABRI est son système d'injection de réactivité [2]. Ce dispositif (voir. fig. 119) permet la dépressurisation très rapide dans un réservoir de décharge d'un gaz **neutrophage*** (He 3) préalablement introduit à l'intérieur de 96 tubes appelés « barres transitoires » situés entre les crayons de combustible (voir fig. 118). La dépressurisation rapide de l'He 3 se traduit par une injection de réactivité pouvant atteindre 3,9 **dollars*** en quelques dizaines de millisecondes. Est observée alors une augmentation très rapide de la puissance (de 100 kW jusqu'à ~ 20 GW) (voir. fig. 119) en quelques millisecondes suivie d'une diminu-

tion tout aussi rapide en raison de l'**effet Doppler*** et d'autres contre-réactions neutroniques plus tardives. *In fine*, le dépôt d'énergie totale dans le combustible d'essai est ajusté en faisant chuter les barres de commande et de sécurité juste après la fin du pic de puissance.

Le lecteur trouvera plus de détails sur le réacteur CABRI dans la monographie de la DEN « Les réacteurs expérimentaux ».

La caractérisation neutronique du cœur à basse puissance en configuration boucle à eau

Les essais neutroniques à basse puissance (< 100kW) ont été menés en 2015 et 2016, dans le but de caractériser précisément le cœur CABRI. Les principales grandeurs physiques mesurées, dans diverses situations de fonctionnement, sont les suivantes : effets de réactivité, distributions fines de puissance, flux neutronique, échauffement *gamma* et paramètres cinétiques.

Le tableau 6 présente les instrumentations et techniques de mesure employées pour chaque grandeur neutronique mesurée [1] [3].

Les chambres à fission dites « Bas Niveau » (BN) [voir fig. 118] permettent de suivre les faibles niveaux de puissance (< 1,5 kW) ; Deux autres chambres ont été conditionnées dans un assemblage postiche (APIC) positionné en cœur ou

Tableau 6.

Grandeurs mesurées dans les réacteurs expérimentaux – Instrumentation et techniques de mesure associées [3]		
Grandeur mesurée	**Instrumentation**	**Technique de mesure**
Cotes critiques dans diverses situations de fonctionnement	Chambres à fission (**BN***) Chambres à dépôt de bore (**HN***)	Mesures neutroniques
Efficacités intégrales et différentielles des 6 **BCS***	Chambres à fission (BN) Chambres à dépôt de bore (HN)	Méthode Rod drop + méthode **MSM*** [3] Temps de doublement
Coefficient de température isotherme	Chambres à fission (BN) Chambres à dépôt de bore (HN) Thermocouples	Mesures neutroniques Mesures thermiques
Effet de gerbage du cœur	Chambres à fission (BN) Chambres à dépôt de bore (HN) Débitmètres	Mesures neutroniques Mesures fluidiques
Paramètres cinétiques	Chambres à fission (« APIC ») Chambres à dépôt de bore (HN) Dosimètres Au et Co	Méthode Cohn-α [3] Dosimétrie
Profil axial et radial de flux neutronique **thermique*** et **épithermique*** (Cœur et cellule d'essai)	Dosimètres Au et Co	Dosimétrie
Coefficient de puissance (pcm/MW)	Chambres à fission (BN) Chambres à dépôt de bore (HN)	Mesures neutroniques
Effets de réactivité (vide, dispositif)	Chambres à fission (BN) Chambres à dépôt de bore (HN)	Mesures neutroniques
Échauffement *gamma*	Thermocouples	Mesures thermiques, calorimétrie
Poids en réactivité des barres transitoires Hélium-3	Chambres à fission (BN) Chambres à dépôt de bore (HN) Thermocouples Capteurs de pression	Mesures neutroniques Mesures thermiques Mesures de pression

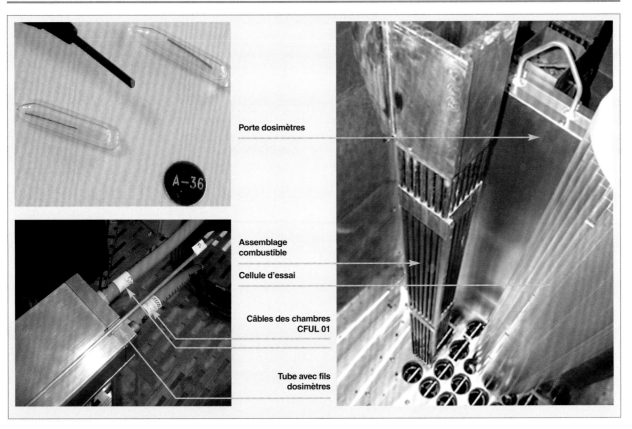

Porte dosimètres

Assemblage combustible

Cellule d'essai

Câbles des chambres CFUL 01

Tube avec fils dosimètres

Fig. 120. Dosimètres fils Cobalt (sous quartz) et dosimètres disques Cobalt et Or (à gauche) ; insertion du support des dosimètres disques autour du dispositif hodoscope (au centre) ; vue de l'assemblage postiche APIC intégrant deux chambres à fission.

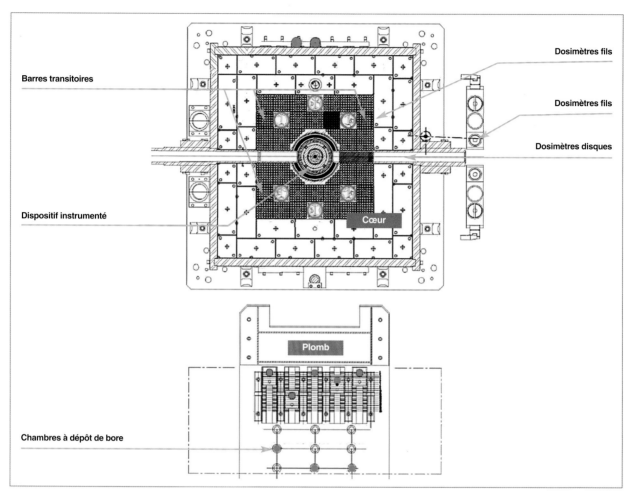

Fig.121. Position des chambres neutroniques expérimentales (chambres à dépôt de bore) ;
position des dosimètres et de l'assemblage postiche APIC (en orange) dans le cœur du réacteur CABRI.

à l'extérieur du cœur CABRI, dans le but de réaliser les mesures de paramètres cinétiques.

Les chambres à dépôt de bore dites « Haut Niveau » (HN) [voir fig. 118] servent à suivre les niveaux de puissance supérieurs à 1,5kW.

Les dosimètres sont de type disque ou de type fil sous quartz. Leurs masses et dimensions ont été adaptées en fonction des incertitudes cibles de mesure et des capacités de mesure (activité admise) de la plateforme de référence MADERE du CEA Cadarache (voir le chapitre intitulé « L'instrumentation et la mesure dans les réacteurs d'irradiation de type MTR », p. 101) où sont réalisées les mesures d'activité [4].

Caractérisation thermohydraulique du cœur

Le débit d'eau primaire dans le cœur est mesuré à l'aide de deux débitmètres de type sonde Annubar, positionnés sur les tuyauteries du circuit de refroidissement du cœur en amont et en aval de celui-ci.

Des thermocouples TCK et des sondes platine de type PT100 sont également positionnés sur ces tuyauteries en amont et en aval du cœur, afin de mesurer l'élévation de la température de l'eau primaire lorsque le réacteur fonctionne en puissance.

Le système des barres transitoires

La dépressurisation des barres transitoires est quant à elle suivie en temps réel à l'aide de plusieurs capteurs à jauge piézo-résistifs.

Tableau 7.

Grandeurs thermohydrauliques mesurées - Instrumentation et techniques de mesure associées	
Grandeur mesurée	Instrumentation
Débits cœur entrants et sortants	Sondes Annubar
Températures entrée et sortie cœur	Thermocouples et sondes platine
Pression dans les barres transitoires	Capteur de pression

Mesure des hautes puissances et de l'énergie déposée au cours des transitoires d'insertion de réactivité (RIA)

La mesure précise de la puissance absolue et du dépôt d'énergie au cours des transitoires de puissance est un objectif majeur des essais CABRI. Ces grandeurs sont mesurées par des chambres neutroniques après calibration de celles-ci par la méthode de bilans thermiques réalisés sur le circuit de refroidissement du cœur lors des paliers de puissance ; cette méthode nécessite de mesurer conjointement l'échauffement de l'eau primaire (par l'intermédiaire de sondes platines) et le débit (par l'intermédiaire des sondes Annubar).

In fine le courant délivré par les chambres neutroniques expérimentales (voir fig. 121) à dépôt de bore est calibré par rapport à la puissance mesurée par le bilan thermique. Cependant, cet étalonnage n'est possible que jusqu'à 23,7 MW, niveau maximal autorisé pour un fonctionnement à puissance stable du réacteur CABRI. Une incertitude de l'ordre de 5 % (2σ) est obtenue sur la valeur de la puissance.

Afin de vérifier que cet étalonnage est toujours fiable pendant le transitoire de puissance en relatif (jusqu'à 25 GW), et par conséquent que la linéarité chambres neutroniques expérimentales est bonne en relatif entre 23,7 MW et 25 GW, les activités de dosimètres Co 59 et Au 197 (sous forme de fils positionnés à l'extérieur du cœur) sont comparées lors de paliers de puissance et lors de transitoires de puissance d'énergies équivalentes (~ 270 MJ) [1] [4].

Conclusion

L'instrumentation, les techniques et les traitements de données spécifiques au réacteur expérimental CABRI sont essentiels dans les axes directeurs suivants :

• Réussir avec l'IRSN les essais RIA avec des transitoires complexes ;

• innover et améliorer l'instrumentation et les méthodes de mesure ;

• gagner en visibilité avec des essais à forts enjeux nationaux et internationaux.

Institut Laue-Langevin – La source de neutrons européenne

L'Institut Max von Laue – Paul Langevin (ILL) est un organisme de recherche international à la pointe de la science et des techniques neutroniques (fig. 122). Sa source de neutrons est un Réacteur à Haut Flux (RHF) d'une puissance thermique de 58,3 MW, qui alimente quelque 40 instruments scientifiques de très haute technologie avec son flux neutronique de $1,5.10^{15}$ neutrons par seconde et par cm^2.

Fig. 122. Vue de l'Institut Laue-Langevin (ILL).

Depuis sa création en 1967, l'ILL est un modèle de coopération scientifique européenne. Actuellement, treize pays assurent son fonctionnement sous une gouvernance tripartite : allemande, anglaise et française.

L'ILL met ses services et son expertise à la disposition des scientifiques du monde entier. Chaque année, l'Institut attire 1 400 chercheurs venus de plus de 40 pays. Les recherches sont pluridisciplinaires: biologie, chimie, matière molle, physique nucléaire, science des matériaux, etc.

Sur près de 1 200 propositions d'expérience reçues chaque année, 800 environ sont sélectionnées pour leur excellence par un comité scientifique international. Le nombre d'expériences est limité par le temps de fonctionnement du réacteur et par le nombre d'instruments à disposition.

Le réacteur produit des faisceaux de neutrons qui sont extraits de 13 canaux horizontaux et de 4 canaux inclinés, dont certains sortent des enceintes pour aboutir à des zones d'expérimentation extérieures (fig. 123).

En plus de la source de neutrons thermiques (d'une vitesse moyenne de 2,2 km/s), trois dispositifs situés à proximité immédiate du cœur permettent également de produire des neutrons chauds (10 km/s) ainsi que des neutrons froids et ultra-froids (700 m/s et 10 m/s) : il s'agit de la source chaude, constituée d'un cylindre de graphite maintenue à 2 000 °C, et de deux sources froides, dont la plus importante est constituée d'une sphère contenant 20 litres de deutérium maintenu à l'état liquide à -248 °C. Les neutrons sont prélevés au sein de la cuve par une vingtaine de canaux, dont certains pointent sur l'une des sources froides ou chaude. Ces canaux, prolongés par des guides de neutrons, alimentent ensuite une quarantaine d'instruments situés jusqu'à 100 mètres du réacteur.

Pour maintenir sa position prédominante dans la physique des neutrons, l'ILL investit énormément dans tous les aspects techniques liés aux expériences. Leader dans la fabrication des détecteurs de neutrons comme dans l'électronique de lecture des données, l'institut a aussi développé

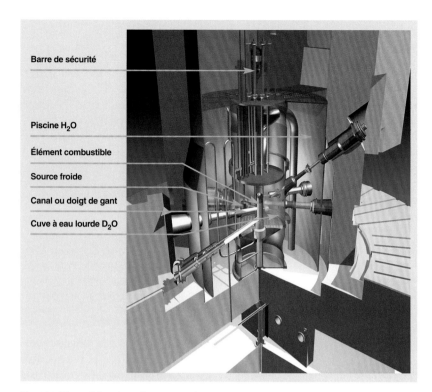

Barre de sécurité

Piscine H$_2$O

Élément combustible

Source froide

Canal ou doigt de gant

Cuve à eau lourde D$_2$O

Fig. 123. Plan schématique du cœur du réacteur de l'ILL.

Lié à l'amélioration des performances des détecteurs neutrons en termes de temps mort et de résolution spatiale, le développement d'une électronique spécifique pour la pré-amplification des signaux analogiques a permis de réduire la consommation électrique par canal aux alentours de 20 mW avec, ainsi, des avantages évidents dans la dissipation de la chaleur. Tout le traitement du signal – filtrage, correction de ligne de base et compensation pole-zéro – est désormais effectué totalement en digital avec l'adoption des convertisseurs analogique-numérique (CAN) (**ADC***) à 12 bit couplés à plusieurs circuits intégrés de traitement de signal type **FPGA*** [7]. L'électronique d'acquisition, basée sur des cartes **CPU*** customisées, permet l'enregistrement des impacts de neutrons avec une fréquence supérieure à 5 MHz et la génération des spectres de mesure en temps réel.

des techniques d'avant-garde comme dans la production des cristaux destinés à la fabrication des monochromateurs, ou dans celle des multicouches pour les éléments d'optique des neutrons (super miroirs pour les analyseurs et les guides de neutrons).

La détermination des structures magnétiques dans la matière condensée est une application tout à fait originale de la diffraction de neutrons[15]. La précision ainsi que le champ d'application de ces mesures sont élargis par l'utilisation de faisceaux de neutrons polarisés. Depuis une décennie, l'ILL a mis au point un système de production de ce type de faisceaux grâce à l'utilisation de filtres hélium-3 polarisés et il a mis cette technologie à la disposition d'autres laboratoires comme ISIS en Angleterre et ANSTO en Australie.

Des détecteurs de neutrons à hélium-3, d'une superficie allant jusqu'à 30 m², sont désormais disponibles pour les instruments temps-de-vol [6]. Le traitement électronique du signal permet de déterminer la position d'impact du neutron avec une précision d'un centimètre sur des tubes de 3 m de hauteur (fig. 124). Pour répondre à la crise d'approvisionnement en gaz hélium-3, l'ILL est très actif depuis plusieurs années dans le développement de détecteurs basés sur une technologie alternative utilisant du bore-10. Grâce à cette recherche menée en collaboration avec la nouvelle source de neutrons européenne ESS (European Spallation Source) un premier prototype de 2 mètres de long a été validé.

La plupart des expériences de diffusion neutronique n'ont pas lieu à température ambiante car la majorité des phénomènes est détectable à basse ou haute température, en présence d'un champ magnétique ou électrique ou lors d'une combinaison de ces facteurs. Pour cette raison, l'ILL est en première ligne dans le développement d'équipements de pointe pour l'environnent des échantillons, comme dans le domaine des cryostats pour les très basses températures (< 1K) ou dans celui des fours. Le Cryopad *(Cryogenic Polarization Analysis Device)* a été conçu et réalisé à l'ILL pour les mesures d'analyse de polarisation, et il a été adopté depuis par l'Université Technique de Aachen, FRM II en Allemagne, JAEA au Japon et par le CEA-Grenoble en France.

Fig. 124. L'intérieur de la chambre de vol du spectromètre à neutrons IN5 de l'Institut Laue-Langevin.

15. Le neutron, du fait de son moment magnétique, est sensible à la structure magnétique de la matière qu'il traverse.

L'instrumentation et la mesure en réacteurs expérimentaux pour les études de sûreté et les études physiques

Le Laboratoire Léon Brillouin et le réacteur ORPHÉE : la source nationale pour la diffusion de neutrons

Le **Laboratoire Léon Brillouin** (**LLB**) est le centre de diffusion neutronique français pour la recherche académique et industrielle, situé sur le plateau de Saclay non loin de Paris. C'est une unité mixte CEA-CNRS (UMR12), qui a la responsabilité des équipements nécessaires (guides, spectromètres…) à l'exploitation des neutrons fournis par le **réacteur ORPHÉE** de 14 MW, opéré par le CEA.

Le LLB/ORPHÉE est une très grande infrastructure de recherche inscrite dans la feuille de route de la stratégie nationale des infrastructures de recherche. C'est l'un des principaux centres de diffusion de neutrons à l'échelle internationale. Il fait partie du réseau européen d'installations nationales (MLZ en Allemagne, ISIS au Royaume-Uni, PSI en Suisse...) largement impliqué dans les programmes collaboratifs européens tel H2020.

Les missions principales du LLB/ORPHÉE sont :

• D'accueillir et assister les utilisateurs français et étrangers ;

• de promouvoir l'utilisation des diverses méthodes expérimentales de diffusion de neutrons avec le développement d'instruments spécifiques ;

• de réaliser des projets de recherche propre. Récemment, le LLB a été invité à définir et coordonner les actions instrumentales et scientifiques de la communauté française dans la construction de nouveaux instruments pour la future Source de Spallation Européenne (ESS – *European Spallation Source*) en Suède. En tant que centre national, au-delà de l'accueil des utilisateurs, le LLB doit aussi assurer la formation et l'éducation des utilisateurs à la diffusion neutronique en lien avec les universités et écoles, tout en permettant l'accès aux partenaires industriels avec l'accompagnement nécessaire. Ce sont des rôles fondamentaux et complémentaires aux côtés des centres internationaux de très haut flux, tels que l'Institut Laue-Langevin à Grenoble et la future source à spallation européenne ESS en Suède.

Le LLB fournit un ensemble d'instruments permettant à des équipes nationales et internationales d'exploiter les techniques de diffusion des neutrons. Chaque année, près de 600 chercheurs sont accueillis au LLB, selon une répartition moyenne de 70 % issus de laboratoires français et 30 % de laboratoires étrangers. Jusqu'en 2015, le LLB a fourni 60 % du temps de faisceau total à la communauté française, 40 % reste partagé entre l'ILL et d'autres infrastructures en Europe. Environ 400 expériences sélectionnées par cinq comités de sélection constitués d'experts internationaux sont réalisées chaque année. On peut estimer qu'au total entre 9-11 % du temps de faisceau est en relation directe avec des industriels, 4 % pour l'éducation, le reste pour la recherche.

Le réacteur ORPHÉE

Dédié aux expériences de diffusion de neutrons, le réacteur ORPHÉE (fig. 125) et les installations du LLB (fig. 126) sont localisés sur le centre CEA à Paris-Saclay. La configuration compacte du réacteur a bénéficié des progrès réalisés par les générations précédentes en termes de sécurité, opération et performances. La première divergence D'ORPHÉE a été réalisée le 19 décembre 1980, avec une montée en puissance jusqu'en 1985. Grâce à cette réalisation rapide, le programme d'accès aux utilisateurs extérieurs a pu commencer dès 1983. Jusqu'en 2015 le réacteur fonctionnait 180 jours (jours équivalents à pleine puissance [JEPP]) par an, à partir de 2016 son fonctionnement a été réduit à 120 jours par an avec un arrêt définitif prévu pour fin 2019.

ORPHÉE est un réacteur de type piscine avec un cœur compact de 14 MW de puissance thermique et le réflecteur d'eau lourde plongés dans une piscine d'eau légère, assurant un flux de neutrons thermiques de 3.10^{14} n.cm^{-2}.s^{-1} ; la durée de cycle est de l'ordre de 100 jours. Il y a 9 canaux horizontaux et 9 canaux verticaux (4 d'entre eux sont dédiés à des mesures par activation et 5 pour la fabrication de radio-isotopes ou autre production industrielle) ; le réflecteur est équipé de 2 sources froides (hydrogène liquide à 20 K) et d'une

Fig. 125. Vue du réacteur de recherche ORPHÉE.

source chaude (graphite à 1 400 K), ce qui permet de couvrir une très large gamme de longueurs d'onde de neutrons et adapter tous les types de techniques expérimentales.

L'infrastructure de recherche LLB

Le LLB (Laboratoire Léon Brillouin) dispose de 22 instruments ouverts aux utilisateurs avec des fonctions et des finalités différentes ; ils sont répartis entre trois groupes instrumentaux – **Spectroscopie**, **Diffraction** et **Structure à Grandes Échelles** – responsables de leur fonctionnement et de la fourniture d'expertise dans l'analyse des données. À ces groupes sont associés des groupes techniques dédiés au développement :

- **Instrumental** ;
- **Électronique** ;
- **Informatique** ;
- **Environnement et échantillon** ;
- **Plateformes d'accompagnement** (chimie, biologie, calcul).

Toutes les méthodes de diffusion de neutrons sont représentées hormis le temps de vol pour la diffusion quasi-élastique : diffraction de poudres, diffraction monocristal, diffusion neutronique aux petits angles, réflectivité, diffusion quasi élastique par écho de spin, imagerie, diffusion 3 axes, diffraction pour texture et contrainte. Certains instruments sont dédiés à des tests et/ou à la formation (travaux pratiques, cours) et d'autres ont été récemment rénovés ; en effet plus de la moitié des instruments ont été mis en service après jouvence ou création, assurant un gain d'efficacité moyen par instrument d'un facteur allant jusqu'à 27 par rapport aux instruments précédents. La durée des expériences est entre 3 et 10 jours selon les méthodes.

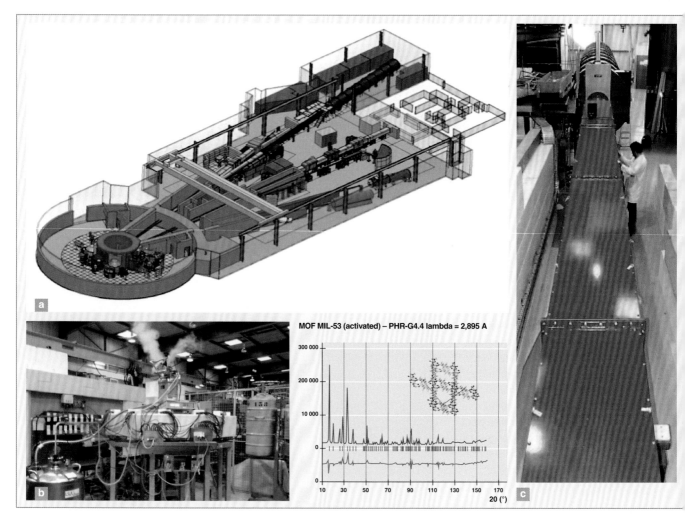

Fig. 126. Présentation du LLB et du réacteur ORPHÉE.
a) en haut à gauche un schéma général de l'installation représentant les instruments autour du réacteur dans le hall pile et dans le hall des guides.
b) le diffractomètre de poudre G4.4 avec un exemple de diffractogramme obtenu pour un matériau mixte métal-organique (MOF).
c) l'instrument le plus récent du LLB, inauguré en février 2016, le diffractomètre à petits angles PA20.

Les activités de recherche sont transversales aux groupes opérationnels et sont organisées en trois axes couvrant un large champ d'applications pour la Matière Condensée :

- **Nouveaux Objets Électroniques et Magnétiques** ;
- **Matériaux et Nanosciences** ;
- **Matière Molle Complexe**.

Philippe FOUGERAS, Jean-Pascal HUDELOT,
Département d'étude des réacteurs
Paolo MUTTI
Institut Laue-Langevin
et Christiane ALBA-SIMIONESCO
Institut rayonnement-matière de Paris-Saclay

▸ Références

CABRI

[1] J.-P. HUDELOT, E. FONTANAY, C. MOLIN, A. MOREAU, L. PANTERA, J. LECERF, Y. GARNIER and B. DUC, "CABRI facility: upgrade, refurbishment, recommissioning and experimental capacities", PHYSOR 2016 – Unifying Theory and Experiments in the 21st Century Sun Valley Resort, Sun Valley, Idaho, USA, May 1-5, 2016, on CD-ROM (2016).

[2] B. DUC, B. BIARD, P. DEBIAS, L. PANTERA, J.-P. HUDELOT and F. RODIAC, "Renovation, improvement and experimental validation of the Helium-3 transient rods system for the reactivity injection in the CABRI reactor", IGORR 2014 conference, 17-21 November 2014, Bariloche, Argentina (conférencier : J.-P. HUDELOT).

[3] G. BIGNAN, P. FOUGERAS, P. BLAISE, J.-P. HUDELOT, F. MELLIER, "Reactor physics experiments on zero power reactors", Handbook of nuclear engineering, *Nuclear Engineering Fundamentals*, vol. 3, pp. 2053-2185.

[4] J.-P. HUDELOT, J. LECERF, Y. GARNIER, G. RITTER, O. GUÉTON, AC. COLOMBIER, F. RODIAC and C. DOMERGUE, "A complete dosimetry experimental program in support of the core characterization and of the power calibration of the CABRI reactor", ANIMMA2015 Conference, Lisbon (Portugal), 2015.

[5] L. PANTERA, Y. GARNIER and F. JEURY, "Assessment of the Online Core Power Measured by a Boron Chamber in a Pool-Type Research Reactor Using a Nonlinear Calibration Model", *Nuclear Science and Engineering*, vol. 183, pp. 247-260, June 2016.

ILL

[6] J.-C. BUFFERT and B. GUERARD, "Ionizing radiation detector and method for manufacturing such a detector", US Patent App. 10/313,883.

[7] P. MUTTI, M. PLAZ, E. RUIZ-MARTINEZ and P. VAN ESCH, "New Digitisers for Position Sensitive 3He Proportional Counters", in Proc. 15th Int. Conf. on Accelerator and Large Experimental Physics Control Systems (ICALEPCS'15), Melbourne, Australia, October 2015, paper WEPGF084, pp. 893-896, ISBN: 978-3-95450-148-9, doi:10.18429/JACoW-ICALEPCS2015-WEPGF084, http://jacow.org/ iclepcs2015/papers/wepgf084.pdf, 2015.

[8] W. KNAFO, F. DUC, F BOURDAROT, K KUWAHARA, H. NOJIRI, D. AOKI, J. BILLETTE, P. FRINGS, X. TONON, E. LELIÈVRE-BERNA, J. FLOUQUET and L. REGNAULT, "Field-induced spin-density wave beyond hidden order in URu2Si2", *Nature Comm.* 7 13075

[9] P. COURTOIS, B. HAMELIN and K.H ANDERSEN, "Production of copper and Heusler alloy Cu2MnAl mosaic single crystals for neutron monochromators", *Nuclear Instruments and Methods in Physics Research*, A 529, pp. 157-161 (2004).

[10] G. FIONI, O. DERUELLE, M. FADIL, A. LETOURNEAU, F. MARIE, R. PLUKIENE, D. RIDIKAS, I. ALMAHAMID, D.A. SHAUGHNESSY, H. FAUST, P. MUTTI, G. SIMPSON, I. TSEKHANOVICH and S. ROETTGER, "The Mini-Inca Project: Experimental study of the transmutation of Actinides in High Intensity Neutron Fluxes", *Journal of Nuclear Science and Technology*, ISSN: 002-3131 181-1248, 27 august 2014.

[11] A. BLANC, G. DE FRANCE, F. DROUET, M. JENTSCHEL, U. KÖSTER, C. MANCUSO, P. MUTTI, J.M. RÉGIS, G. SIMPSON, T. SOLDNER, C.A. UR, W. URBAN and A. VANCRAEYENEST, "Spectroscopy of neutron rich nuclei using cold neutron induced fission of actinide targets at the ILL", The EXILL campaign, PJ Web of Conference, vol. 62, 2013 Fission, Fifth International Workshop on Nuclear Fission and Fission Product Spectroscopy, 2013.

[12] F. MARIE, A. LETOURNEAU, G. FIONI, O. DÉRUELLE, Ch. VEYSSIÈRE, H. FAUST, P. MUTTI, I. ALMAHAMID and B. MUHAMMAD, "Thermal Neutron Capture Cross Section Measurements of 243Am and 242Pu using the new Mini-INCA α- and γ-spectroscopy station". *Nuclear Instruments and Methods in Physics research Section A: Accelerators, Spectrometers, Detectors and Associated Equipment*, vol. 556, Issue 2, 15 January 2006, pp. 547-555.

ORPHÉE / LLB

[13] A.-L. FAMEAU, F. COUSIN and A. SAINT-JALMES, "Morphological Transition in Fatty Acid Self-Assemblies: A Process Driven by the Interplay between the Chain-Melting and Surface-Melting Process of the Hydrogen Bonds", *Langmuir, American Chemical Society*, 2017, 33 (45), pp.12943-12951.

[14] N. MARTIN, P. BONVILLE, E. LHOTEL, S. GUITTENY, A. WILDES, C. DECORSE, M. CIOMAGA HATNEAN, G. BALAKRISHNAN, I. MIREBEAU and S. PETIT, "Disorder and Quantum Spin Ice", *Physical Review X, American Physical Society*, 2017, 7 (4), pp. 041028.

L'instrumentation et la mesure
pour le cycle du combustible nucléaire

Le développement des techniques de mesure pour les besoins de suivi, de contrôle, de caractérisation et d'analyse d'installations ou de matières radioactives notamment dans le cycle du combustible a commencé avec la naissance de la science et des technologies nucléaires. En effet, la propriété qu'a un matériau dit « nucléaire », d'émettre dans la majorité des cas, des rayonnements caractéristiques spontanés ou provoqués, a fait de sa détection et de sa quantification, *via* certaines de ses émissions, une démarche naturelle.

Cependant, l'utilisation industrielle des méthodes de mesure non destructive est restée limitée jusqu'aux années 60, début de la montée en puissance de l'industrie nucléaire.

Le contrôle, la surveillance et le suivi, aussi bien des matières radioactives que du bon fonctionnement des installations nucléaires du cycle du combustible se sont alors avérés essentiels et primordiaux pour les principales nations concernées.

C'est ainsi que les méthodes de mesure nucléaire et l'instrumentation associée ont connu leur première réelle impulsion à partir des années 70 et n'ont cessé, depuis, d'être constamment améliorées et adaptées. Elles concernent l'ensemble du cycle du combustible depuis les opérations d'extraction jusqu'au retraitement et recyclage.

Dans cette section sont présentés les derniers développements et avancées réalisés au CEA dans le domaine de l'instrumentation, de la mesure et de la caractérisation appliqués au cycle du combustible nucléaire.

Abdallah Lyoussi,
Département d'étude des réacteurs

L'instrumentation et la mesure dans l'amont du cycle

Introduction

L'analyse sur site de minéraux uranifères constitue un besoin des géologues en charge de l'exploration minière. La nature chimique et cristalline de ces minéraux, et leur teneur en uranium, sont des informations de grande valeur si l'on souhaite identifier un filon d'uranium et ses potentialités. Ainsi, l'analyse chimique dans l'amont du cycle intervient principalement pour l'analyse de la composition du minerai, c'est-à-dire sa teneur en uranium, en impuretés et en matières valorisables. Les résultats obtenus définiront le type de traitement chimique ou de procédé qu'il subira par la suite. L'analyse intervient aussi en terme de contrôle qualité, au cours des diverses étapes qu'il subira.

De ce fait et autant que faire se peut, l'instrumentation associée devra être simple d'utilisation, robuste, donner des résultats rapides, posséder directement les bonnes limites de détection et de quantification, ainsi qu'une sélectivité suffisante pour éviter les problèmes d'interférence.

Les méthodes potentiométriques et spectrométriques sont bien connues et utilisées depuis longtemps avec succès. Elles nécessitent cependant des étapes de préparation d'échantillon, c'est-à-dire de mises en solution et de chimie séparative. Les méthodes spectroscopiques telles qu'elles sont développées au CEA, offrent l'avantage d'effectuer des mesures directes sur des matériaux bruts. De plus, leur couplage à des méthodes de traitement de spectre de type chimiométrique permet de discriminer rapidement et facilement des familles de minerais, des origines de minerais, offrant alors la possibilité de définir sur site un parcours adapté au minerai. C'est le cas des instrumentations présentées dans ce paragraphe, basées sur la mesure *gamma* pour la prospection de l'uranium, ou les spectroscopies optiques comme la spectrométrie d'émission de plasma induit par laser appelée « **LIBS*** » pour « *Laser Induced Breakdown Spectroscopy* » et la Spectrofluorimétrie Laser à Résolution Temporelle (**SLRT***).

L'amont du cycle ne se limite pas à la partie purement minière, mais comprend aussi les opérations dites « d'enrichissement » visant à augmenter l'isotopie de l'uranium naturel en isotope 235 ; fissile par neutrons thermiques. Une instrumentation adaptée est alors requise. Un exemple est présenté décrivant les diverses instrumentations et types de mesure développées à cet effet.

La SLRT, une technique d'analyse de spéciation des lanthanides et actinides en traces

La spectroscopie d'émission de luminescence, appliquée aux éléments inorganiques, fournit des informations à l'échelle des interactions atomiques et moléculaires entre un élément donné et les composés chimiques qui se coordonnent à lui. Dans le domaine UV-visible, les bandes d'émission correspondent à des transitions entre niveaux d'énergie associés aux couches de valence, donc à la coordination chimique de l'élément. Pour les éléments lourds comme les lanthanides (Ln) et actinides (An), de couche de valence respectivement 4f et 5f, la répulsion entre électrons et l'important couplage spin-orbite génère des niveaux d'énergie caractéristiques de chaque élément. Selon leurs formes chimiques, la durée de leur luminescence varie de quelques nanosecondes à la milliseconde, avec des rendements d'émission faibles, voire très faibles. L'utilisation d'une excitation par un laser impulsionnel nanoseconde délivrant de l'ordre de 1 mJ, et la synchronisation des pulses laser au système de détection (fig. 127), permet toutefois de les détecter et de les caractériser avec une très bonne sélectivité vis-à-vis d'autres composés. Le choix d'une longueur d'onde d'excitation correspondant à une bande d'absorption améliore grandement la sensibilité et la sélectivité de la technique. C'est pourquoi la Spectrofluorimétrie Laser à Résolution Temporelle (SLRT) a été développée dans les années 80 au CEA pour la détection spécifique de certains actinides en très faible concentration en solution. La SLRT s'applique à un nombre restreint d'éléments et de degrés d'oxydation ; on notera que les composés d'uranium(VI) sont, pour la plupart, identifiables par leurs caractéristiques spectrales et temporelles, alors que les composés d'uranium(IV) ne sont pas observables en raison d'émissions de très courte durée (ns) et dans le domaine UV. Des limites de détection en solution en présence de complexants choisis sont typiquement, de 5×10^{-13}, 5×10^{-9} et 5×10^{-13} mol/L pour respectivement U(VI), Am(III) et Cm(III). Sept lanthanides parmi les 14 – Ce, Sm, Eu, Gd, Tb, Dy, Tm, au degré d'oxydation +3 sont également analysables par SLRT avec une très bonne sensibilité.

Le spectre de luminescence reflète les transitions entre un (ou plusieurs) état(s) excité(s) de l'élément vers les niveaux de son état fondamental. La position spectrale et l'intensité de ces bandes d'émission, ainsi que leur sous-structure, caractéristique des niveaux Stark (sous-niveaux qui se séparent sous l'effet d'un champ de ligand), résulte donc de l'environnement chimique local (symétrie, nature des interactions…) de l'élément. L'analyse des spectres renseigne par conséquent sur la spéciation de l'élément, et dans des conditions physico-chimiques contrôlées, permet de quantifier la concentration d'un complexe en solution. La SLRT est donc particulièrement utilisée pour déterminer des constantes apparentes de formation de complexes de lanthanides et d'actinides.

Le caractère transitoire de l'émission de luminescence est par ailleurs une signature du composé. Le temps de vie de luminescence d'une espèce, noté τ_S, peut être déterminé par la mesure de l'intensité de luminescence F à une longueur d'onde λ donnée, en variant les paramètres temporels de la détection, c'est-à-dire le délai D après le pulse laser, et la largeur L de la porte temporelle de mesure. Pour un mélange de N espèces S d'un élément, la relation générale s'écrit :

$$F(\lambda,D,L) = \kappa \times \sum_{S=0}^{N} \left[[S] \times f_S^0(\lambda) \times \tau_S \times \exp\left(-\frac{D}{\tau_S}\right) \times \left(1 - \exp\left(-\frac{L}{\tau_S}\right)\right) \right]$$

κ étant un facteur instrumental, $[S]$ la concentration de l'espèce S, $f_S^0(\lambda)$ l'intensité de fluorescence intrinsèque de l'espèce S dans le milieu donné à la longueur d'onde λ.

Très souvent, cette relation peut se simplifier en une somme de fonctions mono-exponentielles. La mesure du déclin de luminescence permet donc de déterminer les valeurs de τs. Pour les Ln(III) et An(III), des corrélations linéaires empiriques entre $1/\tau_S$ (qui s'apparente à la constante cinétique d'émission de la luminescence) et le nombre de molécules d'eau dans la première sphère d'hydratation, agissant comme le principal inhibiteur de fluorescence par transfert d'énergie non radiatif. Cette méthode permet donc d'appréhender la solvatation ou la complexation selon le nombre total de positions de coordination. De plus, un choix judicieux des paramètres D et L offre une sélectivité supplémentaire pour discriminer les émissions de chaque espèce sans aucune séparation chimique.

La SLRT est largement utilisée pour déterminer la spéciation des éléments f en solution aqueuse, et dans une moindre mesure en solvant organique. La haute sensibilité des mesures permet des analyses des éléments en solution en très faibles concentrations voire en traces. Cette technique apporte donc tout son potentiel pour les études dans des milieux environnementaux, biologiques, ou pour les études de complexes dans les conditions où la limite de solubilité des solides de lanthanides ou d'actinides est particulièrement faible. La luminescence de solides contenant des éléments f est également accessible par SLRT, par exemple pour le développement de sondes ou pour l'identification d'éléments adsorbés sur un substrat ou de phases cristallines en très petites quantités.

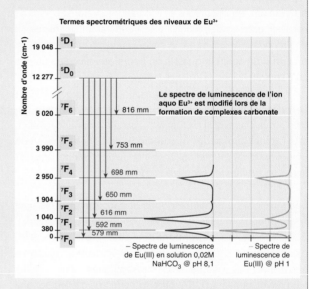

Fig. 128. Transitions entre niveaux d'énergie de Eu(III) et exemple de spectres de luminescence correspondant à l'ion aquo Eu³⁺ (spectre orange) et à un mélange de complexes carbonate de Eu (spectre rouge).

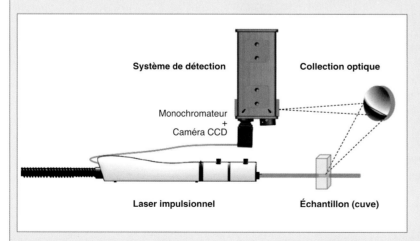

Fig.127. Schéma d'un montage SLRT.

*Couplage spin-orbite : résulte de l'interaction entre le moment magnétique de spin de l'électron et le champ magnétique crée par le mouvement de l'électron autour du noyau.

*Champ de ligand : perturbation locale du champ électrique du fait de l'interaction entre les électrons de valence de l'élément et du ligand. Dans le cas d'un cristal, on parle de « champ cristallin ».

On décrit donc dans ce chapitre des instrumentations de type potentiométrique, spectrométrique, et spectroscopique développées et mise en œuvre pour l'amont du cycle.

Caractérisation du minerai, mesure de teneurs, extraction, traitement, enrichissement et fabrication

Le phénomène Oklo

Le « phénomène Oklo » a été découvert en 1972 à Pierrelatte : des mesures de routine effectuées au CEA sur la composition isotopique d'échantillons de minerai d'uranium issus de la mine d'Oklo au Gabon montraient un déficit en U 235 par rapport à la teneur de 0,72 % de l'uranium naturel mesurée partout ailleurs dans le monde. Il fallut un peu d'audace intellectuelle aux scientifiques du CEA pour se convaincre que cette anomalie était due à la consommation d'U 235 par une réaction nucléaire en chaîne ayant eu lieu dans le filon d'uranium. La divergence de ces réacteurs nucléaires naturels s'est produite en au moins quinze foyers dans la veine uranifère, peu de temps après sa formation, il y a 2 milliards d'années.

Les réactions nucléaires ont démarré dans les parties les plus riches de la veine uranifère, d'une teneur de l'ordre de 10 %. La présence d'eau souterraine, jouant le rôle de modérateur neutronique, a été nécessaire pour atteindre la criticité. De façon surprenante, pression et température dans ces réacteurs nucléaires naturels étaient proches de celles rencontrées dans les réacteurs à eau actuels. Même la composition isotopique du « combustible » était similaire, de l'ordre de 3,7 % ! Cependant, le flux neutronique était beaucoup plus petit et les réactions nucléaires ont duré beaucoup plus longtemps, de 20 000 à 350 000 ans. Celles-ci se sont arrêtées spontanément, non pas faute de combustible, mais quand le squelette poreux de la roche du filon, affaibli par la circulation hydrothermale, s'est effondré sous la pression lithostatique, chassant l'eau qui permettait l'entretien de la réaction en chaîne par modération neutronique.

Connaissant l'âge de l'événement et le déficit de teneur en U 235, il est possible de calculer la quantité de produits de fissions formés durant la vie des réacteurs. Peu après la découverte d'Oklo, la communauté scientifique a réalisé que le site était un intéressant analogue naturel d'un stockage géologique de déchets nucléaires. L'analyse confirme l'efficacité de la barrière géologique, qui a pu confiner les radionucléides (par exemple, l'uranium lui-même est resté sur place pendant plus de 2 milliards d'années !). C'est aussi à Oklo qu'on a découvert l'extraordinaire pouvoir confinant des apatites vis-à-vis des actinides.

Fig. 129. Gisement d'uranium d'Oklo au Gabon.

Ainsi, des réactions de fission en chaîne ont démarré spontanément sur Terre pendant l'unique et étroite fenêtre en temps où cela était possible : avant 2 milliards d'années, la vie végétale n'avait pas produit assez d'oxygène libre dans l'atmosphère pour permettre une chimie redox de l'uranium et la constitution de filons suffisamment riches pour atteindre la criticité. Après 2 milliards d'années, la déplétion de la teneur isotopique en U 235 de l'uranium naturel due à la décroissance radioactive a interdit la criticité. La possibilité des réactions en chaîne est une conséquence de l'émergence de la Vie sur Terre, de même que l'industrie nucléaire est une conséquence de l'industrie humaine !

Et l'instrumentation dans tout ça, direz-vous?

Eh bien, si les scientifiques du CEA n'avaient pas disposé de bons spectromètres de masse bien étalonnés, et s'ils ne les avaient pas utilisés avec compétence et consciencieusement, le « phénomène Oklo » n'aurait pas été découvert !

Caractérisation de l'uranium à la mine avant extraction

L'uraninite, oxyde d'uranium tétravalent, de système cubique, et la pechblende qui correspond à sa variété collomorphe sont les principaux minerais d'uranium exploités dans les gisements en tant que matière première des combustibles nucléaires. Selon les contextes géologiques de formation ces minerais contiennent, parfois en quantité importante, des impuretés, en particulier Ca, Mn, Zr, Fe et Th.

La concentration en uranium des minerais reste généralement faible, rarement au dessus de quelques pourcent. [1]. Des traitements de purification et de concentration par précipitation sont tout d'abord menés en usine. Les concentrés uranifères obtenus peuvent être de différentes formes chimiques, U_3O_8, uranate de sodium, uranate de magnésium, uranate d'ammonium ou peroxyde d'uranium, et représentent des concentrations moyennes en uranium de l'ordre de 75 %. Avant transfert vers les procédés de conversion et de purification, les teneurs en uranium et en impuretés de ces concentrés doivent être contrôlées. Les spécifications sur les impuretés sont fixées par la norme internationale ASTM [2].

Tableau 8.

Les spécifications en impuretés dans l'uranium naturel commercial, d'après [3]		
Impuretés	Sans pénalité (% par rapport à U)	Limite rejet (% par rapport à U)
As	0,05	0,1
B	0,005	0,1
Ca	0,05	1,0
Carbonate (exprimé en CO_3)	0,2	0,5
F	0,01	0,1
Halogènes (sauf F)	0,005	0,1
Fe	0,15	1,0
Mg	0,02	0,5
Humidité	2,0	5,0
Mo	0,1	0,3
P	0,1	0,7
K	0,2	3,0
Si (exprimé en SiO_2)	0,5	2,5
Na	0,5	7,5
S	1,0	4,0
Th	1,0	2,5
Ti	0,01	0,05
V	0,06	0,3
Zr	0,01	0,1

Le taux d'humidité de ces échantillons, compris entre 1 et 2 %, doit être corrigé des résultats d'analyses, notamment pour l'uranium.

Les principales méthodes utilisées pour les contrôles analytiques de la concentration en uranium sont des méthodes potentiométriques de type *Davis and Gray* et des méthodes basées sur des techniques de spectrométrie de masse (**ICP-MS***) parfois associées à de la dilution isotopique (IDMS). Ces méthodes d'analyse performantes permettent d'atteindre des incertitudes de l'ordre de 0,5 % massiques.

Pour l'analyse des impuretés, les techniques employées sont majoritairement l'ICP-MS et Absortion atomique flamme. La matrice étant fortement chargée en uranium deux types de méthodes sont employées en ICP-MS après mise en solution nitrique : des méthodes directes (par exemple méthode CETAMA 358 [3]) et des méthodes après séparation préalable de l'uranium par solvant ou par résine échangeuse d'ions (par exemple méthode CETAMA 357 [3], en cours de révision) selon le niveau d'impuretés recherché. Afin d'améliorer la qualité des analyses, des matériaux de référence certifiés en impuretés, de matrice U_3O_8 ou de type concentrés miniers peuvent être mis en œuvre lors des étalonnages.

Les Éléments de Terre Rare (ETR) constituent un groupe particulier d'impuretés dont le profil témoigne directement du type de formation du gisement et qui contribue donc dans le cadre des problématiques de contrôle de matières nucléaires *(Safeguards)* à identifier l'origine des échantillons [4]. Les ETR sont présents dans le minerai ainsi que dans les concentrés uranifères avec des niveaux de concentration inférieurs de plusieurs ordres de grandeurs. Leur analyse nécessite des équi-

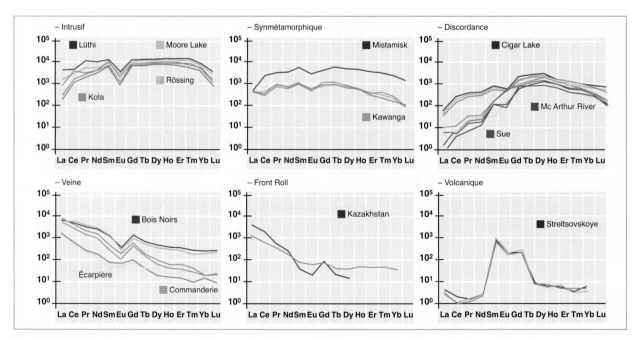

Fig. 130. Distribution des terres rares normalisées aux chondrites, caractéristiques de différents types de gisement d'uranium. Les mêmes profils sont retrouvés dans les concentrés uranifères [4].

pements de spectrométrie de masse de très haute performance, à secteur magnétique (SF-ICPMS) ou dotée d'un analyseur quadripolaire (ICP-QMS), associés en amont à des méthodes séparatives de l'uranium. Un couplage à un dispositif d'ablation laser permet d'analyser des échantillons de masse faible (quelques centaines de μg) et de s'affranchir des étapes de préparation tout en disposant de valeurs de limites de détection extrêmement faibles [5].

La spectrométrie de masse à source plasma (ICP-MS)

La spectrométrie de masse inorganique utilisant un plasma à couplage inductif (ICP) comme source d'ionisation permet l'analyse qualitative et/ou quantitative des éléments présents dans un échantillon liquide. Plusieurs types de spectromètre de masse existent, principalement à filtre quadripolaire (ICP-QMS) ou à secteur magnétique (SF-ICPMS).

Le principe de fonctionnement d'un ICP-MS est relativement simple. L'échantillon liquide est transformé en aérosol à l'aide d'un nébuliseur. Les gouttes les plus fines sont transportées dans un plasma d'argon, créé par application d'un champ radio-fréquence. La température, de l'ordre de 5 000 à 10 000 K, du plasma permet la vaporisation et l'atomisation des gouttelettes. Les atomes sont ensuite excités et ionisés. Un quadripôle, agissant comme un filtre passe-bande sur le faisceau d'ions, permet la transmission au détecteur des ions de rapports masse/charge sélectionnés (ICP-QMS). La mesure séquentielle des différents courants d'ions permet alors, après étalonnage, d'effectuer une analyse quantitative des différents isotopes d'un élément, avec des incertitudes de l'ordre de quelques % et des limites de détection très basses.

La résolution parfois insuffisante du filtre quadripolaire pour résoudre des interférences en masse (interférences isobariques) explique le développement des systèmes à secteur magnétique, qui séparent également les ions en fonction de leur rapport masse/charge, mais dans l'espace et non plus dans le temps (SF-ICPMS). Ces appareils peuvent atteindre des résolutions de l'ordre de

10 000. De plus ces spectromètres peuvent être équipés d'une série de détecteurs de type cages de Faraday et multiplicateurs d'électrons. Ces systèmes dits « à multicollection » (ICP-MS MC) permettent la mesure simultanée des rapports d'intensité de plusieurs ions, et en particulier les rapports isotopiques, avec des incertitudes de l'ordre du pour mille. La mesure de concentrations avec ce même niveau d'incertitudes est également possible par l'utilisation de la méthode de dilution isotopique.

Les ICP-MS peuvent se coupler relativement aisément avec des techniques de séparation chimique de type chromatographie liquide pour séparer les éléments interférés en masse avant leur mesure ou avec des systèmes d'ablation laser pour analyser la composition élémentaire directement dans les solides.

Fig. 131. Photo d'un ICP-MS MC « nucléarisé » au CEA pour l'analyse d'échantillons radioactifs.

Optimisation des mesures *gamma* pour la prospection de l'uranium

Les photons *gamma* sont « la petite monnaie » des réactions nucléaires. Ils sont émis par les noyaux résultant d'une réaction lors de leur désexcitation. Leur énergie est spécifique des noyaux en question. La mesure de cette énergie par spectrométrie *gamma*, permet l'identification des noyaux radioactifs présents dans un échantillon (voir l'encadré dans le chapitre sur la mesure *gamma*, *infra*, pp. 140, 171 et 203).

La mesure *gamma* est une technique instrumentale d'intérêt dans l'amont du cycle pour la prospection de l'uranium. Pour

cela, le CEA avec ses partenaires œuvre depuis de nombreuses années afin d'améliorer la sensibilité et la précision sur l'évaluation de la concentration de l'uranium au moyen de l'exploitation des rayonnements *gamma* dans le cadre de la prospection de l'uranium [6]. Actuellement, la détermination de la concentration d'uranium dans les forages est effectuée avec la sonde **NGRS*** (***Natural Gamma Ray Sonde****), qui est basée sur l'utilisation d'un scintillateur de type NaI(Tl). Le taux de comptage *gamma* total est converti en concentration d'uranium en utilisant un facteur d'étalonnage mesuré sur des blocs de béton avec une concentration d'uranium connue. Des formules semi-empiriques ont été développées pour cor-

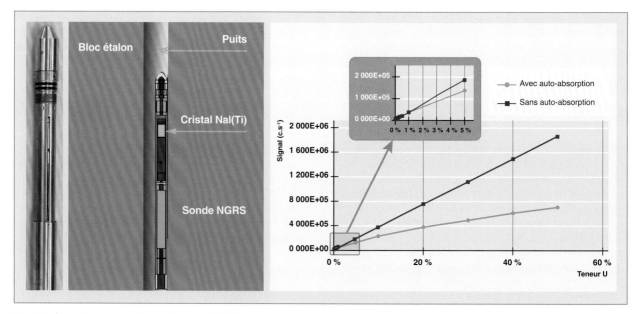

Fig. 132. À gauche, une tête de sonde *gamma* NGRS et son modèle MCNP ; à droite, calcul de la saturation du signal *gamma* due au phénomène d'auto-absorption dans un bloc de béton à l'aide du code Monte-Carlo MCNP.

riger ce facteur d'étalonnage. Afin d'étendre le domaine de validité des corrections réalisées, un modèle a été développé et qualifié, qui prend en compte les atténuations *gamma* sur une large gamme de diamètres de trous de forage, de matériaux, diamètres et épaisseurs de tubage, de densités et compositions des fluides de remplissage ou de la formation géologique. La sonde NGRS et la configuration de la station de mesure d'étalonnage d'Areva à Bessines, à savoir les blocs de béton standard de teneurs en uranium connue, ont été modélisées avec le code de transport de particules MCNP (fig. 132). Sur la base du modèle numérique validé de la sonde NGRS, des études paramétriques ont été réalisées avec le code de simulation Monte-Carlo de la propagation de

particules (neutrons, photons, électrons) **MCNP*** [6] pour estimer les corrections d'atténuation *gamma*, étudier les principaux paramètres d'influence (comme l'auto-absorption aux fortes teneurs en figure 132) et réduire les incertitudes correspondantes. Une formule analytique avec des paramètres d'atténuation optimisés a été définie pour tenir compte de l'atténuation *gamma* dans les différents fluides et le tubage, réduisant de plus d'un facteur 2 l'incertitude sur la correction effectuée historiquement. En outre, une nouvelle approche basée sur une analyse multilinéaire a été testée afin d'améliorer encore la précision sur la concentration de l'uranium, conduisant à seulement quelques pourcents d'incertitude pour une large gamme de fluides et de configurations de forage.

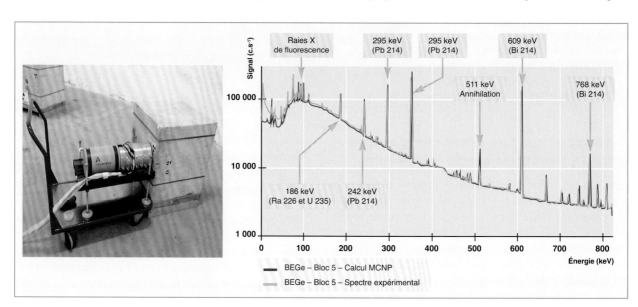

Fig. 133. Mesure *gamma* d'un bloc de béton étalon avec un détecteur GeHP planaire (à gauche) et spectre *gamma* haute résolution associé (à droite).

Par ailleurs, pour optimiser les mesures de spectrométrie *gamma* de carottes ou échantillons en laboratoire ou sur site, des mesures ont été réalisées avec des détecteurs au **germanium hyper pur*** (**HPGe**) de haute résolution sur les blocs étalons de la station d'étalonnage de Bessines [7], voir la figure 133. Ces mesures ont révélé de nombreuses informations susceptibles de réduire les durées d'acquisition pour la caractérisation de l'uranium ou la détection d'un éventuel déséquilibre dans la chaîne radioactive de l'isotope U 238. En effet, la raie *gamma* à 1 001 keV de son proche descendant le Pa 234m, qui atteint l'**équilibre séculaire*** en quelques mois, est utilisée classiquement pour caractériser l'uranium mais sa faible intensité conduit à des durées d'acquisition de plusieurs heures. À l'inverse, on observe dès les premières minutes d'acquisition des raies X de fluorescence de l'uranium à 94, 98, 111 et 114 keV, induites par les rayonnements diffusés du Pb 214 et du Bi 214. Ce phénomène « d'auto-fluorescence X » permettrait donc une caractérisation rapide de l'uranium et un programme pluriannuel de R&D a été engagé par le CEA avec ses partenaires pour développer de nouvelles méthodes de caractérisation de l'uranium.

Ces premiers résultats acquis permettent d'envisager la modélisation d'autres objets faisant partie du processus de contrôle géologique (mesure en trous de tir, portique de caractérisation de la teneur du minerai pour camions, prospection par détecteurs *gamma* aéroportés et géoréférencés par GPS) afin de mieux en évaluer les incertitudes, dans le cadre d'une meilleure compréhension des écarts de bilan de production.

Développement en spectroscopie optique pour l'amont du cycle

Les méthodes spectroscopiques offrent des possibilités de mesure directe sur des matériaux bruts afin de les caractériser ou d'identifier leur nature. L'utilisation de laser impulsionnel comme rayonnement incident permet de plus d'atteindre des limites de sensibilité suffisamment basses pour détecter des éléments en faibles teneurs, c'est-à-dire de l'ordre de la partie par million (ppm) voire en traces donc de l'ordre de la partie par milliard (ppb) voir en dessous. Ainsi, la spectroscopie d'émission de plasma induit par laser (**LIBS***) et la spectrofluorimétrie laser à résolution temporelle (**SLRT***) apportent des solutions innovantes pour l'identification de matériaux naturels, de concentrés miniers, ou de produits de traitement.

Par ailleurs, la maîtrise de l'impact environnemental d'un site minier en exploitation ou la surveillance d'un site après fermeture de l'activité industrielle, repose aussi sur une bonne connaissance de la spéciation de l'uranium, sous la forme de phases solides uranifères présentes dans des stériles miniers ou des résidus de traitement. La SLRT complète avantageusement les techniques classiques de caractérisation des solides (**DRX***, **MEB***) et des analyses élémentaires après mise en solution, réalisées en laboratoires. La SLRT permet en effet une mesure non intrusive, sélective de la luminescence émise par l'uranium au degré d'oxydation +VI. La résolution temporelle couplée à l'utilisation d'un laser impulsionnel nanoseconde offre une sensibilité élevée, et permet la détection de traces d'uranium dans un échantillon sur une surface millimétrique. Les spectres de fluorescence renseignent sur la nature chimique des phases par la position des bandes d'émission de l'**U(VI)***, leurs intensités relatives et le temps de vie de luminescence, caractéristique de l'environnement moléculaire de l'U(VI). Avec l'appui de méthodes de traitement des spectres, notamment chimiométriques (analyses statistiques de données), plusieurs familles de minéraux peuvent alors être identifiées, telles que les oxydes, phosphates, les silicates, les carbonates, les vanadates... La figure 134 illustre la discrimination de plusieurs roches prélevées sur des sites français par l'exploitation de spectres SLRT par analyse en composantes principales (**ACP***). Certains minéraux se distinguent aisément des autres par la localisation des scores associés aux spectres, représentés sur deux des composantes principales (par exemple, PC1 et PC2). La confrontation de mesures SLRT d'échantillons inconnus à une base de spectres selon un modèle de classification du type analyse en composantes principales (ACP) permet d'identifier la nature des phases uranifères, de manière rapide et sans préparation particulière des échantillons.

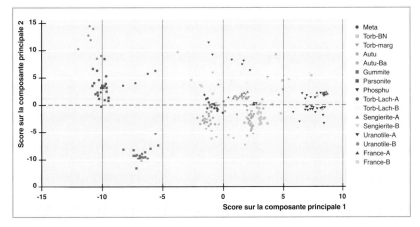

Fig. 134. Analyse en composantes principales (ACP) réalisée sur un ensemble de spectres SLRT de minéraux d'uranium(VI) prélevés sur des sites français : Métazeunérite, Torbernite, Autunite, Autunite au Baryum, Gummite, Parsonite, Phosphuranolite, Torbernite de Lachaux, Sengiérite, Uranotile, Francevillite [1]. L'ACP décompose les spectres expérimentaux sur des composantes principales, qui sont les axes de plus grande variance. Les « scores » évaluent les contributions de chaque composante principale (PC1, PC2...) dans les spectres expérimentaux : leur analyse sur les différentes composantes principales permet d'observer les similarités et différences entre les spectres expérimentaux, les divisant en groupes.

La technique LIBS peut également être mise en œuvre pour identifier des matériaux par la mesure de leur composition élémentaire. Un laser impulsionnel focalisé sur la surface du matériau génère l'ablation d'une faible quantité de matière et la formation d'un plasma. La matière atomisée et ionisée émet des raies d'émission caractéristiques de la composition élémentaire du matériau. La LIBS a été particulièrement mise en œuvre pour différencier des concentrés d'uranium (**yellow cakes***) d'origines différentes. Les raies d'émission issues des impuretés des concentrés sont en effet une signature de la provenance géographique des minerais ou du procédé de traitement. L'exploitation des spectres LIBS par des méthodes chimiométriques permet ainsi l'identification des concentrés d'uranium selon leur origine [8].

Instrumentation et mesure pour le contrôle de l'enrichissement de l'uranium – cas particulier de la caractérisation de l'enrichissement de l'UF6 en U 235

Le contrôle de l'enrichissement en U 235 de l'hexafluorure d'uranium UF6 est rendu nécessaire dans le cadre de la garantie des matières nucléaires, et est effectué par l'IRSN (Institut de Radioprotection et de Sûreté Nucléaire) et l'AIEA (Agence Internationale de l'Énergie Atomique). Les contrôles peuvent être réalisés de manière destructive par prélèvement d'échantillons le long de la chaîne de production et analyse en laboratoire ; ils sont également nécessaires sur le conteneur final, et font appel dans ce cas aux mesures non destructives. En effet, la mesure sur phase gazeuse par spectrométrie de masse d'échantillons serait entachée d'une grande incertitude en raison de possibles inhomogénéités pouvant conduire à un fractionnement isotopique entre la phase gazeuse et la phase solide (fig. 135) entraînant un biais lors de l'échantillonnage.

Après comparaison des performances de trois méthodes potentielles de mesure non-destructive à savoir la spectrométrie *gamma*, la mesure neutronique passive (MNP) et l'**interrogation neutronique active*** (**INA**, figure b) avec source isotopique ou générateur de neutrons (techniques décrites *infra*, pp. 174-181), c'est finalement le comptage neutronique passif qui apparaît comme étant le meilleur compromis entre durée de mesure et incertitude atteinte. De plus, il est le plus simple et le moins coûteux à mettre en œuvre dans le cas des faibles enrichissements. La spectrométrie *gamma*, par la raie à 186 keV de U 235, se heurte à la nécessité d'une mesure complémentaire de l'épaisseur de la paroi du conteneur par ultrasons, avec l'incertitude associée, et au fait que seuls les 5 à 10 premiers millimètres d'UF6 répondent à la mesure à cause d'une forte atténuation *gamma* à l'énergie attendue, notamment dans l'UF6 solidifié sur la paroi froide en acier du conteneur. Une hypothèse d'homogénéité serait alors nécessaire à l'interprétation des spectres, ce qui n'est pas réaliste dans le cas de conteneurs d'UF6 (fig. 135a). Quant à l'INA, elle s'avère intéressante dans la gamme d'enrichissement [0,71 % - 3 %] ; au-delà, la méthode n'est plus linéaire car tous les enrichissements répondent de la même façon, en raison de l'absorption des neutrons thermiques interrogateurs par le dépôt solide (phénomène d'autoprotection qui conduit à une

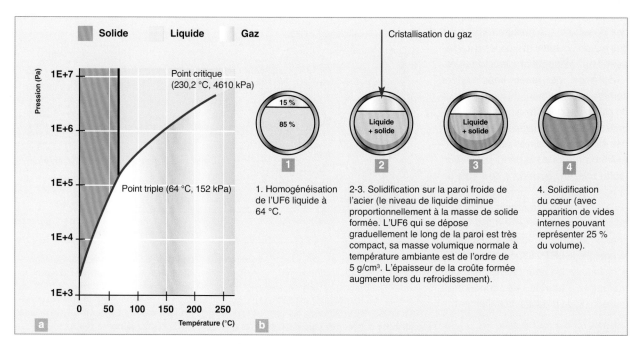

Fig. 135. Diagramme des phases de l'UF6 (a) et évolution du milieu au cours de son refroidissement en conteneur (b).

Fig. 136. Mesure *in situ* d'un conteneur d'hexafluorure d'uranium (UF6) par Interrogation Neutronique Active pour le contrôle de la teneur en U 235 de l'UF6. Le générateur et les détecteurs de neutrons sont intégrés à un bloc modérateur en graphite et polyéthylène placé sous le conteneur.

saturation du signal). La MNP, moins sensible à ces effets d'absorption neutronique (détection de neutrons rapides d'énergie moyenne d'environ 2 MeV à leur émission) et de mise en œuvre plus simple (pas d'irradiation neutronique, coût moindre) a donc été retenue.

Ainsi, la mesure neutronique passive est fondée sur la détection des neutrons de fission spontanée de l'isotope U 238 et des neutrons issus des réactions F 19(α,n) Na 22. L'émetteur *alpha* prédominant est l'isotope U 234 et, dans l'UF6 naturel (enrichissement en U 235 égal à 0,72 %), 80 % des neutrons sont dus aux réactions (α,n) [1]. Cette proportion augmente avec l'enrichissement, la teneur en U 234 suivant celle en U 235. C'est donc cette corrélation entre teneur en U 235 et teneur en U 234 qui permet d'exploiter le signal neutronique passif pour en déduire l'enrichissement recherché.

Bernard Bonin,
Direction scientifique

Danièle Roudil,
Département de recherche sur les procédés pour la mine et le recyclage du combustible

Gilles Moutiers,
Direction de l'innovation et du soutien nucléaire

Thomas Vercouter, **Frédéric** Chartier,
Département de physico-chimie

Bertrand Pérot
Département de technologie nucléaire

et Hervé Toubon
AREVA Mines

▸ **Références**

[1] « Géochronique », *L'Uranium*, mars 2010.

[2] Norme ASTM C967: "Standard specification for Uranium ore concentrate".

[3] J. Bertin et al., « Raffinage et conversion des concentrés d'uranium » *Techniques de l'ingénieur*, BN3590 V1 (2011).

[4] J. Mercadier et al., "Origin of uranium deposits revealed by their rare earth element signature", *Terra Nova*, 23, (2011)

[5] A. Donard et al., "Determination of relative rare earth element distributions in very small quantities of uranium ore concentrates using femtosecond UV laser ablation- SF-ICPMS coupling", *J. Anal. at. Spectrom.*, 30, (2015).

[6] J.-L. Ma, B. Pérot, C. Carasco, H. Toubon, L. Pauthier and A. Dubille-Auchère, "Improving gross count gamma-ray logging in uranium mining with the NGRS probe", ANIMMA 2017, International Conference on Advancements in Nuclear Instrumentation Measurement Methods and their Applications, 19-23 June, Liège, Belgium.

[7] T. Marchais, B. Pérot, C. Carasco, P.-G. Allinei, P. Chaussonet, J.-L. Ma, H. Toubon and L. Pauthier, "Optimization of *gamma*-ray spectroscopy for uranium mining", ANIMMA 2017, International Conference on Advancements in Nuclear Instrumentation Measurement Methods and their Applications, 19-23 June, Liège, Belgium.

[8] J.-B. Sirven, A. Pailloux, Y. M'Baye, N. Coulon, T. Alpettaz and S. Gossé, "Towards the determination of the geographical origin of yellow cake samples by laser-induced breakdown spectroscopy and chemometrics", *J. Anal. At. Spectrom.*, 24 (2009), pp. 451-459.

▸ **Bibliographie**

Reilly (D.), Ensslin (N.) and Smith (H.), "Verification of UF6 cylinders", *Passive NDA of nuclear materials*, NUREG/CR-5550, LANL (1991) p. 438.

Les mesures physiques et chimiques sur le combustible irradié

Introduction

Une large panoplie d'examens destructifs et non destructifs est réalisée sur les combustibles irradiés pour mesurer leurs caractéristiques physiques, chimiques et radiologiques en vue d'optimiser les combustibles actuellement utilisés dans les réacteurs de puissance et de développer ceux des futures filières de réacteurs. Ce chapitre décrit ces examens, de type non destructifs comme les mesures dimensionnelles, microscopiques, acoustiques, les courants de Foucault, la spectrométrie *gamma*, la radiographie X…), et de type destructifs comme la mesure des gaz relâchés, du gonflement, des propriétés mécaniques, à partir de la diffraction X, la microscopie électronique, les analyses élémentaires et isotopiques de haute précision… Ces examens permettent de caractériser le combustible irradié en laboratoire à toutes les échelles, macroscopique à nanométrique. En complément, la spectrométrie *gamma* et la mesure neutronique passive sont utilisées à des fins de sûreté – criticité pour caractériser les assemblages de combustible irradié avant leur retraitement à l'usine d'AREVA La Hague.

Les mesures post-irradiation sur les combustibles en Laboratoire de Haute Activité

Les mesures post-irradiation sur les combustibles nucléaires irradiés [1] se déroulent selon un processus qui débute avec les **Examens Non Destructifs*** (ou « **END*** ») :

• L'**examen visuel par caméra HD** détecte les particularités, défauts, traces, zones de corrosion, marques d'usure etc., à la surface de l'échantillon de combustible ;

• la **scrutation** *gamma* permet d'obtenir la localisation et, après étalonnage, les concentrations des principaux produits de fission et produits d'activation émetteurs de rayonnements *gamma* [2]. Les éventuels manques ou changements locaux de matière fissile sont alors détectés (longueur de la colonne fissile, mouvement de matière, caractérisation de l'inter-pastille…) ;

• la **métrologie** comporte, d'une part, la mesure de longueur des échantillons avec une précision submillimétrique (pour comparaison aux mesures du même élément avant irradiation), et, d'autre part, celle de leur diamètre ou de leur épaisseur, avec une précision micrométrique, permettant de quantifier leur déformation au cours de l'irradiation (par fluage, gonflement…) ;

• les techniques par **courants de Foucault*** permettent de mesurer l'épaisseur des couches corrodées (souvent de quelques micromètres à quelques dizaines de micromètres), notamment sur la face externe des gaines en contact avec le caloporteur. Elles permettent également de détecter des défauts dans l'épaisseur du gainage, n'apparaissant pas forcément en surface, mais qui peuvent conduire à une perte d'étanchéité en cas de propagation ultérieure : il s'agit du « contrôle de santé » ;

• d'autres examens peuvent être mis en œuvre à la demande, comme la radiographie X (visualisation du combustible et d'autres composants internes à l'échantillon), des techniques acoustiques (pour une analyse de la composition des gaz dans le plenum d'un crayon de **Réacteur à Eau Légère REL** ou d'une aiguille de **Réacteur à Neutrons Rapides RNR**), et l'imagerie confocale chromatique (« microscopie confocale »), technique appliquée récemment sur crayon combustible irradié, caractérisant finement la géométrie de la surface externe des gainages.

Le premier **examen « destructif »** (ou « **ED** ») **réalisé est le perçage de l'échantillon**, qui vise à récupérer les gaz accumulés dans les volumes libres internes, pour une analyse quantitative isotopique ultérieure (Xe, Kr, He…) et une mesure précise du volume total offert à ces gaz. Cela permet de remonter notamment à la fraction relâchée des gaz hors du combustible, élément important pour fixer la durée de séjour du combustible en réacteur. Le processus se poursuit généralement avec **des caractérisations, après extraction ou découpes, sur des zones sélectionnées** :

• La *mesure de la densité hydrostatique* est la technique la plus couramment appliquée sur le combustible irradié fracturé. Elle quantifie le gonflement total du matériau fissile. Exceptionnellement, l'existence de pastilles de combustible non fracturées permet de réaliser des mesures de densité géométrique en alliant pesée et métrologie laser ;

• la mesure de propriétés mécaniques est limitée en raison de la fracturation du combustible, qui rend impossible la fabrication d'éprouvettes pour des essais mécaniques. La seule technique utilisée à ce jour est l'indentation Vickers ;

armi les examens non destructifs (END) réalisés sur le combustible irradié, dans le cadre de son fonctionnement nominal ou d'études sur les accidents graves, la spectrométrie *gamma* permet de localiser précisément et de quantifier les principaux radionucléides présents. Pour réaliser cette caractérisation, l'élément combustible, très fortement irradiant, est introduit dans une cellule blindée dite de « haute activité », soit à proximité de la zone d'irradiation, soit dans un laboratoire de haute activité. Les raies *gamma* exploitables dans les spectres sont fonction de la période des radionucléides et du délai entre la fin de l'irradiation et la date de la mesure. La mesure est généralement réalisée par des détecteurs au germanium de haute résolution et une chaîne d'acquisition placés à l'extérieur de la cellule. Une petite zone de l'élément à caractériser est visée au travers d'un dispositif de collimation et un déplacement piloté permet alors d'obtenir une succession de spectres couvrant la zone à caractériser.

Les conditions de mesure rencontrées induisent dès lors des spectres complexes, des taux de comptages généralement élevés et parfois avec des cinétiques rapides (étude des relâchements) qui ont un impact sur le dimensionnement des postes de mesure (collimateurs et écrans modulaires) et sur les chaines d'acquisition. Les taux de comptage obtenus sont en particulier très variables (de quelques coups/s jusqu'à 80 000 coups/s pour un même crayon de réacteur de puissance) ce qui nécessite une bonne prise en compte du temps mort par l'électronique de mesure. Une première analyse qualitative de cette série de spectres permet alors d'obtenir l'évolution des émetteurs *gamma* d'intérêt le long de l'élément irradié.

Traditionnellement, deux familles d'émetteurs *gamma* sont ainsi analysées. Le suivi des produits d'activation comme le Co 60 permet de situer les éléments métalliques présents au sein de l'élément irradié à caractériser (bouchon, entretoise, ressort…). Le suivi des produits de fission tels que le Cs 137, Cs 134, Ru 106, Eu 154… permet quant à lui de détecter la matière fissile (colonne combustible et pastilles) présente dans l'élément irradié ou d'analyser d'éventuelles surchauffes du combustible pendant son irradiation *via* la migration des produits de fission volatiles (isotopes du Césium) . Certains autres émetteurs *gamma* spécifiques, comme l'isotope Am 241, peuvent être analysés pour l'étude de la transmutation en spectre rapide, par exemple.

La figure 138 présente un profil typique de la répartition longitudinale de l'activité en Cs 137 dans un crayon irradié en réacteur de puissance. Il est possible de remonter au taux de combustion à partir de ratios d'activités (Cs 134/Cs 137, par exemple) ou de l'activité en Cs 137 du crayon par comparaison avec la mesure d'un crayon étalon d'activité en Cs 137 préalablement quantifiée par analyse radiochimique.

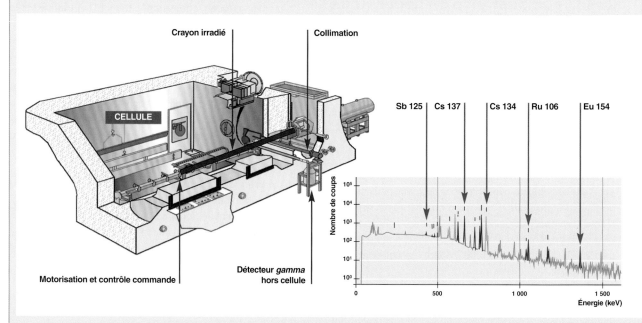

Fig. 137. Banc de mesure sur crayon irradié au CEA et exemple de spectre *gamma*.

Ces analyses qualitatives et quantitatives sont aujourd'hui couramment réalisées sur tout type d'élément combustible irradié dans le cadre d'études sur le combustible mais peuvent également servir pour le contrôle et la gestion de la matière nucléaire (suivi physique de la colonne combustible, discrimination des zones fissiles et fertiles…). Les principales évolutions visent à diminuer les incertitudes par des améliorations des étalons et des modélisations. L'intérêt de la spectrométrie *gamma* porte aussi sur l'analyse du comportement du combustible dans un réacteur en situation incidentelle ou accidentelle. Le suivi en ligne du relâchement des produits de fission volatils (I 131, Te 132 et Cs 137) ou sous forme gazeuse (Kr 85, Xe 133…) permet de caractériser leur comportement en fonction de la température et de l'atmosphère auxquelles le combustible est exposé durant ces situations spécifiques. Le combustible étudié dans le cadre de ces examens peut dans certains cas être fraîchement irradié en réacteur expérimental pour reconstituer l'inventaire en produits de fission de courte demi-vie (voir *supra*, p. 57).

- les structures cristallographiques dans le combustible sont caractérisées par **diffraction des rayons X*** (**DRX***), identifiant les phases cristallines et des composés amorphes après irradiation.

Des **caractérisations fines de la microstructure du combustible** sont ensuite mises en œuvre :

- La *microscopie optique* sur des coupes polies est l'examen de référence (voir fig. 139) : elle permet de visualiser les couches de corrosion internes et externes du gainage, une éventuelle présence d'hydrures dans le gainage, des variations géométriques du jeu pastille-gaine et du combustible, la formation de précipités et de bulles au sein du combustible, la taille des grains et leur évolution éventuelle etc. Une attaque chimique révèle des défauts, des petites bulles et les joints de grain ;

- la **Microscopie Électronique à Balayage*** (**MEB***) permet d'atteindre une meilleure résolution que la microscopie optique, et rend possible l'observation de surfaces fracturées (voir fig. 140), que ces surfaces se soient formées naturellement ou qu'elles aient été provoquées volontairement en vue de telles caractérisations ;

- d'autres techniques peuvent venir compléter les résultats obtenus par MEB, comme par exemple l'utilisation de la technique **EBSD*** (*Electron BackScatter Diffraction**) ou d'une colonne **FIB*** (*Focussed Ion Beam**) permettant de faire progresser dans le matériau le plan de coupe examiné.

Crayon REP : caractérisation *gamma* pour END

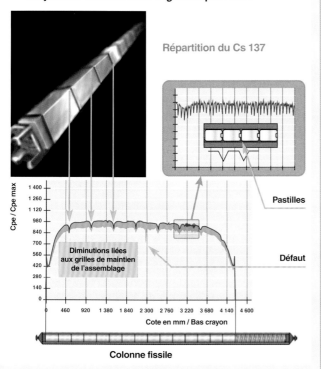

Fig. 138. Exemple de profil d'activité en Cs 137 sur un combustible irradié.

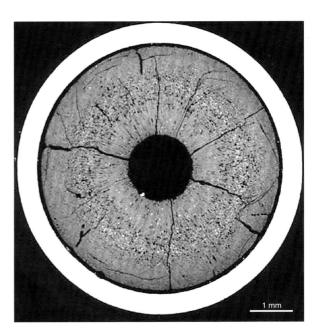

Fig. 139. Céramographie d'une aiguille combustible du réacteur PHÉNIX irradiée à fort taux de combustion.

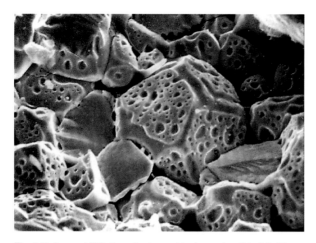

Fig. 140. Image MEB d'une fractographie de combustible à fort taux de combustion montrant l'accumulation et la coalescence des bulles de gaz de fission aux joints de grains.

Les **microanalyses** accèdent en final aux compositions élémentaires ou isotopiques du combustible ainsi qu'à leurs distributions, voire aux caractéristiques cristallographiques locales :

• La microsonde électronique (***Electron Probe Micro-Analysis*****, ou EPMA***) permet d'obtenir des cartographies des éléments présents dans un échantillon poli ainsi que des analyses quantitatives locales de ces éléments (voir fig. 141). C'est un outil indispensable à l'étude de la formation des produits de fission, de la consommation des actinides et de leurs éventuels déplacements ;

• le **SIMS*** *(Secondary Ion Mass Spectrometer)* permet des mesures isotopiques à la surface d'un échantillon poli par pulvérisation locale de l'échantillon sous un faisceau d'ions et analyse des ions produits dans un spectromètre de masse. Il permet, de plus, d'obtenir des cartographies de ces isotopes, l'analyse d'éléments légers, des profils en profondeur au fur et à mesure de la pulvérisation et la détection d'isotopes très peu abondants. Il est ainsi possible de distinguer le gaz dans des bulles et celui en solution solide ou dans des nanobulles ;

• d'autres techniques de microanalyse peuvent aussi être utilisées : l'ablation laser, la micro-fluorescence X, la **Microscopie Électronique en Transmission* (MET*)** (voir fig. 142), la micro-DRX, l'autoradiographie, la spectroscopie Auger, la spectroscopie Raman, la mesure de diffusivité thermique par flash laser etc. En particulier, en couplant les observations MET à des caractérisations par **Spectroscopie d'Absorption des Rayons X* (SAX*)**, il est possible de remonter à la pression dans certaines bulles de gaz de fission.

En conclusion, la panoplie des moyens de mesure et de caractérisation sur combustible nucléaire irradié, adaptés et qualifiés pour une utilisation en cellule de haute activité, permet de caractériser ce combustible à toutes les échelles, l'échelle nanométrique étant celle qui s'est le plus développée ces dernières années. En fonction des objectifs scientifiques recherchés, les examens sont limités et focalisés sur l'acquisition d'informations présélectionnées. Ces moyens exigent cependant, souvent, une préparation complexe et minutieuse de l'échantillon. Joint aux contraintes liées au travail en cellule chaude, et au fait que l'analyse des premiers résultats conditionne généralement la nature des examens suivants, un programme complet d'examens post-irradiation est souvent long et peut s'étaler sur plusieurs années.

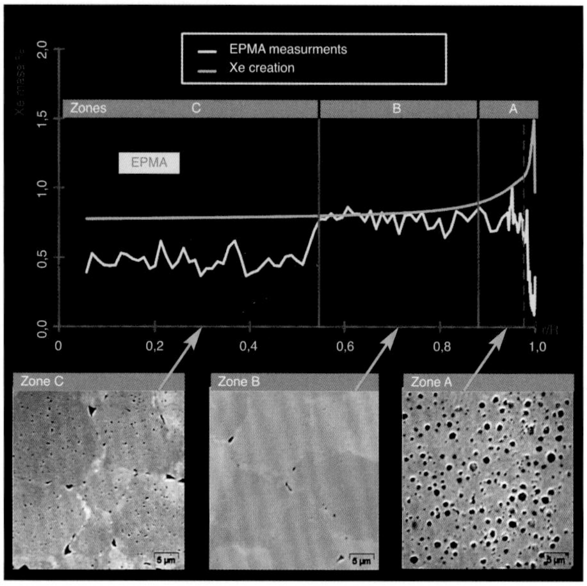

Fig. 141. Distribution radiale du xénon dans une pastille REP (UO$_2$ 62 GWj/t) mesurée par microsonde électronique, illustrée avec des micrographies des zones correspondantes.

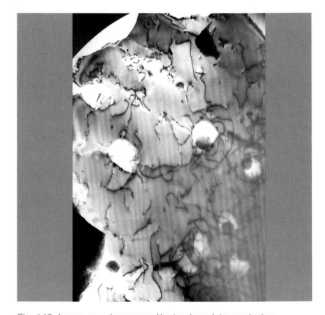

Fig. 142. Image au microscope électronique à transmission d'un combustible irradié montrant des précipités métalliques dans les bulles de gaz de fission, ainsi que les lignes de dislocations de la matrice.

Analyses isotopiques et élémentaires de haute précision

En complément des méthodes présentées précédemment, des caractérisations élémentaires et isotopiques de haute précision (incertitudes < ‰) doivent être réalisées sur des échantillons combustibles issus des filières actuelles ainsi que sur des échantillons expérimentaux destinés au développement des filières futures (nouveaux combustibles, étude de cibles de transmutations irradiées dans PHÉNIX…). Ces analyses portant sur les actinides (U, Pu, Np, Am, Cm) et les produits de fission ou d'activation (Cs, Nd, Sm, Eu, Gd, Zr, Sr…) sont réalisées à l'aide de techniques instrumentales de pointe telles que la **spectrométrie de masse à source plasma multi-collecteurs*** (ICP-MS-MC) ou à **thermo-ionisation*** (**TIMS***) par des laboratoires experts au CEA. Les instruments employés pour ces études sont généralement nucléarisés (source d'ionisation placée en boîte à gants) afin de permettre la mesure d'échantillons radioactifs. Les données obtenues permettent la validation et l'extension des domaines de qualification des codes de calculs neutroniques et du cycle ainsi que l'évaluation des données nucléaires associées aux problématiques de bilans matière, taux de combustion, criticité, radio-toxicité ou encore de puissance résiduelle [3].

Ces analyses destructives post-irradiation sont réalisées après mise en solution de l'échantillon (tronçon combustible, échantillon expérimental…) dans des installations dédiées (LECA STAR, Atalante). Étant donné la complexité et la diversité des matrices d'étude, ainsi que les niveaux de précision requis, de nombreuses méthodes de purification chimique et de mesures visant à s'affranchir des problématiques d'interférences spectrales et non spectrales inhérentes aux techniques TIMS ou ICP-MS-MC ont été mises au point. La nature des échantillons à étudier et leur composition évoluant en fonction des besoins d'extension des domaines de qualification et des évolutions techniques, le rôle du laboratoire d'analyse est de développer des méthodes de mesure adaptées à la fois aux différentes natures d'échantillons et à la variété des compositions isotopiques des éléments d'intérêt.

Les principaux développements en cours sur cette thématique incluent le couplage entre les techniques séparatives et la spectrométrie de masse, en par-ticulier *via* l'utilisation de microsystèmes séparatifs ; la résolution directe d'interférences par l'utilisation d'instruments équipés de cellule de collision-réaction ; ou encore la mise au point de méthodes d'analyse d'échantillons en très faibles quantités au travers de l'étude des nouvelles générations de détecteurs. Ces développements visent à réduire considérablement les quantités d'échantillons requises pour analyses, les temps de manipulation ainsi que les quantités de déchets produites en adéquation avec les principes de la « chimie analytique verte » tout en répondant aux besoins futurs d'extension des bases de données expérimentales sur échantillons actifs [4] (combustibles RJH, GEN 4, etc.).

La mesure du taux de combustion des assemblages irradiés à La Hague

L'objectif du poste 1 des **ateliers T1/R1*** est de contribuer à la démonstration de sûreté des usines de retraitement UP3 et UP2 800 [8] d'AREVA La Hague en comparant le **taux de combustion*** (TC) évalué par le poste de mesure à celui de la fiche suiveuse (fournie par le client) pour confirmer l'identification de l'assemblage combustible à cisailler [7]. Dans le cadre de la démonstration de sûreté-criticité du dissolveur, il permet également de déterminer la masse maximale de combustible à charger par godet à partir du **Taux de combustion*** de sa fraction la moins irradiée. La figure 143 illustre le poste 1 composé d'un puits de mesure, de deux détecteurs *gamma*

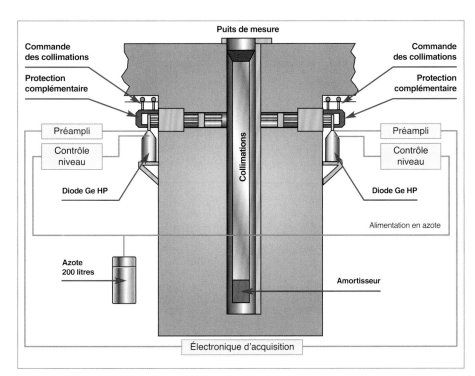

Fig. 143. Schéma de principe du poste 1 des ateliers T1/R1 de l'usine de retraitement de La Hague, dédié à la mesure du taux de combustion du combustible irradié (représentation du plan axial). La partie concernant la mesure neutronique n'est pas représentée sur cette figure.

au germanium hyper pur avec chacun un collimateur réglable. Un système de balayage est utilisé afin de réaliser des mesures de la longueur active totale des assemblages, soit environ 360 cm pour ceux des **réacteurs à eau sous pression* (REP*)** de 900 MWe et 420 cm pour les 1 300 MWe. Ce système permet ainsi l'obtention du profil axial d'activité de l'élément combustible (voir figure 144). Dans le plan axial, la collimation permet d'observer une fine tranche de l'élément combustible et dans le plan radial, sa totalité est mesurée. Pour chaque assemblage, l'ouverture de collimation est préalablement calculée selon la valeur du taux de combustion, du **temps de refroidissement* (TR*)** et de l'enrichissement en U 235 initial. En effet, une relation entre les différents paramètres des assemblages et l'ouverture de la collimation a été établie de façon à obtenir un taux de comptage total *gamma* inférieur à 10 000 c.s^{-1}, ce qui limite les pertes de comptage par des effets d'empilement et de temps mort. Le poste 1 est également composé de deux chambres à fission pour obtenir le taux de comptage total des neutrons dus aux fissions spontanées (les cinq principaux émetteurs de neutrons sont : Cm 244, Cm 242, Pu 242, Pu 240 et Pu 238) et aux réactions (α,n) avec l'oxygène.

L'activité du Cs 137 et le rapport d'activité Cs 134/Cs 137 dépendent quasi linéairement du taux de combustion. La mesure de l'activité du Cs 137 est effectuée à partir de la raie *gamma* à 662 keV et celle du Cs 134 à partir des raies *gamma* à 796 keV et 802 keV (voir figure 145).

L'émission neutronique est proportionnelle au taux de combustion élevé à une puissance voisine de quatre [7]. Les mesures des activités du Cs 137 (T1/2 = 30,15 ans) et du Cs 134 (T1/2 = 2,06 ans), ainsi que du taux de comptage total des neutrons principalement dus à la fission spontanée du Cm 244 (T1/2 = 18,10 ans), permettent donc d'évaluer le taux de combustion du combustible irradié. La mesure du rapport d'activité Cs 134/Cs 137 étant peu influencée par la position du détecteur germanium et celle de l'assemblage, contrairement à la mesure absolue de l'activité de Cs 137 (fig. 144), elle est donc considérée comme la méthode de référence. Cependant, pour des temps de refroidissement supérieurs à 20 ans, il peut s'avérer difficile d'extraire du spectre *gamma* l'aire nette du Cs 134. Des essais avec une ouverture totale du collimateur ont donc été réalisés avec l'électronique d'ac-

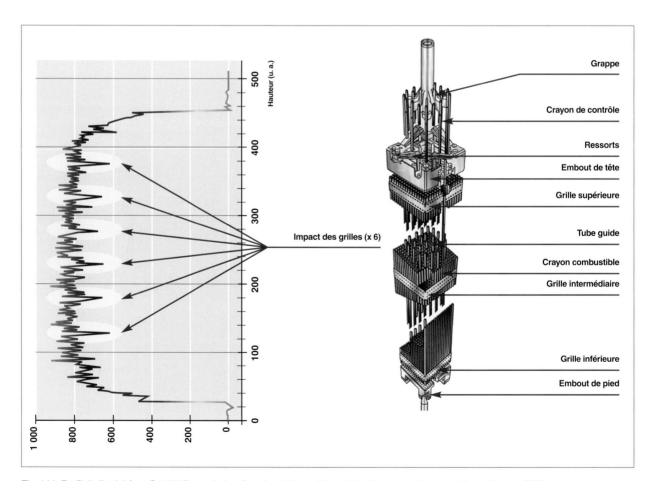

Fig. 144. Profil de l'activité en Cs 137 (à gauche) en fonction de la position axiale d'un assemblage irradié en réacteur REP (voir description à droite).

Les mesures physiques et chimiques sur le combustible irradié

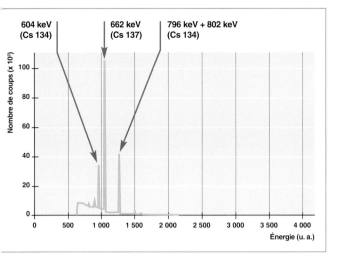

| | 604 keV (Cs 134) | 662 keV (Cs 137) | 796 keV + 802 keV (Cs 134) |

Fig. 145. Spectre *gamma* obtenu pour un assemblage irradié en réacteur REP.

quisition numérique ADONIS développée par le CEA, permettant de fonctionner à des taux de comptage total supérieurs à 100 000 c.s⁻¹, de manière à obtenir un signal utile du Cs 134 statistiquement exploitable [5] [6].

Bertrand Pérot, **Cyrille** Eleon,
Fanny Jallu, **Laurent** Loubet,
Département de technologie nucléaire
Daniel Parrat, **Sébastien** Bernard
Département d'étude des combustibles
et Anthony Nonell,
Département de physico-chimie

▸ **Références**

[1] J. Lamontagne, "State of the art and challenges for Post-Irradiation Examination", *NuMat, The Nuclear Materials Conference*, Clearwater Beach, USA, 2014.

[2] L. Loubet and Th. Martella, "Using *gamma* spectrometry indicators to detect and quantify fission products changes in irradiated fuel", ANIMMA 2015 conference, Lisbonne, Portugal.

[3] Spent nuclear fuel assay data for isotopic validation. State-of-the-art Report., Nuclear Energy Agency, Nuclear Science, NEA/NSC/WPNCS/DOC(2011) 5, 2011.

[4] A. Nonell, H. Isnard, M. Aubert, C. Bresson, L. Vio, F. Chartier et T. Vercouter, « Analyses élémentaires et isotopiques par spectrométrie de masse pour la gestion des combustibles nucléaires », *Spectra Analyse*, 296, pp. 55-62, 2014.

[5] P. Pin *et al.*, ADONIS, "High Count-Rate HP-Ge gamma Spectrometry Algorithm: Irradiated Fuel Assembly Measurement", IEEE 2011.

[6] E. Barat *et al.*, "Performance of ADONIS-LYNX System for Burn-up Measurement Applications at AREVA-NC La Hague Reprocessing Plant", IEEE, 2013.

[7] C. Eleon, C. Passard, N. Hupont, N. Estre, O. Gueton, F. Brunner, G. Grassi, M. Batifol, P. Doumerc, T. Dupuy and B. Battel, "Status of the nuclear measurement stations for the process control of spent fuel reprocessing at AREVA NC/La Hague", ANIMMA 2015, Advancements in Nuclear Instrumentation Measurement Methods and their Applications, 20-24 April 2015, Lisbon, Portugal.

▸ **Bibliographie**

[8] Chabert (J.),« Contrôle commande des usines de retraitement », *Techniques de l'Ingénieur*, BN 3, 445, 1997.

Le contrôle des procédés pour le retraitement/recyclage

Quels sont les paramètres clés à contrôler pour le pilotage des procédés ?

Le traitement du combustible usé consiste notamment en une opération de séparation chimique par voie hydrométallurgique de deux flux : d'une part, l'uranium et le plutonium formé dans le combustible usé, qui constituent une part valorisable par recyclage ; d'autre part, les produits de fission et actinides mineurs, qui consituent les déchets du procédé (voir la monographie DEN intitulée « Le traitement-recyclage du combustible nucléaire usé »).

Le pilotage des procédés mis en œuvre dans le **traitement-recyclage*** du combustible irradié/usé requiert un suivi précis des constituants fissiles majeurs que sont l'uranium et le plutonium pour s'assurer leur bon cheminement dans le procédé tout en respectant les spécifications imposées par le schéma de fonctionnement mis en œuvre, notamment celles des produits purifiés (concentration, impuretés…). La maîtrise des flux de matière sensible (uranium, plutonium) fait partie, en effet, des exigences du contrôle de non-prolifération. Il doit permettre également de détecter toute dérive du procédé, notamment celles qui conduisent à des accumulations de plutonium dans les appareils du procédé pour éviter les incidents de criticité. En cela, les compteurs neutroniques sont implantés de manière systématique pour suivre le bilan matière du plutonium dans le procédé.

Pour les cycles de purification par extraction par solvant, qui sont le cœur du procédé, des travaux de modélisation conséquents ont conduit à l'élaboration et la qualification d'un modèle numérique permettant la simulation de l'ensemble des procédés. Son utilisation a permis pour chacun des cycles à déterminer les mesures de suivi permettant un pilotage sûr du procédé, capable de détecter de manière précoce toute dérive vers un régime développant une accumulation de plutonium. Dans la zone d'**extraction*** d'un premier cycle, il est primordial de maintenir la charge en métal du solvant à un niveau élevé et constant pour assurer une extraction quantitative de l'uranium et du plutonium et leur décontamination en **produits de fission***. Le suivi des caractéristiques (concentration en uranium, densité…) du flux aqueux refluant de l'opération de lavage vers la colonne d'extraction est nécessaire pour ce faire. Dans le procédé actuel, la séparation du flux plutonium du flux uranium est obtenue par réduction de l'état d'oxydation du plutonium. La stabilité du procédé requiert le maintien d'un milieu réducteur pour les opérations de cette partie du procédé. Le contrôle de la présence en concentration suffisante des agents réducteur (uranium [IV]) et stabilisant (hydrazine) est alors essentiel. La prochaine génération d'usine de retraitement mettra en œuvre un système extractant permettant la **désextraction*** sélective du plutonium par une simple diminution de l'acidité. Le suivi des concentrations d'acide dans les opérations du procédé sera alors essentiel pour garantir le bon fonctionnement du procédé. Pour les cycles uranium, l'important se situe au niveau de la charge en métal du solvant dans les opérations d'extraction. Pour les cycles plutonium, c'est plutôt les conditions de milieu à contrôler pour stabiliser l'opération. Les mesures neutroniques sont, bien sûr, précieuses pour suivre la répartition du plutonium dans les différentes fonctions du procédé. Des développements sont à entreprendre pour obtenir de ces mesures directement la concentration en plutonium, afin de renforcer le pilotage du procédé. L'utilisation actuelle de ces mesures est le plus souvent qualitative (surveillance de la forme du profil).

La perspective de traitement de combustibles plus riches en plutonium dans les usines de retraitement du futur ; notamment le combustible **MOX*** rendra les réponses dynamiques du procédé en cas de perturbation beaucoup plus rapides. Un pilotage plus réactif sera nécessaire pour permettre, le cas échéant, des actions correctrices efficaces. L'association de mesures en lignes appropriées aux capacités de simulation disponibles par le biais de nouveaux outils logiciels devrait contribuer à élaborer des stratégies de pilotage plus robustes, adaptées à cette évolution du traitement. Cette démarche appliquée actuellement pour les cycles d'extraction devrait dans le temps se développer pour les étapes de dissolution du combustible, de conversion des produits purifiés en solides.

La problématique des prélèvements, échantillonnages, transfert pneumatique

L'échantillonnage regroupe l'ensemble des opérations permettant de déterminer la plus petite portion de matériau nécessaire à l'estimation des valeurs de propriétés d'un lot initial en fonction d'un objectif d'évaluation donné. Il comprend : l'établissement du plan d'échantillonnage, la réalisation et la conservation des prélèvements. Il permet de prendre en compte les hétérogénéités de constitution et de distribution du matériau à caractériser. L'erreur d'échantillonnage est une des composantes des incertitudes du résultat d'analyse du lot initial. L'échantillonnage a plusieurs objectifs allant de la détermination des paramètres opératoires d'un procédé, de la vérification du bon fonctionnement des installations, à la caractérisation de lots de déchets. Dans le contrôle des procédés de traitement des combustibles usés, l'échantillonnage est une opération incontournable compte tenu du volume d'échantillon pouvant être réellement analysé par rapport au volume total des solutions traitées. En effet, que les analyses soient en ligne ou au laboratoire, elles exigent représentativité de l'échantillon et fidélité. Le résultat attendu porte sur le lot entier, par exemple le contenu d'un réacteur ou d'une cuve. Grâce aux méthodes d'échantillonnage seule une partie du lot peut être prélevée et suffire à estimer un résultat sur le lot global. L'échantillonnage pose peu de problèmes lorsqu'il porte sur des solutions monophasiques homogénéisées par exemple par agitation. Il est plus problématique en milieu hétérogène et fait appel à différentes approches statistiques pour établir un plan d'échantillonnage défini en fonction de la nature du matériau, du procédé, des équipements et des possibilités de prélèvement. Les prélèvements peuvent être traités séparemment ou regroupés selon les objectifs analytiques.

Dans les procédés de traitement/recyclage du combustible usé, le prélèvement des phases liquides, généralement d'un volume de quelques mL, est conditionné dans un flacon de type Polyéthylène Haute Densité (PEHD) [fig. 146] introduit dans une « navette » servant au transport depuis le lieu de prélèvement jusqu'au laboratoire d'analyse. Le transport est assuré via un réseau de transfert pneumatique reliant les différents ateliers ou chaînes blindées aux laboratoires d'analyse grâce à une dépression entretenue localement garantissant le confinement des matières radioactives. Les centrales pneumatiques sont munies de filtres très haute efficacité destinés à éviter la dissémination de la matière en cas d'incident sur une navette. À l'usine de retraitement de La Hague, le réseau de transfert pneumatique représente 56 km de lignes, il y a 854 points de prélèvement sur le procédé et 150 000 flacons sont prélevés automatiquement par an. Dans l'installation Atalante du CEA à Marcoule, les échantillons de R&D sont transportés à une vitesse de l'ordre de 10 m.s⁻¹.

Fig. 146. Cruchon
de prélèvement
par transfert pneumatique.

Les mesures non-destructives des échantillons : développement des méthodes K-edge et FXL

Deux techniques analytiques de spectrométrie des rayons X sont particulièrement utilisées pour le suivi des flux uranifères et plutonifères dans les procédés de retraitement : l'X-hybride et la fluorescence X optimisée sur la mesure des raies L des **actinides***, appelée FXL. Ces deux techniques non destructives ont été nucléarisées en haute activité. Elles permettent des rendus analytiques rapides (de l'ordre de 20 minutes de mesure), tout en couvrant un large domaine de concentration allant du mg/L à plusieurs centaines de g/L. Les échantillons sont acheminés dans les chambres de mesure au moyen d'un réseau de transfert pneumatique. Des détecteurs germanium de haute pureté sont utilisés pour la mesure des rayonnements émis.

Le système X-hybride

Cette technique d'analyse dispose de deux voies de mesure (fig. 147) : la première est une mesure par absorption (souvent appelée « *K-edge* ») qui repose sur l'analyse spectrale

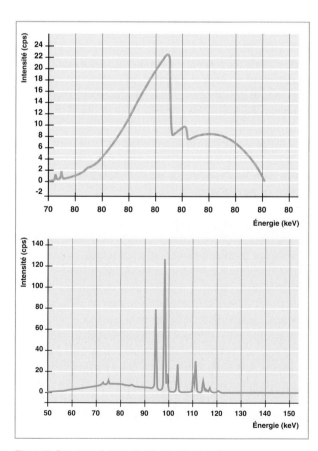

Fig. 147. Spectres d'absorption (en haut) et de fluorescence (en bas) d'un système K-edge hybride. Les discontinuités dues à l'uranium (115,6 keV) et au plutonium (121,8 keV) présents dans l'échantillon sont visibles. Source de rayons X : tube à anode de W sous une tension de 150 kV.

des discontinuités dans la transmission d'un flux de rayons X suite à son passage dans l'échantillon mesuré; la seconde est une voie de fluorescence X à dispersion d'énergie. Ces deux voies de mesure sont utilisées simultanément, et la mesure par fluorescence X est généralement dédiée à l'analyse de l'élément en concentration minoritaire tout en prenant comme référence le résultat de la mesure par absorption sur l'élément en concentration majoritaire (c'est le mode de fonctionnement dit « hybride »). Les raies mesurées en fluorescence sont les raies K des actinides.

La mesure par absorption des rayons X présente l'avantage d'être peu sensible aux effets de matrice. Elle permet des mesures sur des solutions très concentrées (plusieurs centaines de g/L en U et/ou Pu) et peut se passer d'étalonnage. La mesure par fluorescence X en mode hybride permet, par un étalonnage que l'on peut qualifier de relatif (entre les réponses des éléments U et Pu), d'être peu sensible aux effets de matrice. Sa limite de quantification se situe autour de 500 mg/L pour l'uranium et le plutonium.

Le système de spectroscopie de fluorescence X

La particularité de cette spectroscopie de fluorescence X à dispersion d'énergie est l'utilisation d'un monochromateur en graphite entre l'échantillon et le détecteur, qui a pour rôle d'optimiser la mesure sur une plage énergétique restreinte autour des raies d'émission X(L) des actinides (fig. 148). C'est cette optimisation qui permet la mesure de concentration de l'ordre du mg/L. La mesure des actinides U, Np, Pu, Am et Cm est possible.

Ce système particulier a nécessité le développement d'outils informatiques spécifiques pour le traitement des spectres. Les effets de matrice (atténuation ou exaltation du signal) sont des phénomènes très présents en fluorescence X. La prise en compte de ces phénomènes dans les algorithmes développés permet le traitement des spectres obtenus à partir de matrices variées. Typiquement, le domaine de concentrations analysées par cette technique varie entre 0,5 mg/L et 5 g/L.

En France, les systèmes X-hybride et FXL n'existent qu'à l'usine de La Hague pour le suivi du procédé de retraitement et sur l'installation Atalante du CEA à Marcoule.

Mesures chimiques dans le procédé de retraitement : mesures d'acidité, de compositions élémentaires (chromato), suivi du solvant

Les principales mesures nécessaires à la conduite de procédé sont le suivi de l'acidité libre en plusieurs points du procédé ainsi que la détermination des teneurs et formes moléculaires et redox de U et Pu dans une large gamme de concentration, des profils de température et des masses de matière fissile et accumulation Pu.

La mesure de l'acidité libre dans des solutions d'acide nitrique à force ionique élevée en différents points du procédé est la demande la plus fréquente : elle a fait l'objet de nombreuses études au CEA depuis plus de 20 ans dans le but d'améliorer la mesure, de diminuer le volume d'effluent engendré et l'exposition du personnel. Aucune d'entre elles n'a donné jusqu'à présent entièrement satisfaction. Certains instruments développés ont fourni des résultats encourageants comme la sonde pH électrochimique, les capteurs chimiques à fibre optique, les mesures couplées masse volumique/conductivité ou encore la mesure par les effets induits. Le dispositif proposé par le CEA à l'usine de La Hague pour déterminer en

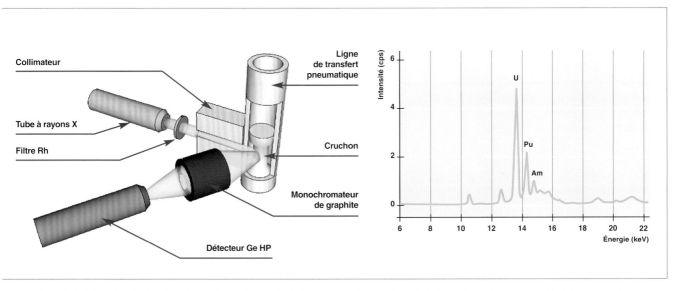

Fig. 148. Schéma de principe du système de spectroscopie de fluorescence X (FXL) (gauche) et spectre de fluorescence (droite) caractéristique avec sa plage énergétique optimisée autour de la raie X(L) du Pu à 14,3 keV. Source de rayons X : tube à anode de Rh sous une tension de 50 kV.

ligne une valeur de concentration H+ (*a priori* élevée) de façon générique sur les procédés de retraitement est un système de mesures couplées de la masse volumique de la solution, de sa conductivité et de sa température [1,2] : il s'agit d'une mesure sur flux dérivé (sauf en ce qui concerne les cuves) qui nécessite l'implantation de pots de passage. Dans le procédé, il est possible de distinguer trois types de matrices pour cette mesure : très forte acidité (jusqu'à 7 M) et concentration faible de cations, acidité forte (3 à 5 M) et présence de Pu et de produits de fission, forte acidité et présence de U et Pu, pour lesquelles les solutions analytiques envisagées peuvent être éventuellement différentes. Les méthodes miniaturisées développées actuellement [3] sur milli- voire micro-échantillon du fait non seulement de la réduction de l'activité radiologique mais également des possibilités de pré-traitement sont prometteuses quant au gain de qualité de mesure et à la réduction drastique du volume d'effluent.

À l'usine, le laboratoire de contrôle de marche réalise les analyses des échantillons nécessaires au contrôle du procédé et à la sûreté des installations. Les échantillons sont prélevés dans les bancs cuves du procédé et sont acheminés vers le laboratoire par transfert pneumatique. Les **analyses élémentaires*** sont essentiellement réalisées dans le cadre des contrôles des rejets liquides du procédé et aussi à l'étape de vitrification (cations métalliques) : les teneurs en U, Fe, Ni, Cr, Na, Al, Mo, Zr, Gd sont déterminées par **ICP-AES***, la technique **ICP-MS*** est essentiellement utilisée pour les analyses de sûreté (Pu 240 et U 235 principalement). Cette dernière technique sert aussi pour les analyses bilan de l'usine. La chromatographie en phase liquide est utilisée pour l'analyse des oxalates, de l'hydrazine et de l'hydroxylamine, des halogénures, des sulfates, des nitrates et des nitrites etc. (chromatographie ionique) et pour le suivi des solvants organiques (chromatographie de partage) avec la détermination du titre en **TBP*** dans le TPH, la concentration de TBP dissous en phase aqueuse etc. L'utilisation potentielle de nouveaux solvants et extractants imposera le développement et la validation de nouvelles méthodes chromatographiques en phase liquide ou en phase gazeuse pour leur dosage et celui de leurs produits de dégradation [4]. La miniaturisation de la chromatographie liquide devrait permettre à la fois de réduire le volume d'effluent relativement important inhérent à ces techniques et ainsi l'exposition du personnel.

Les techniques couplées comme, par exemple, le couplage chromatographie ICP-MS, devraient notablement améliorer les performances des méthodes d'analyse et apporter de nouvelles informations telles que des données de spéciation.

Quel que soit le scénario considéré, l'analyse de **spéciation*** de radionucléides d'intérêt à différentes étapes clefs des procédés de traitement de combustibles usés permet d'évaluer de façon fine l'efficacité d'extraction/désextraction, d'apporter un soutien à la conception de molécules extractantes sélectives et d'acquérir des données fondamentales pour l'identification des principales réactions de formation d'espèces à considérer lors de la modélisation des procédés. Les radionucléides d'intérêt étant généralement présents sous forme de multiples espèces chimiques dans les différentes phases liquides, la séparation chromatographique de ces espèces, couplée simultanément avec la spectrométrie de masse à source électrospray (**ESI-MS***) et la spectrométrie de masse à source plasma (ICP-MS), permet leur caractérisation structurale, leur quantification et la caractérisation isotopique des radionucléides contenus dans chaque espèce. Cette approche intégrée par spectrométries de masse mène, en une seule étape, à l'analyse de spéciation exhaustive des radionucléides ciblés. Cette méthodologie d'analyse de spéciation a été validée avec des échantillons contenant des lanthanides en présence d'agents complexants (Nd-Sm/EDTA-DTPA), par le couplage de la chromatographie d'interaction hydrophile (HILIC) avec un ESI-MS et un ICP-MS. La détermination de la spéciation exhaustive d'actinides est en cours, nécessitant des développements avec des instruments et des équipements nucléarisés, en boîtes à gants (fig. 149).

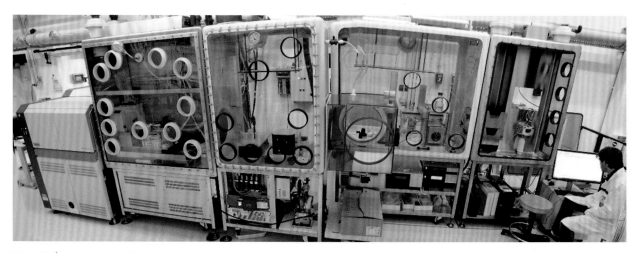

Fig. 149. Équipements nucléarisés pour le couplage simultané d'une séparation chromatographique à l'ICP-MS et l'ESI-MS.

Le contrôle des procédés pour le retraitement/recyclage

La problématique des effluents analytiques

Actuellement, le suivi et le pilotage des procédés industriels de traitement/recyclage des combustibles nucléaires usés reposent sur un nombre très important d'analyses en laboratoire : plusieurs dizaines de milliers sont nécessaires chaque année pour assurer le contrôle du procédé et la sûreté des installations. Nombre de ces analyses sont réalisées à l'aide de techniques de mesure destructives générant des quantités importantes d'effluents analytiques parfois difficiles à gérer pour un exploitant nucléaire. Dans certains cas, notamment pour certaines techniques chromatographiques, l'analyse d'un millilitre d'échantillon peut générer jusqu'à un litre d'effluent. À titre d'exemple, la production annuelle d'effluents de la Chaîne Blindée Analyse (CBA) d'Atalante au CEA à Marcoule est d'environ 150 litres pour près de 1 000 échantillons analysés. Certains de ces effluents n'ont pas d'exutoire, liquide scintillants fortement contaminés par exemple, ou nécessitent un traitement chimique particulier avant de pouvoir être envoyés vers les filières adéquates : séparation des composés gênants par chromatographie, précipitation, minéralisation… Ces opérations sont souvent longues et coûteuses et mobilisent des ressources importantes.

La réduction du coût de gestion des effluents analytiques passe nécessairement par :

• La mise en œuvre de techniques d'analyse non destructives telles que la spectrométrie *gamma*, la fluorescence X, la spectrophotométrie d'absorption UV-Visible… Par principe, ces techniques ne génèrent aucun effluent et sont donc d'un intérêt évident pour le pilotage et le contrôle des procédés nucléaires ;

• la minimisation des volumes d'échantillons prélevés pour analyse et des réactifs utilisés lors du processus analytique. Plusieurs échelles de réduction de volume sont envisageables, depuis les systèmes millifluidiques (Analyse par Injection Séquentielle (AIS), par exemple) jusqu'aux microsystèmes d'analyse pour lesquels seuls quelques microlitres sont mis en œuvre.

Le contrôle du procédé de vitrification des effluents de haute activité

La vitrification est le procédé retenu pour le conditionnement des déchets de haute activité issus du retraitement du combustible usé. Il s'agit d'incorporer dans une matrice vitreuse les produits de fission et les actinides mineurs du combustible, et de contrôler la composition du verre et sa température d'élaboration, dans une ambiance hautement radioactive. (voir la monographie DEN intitulée « Le conditionnement des déchets nucléaires »).

Le procédé de vitrification

Les principales opérations mises en œuvre au cours de l'élaboration d'un colis de déchets vitrifiés sont réalisées dans les unités suivantes (fig. 150) :

• **L'unité de calcination**, constituée d'un tube tournant chauffé par un four à résistances, permet les opérations d'évaporation et de décomposition partielle des nitrates, présents dans les solutions, en oxydes. Cette opération se déroule dans une plage de température comprise entre 100 et 400 °C ;

• **l'unité de vitrification** qui reçoit le calcinat et la fritte de verre, permet d'élaborer le verre de confinement à des températures comprises entre 1 050 °C et 1 300 °C. Selon les compositions chimiques des effluents à traiter, le verre de confinement est élaboré soit dans un pot métallique chauffé par induction à environ 1 100 °C, soit dans un creuset froid avec un chauffage par induction directe dans le verre permettant d'atteindre des températures jusqu'à 1 300 °C ;

• **l'unité de traitement des gaz** comprend plusieurs équipements permettant d'arrêter et de recycler les poussières, de

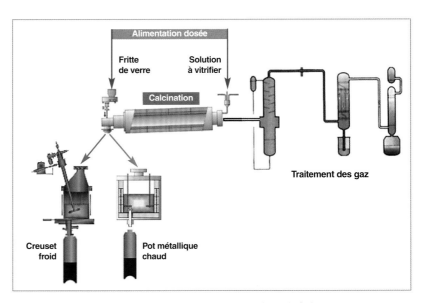

Fig. 150. Procédé de vitrification avec les deux options de fours de fusion.

condenser les gaz condensables et de recombiner les vapeurs nitreuses ;

- **l'unité d'alimentation dosée** des solutions à vitrifier et de la fritte de verre. Les organes de dosages des solutions sont des roues doseuses. Un système d'alimentation pondéral permet l'alimentation dosée de la fritte de verre ;

- **l'unité de traitement du conteneur de verre** prenant en compte le refroidissement après remplissage, le soudage du couvercle, la décontamination externe et le contrôle final de non-contamination qui autorise l'introduction du conteneur dans le bâtiment d'entreposage ventilé.

Le contrôle du procédé

Le contrôle du procédé de vitrification est assuré au moyen de plus de 300 capteurs répartis sur l'ensemble des équipements. Les choix de l'instrumentation et des points de mesure sont principalement définis pour permettre :

- D'assurer la maitrise des fonctions dévolues à chacun des équipements ;

- de prévenir des risques de sécurité/sureté et d'en limiter les conséquences ;

- de respecter la règlementation ;

- de garantir la qualité du colis de verre et de fournir ses conditions d'élaboration.

Le contrôle de la production des colis de verre

Chaque conteneur de déchets vitrifiés (CSD-V, fig. 151) doit être produit en respectant, pour chaque type de combustibles usés retraités, une spécification définissant le domaine acceptable de composition chimique du verre et les conditions d'élaboration requises.

En fait, la composition chimique du verre est maîtrisée avant de réaliser la coulée dans le conteneur par un suivi continu du bilan massique des matières entrantes.

Ainsi, la solution de produits de fission de la cuve d'alimentation du procédé de 20 m³ et la solution de fines alimentée à partir d'une cuve spécifique d'un volume de 3 m³ sont échantillonnées à plusieurs niveaux et analysées. Les volumes de solution traités au cours de l'élaboration du verre sont obtenus par intégration du débit horaire des roues doseuses. Les volumes obtenus sont recoupés en permanence avec les variations de volume dans les cuves d'alimentation permettant leur validation avant la coulée du verre.

La fritte de verre a été réceptionnée et analysée par lots. La masse de fritte de verre utilisée pour élaborer le verre est obtenue par la variation de masse de la trémie d'alimentation et recoupée avec la somme des masses de chaque petite charge de fritte de verre introduite dans le four de fusion.

D'autre part, parmi toutes les conditions d'élaboration du verre, la température du bain de verre en fusion est le critère principal à respecter pour obtenir la réactivité entre le calcinat et la fritte de verre. Les conditions d'agitation du bain de verre fondu permettent, d'autre part, de garantir l'homogénéité thermique et chimique du verre produit.

Fig. 151. Conteneur standard de déchets vitrifiés CSD-V.

Un pot métallique chauffé par induction permettant d'élaborer du verre à 1 100 °C est équipé de 17 thermocouples de type K (températures jusqu'à 1 200 °C) répartis sur l'ensemble de la paroi extérieure du pot de fusion, et deux fourreaux disposés au centre contenant chacun deux thermocouples de type K. Les valeurs de températures fournies par ces quatre thermocouples centraux et leur temps de maintien aux valeurs attendues permettent d'apprécier l'état d'élaboration de la charge de verre avant de réaliser la coulée en conteneur. Ces thermocouples non remplaçables sont conçus pour assurer leur fonction pendant la durée de vie d'un pot de fusion ; soit environ une année.

Dans un creuset froid, la puissance est injectée directement dans le bain de verre en fusion par induction haute fréquence. Pour contrôler la température, le creuset froid est équipé de deux cannes fourreau refroidies sur une grande partie de leur longueur, à l'exception de l'extrémité qui est conçue pour être à la température réelle du bain de verre. Chaque canne contient un montage duplex chemisé de deux thermocouples de type S (températures jusqu'à 1 600 °C) indépendants. La cohérence des informations délivrées par les deux thermocouples de chaque canne assure la validité de la mesure. Les informations de températures sont en permanence recoupées avec les paramètres de puissances électriques injectées par le générateur dans le bain de verre, et avec les bilans thermiques réalisés sur les structures refroidies du creuset froid. Ces cannes de mesures sont remplaçables par téléopération au cours de la vie du creuset froid.

Les perspectives d'évolution du contrôle du procédé

Les principales évolutions du contrôle du procédé de vitrification concerneront l'aide à la conduite au moyen de la modélisation des équipements et du recoupement d'informations en temps réel. La dérive de paramètres par rapport à un fonctionnement normal sera ainsi détectée au plus tôt.

Un outil d'interpolation des données d'un procédé de vitrification par traitement statistique basé sur des réseaux de neurones est en cours de développement. Cet outil s'appuie sur la base de données contenant l'ensemble des paramètres d'exploitation déjà acquis sur une installation de vitrification (installation de R&D ou industrielle) pour définir une base d'apprentissage de données pertinentes et construire des modèles d'interpolation des mesures souhaitées par réseau de neurones.

La modélisation en temps réel des paramètres essentiels du procédé facilitera à terme l'exploitation des procédés industriels avec la possibilité de réaliser des diagnostics d'anomalies de fonctionnement. Elle permettra d'optimiser le procédé tout au long de son exploitation et d'assurer une maintenance prévisionnelle en suivant les évolutions de chaque équipement sensible tel que le pot de fusion.

Pour améliorer le suivi du bilan de matière, il faudra développer des capteurs permettant de suivre la teneur de certains éléments chimiques, tel que le césium, dont le comportement est difficile à appréhender dans certaines phases transitoires. Des analyses en ligne de liquides ou d'aérosols par des techniques de LIBS (*Laser-Induced Breakdown Spectrometry*) sont en développement sur les prototypes de Recherche et Développement en milieu non radioactif. Ces études permettront de définir des points de mesures pertinents sur le procédé industriel de vitrification qui pourraient être équipés de mesures radiométriques telles que la spectrométrie *gamma* collimatée. L'objectif de ces suivis en ligne est de réduire, par exemple, la volatilité vers le traitement des gaz en modifiant la conduite du procédé en fonction de l'évolution des teneurs mesurées.

Perspectives du contrôle analytique du procédé de retraitement

Le paradigme du contrôle analytique industriel change et celui de l'industrie nucléaire évolue lui aussi sur une base de temps plus lente du fait du haut niveau de contraintes. Ainsi, l'organisation de l'analyse chimique basée sur le prélèvement périodique de l'échantillon tend à diminuer au profit d'un suivi analytique en ligne et en temps réel. Dans l'industrie nucléaire, les contraintes chimiques et radiologiques imposent des méthodes faciles à délocaliser et à nucléariser comme les méthodes optiques. L'absorptiométrie est devenue une méthode de référence pour sa robustesse, sous réserve de maîtriser ou corriger les variations de puissance de la source de lumière blanche.

La jouvence d'installations nucléaires ou la construction de nouvelles unités de production sont des moments clés pour mettre en ligne de nouveaux concepts analytiques. Lors de la construction de l'**atelier R4** à l'usine de retraitement de La Hague en 2002 une cellule de mesure et une sonde absorptiométrique (fig. 152) regroupant des technologies alors « récentes » (camera CCD, spectromètre champ plan, fibres optiques, sondes en parallèle et traitement PLS du signal) destinées à l'analyse de l'U^{IV} et des éventuelles fuites de Pu^{III} en sortie de barrage Pu ont été installées. L'appareil réalise encore aujourd'hui des analyses U-Pu en temps réel toutes les quatre secondes. Au CEA, cet appareil a continué à être développé en soutien aux essais de R&D réalisés en chaine blindée sur Atalante, et dans le but d'obtenir des données de base sur le fonctionnement des nouveaux procédés d'extraction. Un appareil proposant deux entrées de 21 sondes (mesures simultanées en temps réel) a été développé à cet effet pour un suivi alternatif de la phase aqueuse et de la phase solvant.

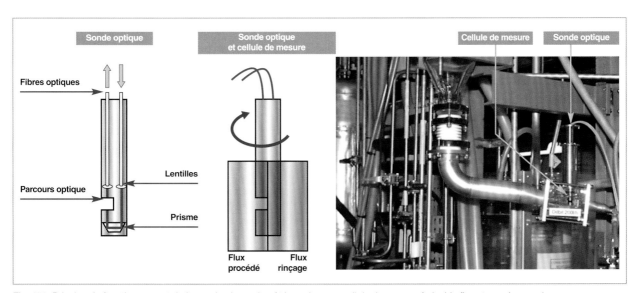

Fig. 152. Principe de fonctionnement de la sonde absorptiométrique dans sa cellule de mesure à double flux et sa mise en place sur le démonstrateur de G1 à Marcoule.

Ce type de solutions techniques a néanmoins des limites : celui de la « coloration » obligatoire de l'analyte et celui de la transmission de la source après un parcours optique de quelques mm.

Les microsystèmes pour la chimie analytique

En dehors de ces limites, d'autres systèmes analytiques très innovants sont en cours d'étude : Les **microsystèmes*** d'analyse, appelés aussi « laboratoires sur puce », consistent en des plateformes miniaturisées intégrant différentes étapes du processus analytique (préparation/traitement des échantillons, détection). Développés initialement pour les sciences du vivant (puces à ADN, à protéines…), ces systèmes permettent de minimiser les volumes d'échantillon et de réactifs ainsi que les effluents analytiques sont donc particulièrement attractifs dans le domaine du nucléaire où la réduction des déchets et la minimisation de l'exposition du personnel sont essentielles.

Les microsystèmes présentent en outre une forte capacité de traitement en parallèle et une remarquable aptitude à l'automatisation. Leur taille les rend aisément transportables, facilitant ainsi leur implantation *in situ* ou au plus près des procédés. C'est pourquoi le CEA a mis au point ses propres microsystèmes dédiés à l'analyse. Des microsystèmes ont été développés pour la préparation d'échantillons avant détection en mettant en œuvre des techniques séparatives telles que la chromatographie centrifuge [5] (fig. 153a) l'extraction liquide-liquide [6] (fig. 153b), ou l'isotachophorèse [3] ou pour effectuer une mesure *in situ* sur un volume réduit de solution par spectrophotométrie [7] (fig. 154a) ou par spectroscopie de lentille thermique (TLS) [8] (fig. 153c). Ainsi, les laboratoires sur puces permettent soit de miniaturiser une opération chimique ou d'en combiner plusieurs jusqu'à l'intégration complète du protocole d'analyse sur la même puce, détection comprise. On parle alors de « microsystèmes d'analyse totale » (μ-TAS).

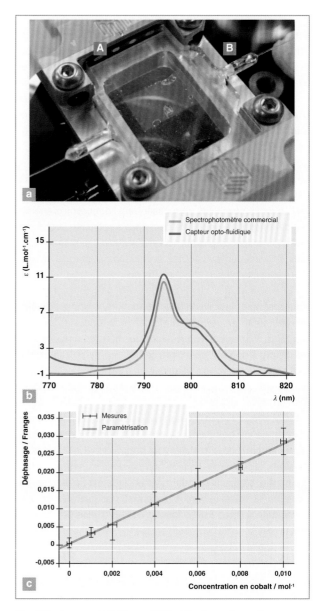

Fig. 154. a) puce optofluidique : 22,5 x 15 x 4 mm dimensions externes (A: accès fluidique - B: accès optique par fibre optiques) ; b) Spectre d'absorption du néodyme mesuré avec le capteur absorptiométrique [4]; c) droite d'étalonnage obtenue avec le capteur TLS sensor pour une solution de cobalt diluée dans de l'éthanol [5].

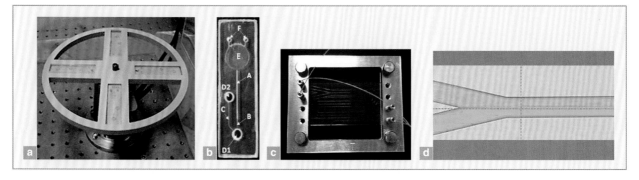

Fig. 153. a) Plateforme Lab-on-CD b) photographie d'une puce microfluidique pour la séparation U, Pu, Eu en milieu HCl, (A : colonne monolithique échangeuse d'anions, B, C canaux, D,E,F : réservoirs) [1] ; c) Microsystème en verre dans son support et d) photographie microscope d'un écoulement biphasique dans son microcanal (longueur 8 cm, épaisseur 40 μm, largeur 100 μm) [2].

Nucléarisation de l'instrumentation

Pour les études menées au sein des installations nucléaires de base, il est nécessaire de réaliser des caractérisations de solutions correspondant à diverses étapes des procédés de traitement/recyclage du combustible usé afin de qualifier leurs performances. Ces analyses chimiques requièrent des instruments qui, du fait de la radioactivité des échantillons, nécessitent des adaptations, voire des transformations. Les instruments doivent s'adapter aux différents types de confinement (boîte à gants, caisson blindé) indépendamment des performances analytiques attendues, tout en protégeant l'expérimentateur des risques d'irradiation et de contamination. Ainsi, les échantillons peuvent nécessiter un travail en **sorbonne***, **boîte à gants*** ou **cellule blindée*** suivant leurs niveaux de radioactivité (fig. 155).

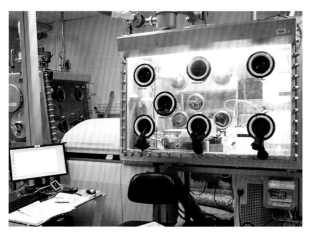

Fig. 155. Unité de spectrométrie de masse ICP/MS couplée à une boîte à gants.

La conception et l'adaptation d'instruments à ces milieux confinés sont régies par des règles et normes très strictes et, bien souvent, les instruments du commerce ne sont pas adaptés à ce genre d'utilisation. La nucléarisation consiste donc à transformer un instrument « commercial » pour le rendre compatible, utilisable dans le milieu nucléaire, tout en conservant les performances analytiques (sensibilité, répétabilité, reproductibilité, justesse), la fiabilité et l'entretien identiques dans la mesure du possible à celles de l'instrument d'origine.

L'une des règles consiste à sortir de l'enceinte de confinement les pièces nécessitant une maintenance régulière ou ayant une usure prématurée vis-à-vis de l'irradiation telles que les cartes électroniques, par exemple. L'objectif consiste à pérenniser la transformation de cet instrument pour qu'il réponde aux objectifs actuels, mais également aux nouvelles demandes à venir. De nombreux instruments analytiques tels que : spectrophotomètre d'absorption visible en ligne ou non, spectromètre *gamma*, chromatographe en phase liquide ou gazeuse, ICP/AES, ICP/MS, TIMS, fluorescence X,K-Edge, ont été nucléarisés et installés dans différentes enceintes de confinement afin de répondre aux attentes des exigences des procédés de l'aval du cycle du combustible.

La chimiométrie

Appelée parfois « analyse mutivariable », la chimiométrie est fondée sur des méthodes mathématiques souvent statistiques de traitement de données, d'analyse chimique dans le cas des procédés de recyclage, afin d'en extraire des informations pertinentes permettant d'affiner la caractérisation des échantillons et *in fine* le contrôle et la compréhension des systèmes réactionnels physico-chimiques.

Sont concernés les outils statistiques de la qualité, la méthode des plans d'expérience, les méthodes multivariées de l'analyse de données, la validation des méthodes de mesure, les méthodes d'optimisation. L'objectif d'ensemble est d'optimiser le contrôle et la conduite des procédés ainsi que la qualité des produits finis.

Ces approches sont basées sur deux grandes étapes: une modélisation à partir de l'ensemble des données mesurées (souvent en mode multi-variables) qui permet d'établir le modèle, de connaissance ou de comportement, puis une utilisation en mode prédiction (souvent enrichi d'un indicateur de confiance), pour calculer ou estimer de nouvelles valeurs en fonction de l'évolution des différentes variables.

Historiquement, les domaines de la chimie analytique et de l'instrumentation utilisent largement ces approches. Leurs aspects prédictifs intéressent le domaine nucléaire et contribuent à limiter le nombre d'analyses parfois difficiles à réaliser et donc les volumes d'effluent et de réactif, tout en maintenant les performances et la qualité des résultats.

Les méthodes multivariées, initialement développées pour l'exploitation des spectres, en **spectrométrie*** et **spectroscopie*** notamment, sont de plus en plus utilisées pour le traitement de données d'origines multiples et différentes. Elles permettent notamment de réduire et de simplifier les données manipulées. De nombreux outils ont été développés et sont intégrés couramment dans les équipements analytiques. Parmi les plus utilisés il est important de citer l'**Analyse par Régression sur les Composantes Principales** (voir un exemple *supra*, p. 135) et la méthode de **Régression des Moindres Carrés Partiels** qui permettent d'évaluer des variables par des modèles de régression double. Cela est, par exemple, le cas pour des mesures de concentrations d'éléments dans des échantillons inconnus par le traitement de données issues d'analyses en spectroscopie (IR, RAMAN, spectrophotométrie (fig. 156) et en spectrométrie (ICP MS, LIBS).

Actuellement, la chimiométrie ouvre la voie à de nouvelles méthodes d'analyse sans étalon *(standarless)* qui limitent le nombre d'opérations ou optimisent les performances lorsque les étalons chimiques sont inexistants.

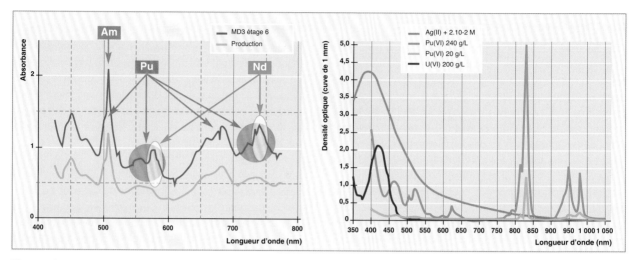

Fig. 156. Spectre de spectrophotométrie en ligne Pu, Am, Nd et spectres d'absorption de l'U(VI), du Pu(VI) et de l'Ag(II) en milieu nitrique 6M (parcours optique de 0,1 cm).

L'holographie de goutte pour l'étude de l'extraction liquide-liquide

La compréhension et la modélisation des procédés de séparation du cycle du combustible nécessitent la mesure des propriétés locales et moyennes des écoulements multiphasiques impliqués. La R&D étant en outre généralement basée sur des expérimentations à petite échelle, l'accès à ces grandeurs est bien souvent difficile, et ne doit, bien entendu, pas pertur-ber le système observé. Dans ce contexte les méthodes optiques, associées à une simulation fine des phénomènes physiques d'interactions lumière/matière, sont particulièrement appropriées et font l'objet depuis plusieurs années de développements spécifiques. Ainsi, dans le cadre des procédés d'extraction liquide-liquide pour le retraitement du combustible, le CEA étudie, en collaboration avec des partenaires académiques deux techniques interférométriques optiques adaptées à la caractérisation des émulsions dans les appareils utilisés en R&D procédé : l'Holographie Numérique en ligne et la Réfractométrie Arc-en-ciel (fig. 157).

Aspects normatifs de l'analyse chimique pour les procédés de traitement-recyclage du combustible

Une norme est un document d'application, généralement volontaire, établi par consensus et agréé par un organisme reconnu. Elle est soumise à une enquête publique à laquelle toutes les parties concernées peuvent répondre. Les normes peuvent permettre d'harmoniser les caractéristiques d'un produit sur le marché, de compléter un brevet mais peuvent être aussi un instrument réglementaire. En France, l'AFNOR a pour mission d'animer et de coordonner l'ensemble du processus d'élaboration des normes et de promouvoir l'utilisation des normes par les acteurs économiques ainsi que de développer la certification de produits et services.

L'AFNOR est aussi comité membre de l'ISO (International Standardisation Organisation). Au niveau européen ou international, les commissions de normalisation françaises établissent des contributions ainsi que la position française qui seront défendues dans les instances européennes ou internationales de normalisation telle ASTM International

En France, l'élaboration de normes est assurée, soit par les Bureaux de Normalisation Sectoriels (BNS) soit par les commissions de l'AFNOR dans les domaines communs à un grand nombre de secteurs et dans les secteurs pour lesquels il n'existe pas de BNS agréé. Dans le domaine nucléaire, le BNEN est le bureau AFNOR en charge des équipements nucléaires divisé en 4 commissions. Pour ce qui concerne l'instrumentation et l'analyse pour le contrôle des procédés de recyclage, les normes de méthodes d'essai relèvent majoritairement de la commission M60-2 « Technologie du cycle du combustible ». Les travaux sont souvent en lien avec ceux du comité technique TC 85 (Nuclear Energy) de l'ISO aux travers de groupes miroirs notamment le GTF5 dédié à la caractérisation des colis et déchets associés.

La rédaction d'une norme s'étale en moyenne sur une durée de 3 ans. Les textes des normes sont réexaminés tous les 5 ans : elle peut être reconduite, amendée, mise à jour ou supprimée.

Les normes existantes dans le domaine des analyses pour les procédés de recyclage portent à la fois sur les méthodes de préparation des échantillons (mise en solution, séparation…) et certaines méthodes d'analyse (radiométrie, gravimétrie, potentiométrie, ICP MS…). Elles concernent notamment les analyses élémentaires ou isotopiques de l'uranium, du plutonium, des impuretés et des radionucléides à vie longue dans différentes matrices de type combustible, solutions de retraitement et déchets, liquides ou solides.

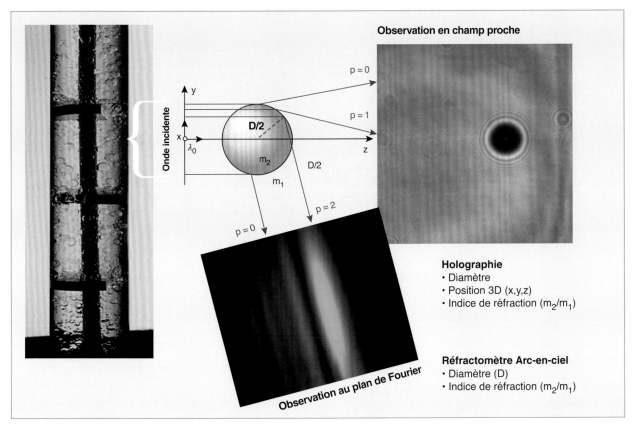

Fig. 157. L'holographie numérique en ligne et la réfractométrie Arc-en-ciel pour la caractérisation des gouttes dans les procédés d'extraction liquide-liquide.

L'holographie numérique en ligne exploite le phénomène de diffraction qui se produit vers l'avant quand une particule de petite taille interagit avec une onde lumineuse. C'est une technique stable, robuste, simple et non intrusive ne nécessitant qu'un capteur. À l'aide d'un traitement numérique du signal, cette méthode d'imagerie sans lentille permet la reconstruction en trois dimensions d'un écoulement dilué ainsi que son suivi au cours du temps, y compris dans des géométries optiques complexes. Dans le même temps, elle permet une mesure individualisée des caractéristiques de chaque particule : position, forme, taille et, pour les particules transparentes, indice de réfraction. Cette technique est donc particulièrement prometteuse pour le suivi de la surface d'échange entre les deux phases liquides, ainsi que pour la mesure de la vitesse et de la composition moyenne des gouttes.

La réfractométrie Arc-en-ciel exploite quant à elle un phénomène d'interférence qui se produit, pour des particules transparentes, au voisinage d'un angle spécifique, l'angle d'arc-en-ciel. Sur des particules isolées, elle permet d'atteindre une précision micrométrique sur la mesure du diamètre de particules millimétriques tout en ayant la précision d'un réfractomètre d'Abbe sur la mesure de l'indice. C'est, par conséquent, une méthode non intrusive particulièrement adaptée au suivi et à la quantification de l'échange de matière entre une goutte et la phase continue environnante. La même précision peut être obtenue pour des nuages de gouttes, ce qui permettrait

la mesure de l'indice moyen (*i.e.* de la composition) de la phase dispersée et simultanément de la distribution de taille des particules (gouttes) observées.

Les postes de mesure du Contrôle Nucléaire de Procédé (CNP) à l'usine de retraitement de La Hague

Les unités de production UP3 et UP2 800, à l'usine de retraitement de La Hague, sont principalement dédiées au retraitement des combustibles à base d'oxyde d'uranium (UOX) issus des réacteurs à eau pressurisée (REP) et à eau bouillante (REB). Le procédé de recyclage est composé de plusieurs étapes telles que le cisaillage de l'assemblage, la dissolution par l'acide nitrique du combustible, la séparation de l'uranium et du plutonium, la vitrification des produits de fission et des actinides mineurs, ainsi que le conditionnement des déchets de structure comme les tronçons de gaines vides (coques), les grilles et les pièces d'extrémité (embouts). Sept postes de mesures nucléaires (voir fig. 158) contribuent au contrôle sûreté-criticité, à la surveillance des processus en ligne et à la détermination des masses et activités résiduelles dans les fûts de coques et embouts dans les ateliers de cisaillage et dissolution. Ils sont basés sur la spectrométrie *gamma*, la mesure neutronique passive et active, et la transmission de rayonnements *gamma*.

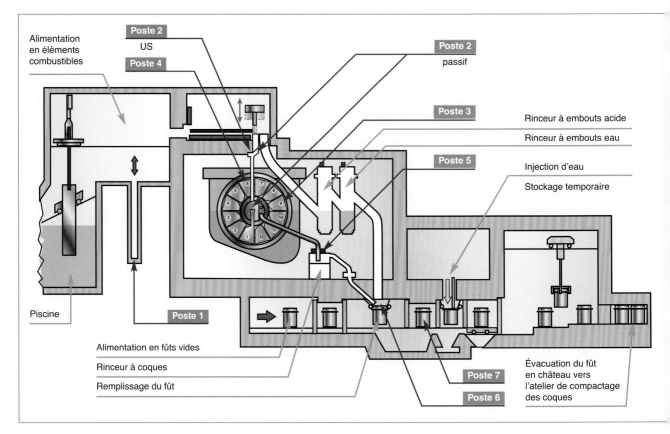

Fig. 158. Schéma de principe du Contrôle Nucléaire du Procédé (CNP) d'un atelier de cisaillage-dissolution du combustible irradié.

Avant le processus de cisaillage-dissolution, le taux de combustion (TC) des assemblages est estimé par le poste 1 et comparé à une valeur de référence extraite des fichiers d'identification de chaque élément combustible. Une roue dissolveur est utilisée pour le retraitement du combustible irradié, composée de 12 godets (voir fig. 159) recevant les tronçons de combustible suite au cisaillage de l'assemblage. La masse maximale à charger par godet est déterminée par le poste 1 à partir de la valeur du TC correspondant à la fraction du combustible la moins irradiée. Le poste 2 effectue un contrôle de non-engorgement de la trémie cisaille et de la goulotte d'alimentation du dissolveur par une mesure *gamma* totale, et de la trémie godet à partir d'une mesure de transmission de rayonnements *gamma*. Les coques tombent à l'intérieur du godet en position 1 (voir fig. 158) dans une solution d'acide nitrique pour extraire l'uranium, le plutonium, les actinides mineurs et les produits de fission, puis la roue tourne et amène le godet suivant pour son remplissage. De leur côté, les embouts sont lavés par une solution nitrique puis de l'eau dans les rinceurs prévus à cet effet.

Le poste 3 permet d'estimer la fraction du combustible non dissous lorsque le godet est en position 9. Il est vidé à partir de la position 7 en direction du rinceur à coques. Le contrôle de déchargement du godet est réalisé au poste 4 par une

Fig. 159. Roue dissolveur utilisée pour le retraitement du combustible usé.

Le contrôle des procédés pour le retraitement/recyclage

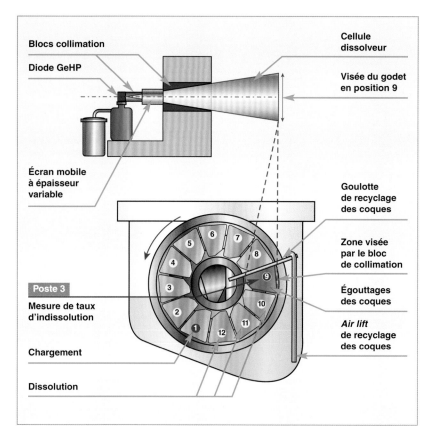

Blocs collimation

Diode GeHP

Écran mobile
à épaisseur
variable

Poste 3

Mesure de taux
d'indissolution

Chargement

Dissolution

Cellule
dissolveur

Visée du godet
en position 9

Goulotte
de recyclage
des coques

Zone visée
par le bloc
de collimation

Égouttages
des coques

Air lift
de recyclage
des coques

Fig. 160. Schéma de principe du poste 3.

mesure de transmission de rayonnements *gamma* et un contrôle de non-engorgement de la goulotte d'alimentation du rinceur à coques est effectué par le poste 5 par une mesure *gamma* totale. Après la dissolution et le processus de rinçage, un fût de 800 L est rempli avec les coques et les embouts. Le poste 6 a pour but de vérifier le niveau de remplissage du fût par une mesure *gamma* totale. Les postes 4, 5 et 6 contribuent donc à la surveillance en ligne du procédé. Comme pour le poste 2, ces stations de mesure sont principalement basées sur la transmission des raies *gamma* d'énergies 1 173 et 1 332 keV émises par des sources de Co 60 et/ou la mesure de débit de dose *gamma* à partir de chambres d'ionisation. Le poste 7 mesure la masse fissile résiduelle dans les fûts de 800 L à partir de mesures neutroniques passives et actives avant une évacuation vers l'atelier de compactage des coques et embouts ACC, qui permet de réduire le volume des déchets de structure d'un facteur 5. Les postes de mesure 1, 2, 3 et 7 sont donc primordiaux pour le contrôle de sûreté-criticité.

L'ensemble des postes constituant le CNP sont décrits dans les références [10] et [11]. Le poste 1 a été détaillé plus haut, les postes 3 et 7 sont également illustrés ci-dessous. Le poste 3 (fig. 160) est composé d'un détecteur *gamma* au germanium hyper pur coaxial de type n avec une efficacité rela-

tive de 10 %, d'un écran mobile à épaisseur variable et d'un collimateur afin de mesurer l'activité du Cs 137 dans le godet visé. L'épaisseur du blindage mobile est ajustée en fonction du taux de comptage *gamma* total.

L'activité du Cs 137 dépend de la masse résiduelle d'uranium. Par conséquent, cette station permet de déterminer le taux de combustible non dissous, directement comparé à un seuil de sûreté-criticité.

L'objectif principal du poste 7 (fig. 161) est d'estimer la masse fissile résiduelle à l'intérieur du fût de 800 L et de contribuer à la détermination des activités totales résiduelles *alpha* et *bêta-gamma*, ainsi que des masses de plutonium et d'uranium. Il permet de mesurer d'une part les neutrons prompts issus des fissions induites par des neutrons thermiques issus d'un générateur (mesure active) sur l'U 235, du Pu 239 et du Pu 241, ce qui donne accès à la masse fissile résiduelle et à l'activité *alpha* du Pu, et d'autre part le taux de comptage total (mesure passive) des neutrons issus des réactions de fissions spontanées (isotopes Cm 244 et Cm 242 principalement) et des réactions (*α*,n), ce qui permet de déterminer l'activité *alpha* du Cm.

La figure 161 montre que le poste 7 est composé d'un générateur de neutrons et de 36 compteurs à He 3. Les neutrons de 14 MeV issus du générateur suite aux réactions de fusion D-T (Deutérium-Tritium) sont thermalisés par les blocs de polyéthylène et le contenu du fût (eau résiduelle dans les coques et les embouts) et induisent donc des fissions. Les blocs de détection sont composés de détecteurs de neutrons thermiques à He 3 insérés dans du polyéthylène (pour thermaliser les neutrons prompts de fission d'énergie moyenne 2 MeV), recouvert de cadmium et de carbure de bore (pour absorber le flux thermique interrogateur). Un blindage en plomb est également utilisé pour réduire à un niveau acceptable le débit de dose *gamma* sur les détecteurs.

Deux niveaux d'interprétation des données sont réalisés, le premier basé uniquement sur la mesure neutronique active pour estimer une masse fissile maximale garantie, le second prenant en compte les mesures neutroniques passives et actives, ainsi que les données physiques liées au contenu du fût, pour une caractérisation plus fine et plus complète. L'algorithme intègre les données de calcul issues du code d'évolution CÉSAR [12] (Code d'Évolution Simplifié Appliqué

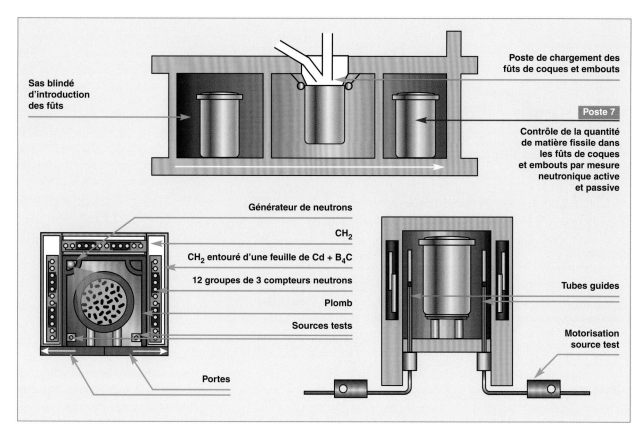

Sas blindé d'introduction des fûts

Poste de chargement des fûts de coques et embouts

Poste 7

Contrôle de la quantité de matière fissile dans les fûts de coques et embouts par mesure neutronique active et passive

Générateur de neutrons

CH₂

CH₂ entouré d'une feuille de Cd + B₄C

12 groupes de 3 compteurs neutrons

Plomb

Sources tests

Tubes guides

Motorisation source test

Portes

Fig. 161. Schéma de principe du poste 7 dédié à l'estimation de la masse fissile résiduelle dans les fûts de coques et embouts à l'usine de retraitement de la Hague.

au Retraitement) et les corrélations entre les différents paramètres physiques des assemblages combustibles et des activités.

Depuis 1990, les postes de mesure du CNP contrôlent l'ensemble du processus de cisaillage-dissolution du combustible usé. À l'heure actuelle, des études sont en cours afin d'étendre la gamme de combustibles susceptibles d'être retraités, notamment pour des forts taux de combustion. Le retour d'expérience des campagnes de retraitement des combustibles UOX avec un taux de combustion pouvant atteindre 60 GWj/t ainsi que les modèles numériques des postes (basés sur une méthode de calcul Monte-Carlo) permettent d'évaluer les futures performances.

Binh DINH, Danièle ROUDIL, Marielle CROZET, Yves CHICOUÈNE, Cédric RIVIER, Éric ESBELIN, Fabrice CANTO, Laurent COUSTON, Jean-Luc DAUTHERIBES, Sébastien PICART, Fabrice LAMADIE,
Département de recherche sur les procédés pour la mine et le recyclage du combustible
Carole BRESSON, Clarisse MARIET,
Département de physico-chimie

Christian LADIRAT, Alain LEDOUX
Département de recherche sur les technologies pour l'enrichissement, le démantèlement et les déchets
et Cyrille ELEON,
Département de technologie nucléaire

▸ **Références**

[1] « Mesures couplées de la masse volumique et de la conductivité de solutions d'uranium en milieu nitrique, dans le cadre du contrôle en ligne », DPR/SEMP/SEC 93-04.

[2] « Mesures en ligne de l'acidité- application aux procédés de retraitement », *Cahier instrumentation CETAMA*, n°8.

[3] J. A. NERI QUIROZ, *Développement d'un lab-on-chip pour la mesure d'acidité libre de solutions chargées en cations hydrolysables*, Thèse, 2016.

[4] Synthèse de la comparaison interlaboratoires, Diamides 2011, DEN/DRCP/CETAMA/NT/2012/07,

[5] A. BRUCHET *et al.*, *Talanta*, 116, pp. 488-494, 2013 and patent (WO 2014009379 A1).

[6] G. HELLÉ et al., *Talanta*, 139, pp. 123-131, 2015.

[7] L. VIO *et al.*, *J. Anal. At. Spectrom.* 27, pp. 850-856, 2012.

[8] E. Jardinier *et al.*, SPIE proceedings 8627, 86270L-1 – 86270L-12, 2013.

[9] A. Schimpf *et al.*, *Sens Actuators B Chem*, 163, pp. 29-37, 2012.

[10] J. Chabert, « Contrôle commande des usines de retraitement », *Techniques de l'Ingénieur*, BN 3, 445, 1997.

[11] C. Eleon *et al.*, « Status of the nuclear measurement stations for the process control of spent fuel reprocessing at AREVA NC/La Hague » Proceeding of ANIMMA 2013.

[12] J.-M. Vidal *et al.*, "CESAR 5.3: An industrial tool for nuclear fuel and waste characterization with associated qualification", WM2012 Conference, 26 mars 2012, Phoenix, Arizona (USA).

▸ **Bibliographie**

Gy (P.), « L'échantillonnage des lots de matières envue de leur analyse », Masson edit. (1996).

Norme FD T 90-523 -2 (2008), « Guide de prélèvement pour le suivi de la qualité des eaux dans l'environnement ».

"Chemometrics, Statitics and computer calculation in analytical chemistry", OTTO M. Wiley-VCH Verlag GmbH& Co. KGaA, Weinheim (2007).

"Basic chemometric techniques in atomic spectroscopy", *RSC Analytical spectroscopy monograph*, n°10, Cambridge (2009).

Monographie DEN : « Le Traitement-recyclage du combustible nucléaire usé. La séparation des actinides – Application à la gestion des déchets », Éditions Le Moniteur, mai 2008.

Le contrôle des matières nucléaires

Introduction

Les règlementations française et internationale imposent aux opérateurs et industriels détenant des matières nucléaires sensibles (U 233, U enrichi en U 235, U appauvri, Pu, Th) de mettre en place des dispositions pour se prémunir des risques de perte, vol et détournement. Dans ce contexte, les analyses chimiques en laboratoire de ces **radionucléides*** (**RN**) et les mesures nucléaires non destructives ou la calorimétrie jouent un rôle prépondérant pour réaliser les bilans matière, différence entre la quantité de matière entrant dans l'installation (comme un magasin de matières nucléaires) ou un équipement (comme une boîte à gants) et celle qui en sort en intégrant les incertitudes. Cela permet de déterminer les quantités de matière éventuellement encore présentes dans l'installation ou l'équipement.

Les mesures nucléaires non destructives pour le contrôle des matières nucléaires

Les installations dédiées à l'entreposage de matières nucléaires ou aux études et à la fabrication de combustibles nucléaires avancés mettent en œuvre des moyens de contrôle non destructifs sur les matières nucléaires (matières fissiles solides non irradiées ou faiblement irradiées). Ces contrôles combinent essentiellement des caractérisations radiologiques par spectrométrie *gamma* et par mesure neutronique passive ainsi que des caractérisations physiques par radiographie X. Ces techniques peuvent être mises en œuvre pour détromper ou caractériser les matières nucléaires entrantes et sortantes de l'installation, ainsi que celles stockées ou issues d'opérations de reconditionnement de conteneurs ou d'échantillons. La masse et la qualité (composition isotopique) des isotopes du plutonium et de l'uranium ainsi qu'un certain nombre de grandeurs importantes (masse fissile, masse des éléments U et Pu, teneur en Pu 240, teneur en U 235, teneur en PuO_2, teneur en Am 241…) peuvent ainsi être évaluées en prévision d'une évacuation d'un objet, pour renseigner les bilans matière de l'installation ou pour vérifier l'adéquation avec les données issues de la **GMN*** (**Gestion des Matières Nucléaires**) ou avec celles du producteur.

Par exemple, dans l'installation **MAGENTA*** du CEA, le contrôle des matières nucléaires contenues dans des pots eux-mêmes conditionnés dans des conteneurs secondaires (voir fig. 162) suit un processus de mesure automatisé. Le conteneur est positionné sur un poste de radiographie X constitué d'un tube 225 kV fournissant un faisceau en éventail horizontal et d'une barrette de détecteurs linéaire. Cet ensemble effectue un mouvement de scanning vertical pour radiographier la totalité du conteneur secondaire afin de déterminer expérimentalement les caractéristiques physiques de la matière : nombre de pots, hauteur de matière nucléaire, type de matière (poudre, pastille ou crayon)…

Le conteneur secondaire est ensuite mesuré par spectrométrie *gamma* sur un poste dédié fonctionnant en « visée globale », équipé d'un détecteur au germanium hyper pur de type planaire (surface 2 000 mm²) associé à une électronique de spectrométrie haute résolution. Un blindage autour du détecteur permet de limiter les perturbations des matières actives autres que celles à caractériser. La distance entre le cristal de germanium et le colis à mesurer est ajustée automatiquement en fonction de la hauteur du conteneur, de la position de la matière déterminée par radiographie X, et de son débit de dose au contact mesuré préalablement. Ce détecteur est monté sur un chariot permettant de modifier sa distance au conteneur. Il est également équipé d'un système d'écrans en cadmium amovibles offrant la possibilité d'intercaler différentes épaisseurs de cadmium pour atténuer le flux *gamma* incident et pour filtrer certaines raies *gamma* caractéristiques du conteneur étudié, comme la raie intense à 59,5 keV de l'isotope Am 241. Ce poste permet ainsi de détecter les rayonnements *gamma* émis par l'objet afin d'évaluer la composition isotopique du plutonium ou de l'uranium, ainsi que les activités ou masses des transuraniens mesurés.

Le conteneur secondaire est ensuite transféré vers un poste de mesure neutronique passive, enceinte ouverte intégrant 73 compteurs à He 3 disposés horizontalement dans trois blocs de polyéthylène entourés de cadmium. Chaque détecteur est associé à un préamplificateur de charge relié à une électronique de comptage des coïncidences entre neutrons issus des fissions spontanées, ce qui permet d'obtenir la **masse de Pu 240 équivalent** (principal émetteur neutronique par fission spontanée). Ce résultat est ensuite combiné avec la composition isotopique obtenue par spectrométrie *gamma* pour déterminer la masse totale de plutonium.

L'interprétation des mesures nucléaires est réalisée *via* un logiciel développé spécifiquement pour chaque installation et pour chaque type de matière. Ce logiciel intègre une base de données afin d'assurer la traçabilité des traitements effectués

Fig. 162. Postes de mesures nucléaires pour le contrôle et la quantification des matières nucléaires dans les installations MAGENTA (en haut) et LEFCA (en bas) du CEA.

rimétrie est liée à la détermination de la composition isotopique des émetteurs *alpha* ou *bêta* qui sont les principaux contributeurs à la puissance thermique mesurée. Par contre, le conditionnement de la matière ne perturbe pas le dégagement de chaleur (ce qui rend cette méthode insensible aux effets de matrice contrairement aux mesures nucléaires non destructives), mais il influence la durée de mesure. Les durées de mesure sont plus longues que celles des autres techniques non destructives, généralement 24 heures pour un échantillon d'environ 15 litres voire 72 h pour des volumes d'environ 200 litres.

La calorimétrie peut donc être utilisée sur tout type de matrice ou de matériaux car le résultat n'est pas influencé par ces derniers. À titre indicatif, les calorimètres pour le contrôle des matières nucléaires peuvent mesurer des puissances thermiques allant de 0,5 mW à 1 000 W et accueillir des objets de dimensions allant de 2,5 cm à 60 cm en diamètre et jusqu'à 1 m en hauteur.

La calorimétrie consiste donc à mesurer les transferts thermiques, ou chaleur, entre le conteneur de matières nucléaires étudié et son environnement. L'échange de chaleur entre deux corps se poursuit jusqu'à l'uniformisation des températures. Cet échange, par la loi de Newton, peut se faire par conduction, convection et rayonnement :

et des résultats obtenus, une Interface Homme Machine (IHM) ainsi que des processus de calcul et algorithmes spécifiques à chaque technique (radiographie X, spectrométrie *gamma* et mesure neutronique passive) et à leur combinaison.

La calorimétrie pour le contrôle des matières nucléaires

La calorimétrie est la technique la plus fiable parmi les techniques d'analyses non destructives de quantification des teneurs en plutonium ou tritium dans une matrice. Elle ne permet toutefois pas de discriminer la chaleur produite par les matières nucléaires de celle produite par les autres sources, telles que les réactions chimiques exo- ou endothermiques pouvant intervenir au sein de l'échantillon. La principale source d'incertitude associée au résultat de mesure par calo-

$$\frac{dQ}{dt} = \frac{\Delta T}{R}$$

où Q est la chaleur échangée,
t la durée,
ΔT la différence de température entre le système S et le thermostat T,
R la résistance thermique.

Un calorimètre est constitué d'un système S qui comporte à la fois l'échantillon étudié E et la cellule C qui l'enveloppe, avec laquelle il est en bon contact thermique et qui se trouve à une température commune Ts (voir fig. 163). Un calorimètre possède aussi un thermostat T, élément indispensable à toute mesure calorimétrique. Sa température Tt est uniforme mais pas nécessairement constante.

Le contrôle des matières nucléaires

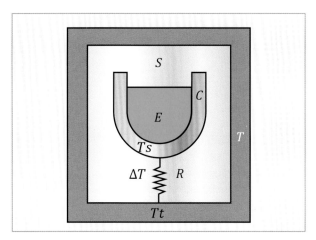

Fig. 163. Représentation schématique d'un calorimètre.

Il existe deux grands types de calorimètres :

• Les calorimètres adiabatiques où on cherche à supprimer tout échange de chaleur entre le système S et le thermostat T ;

• les calorimètres diathermes où on autorise des échanges de chaleur contrôlés entre le système S et le thermostat T.

Les calorimètres diathermes passifs (qui s'appuient sur un ajustement de la résistance thermique R entre le système S et le thermostat T) sont les calorimètres les plus répandus, notamment dans les contrôles non destructifs nucléaires. Dans ces calorimètres, la chaleur est rapidement échangée avec le thermostat T et la mesure se fait généralement pendant ce transfert, à l'aide d'un fluxmètre thermique.

Le principe du fluxmètre thermique consiste à permettre l'écoulement de la chaleur à travers un solide qui joue le rôle de résistance thermique R, et à fournir un signal V proportionnel à la différence de température ΔT (donc à la puissance thermique totale émise par l'échantillon) entre les bornes de cette résistance thermique. Dans la plupart des fluxmètres thermiques, commercialement appelés éléments à effet Peltier, c'est l'effet thermoélectrique qui est utilisé pour détecter ΔT et fournir le signal V, constituant la mesure.

La grandeur finale recherchée est généralement la masse du matériau nucléaire, obtenue à partir de :

$$ m = \frac{P_{tot}}{\sum C_i P_i} $$

avec :
P_{tot} : puissance totale émise par l'échantillon (dégagement de chaleur de l'objet radioactif) [W]
m : masse de l'échantillon [g]

C_i : proportion massique du radioélément ou de l'isotope i dans l'échantillon obtenue principalement par spectrométrie *gamma* ou spectrométrie de masse
P_i : puissance spécifique du ou des radioéléments ou de l'isotope i [W/g]

La majorité de la chaleur ainsi mesurée est due à l'énergie déposée dans le système S par les particules émises lors des désintégrations nucléaires.

Fig. 164. Exemple de calorimètre pour des pots de matière nucléaire d'une vingtaine de litres.

Le contrôle des rétentions de matière en boîtes à gants et cellules blindées

Dans de nombreux procédés ou expérimentations, la matière nucléaire est manipulée et déplacée en **boîte à gants*** ou dans des **cellules blindées***. C'est, en particulier, le cas des opérations de fabrication et de reconditionnement de combustible, des examens de combustibles irradiés… La **Gestion des Matières Nucléaires*** (**GMN**) permet de comptabiliser et de suivre physiquement cette matière et toutes les modifications qu'elle subit. La rigueur de cette gestion et les contrôles, réalisés régulièrement par les opérateurs ou de manière inopinée par des inspecteurs, permettent de garantir un niveau de sécurité élevé.

Cependant, malgré les nombreuses actions réalisées pour limiter les zones mortes, optimiser les procédés, ou encore nettoyer les équipements, la répétition des opérations dans le temps peut conduire à terme à une accumulation non négligeable de matière dans le dispositif.

La mise en place de mesures non destructives de la matière nucléaire [6] permet de vérifier, compléter et améliorer l'efficacité des actions engagées. De manière idéale, ces mesures de rétention sont intégrées dès le dimensionnement et la conception d'installations neuves susceptibles d'être concer-

Fig.165. Opération de transvasement de matière nucléaire lors d'une étape de reconditionnement.

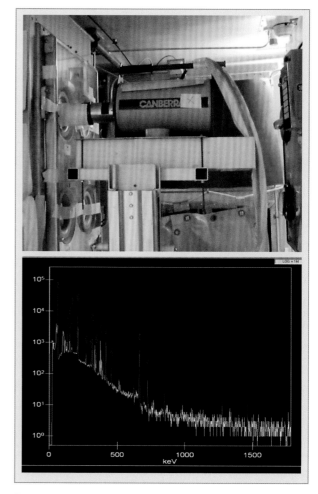

Fig. 166. Mesure avec un détecteur GeHP et spectre *gamma* de matières nucléaires en rétention dans une boîte à gants.

nées, mais elles peuvent également être réalisées *a posteriori* sur des installations existantes.

Pour concevoir ce contrôle des rétentions, que ce soit en boîte à gants ou en cellule blindée, il est nécessaire d'établir le bilan des rayonnements émis par la matière concernée afin de réaliser l'inventaire des techniques utilisables. Les radioéléments des matières nucléaires (U, Pu, Th…) émettent des rayonnements α, β, γ et neutrons.

• Les rayonnements α et β ont des parcours très limités dans les matériaux qui les entourent, ce qui ne permet pas d'envisager des mesures non intrusives ;

• les neutrons peuvent être mesurés avec des compteurs à He 3 entourés de polyéthylène ou avec des scintillateurs plastiques ;

• pour la spectrométrie *gamma* haute résolution, le détecteur de référence est le **Germanium Hyper Pur*** (**GeHP***). Ce type de détecteur est cependant parfois difficilement compatible avec la configuration des cellules ou des boîtes à gants, notamment en raison du manque de place. Si une très bonne discrimination des raies *gamma* n'est pas indispensable, on utilisera donc des détecteurs comme le semiconducteur CdZnTe ou les scintillateurs NaI et LaBr$_3$, de résolution en énergie moindre mais de mise en œuvre plus

simple : pas de nécessité de refroidir le cristal à très basse température, encombrement moindre permettant de les introduire dans des zones d'accès difficiles ;

• le contrôle rapide de la localisation des points de rétention de matière peut aussi être réalisé au préalable avec une caméra *gamma*, dont le principe est détaillé page 209 de cette monographie. Les derniers modèles fabriqués employant des masques codés ou la diffusion Compton donnent rapidement des images qui facilitent les processus de décontamination et l'interprétation de mesures.

Dans le cas de campagnes réalisées *a posteriori* sur des installations historiques existantes, la démarche reste la même, mais les contraintes de mise en place sont souvent plus lourdes car les processus réalisés peuvent être complexes, avoir évolué dans le temps, et ne pas être parfaitement tracés. En toute fin de vie de la cellule ou de la boîte à gants, une valeur plus précise de la rétention peut être établie lors des opérations de démantèlement, au cours desquelles la matière nucléaire piégée est minutieusement récupérée puis pesée et/ou comptée.

Les techniques et méthodes analytiques adaptées au bilan matière (**dilution isotopique***, **TIMS*** - ***Thermal Ionization Mass Spectrometry***, potentiométrie) utilisent les propriétés physico-chimiques des éléments à mesurer pour traiter un signal proportionnel à leur concentration et nécessitent un étalonnage pour quantifier les résultats. Celui-ci est réalisé avec des matériaux de référence de haute pureté chimique, certifiés en concentration et composition isotopique, avec des incertitudes plus faibles que celles de la méthode à calibrer, de façon à ne pas impacter la qualité du résultat analytique final.

En parallèle, pour évaluer les performances des résultats analytiques fournis et prouver la compétence des laboratoires, des comparaisons inter-laboratoires de type exercice d'aptitude avec détermination des scores de chaque participant sont régulièrement mises en œuvre. Elles portent sur des ampoules à teneur certifiée en uranium ou plutonium, en concentration et/ou en isotopie, qui contiennent ces matériaux de référence de haute pureté chimique.

Le Vocabulaire International de Métrologie [1] (VIM 5.13) définit les matériaux de référence comme « matériau suffisamment homogène et stable en ce qui concerne des propriétés spécifiées, qui a été préparé pour être adapté à son utilisation prévue pour un mesurage ou pour l'examen de propriétés qualitatives ».

Les opérations de fabrication et de certification des matériaux de référence se font dans le respect de normes internationales [2], ce qui apporte une garantie sur les propriétés d'homogénéité, de stabilité et sur les valeurs des paramètres certifiés. Dans le cas des bilans matière, la nature de l'étalon (métal, oxyde, nitrate), sa forme (solution nitrique, poudre, massif), et son conditionnement (généralement en ampoule scellée sous gaz inerte) permettent aux laboratoires une mise en œuvre optimale et reproductible pendant toute la période de validité. Les certificats proposent en fonction de la nature des étalons et de la technique analytique visée, des protocoles de préparation métrologique de l'étalon qui n'apportent aucune composante supplémentaire d'incertitude à appliquer, par exemple la dissolution totale de l'échantillon. Les matériaux de référence de ce type nécessitent enfin un renouvellement périodique de certification pour ajuster les valeurs de concentration et de composition isotopique altérées par la décroissance radioactive des RN d'intérêt et l'apparition d'éléments fils.

Les principaux matériaux de référence utilisés pour les bilans matières sont fournis par le CEA, plus précisément par la **CETAMA*** (**Commission d'ÉTAblissement des Méthodes d'Analyse**) [3], par le JRC-Geel [4] en Belgique et le NBL [5] aux États-Unis.

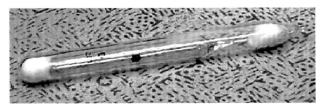

Fig. 167. Étalon plutonium sous forme métallique de haute pureté chimique MP2 CETAMA en double ampoule sous atmosphère inerte, son certificat, et dissolution HNO_3. HF en boîtes à gants.

Méthode d'analyse élémentaire, la dilution isotopique est fondée sur l'ajout d'une quantité donnée d'un traceur (T) du même élément que celui à doser (E) mais avec une composition isotopique différente. La détermination de la concentration de cet élément C_E est obtenue *via* la mesure des rapports isotopiques de l'élément dans l'échantillon (R_E), dans le traceur (R_T) et dans le mélange supposé homogène (R_M). Elle s'exprime selon la formule ci-dessous [7]. Cette méthode, développée dès les années 50 s'applique à tout élément possédant au moins deux isotopes. Les incertitudes obtenues sont inférieures à 0,1 %.

$$C_E = C_T \, \frac{m_T}{m_E} \, \frac{(1+R_E)}{(1+R_T)} \, \frac{R_T - R_M}{R_M - R_E}$$

avec C_E et C_T concentrations massiques de l'élément à doser dans l'échantillon E et dans le traceur T,
m_E et m_T masses respectives d'échantillon et de traceur,
M_E et M_T nombre de moles respectives de l'élément dans l'échantillon et dans le traceur,

E_2 et T_2 abondances atomiques de l'isotope 2 dans l'échantillon et dans le traceur,
R_E, R_T et R_M rapports isotopiques de l'isotope 1 par rapport à l'isotope 2 dans l'échantillon, le traceur et le mélange respectivement.

Par extension la méthode est applicable aussi au cas de la détermination de n éléments dans l'échantillon, par dilution isotopique multiple s'appuyant sur des traceurs multiples (ou mélange de traceurs).

La méthode d'analyse par dilution isotopique est souvent mise en œuvre avec mesure de la composition isotopique des mélanges par spectrométrie de masse à thermo-ionisation (**ID-TIMS*** (*Isotope Dilution – Thermal Ionization Mass Spectrometry*) ; Elle peut également être associée à l'**ICP-MS*** (*Inductively Coupled Plasma - Mass Spectrometry*) pour ses performances en analyse multi élémentaire (**ID-ICPMS***, *Isotope Dilution - Inductively Coupled Plasma Mass Spectrometry*).

Bertrand Pérot, Fanny Jallu, Christophe Roure, Sébastien Evrard, Laurent Loubet, Pierre-Guy Allinei,
Département de technologie nucléaire

Danièle Roudil
Département de recherche sur les procédés pour la mine et le recyclage du combustible

et Nicolas Saurel,
Direction des applications militaires

▸ **Références**

[1] VIM 5.13, "Basic and general concepts and associated terms" *JCGM* 200, 2012.

[2] ISO guide 34 (2010) : « Exigences générales pour la compétence des producteurs de matériaux de référence et ISO guide 35 (2006) : principes généraux et statistiques en vue de la certification ».

[3] Catalogue CETAMA, https://cetama.partenaires.cea.fr/

[4] Catalogue JRC Geel, https://ec.europa.eu/jrc/en/reference-materials/catalogue.

[5] Catalogue NBL : http://science.energy.gov/nbl/certified-reference-materials/

[6] A. Phyllis, Russo, "Gamma-Ray Measurements of Holdup Plant-Wide: Application Guide for Portable, Generalized Approach", LA-14206, 2005.

▸ **Bibliographie**

[7] Chartier (F.), Isnard (H.) et (A.) Nonell, « Analyses isotopiques par spectrométrie de masse - Méthodes et applications », *Techniques de l'ingénieur*, P3740 V2 (2014).

La caractérisation des déchets radioactifs

La sûreté des installations de traitement, conditionnement, entreposage et stockage des **déchets radioactifs***, la reprise des déchets anciens, la réglementation des transports de matières radioactives et la loi française relative à la transparence et à la sécurité en matière nucléaire, imposent une caractérisation poussée des déchets radioactifs à différents stades. Dans ce cadre, le CEA met en œuvre, ou développe, avec l'appui de partenaires, toute une panoplie de méthodes de mesures non destructives et destructives permettant d'accéder aux caractéristiques physiques (densité, volume, forme, position des déchets et matrices d'enrobage ou de blocage, qualité des conditionnements, tenue mécanique, fissuration, coefficient de diffusion, relâchement de gaz, puissance ther-

mique…), chimiques (composition élémentaire, teneur en produits toxiques ou réactifs…) et radiologiques (débit de dose, activités des émetteurs α et β/γ, composition isotopique et masses de matières nucléaires…) des déchets ou colis de déchets. La complémentarité des méthodes de mesure est bien illustrée par les « **Super-COntrôles*** » (**SCO***), examens de second niveau (ceux de premier niveau étant réalisés par les producteurs de déchets) réalisés à la demande de l'**ANDRA*** (**Agence Nationale pour la gestion des Déchets RadioActifs***) sur certains colis destinés au stockage en surface, pour vérifier qu'ils sont conformes aux critères d'acceptation du Centre de Stockage de l'Aube (CSA) et aux dossiers d'agrément colis-producteur délivrés par l'ANDRA.

Les mesures non destructives passives

Introduction

Les méthodes dites « passives » consistent à mesurer les rayonnements émis spontanément par les matières radioactives. Au-delà des simples mesures de débit de dose, la spectrométrie *gamma* est la technique la plus répandue car, de mise en œuvre relativement simple et peu coûteuse, elle permet d'identifier et de quantifier les radioéléments émetteurs *gamma*, ainsi que de déterminer la composition isotopique des matières nucléaires. Néanmoins, il est parfois nécessaire de mettre en œuvre un comptage neutronique, notamment pour caractériser des matières nucléaires dont l'émission *gamma* est masquée par celle d'émetteurs plus intenses, comme les produits de fission ou d'activation, ou pour disposer d'une information complémentaire et réduire les incertitudes de mesure, comme celles liées à l'atténuation des rayonnements *gamma* et neutrons dans les colis. Dans cette optique, on peut mentionner l'émergence de la calorimétrie (non présentée ici mais décrite *infra*, p. 164, dans le cadre du contrôle des matières) dans le domaine de la caractérisation des colis de déchets *alpha* ou tritiés, car cette technique est insensible à ces effets d'atténuation. Par ailleurs, l'autoradiographie est une technique permettant de révéler de la radioactivité fixée difficilement mesurable dans certains déchets, à l'aide d'écrans sensibles notamment aux émetteurs β, comme le tritium, voire α.

La spectrométrie *gamma*

Certains radionucléides émettent des rayonnements X et *gamma* caractéristiques (énergies, intensités) qui permettent de les identifier, voire de les quantifier, par mesure non destructive.

Le principe général de la spectrométrie *gamma* consiste à mesurer ces photons par un capteur qui délivre un signal proportionnel à l'énergie déposée par le photon incident dans le détecteur, qui est ensuite analysé et classé sous forme d'un histogramme appelé « spectre *gamma* » (fig. 168).

Deux phénomènes fondés sur l'ionisation et/ou l'excitation des atomes ou molécules du milieu détecteur sont employés pour détecter les photons :

• L'ionisation provoque des charges dans un matériau non conducteur, qui sont ensuite transformées en impulsions électriques ou en courant au moyen d'une polarisation électrique,

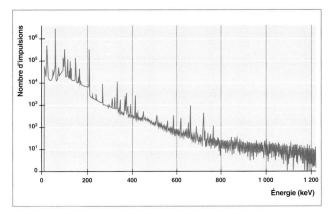

Fig.168. Spectre *gamma* obtenu avec un détecteur germanium hyper pur (GeHP) où chaque pic correspond à une raie d'émission *gamma* de la source.

ce signal étant ensuite amplifié par une électronique spécialisée. Il s'agit de détecteurs à gaz ou de semi-conducteurs ;

• l'ionisation et l'excitation électronique induisent des photons qui sont ensuite collectés et amplifiés par un **photomultiplicateur*** (**PM**) ou une photodiode. Il s'agit de détecteurs à scintillation appelés aussi « scintillateurs ».

De façon idéale, lorsqu'un photon cède la totalité de son énergie dans le détecteur, un pic très étroit (largeur intrinsèque liée à la durée de vie de l'état excité) devrait apparaître sur le spectre. En pratique, ce pic est élargi du fait des fluctuations statistiques du processus de détection et du bruit rajouté par l'électronique de traitement. Cet élargissement, appelé « résolution en énergie », dépend principalement du détecteur et traduit sa capacité à séparer différents isotopes émetteurs *gamma* à des énergies voisines.

Une autre caractéristique de détection à prendre en compte pour le choix du matériel en vue de mesures quantitatives est l'« efficacité de détection », qui permet de relier la surface du pic observé sur le spectre avec l'activité correspondante du radioélément. Cette caractéristique dépend de l'énergie du rayonnement *gamma*, de son atténuation dans l'objet mesuré, du type de détecteur choisi (matériau, densité) et de son volume utile. La détermination de l'efficacité est réalisée au moyen d'étalons radioactifs de même taille et composition que l'objet à mesurer, ou de manière numérique avec des codes de calcul simulant le transport des photons X et *gamma*. Ces deux approches étant de plus en plus utilisées de façon complémentaire.

Les principaux détecteurs de spectrométrie *gamma* sont :

• Les scintillateurs inorganiques (NaI, CsI, LaBr, BGO ou $Bi_4Ge_3O_{12}$) et organiques (plastiques ou liquides), ces derniers pouvant être dopés au plomb ou un autre matériau de numéro atomique élevé pour améliorer leur sensibilité au rayonnement *gamma* ;

• les semi-conducteurs au Germanium Hyper Pur (GeHP), silicium, tellurure de cadmium (CdTe, CdZnTe), GaAs…

Leurs principales caractéristiques peuvent être résumées ainsi :

• Les scintillateurs peuvent être fabriqués dans des volumes importants (notamment les NaI et les plastiques) mais possèdent généralement une mauvaise résolution en énergie. Ils sont donc souvent utilisés pour des mesures de flux de photons peu intenses présentant des spectres en énergie simples. Néanmoins, la plupart des scintillateurs étant très rapides (signaux de l'ordre de la nanoseconde), ils peuvent aussi être employés à fort taux de comptage ou en mesure de coïncidences ;

• les semi-conducteurs fonctionnant à température ambiante (essentiellement les CdTe et CdZnTe) présentent des cristaux de très petite taille (de l'ordre du mm³ au cm³) qui leur permettent d'être soumis à des champs intenses de photons. Leur résolution spectrale est légèrement meilleure que celle des scintillateurs ;

• les semi-conducteurs refroidis tel le **Germanium Hyper Pur* (GeHP)** sont caractérisés par une excellente résolution en énergie, ce qui permet de distinguer les nombreuses raies *gamma* et X émises par la matière nucléaire (uranium, plutonium…, voir *supra*, fig. 168) et d'en déduire la composition isotopique (voir *supra*, fig. 169, panneau de droite). Ils constituent la référence en spectrométrie *gamma*, avec des volumes allant du cm³ à environ 1 litre et plusieurs types de réfrigération (azote liquide, compresseur cryogénique, association des deux) permettant leur utilisation sur une large gamme d'applications.

De manière générale, le poste de mesure comporte le détecteur, une électronique analogique ou numérique et un système d'analyse. Suivant le besoin, cet ensemble peut être intégré dans un système permettant de piloter à distance le positionnement du détecteur, la rotation de l'objet à mesurer, la mise en place de collimateurs ou d'écrans adaptés à la configuration de mesure.

Application n° 1 :
la mesure globale de conteneurs de déchets

La spectrométrie *gamma* est fréquemment utilisée pour mesurer les colis de déchets, car elle permet de répondre aux besoins de caractérisation sur une gamme d'objets très disparates en terme de conteneur (poubelles de quelques litres en polyéthylène, fûts métalliques de 100 litres à 1 m³, coques béton…), nature physico-chimique, densité, volume, niveau d'activité, spectre isotopique, localisation des radioéléments…

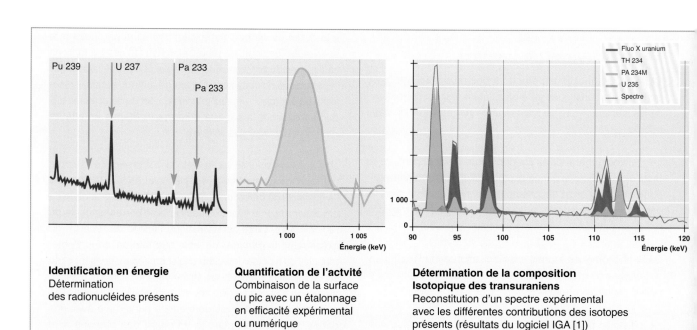

Identification en énergie
Détermination
des radionucléides présents

Quantification de l'actvité
Combinaison de la surface
du pic avec un étalonnage
en efficacité expérimental
ou numérique

**Détermination de la composition
Isotopique des transuraniens**
Reconstitution d'un spectre expérimental
avec les différentes contributions des isotopes
présents (résultats du logiciel IGA [1])

Fig. 169. Principales utilisations d'un spectre *gamma* issu d'un détecteur Germanium Hyper Pur (GeHP).

Les mesures non destructives passives

Fig. 170. Poste de mesure globale pour fûts de 100 à 200 litres au CEA Cadarache (détecteurs GeHP).

Cette technique de mesure peut cependant être limitée par l'atténuation des rayonnements dans la matière. Pour des matériaux très denses (par exemple, le béton de densité 2,3), la profondeur de matrice mesurable n'est que de quelques centimètres pour les émissions *gamma* des principaux isotopes radioactifs (50 keV à 2 MeV).

Cette contrainte impose par exemple le fractionnement des déchets en paniers mesurés avant leur mise en conteneur de grand volume (volume utile compris entre 1 et 10 m^3).

Application n° 2 : les mesures segmentées, la tomographie d'émission

Pour affiner la détermination de l'activité contenue dans des conteneurs de déchets, la mesure globale du colis peut être remplacée par une série de mesures focalisées au moyen d'un collimateur réduisant le cône de visée du détecteur, qui scanne le colis grâce à un système de déplacement (translation, rotation, élévation) du colis, du détecteur ou une combinaison des deux. On distingue :

• Les mesures de « *gamma-scanning* » où le collimateur présente un angle d'ouverture qui permet la mesure d'une tranche complète en largeur du colis qui est scanné verticalement ;

• la tomographie d'émission qui repose sur une collimation réduite à un segment du colis et nécessite un balayage horizontal couplé à des acquisitions angulaires, permettant de reconstituer la répartition spatiale de l'activité dans la coupe tomographique. Cette opération peut être répétée dans différentes coupes pour reconstituer l'activité en 3D du déchet. L'étape de reconstruction tomographique nécessite la connaissance de l'atténuation *gamma* par les matériaux dans le conteneur de déchets, et donc des mesures complémentaires de transmission photonique.

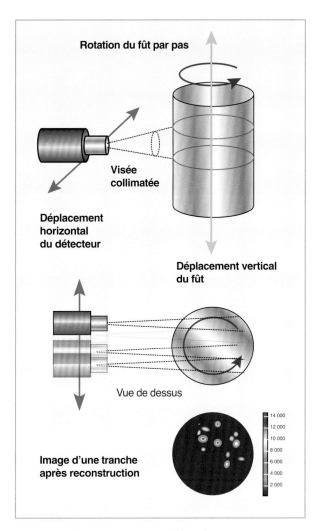

Fig. 171. Principe de la tomographie d'émission *gamma* pour la caractérisation de colis de déchets radioactifs.

Application n° 3 : la mesure de déchets « sur pieds »

Dans le cadre de l'assainissement-démantèlement, certains gros composants (**générateurs de vapeur***, couvercles de cuve, compresseurs…) doivent être caractérisés avant de pouvoir être évacués comme déchets dans la filière correspondante. La spectrométrie *gamma* permet de déterminer l'activité et la répartition de radio-traceurs (radioéléments mesurables) dans le composant expertisé. L'activité des autres radioéléments émetteurs α et β non mesurables est obtenue au moyen de ratios déterminés par :

• Des analyses radiochimiques effectuées sur des prélèvements ;

• des calculs d'activation, d'évolution et de transport des différents **radionucléides*** produits en réacteur et dans les procédés nucléaires.

Fig.172. Caractérisation *gamma* d'une cuve ayant contenu des effluents contaminés au moyen d'un détecteur Germanium Hyper Pur (GeHP).

La mesure neutronique passive

La mesure neutronique passive [5] est une méthode de caractérisation non destructive et non intrusive qui permet d'obtenir une information sur la quantité d'**actinides*** présente dans un objet, notamment dans le domaine des déchets radioactifs, mais aussi plus largement dans ceux du contrôle du combustible, des matières nucléaires et de l'assainissement / démantèlement. Principalement utilisée pour la quantification du plutonium, elle tire avantage de l'émission spontanée de neutrons qui suit la désintégration des noyaux lourds et qui provient principalement de deux origines :

• Les fissions spontanées, accompagnées de l'émission simultanée de 2 à 4 neutrons rapides. Elles sont particulièrement intenses pour les isotopes pairs du plutonium et du curium ;

• les réactions (α,n) qui ne produisent qu'un unique neutron rapide suite à l'interaction de la particule α émise lors de la désintégration, avec un élément léger présent dans le milieu (Be, B, C, O, F…). Elles sont particulièrement intenses pour les actinides fortement émetteurs *alpha* (Pu 238, Am 241…).

Le principal avantage de cette méthode réside dans sa faible sensibilité à la densité des matériaux entourant la matière nucléaire, comme, par exemple, la matrice dans un colis de déchets. En contrepartie, elle est impactée par la présence d'hydrogène et autres éléments notamment légers qui ralentissent et/ou absorbent les neutrons, ce qui rend une partie d'entre eux non détectables. Elle permet une caractérisation plus favorable des milieux métalliques par rapport à la spectrométrie γ, couramment rencontrée dans les mesures de déchets radioactifs, dont elle est complémentaire.

Dans sa déclinaison la plus simple, la mesure neutronique passive vise à détecter l'ensemble des neutrons émis, sans distinction d'origine, grâce à des capteurs positionnés auprès de l'objet à caractériser : c'est le **comptage total neutronique**. Suivant l'application, on aura recours à des compteurs proportionnels à He 3, des **chambres à dépôt de bore*** ou à fission, des scintillateurs liquides, plastiques, dopés ou non. Cette approche présente cependant l'inconvénient majeur, notamment dans le domaine des déchets radioactifs, d'une forte sensibilité à la forme chimique du contaminant (métallique, oxyde, fluorée), *via* sa composante (α,n) pour laquelle la production de neutrons peut varier d'un facteur 1 000 avec la nature de l'élément léger (p. ex. $1{,}34.10^4$ n.s^{-1} contre $2{,}2.10^6$ n.s^{-1} par gramme d'isotope Pu 238 pour les formes oxyde PuO_2 et fluorée PuF4, respectivement).

Pour pallier cet inconvénient, il convient de discriminer la fraction de signal provenant des fissions spontanées de celle issue des réactions (α,n), grâce à la différence existant dans le nombre de neutrons émis par réaction. Le recours à une analyse de corrélation temporelle des signaux permet de déterminer le nombre de paires de neutrons émises par le contaminant (comptage des **coïncidences neutroniques***), voire le nombre de multiplets d'ordre supérieur, tels les triplets (comptage des **multiplicités neutroniques***). La réaction (α,n) ne produisant qu'un seul neutron, ces paires ou multiplets ne peuvent provenir que de la fission, fournissant ainsi une information indépendante de la forme chimique.

À la différence des mesures par spectrométrie γ, il n'est pas possible d'identifier précisément l'isotope émetteur par la connaissance de l'énergie du neutron détecté, puisque tous sont produits selon un spectre continu, similaire quel que soit l'actinide, avec des énergies moyennes voisines de 2 MeV en fissions spontanées et en réactions (α,n) sur forme oxyde (voir fig. 173).

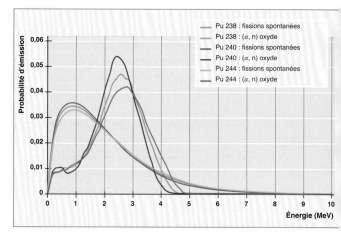

Fig.173. Spectre énergétique d'émission des neutrons pour différents isotopes en fissions spontanées et réactions (α,n) sur forme chimique oxyde (résultats de calculs de modélisation).

L'interprétation fine des résultats nécessite donc d'avoir connaissance de la composition isotopique du contaminant, soit par la traçabilité de l'objet (spectre type), soit par une mesure de spectrométrie γ spécifique. À défaut, seule une évaluation globale représentant l'ensemble des isotopes émetteurs potentiels sera accessible.

La présence de curium peut également se révéler limitante, du fait de sa très forte émission neutronique par fission spontanée (2,10.10^7 n.s^{-1}.g^{-1} pour le Cm 242 et 1,08.10^7 n.s^{-1}.g^{-1} pour le Cm 244), lorsque l'objectif est la quantification du plutonium, en masquant celle de ce dernier.

Bien que moins répandue que la spectrométrie *gamma* pour la caractérisation des déchets radioactifs, la mesure neutronique passive, notamment dans sa variante de comptage des coïncidences, reste d'un usage courant (surtout lorsque la spectrométrie *gamma* est inopérante pour causes de faibles signaux (matrices denses) ou d'interférences dues à des radionucléides perturbateurs (produits de fission et d'activation fortement émetteurs *gamma* comme le Cs 137 et le Co 60).

Le dispositif de la figure 174 illustre le concept d'un poste de mesure neutronique passive reposant sur le comptage total pour la caractérisation de compresseurs issus du démantèlement de l'usine d'enrichissement du combustible de Pierrelatte, France [6]. Pour ces déchets potentiellement contaminés en uranium de forme chimique fluorée connue et favorable à l'émission (α,n), l'objectif est de garantir que la quantité d'U 235 reste inférieure au seuil de transport de 15 g. Après une conception s'appuyant sur la simulation numérique et une phase d'étalonnage également numérique, le poste de mesure, constitué de parois en polyéthylène dans lesquelles sont insérés 44 compteurs proportionnels à He 3, a permis le contrôle, puis le transport, d'un millier de compresseurs, avec une limite de détection de l'ordre de 5 g U 235 en 15 minutes

de mesure. Cette mesure a permis de démontrer que la quasi-totalité des compresseurs respectait le seuil de transport.

Le poste de mesure neutronique passive de la figure 175 présente un exemple typique de dispositif de comptage des coïncidences neutroniques [7]. L'objectif est de caractériser la masse de plutonium présente dans plusieurs milliers de fûts de 100 L contenant des déchets technologiques tels que du métal, du verre, du plastique ou de la cellulose avec une limite de détection de l'ordre de 1 g de plutonium. Pour atteindre ces performances, deux autres méthodes de mesure non destructives ont été combinées :

• Un poste d'imagerie X fournissant une résolution spatiale de 1 mm et permettant d'obtenir la hauteur de remplissage du fût ainsi qu'une indication partielle de la nature du déchet ;

• un poste de spectrométrie γ permettant d'obtenir les activités des isotopes U 235, U 238 et Pu 239 lorsqu'ils sont mesurables, ainsi que la composition isotopique du plutonium nécessaire à l'interprétation précise de la mesure des coïncidences.

Le poste de mesure neutronique est principalement constitué de parois en polyéthylène dans lesquelles sont insérés 36 compteurs proportionnels à He 3, d'un écran neutrophage en cadmium bordant la cavité de mesure pour absorber les neutrons thermiques, ainsi que d'un écran neutrophage en carbure de bore et d'une protection en Plâtre Polyéthylène Boré (PPB) externes pour réduire le bruit de fond neutronique provenant de l'extérieur. Un dispositif électronique à base de **registres à décalage*** permet l'analyse de corrélation temporelle des signaux issus des détecteurs.

Sa conception a été optimisée par simulation numérique et un étalonnage expérimental couvrant les différentes natures de déchets a permis de qualifier ses performances, notamment

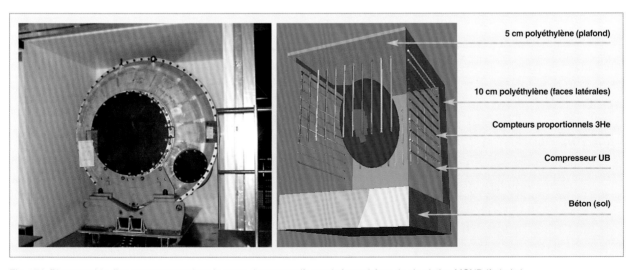

Fig. 174. Photographie d'un compresseur dans le poste de mesure (à gauche) et schéma de simulation MCNP (à droite).

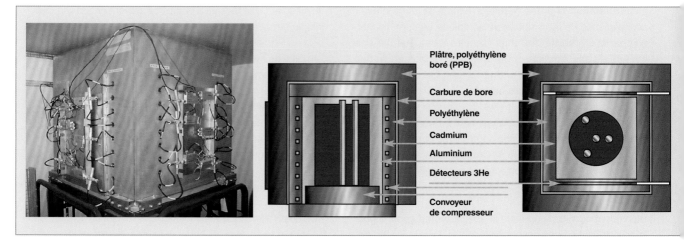

Fig. 175. Photographie du poste de mesure neutronique de l'installation PÉGASE au CEA Cadarache (en haut) et schéma de simulation d'un fût d'étalonnage avec le code MCNP décrivant la propagation de neutrons et rayonnements *gamma* dans le colis et son environnement (en bas).

en termes d'incertitude associée à la masse de plutonium mesurée qui présente un écart type relatif de 35 %.

L'autoradiographie digitale sur déchets

L'**autoradiographie*** digitale utilisée depuis plusieurs dizaines d'années pour des applications en biologie et en géologie, est une méthode d'analyse nucléaire non destructive qui s'est révélée applicable sur matériaux solides (métaux, poudre, frottis, béton, bois…) issus d'opérations de démantèlement. Les premiers développements opérationnels sur des chantiers réels en démantèlement ont mis en œuvre des écrans d'autoradiographie réutilisables et sensibles à tous types de rayonnement [8, 9]. La détection non intrusive des radionucléides difficilement mesurables (émetteurs de rayonnements β de faible énergie comme le H 3 et le C 14 et émetteurs *alpha*) est ainsi devenue possible, avec en particulier l'amélioration de l'échantillonnage de déchets faiblement tri-

tiés. L'autoradiographie permet de réaliser et de quantifier une image de la radioactivité présente dans un échantillon. Les déchets possédant potentiellement de la radioactivité fixée sont déposés sur les écrans ; après un certain temps d'exposition, ces écrans sont développés pour obtenir une image révélant la présence des RN (les deux déchets marqués d'une flèche rouge, sur la figure 176).

L'imagerie issue de la technique a aussi permis de réaliser des cartographies de traces de tritium, de carbone 14 et d'uranium sur du béton de génie civil (fig. 177). Les très nombreuses données d'imagerie se sont montrées compatibles avec le SIG (Système d'Information Géographique) et les calculs de **géostatistique*** visant à déterminer la carte de répartition la plus probable de la radioactivité (voir l'encadré p. 234). Les développements actuels visent à optimiser la technique pour le démantèlement en permettant en particulier de passer d'une détection en temps différé à un suivi de la radioactivité en temps réel.

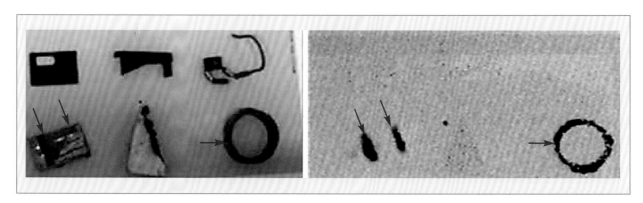

Fig. 176. Image de déchets tritiés par autoradiographie digitale.

Les mesures non destructives passives

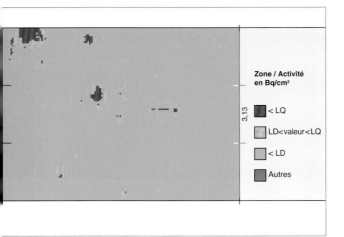

Fig. 177. Cartographie du tritium à la surface d'un laboratoire de 150 m² après calcul géostatistique.

L'analyse des gaz

La mesure de *dégazage* des colis (ou d'un bloc de déchets) répond à deux objectifs principaux : la mesure des gaz radioactifs libérés par le colis et l'analyse des gaz de **radiolyse*** produits par le colis. Un certain nombre d'isotopes radioactifs se retrouvent dans des composés gazeux susceptibles de s'échapper des colis. C'est le cas du tritium, du carbone 14, du chlore 36 ou encore du radon 226. De la même manière, certains composés constitutifs du déchet ou du conteneur (les matières plastiques, l'eau du béton ou le bitume) sont susceptibles de produire des gaz sous l'effet de l'irradiation. Ces gaz, en particulier l'hydrogène, peuvent représenter un risque en condition d'entreposage et doivent donc être contrôlés [10]. La technique de mesure consiste à placer le colis dans une enceinte étanche (fig. 178), à laisser s'accumuler le gaz dans cette enceinte puis à mesurer la quantité de gaz (par chromatographie en phase gazeuse pour les gaz de radiolyse ou par piégeage et comptage par scintillation pour les gaz radioactifs tels que H 3 ou C 14) pour en déduire une vitesse de relâchement. Dans le cas des gaz de radiolyse comme l'hydrogène, si cette mesure est associée au terme source du colis (quantité de matière plastique par exemple et capacité d'irradiation *alpha*), il est possible de modéliser leur production au cours du temps et d'estimer les quantités relâchées dans un entrepôt dans la durée. Dans le cas des gaz radioactifs, en connaissant le terme source radiologique du colis, la mesure de dégazage permet de déduire un taux de relâchement et donc l'impact du colis dans la durée, notamment le temps qu'il va falloir pour un dégazage complet.

Pierre-Guy ALLINEI, Fanny JALLU, Olivier GUETON, Laurent LOUBET, Christian PASSARD, Bertrand PÉROT,
Département de technologie nucléaire
Pascal FICHET
Département de physico-chimie
et Hervé LAMOTTE,
Département de services nucléaires

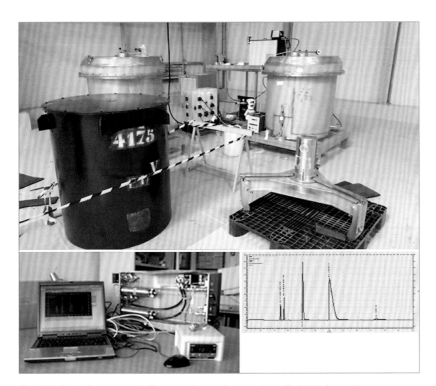

Fig. 178. Poste de mesure de dégazage hydrogène sur des colis 870 L (en noir) de l'installation d'entreposage CEDRA du CEA à Cadarache. Les enceintes de confinement (en gris), adaptées au type de colis mesuré, permettent d'accumuler les gaz sortant du colis. Un prélèvement de l'atmosphère de l'enceinte est ensuite mesuré par chromatographie en phase gazeuse (en bas à gauche). Le chromatogramme (en bas à droite) montre la séparation des différents gaz de l'atmosphère (l'hydrogène correspond au second pic).

▶ **Références**

[1] A.-C. SIMON, F. CARREL, I. ESPAGNON, M. LEMERCIER and A. PLUQUET, "Determination of Actinide Isotopic Composition: Performances of the IGA Code on Plutonium Spectra According to the Experimental Setup", *IEEE Transactions on Nuclear Science*, vol. 58, n° 2, 2011.

[2] F. JALLU, P.-G. ALLINEI, Ph. BERNARD, J. LORIDON, D. POUYAT and L. TORREBLANCA, "Cleaning up of a nuclear facility: Destocking of Pu radioactive waste and nuclear Non-Destructive Assays", *Nuclear Instruments and Methods in Physics Research*, B 283, pp. 15-23 (2012).

[3] P.-G. ALLINEI, "*Gamma* spectrometry: Type of detectors, applications examples, Characterization and Visualization Technologies in DD&R", *IAEA Practical training*

workshop using radioactive sources, December 5th to 9th 2011, CEA Marcoule, France.

[4] E. Barat, T. Dautremer, T. Montagu, S. Normand, "ADONIS: A New Concept of X/*Gamma* Pulse Analyzer", *ANIMMA International Conference*, vol. 210, 2009.

[5] Voir bibliographie ci-dessous.

[6] F. Jallu, A. Reneleau, P. Soyer and J. Loridon, "Dismantling and decommissioning: The interest of passive neutron measurement to control and characterise radioactive wastes containing uranium", *Nuclear Instruments and Methods in Physics Research*, B, 271, pp. 48-54 (2012).

[7] F. Jallu, P.-G. Allinei, Ph. Bernard, J. Loridon, D. Pouyat and L. Torreblanca, "Cleaning up of a nuclear facility: Destocking of Pu radioactive waste and nuclear Non-Destructive Assays", *Nuclear Instruments and Methods in Physics Research*, B, 283, pp. 15-23 (2012).

[8] A. Leskinen, P. Fichet, M. Siitari-Kauppi and F. Goutelard, "Digital autoradiography (DA) in quantification of trace level beta emitters on concrete", *J. Radioanal. Nucl. Chem.*, 298, pp. 153-161, 2013.

[9] R. Haudebourg and P. Fichet, "A non-destructive and on-site digital autoradiography-based tool to identify contaminating radionuclide in nuclear wastes and facilities to be dismantled", *J. Radioanal. Nucl. Chem.*, 309, pp. 551-561, 2016.

[10] M. Ferry, Y. Ngono-Ravache, C. Aymes-Chodur, M.C. Clochard, X. Coqueret, L. Cortella, E. Pellizzi, S. Rouif and S. Esnouf, "Ionizing Radiation Effects in Polymers", *Reference Module in Materials Science and Materials Engineering*, 2016.

▶ **Bibliographie**

Lyoussi (A.), « Mesure nucléaire non destructive dans le cycle du combustible. Partie 1 », *Techniques de l'ingénieur*, BN 3, 405 (2005).

Les mesures non destructives actives

Introduction

Ces techniques font appel à une source externe de rayonnements et sont par essence plus complexes à mettre en œuvre que les méthodes passives précédentes [1]. Elles sont utilisées quand ces dernières atteignent leurs limites, comme en cas d'émission spontanée insuffisante (l'uranium émet peu de neutrons, par exemple), d'atténuation trop importante (colis denses et de grand volume) ou encore d'émission parasite plus intense (produits de fission et d'activation fortement émetteurs de rayonnements *gamma* masquant ceux du plutonium).

L'**imagerie photonique à haute énergie*** (**IHE**) apporte des informations très riches sur la structure interne des colis (densité, forme, position... des déchets, matrices d'enrobage et de blocage, écrans internes, conteneurs...). L'**interrogation neutronique active*** (**INA**) consiste à mesurer les neutrons prompts et retardés des fissions induites et permet quant à elle de quantifier les matières fissiles, par exemple, quand leur émission neutronique spontanée est insuffisante ou masquée par celle d'émetteurs plus intenses (curium, américium), rendant la mesure neutronique passive inopérante. L'**interrogation photonique active*** (**IPA**) à haute énergie (détection des rayonnements neutroniques ou *gamma* retardés de **photofission***) est étudiée pour caractériser les mêmes matières nucléaires dans les colis bétonnés de grand volume, pour lesquels l'INA est limitée en raison d'une forte atténuation neutronique (par les noyaux d'hydrogène), et enfin l'activation neutronique (rayonnements *gamma* prompts de capture radiative ou *gamma* retardés de fission) est étudiée pour caractériser les toxiques chimiques ou les matières nucléaires.

L'imagerie photonique à haute énergie

Afin d'inspecter l'intérieur d'un colis de déchets de manière non-destructive, le CEA a développé la technique d'imagerie photonique à haute énergie IHE (radiographie et tomographie) [2].

À la manière d'un scanner médical, le colis à inspecter est placé entre la source photonique et le détecteur. L'image délivrée par le détecteur rend compte de l'absorption des photons à travers l'objet. Plus l'objet est épais et dense, plus cette absorption est importante.

L'analogie avec les scanners médicaux a toutefois ses limites car ces derniers sont dimensionnés pour inspecter un corps humain, soit une épaisseur de quelques dizaines de centimètres d'eau, alors qu'un colis de déchets peut-être de taille et de densité très variables : d'un diamètre de 60 cm et peu dense (d < 0,5) pour un fût de 220 litres de déchets technologiques en vrac, jusqu'à des colis de plus de 100 cm de diamètre contenant du béton et/ou de l'acier, comme les colis de 870 litres du CEA.

Pour appréhender de tels objets, une source de photons de forte puissance et de haute énergie est nécessaire, telle que celle que peut produire un **accélérateur linéaire*** (**LINAC**) d'électrons (fig. 179). Ce type d'appareil est tout d'abord composé d'un canon qui produit des paquets d'électrons. Ces derniers sont ensuite accélérés par un réseau de cavités par une onde Haute Fréquence (HF) stationnaire et leur énergie est élevée jusqu'à quelques MeV. Les électrons sont finalement projetés sur une cible en matériau lourd (tungstène ou tantale). Ils cèdent alors leur énergie en émettant un rayonnement électromagnétique (photons) appelé « **rayonnement de freinage** », ou ***Bremsstrahlung****. Les débits de dose délivrés par ces machines sont importants : de 10 à 100 Gy/min à 1 m dans l'axe du faisceau.

L'image radiographique fournit une projection de l'objet de résolution millimétrique, chaque pixel de l'image étant représentatif de l'atténuation subie par le faisceau le long d'un trajet rectiligne. L'image tomographique est obtenue grâce à l'acquisition de différentes projections angulaires (radiographies) du colis. La reconstruction tomographique est ensuite réalisée par des algorithmes dédiés permettant une visualisation précise de l'intérieur d'un objet (valeurs de la densité) dans des coupes planaires.

Avec ces niveaux d'intensité et d'énergie, il est possible de traverser plus d'un mètre de béton tout en gardant un signal détectable derrière l'objet à radiographier. En contrepartie, il est nécessaire de mettre en place des protections biologiques conséquentes pour protéger le personnel. Au CEA sur le centre de Cadarache, un tel système est mis en œuvre dans la cellule d'irradiation **CINPHONIE*** (**Cellule d'Interrogation Photonique et Neutronique***), casemate enterrée abritant un accélérateur linéaire (LINAC) à électrons de 9 MeV d'énergie délivrant un débit de dose de l'ordre de 20 Gy/min à 1 m dans l'axe du faisceau (flux photonique de l'ordre de 5.10^{10} cm^{-2}.s^{-1}), voir la figure 180 [2].

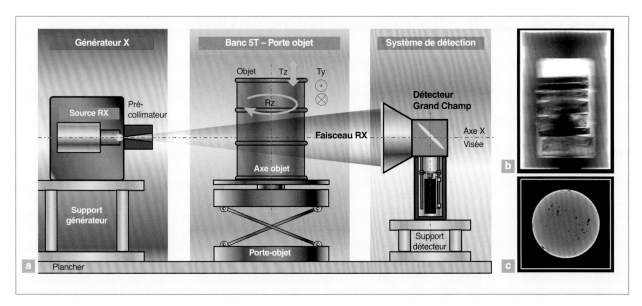

Fig. 179. a) Principaux composants du système d'imagerie haute énergie. b) Radiographie d'un colis en béton contenant des galettes de colis primaires compactés. c) Tomodensitométrie d'un fût de 200 litres.

Ce système d'**IHE*** (**Imagerie Haute Énergie***) permet de réaliser des radiographies (scan vertical de l'objet, imagerie 2D) ou des tomographies (reconstitution en coupe de l'intérieur du colis, imagerie 3D), voir la figure 181.

Grâce à des étalons de matériaux connus et calibrés, il est finalement possible de qualifier les performances du tomographe quant aux précisions obtenues. Ainsi, pour le tomographe haute énergie (9 MeV) de CINPHONIE, **la résolution spatiale (taille typique des pixels) est de 1,5 mm pour une précision sur la densité inférieure à 10 %**. Le plus gros colis pouvant être inspecté est le colis de 870 L. Ces examens sont rapides, moins de 10 min pour une radiographie complète et environ 30 minutes pour une coupe tomographique.

Deux systèmes d'acquisition développés par le CEA sont actuellement disponibles : un écran 2D grand champ de 80 × 60 cm² en scintillateur « Gadox » (Gd_2O_2S) pour l'imagerie rapide, avec une dynamique d'atténuation d'environ 3 décades, soit 1 m de béton ou 25 cm d'acier, et un système de 25 détecteurs barrettes en semi-conducteur CdTe, avec des collimateurs orientés vers la tache focale du faisceau de photons, pour la tomodensitométrie quantitative, avec une dynamique d'atténuation d'environ 5 décades, soit 1,5 m de béton ou 40 cm d'acier. Les évolutions à court terme portent sur l'utilisation d'un accélérateur linéaire d'énergie et d'intensité encore plus élevées pour interroger des colis encore plus volumineux, et sur des acquisitions à des énergies différentes pour déterminer le numéro atomique moyen des objets imagés en tirant parti des différences d'atténuation selon l'énergie des photons et le numéro atomique des éléments. En plus de la densité, cette information permettra d'affiner l'identification des matériaux.

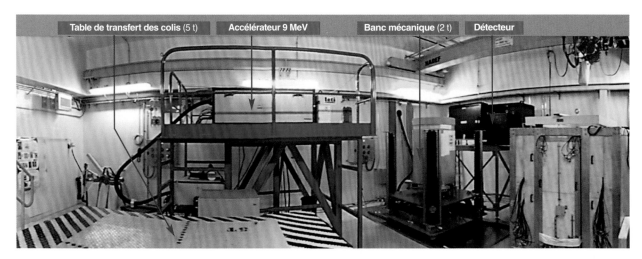

Fig. 180. Cellule CINPHONIE accueillant un tomographe haute énergie, CEA Cadarache.

Les mesures non destructives actives

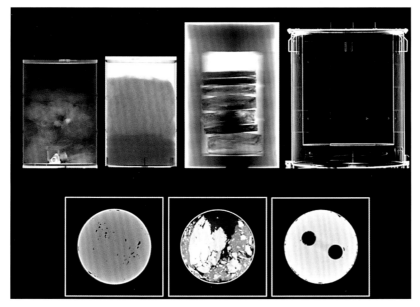

Fig. 181. Exemples de radiographies et tomographies réalisées sur des colis de différents diamètres.

L'interrogation neutronique active

L'**interrogation neutronique active*** (**INA***) repose sur la détection des neutrons émis suite à une fission induite par une source extérieure de neutrons pulsée. L'extraction du signal utile dû aux neutrons de fission induite, noyé dans le flux interrogateur qui lui est supérieur de plusieurs ordres de grandeur, fait appel à des techniques de discrimination temporelle et énergétique. L'INA peut se décliner selon deux approches.

La méthode de mesure des neutrons prompts

Cette méthode utilise un générateur de neutrons en mode impulsionnel pour détecter les **neutrons prompts*** de fissions induites par des neutrons thermiques [3]. Le principe peut être décrit en trois étapes :

• Le générateur de neutrons émet une courte impulsion (typiquement 200 μs) de neutrons de 14 MeV (pendant laquelle se produisent des fissions rapides dont les neutrons prompts ne peuvent être exploités car il est impossible de les distinguer des neutrons interrogateurs) ;

• une partie des neutrons rapides du générateur se ralentissent dans les matériaux constitutifs du dispositif de mesure (notamment du graphite, voir fig. 182) et de l'objet à caractériser ;

• lorsque le flux interrogateur est devenu essentiellement thermique (quelques centaines de μs après la fin de l'impulsion neutronique), il devient possible d'effectuer une discrimination énergétique entre les neutrons interrogateurs (thermiques) et les neutrons prompts de fission (rapides). Celle-ci est obtenue avec des blocs de détecteurs à He 3 entourés de polyéthylène, recouvert de cadmium et/ou de B$_4$C pour

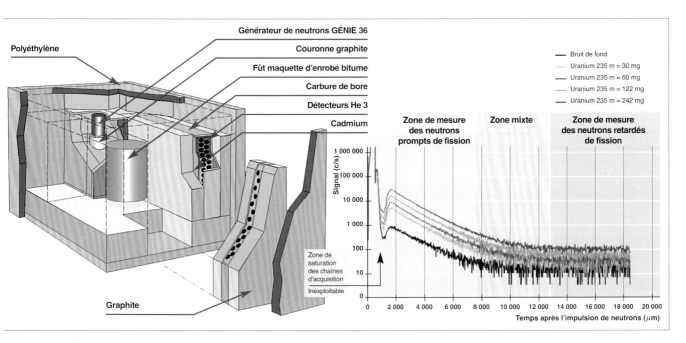

Fig. 182. Schéma de principe d'une cellule d'interrogation neutronique et spectre temporel de la mesure pulsée des neutrons prompts et retardés de fission.

absorber les neutrons thermiques interrogateurs tout en laissant passer les neutrons prompts de fission qui eux sont rapides à ces instants. Ils sont ensuite thermalisés par le polyéthylène puis détectés par les compteurs à He 3.

Le signal mesuré contient une composante due aux neutrons prompts de fission proportionnelle à la quantité de matière fissile. Le coefficient de proportionnalité, appelé « coefficient d'étalonnage », est estimé pour les différentes matrices susceptibles d'être mesurées dans le poste INA.

La méthode de mesure des neutrons retardés

La mesure des **neutrons retardés*** [3] est composée de deux phases, avec d'abord une irradiation du colis destinée à provoquer des fissions (avec un flux plus ou moins thermalisé), puis un comptage des neutrons retardés issus des fissions induites. Chacune de ces phases durant plusieurs secondes, l'émission du générateur n'est pas nécessairement pulsée et l'utilisation d'une source isotopique de neutrons est possible.

Les méthodes d'interrogation neutronique permettent essentiellement de caractériser les noyaux fissiles (U 235, Pu 239 et Pu 241). Le signal dû aux noyaux fertiles (U 238 et Pu 240) peut néanmoins être significatif pour certaines mesures des neutrons retardés (avec un flux interrogateur plus dur, c'est-à-dire comprenant des neutrons de plusieurs MeV). Quel que soit le mode d'interrogation (source isotopique, générateur de neutrons), elles permettent une caractérisation globale, sensible à la nature de la matrice (densité et composition chimique), à la position du contaminant dans le colis et à l'**auto-protection*** de la matière fissile (ces pénalités peuvent être très importantes). Lorsque ces effets sont maîtrisés, les limites de détection peuvent atteindre quelques dizaines de milli-

grammes de matière fissile. Comme pour le comptage neutronique passif, il n'est possible de distinguer la contribution des différents isotopes qu'en ayant accès à la composition isotopique par d'autres méthodes complémentaires et indépendantes (spectre type ou mesure *gamma* spécifique).

De nombreuses applications mettant en œuvre l'interrogation neutronique active ont été développées. À titre d'exemple, l'**Atelier de Compactage des Coques*** (**ACC***) et embouts de l'usine de retraitement des combustibles irradiés à La Hague présente deux postes de mesure par INA dont l'objectif principal est de déterminer la masse fissile résiduelle dans les coques à l'issue de la dissolution du combustible (poste avant compactage) et dans le conteneur final de déchets compactés (en sortie d'atelier, voir fig. 183). Couplée à la spectrométrie *gamma*, l'INA permet une caractérisation avancée de ces déchets en vue de leur stockage ultime.

Dosage des actinides par Interrogation Photonique Active (photofission)

L'utilisation de photons énergétiques et du phénomène de photofission, phénomène physique similaire à la fission par neutrons, mais induit par des photons, permet de doser les actinides au sein d'un colis de déchets. Cette méthode appelée **Interrogation Photonique Active*** (**IPA***) utilise un faisceau de photons de haute énergie produits à l'aide d'un **accélérateur linéaire d'électrons*** (**LINAC***) et d'une cible de conversion (**rayonnement de freinage** ou **Bremsstrahlung***). Les photons, au-delà d'une énergie seuil d'environ 6 MeV, hauteur de la barrière de fission, ont le pouvoir de provoquer la fission des noyaux lourds (noyaux de masse supérieure à celle du Pb).

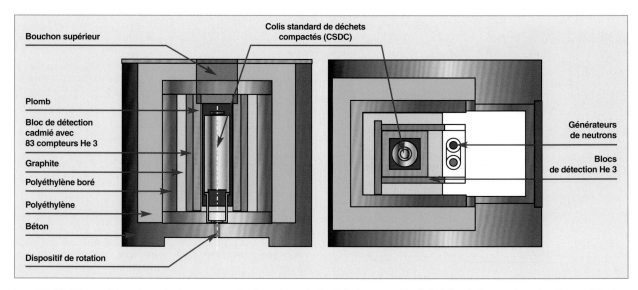

Fig. 183. Modèle numérique du poste de mesure neutronique des colis de déchets compactés de l'Atelier de Compactage des Coques à l'usine de retraitement de la Hague (ACC) [4].

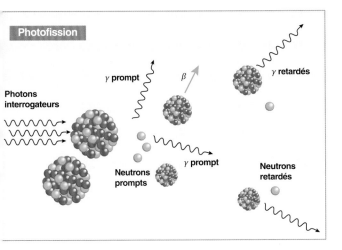

Fig. 184. Schéma de principe de la réaction de photofission.

Fig. 185. L'installation SAPHIR du CEA permet de caractériser des colis de déchets par IPA. En haut : LINAC 15 MeV. En bas : LINAC 6/9 MeV.

Connaissant les caractéristiques du faisceau de photons interrogateurs (énergie, intensité, direction…), la mesure des neutrons ou rayonnements γ issus des photofissions permet le dosage de la quantité d'actinides présents dans un colis. L'IPA présente deux variantes qui diffèrent par le rayonnement mesuré, *gamma* ou neutronique, ces particules pouvant être soit promptes, soit retardées (voir fig. 184).

La section efficace de photofission présente un maximum pour des photons d'énergie 15 MeV (excitant la résonance géante dipolaire du noyau-cible, avec décroissance de ladite résonance par la voie fission [5]). Contrairement à la fission neutronique thermique, tous les actinides sont susceptibles de subir une photofission avec une probabilité quasi-similaire, les isotopes pairs (U 234, U 238, Pu 238, Pu 240, Pu 242…) comme ceux impairs (U 233, U 235, Pu 239, Pu 241…) de l'uranium et du plutonium.

Les premières études de caractérisation de colis de déchets par photofission développées au CEA ont exploité la détection des neutrons retardés entre les impulsions du LINAC [5]. Les méthodes employant la détection des rayonnements *gamma* retardés sont plus récentes [6]. Des évaluations sur colis ont été mises en œuvre notamment auprès de l'installation **SAPHIR*** (**S**ystème d'**A**ctivation **PH**otonique et d'**IR**radiation*) au CEA à Paris-Saclay [7] (fig. 185) et sont poursuivies au CEA à Cadarache par simulation [8] et par expérimentation dans l'installation **CINPHONIE*** (**C**ellule d'**I**nterrogation **P**hotonique et **N**eutronique, fig. 180) avec un accélérateur linéaire de haute énergie (actuellement, 9 MeV ; à court terme, 20 MeV).

Les neutrons retardés sont émis par les noyaux précurseurs des produits de fission jusqu'à quelques dizaines de secondes après la photofission. Ils sont comptés pendant l'irradiation, entre chaque impulsion de l'accélérateur.

Les neutrons prompts de photofission sont quant à eux produits quelques fractions de picosecondes après la photofission, avec un taux de production très supérieur à celui des neutrons retardés (facteur 100 environ) mais leur détection est rendue très difficile par le flash photonique, accompagné d'un flux intense de **photoneutrons*** qui « aveugle » les compteurs neutroniques à He 3 généralement utilisés. De nouveaux types de détecteurs à activation, au fluor par exemple, sont en cours d'étude pour accéder après l'irradiation à l'information des neutrons prompts et fournir une donnée supplémentaire en IPA.

La mesure des rayonnements *gamma* retardés de fission est quant à elle la seule possible, les rayonnements *gamma* prompts étant masqués par le flash de photons de freinage correspondant à l'impulsion de l'accélérateur linéaire. Elle est aujourd'hui appliquée après irradiation sous deux formes, d'une part en comptage *gamma* total à haute énergie (Eγ > 3 MeV) avec des détecteurs à grand pouvoir d'arrêt (scintillateur BGO), d'autre part en spectrométrie haute résolution (semi-conducteur au germanium hyper pur). La méthode a pu être évaluée notamment par des essais sur des colis maquettes et réels par comptage *gamma* global.

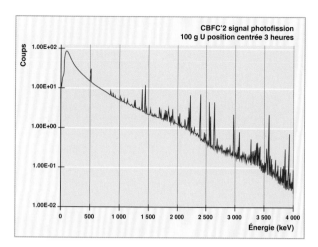

Fig. 186. Spectre simulé des rayonnements *gamma* retardés de photofission pour un échantillon de 100 g d'uranium enrichi à 3 % en U 235 en position centrée dans un colis de déchets bétonné de type **CBFC'2*** (volume = 1,2 m³).

La figure 186 montre le spectre des rayonnements *gamma* retardés d'un échantillon centré de 100 g d'uranium enrichi à 3 % en U 235 dans un colis bétonné de grand volume (environ 1,2 m³), obtenu par simulation Monte-Carlo, pour une irradiation de deux heures avec un accélérateur linéaire de 15 MeV d'énergie suivie d'un comptage de trois heures avec un détecteur germanium hyper pur.

L'utilisation de multiples détecteurs, disposés tout autour du colis examiné, permet en outre de produire une information tomographique à partir des neutrons ou *gamma* retardés de haute énergie [6]. Cette tomographie de photofission offre la possibilité de localiser la matière ayant subi la photofission au sein du colis de déchets, après reconstruction informatique des données des détecteurs, et ainsi de réduire les incertitudes en permettant de focaliser l'interrogation et la détection sur la zone d'intérêt.

Comme évoqué précédemment, les actinides fissiles (U 235 et Pu 239) et fertiles (U 238) subissent la photofission avec une probabilité du même ordre de grandeur. Leur discrimination est donc nécessaire pour quantifier certaines grandeurs d'intérêt comme la matière fissile ou l'activité α. Différentes méthodes sont possibles, comme l'analyse de ratios de raies *gamma* retardées [6] [7], de l'évolution temporelle du signal *gamma* retardé, ou encore du rapport des signaux *gamma* et neutronique retardés.

La photofission est une technique prometteuse pour la caractérisation des colis de déchets bétonnés de grand volume, pour lesquels les autres méthodes de mesure nucléaire non destructive atteignent leurs limites. Les études de faisabilité évoquées précédemment sont donc actuellement poursuivies dans le cadre d'un important programme de développement pour la mener au stade de l'application industrielle. Il est par ailleurs intéressant de souligner la multiplicité et la complémentarité des techniques pouvant être mises en œuvre simultanément ou/et successivement avec un accélérateur linéaire : imagerie photonique haute énergie, photofission, mais aussi interrogation neutronique en utilisant une cible de conversion photo-neutronique au deutérium (eau lourde D_2O) ou au béryllium.

Détection de rayonnements *gamma* prompts d'activation neutronique

Beaucoup de noyaux sont identifiables grâce au rayonnement *gamma* prompt d'activation neutronique, notamment celui émis après la capture radiative (n,γ) d'un neutron, réaction d'autant plus probable que l'énergie du neutron est faible. Elle est généralement caractérisée par la section efficace de capture par des neutrons thermiques (0,025 eV), dont la figure 187 donne un ordre de grandeur pour la plupart des éléments de la classification périodique de Mendeleïev, en tenant compte de leurs isotopes naturels. Si des éléments comme le bore, le gadolinium, le cadmium ou le mercure ont une section efficace très élevée de capture radiative, supérieure à 100 barns, la plupart des éléments comme le fer, le chlore ou le nickel ont une section efficace plus modeste, de l'ordre du barn, et qui autorise malgré cela leur caractérisation par la mesure de leurs rayonnement *gamma* prompts. Seuls quelques éléments comme le carbone, l'oxygène ou le plomb présentent des sections efficaces de capture trop faibles. Pour ces derniers, on peut privilégier les réactions impliquant des neutrons rapides, en employant par exemple la **Technique de la Particule Associée*** (**TPA***) décrite *infra*, p. 254.

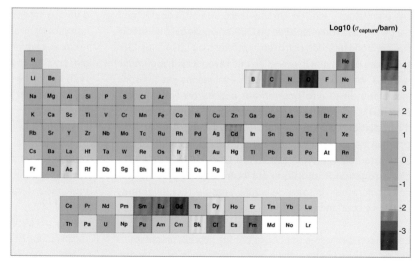

Fig. 187. Ordres de grandeur des sections efficaces de capture radiative pour des neutrons thermiques (0,025 eV).

Les mesures non destructives actives

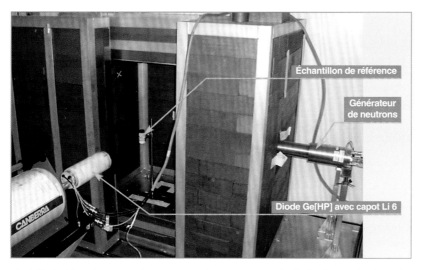

Fig. 188. Système de mesure de rayonnements *gamma* prompts d'activation neutronique du CEA employant du graphite pour modérer les neutrons, un générateur de neutrons d'intensité 10^8 n/s (sous 4π) et un détecteur au germanium hyper pur [9].

Comme les sources d'interrogation produisent des neutrons rapides de quelques MeV d'énergie, elles sont entourées, ainsi que l'objet analysé, d'un matériau modérateur pour favoriser les réactions de capture à l'énergie thermique. Les générateurs de neutrons les plus utilisés sont basés sur la réaction de fusion Deutérium-Deutérium notée D-D ou Deutérium-Tritium notée D-T, qui produit des neutrons de 2,5 MeV ou de 14 MeV selon que la cible sur laquelle sont accélérés les ions deutérium contienne respectivement du deutérium ou du tritium. Ces générateurs fonctionnent en mode impulsionnel, ce qui permet de favoriser la mesure des rayonnements *gamma*

de capture radiative entre les impulsions, une fois les neutrons thermalisés pour éliminer le bruit des réactions avec les neutrons rapides comme les diffusions inélastiques (n,n'γ). Les rayonnements *gamma* sont analysés par spectrométrie à haute résolution avec un détecteur au germanium hyper pur GeHP. Un exemple de cellule de mesure fonctionnant sur ce principe est montré en figure 188 [9] et des exemples de spectres *gamma* en figure 189 [10].

Il est possible d'utiliser les rayonnements *gamma* prompts d'activation neutronique pour caractériser les déchets radioactifs, en y recherchant notamment la présence de substances toxiques ou réactives (bore, chlore, mercure, aluminium, matières nucléaires, etc.), ou la présence d'éléments thermalisants (carbone hydrogène) et/ou absorbants (bore, cadmium, gadolinium) pour les neutrons et ce, afin de corriger les mesures neutroniques des effets de la matrice du colis mesuré. Cette technique est aussi employée pour des applications non nucléaires comme l'analyse en ligne de crus cimentiers ou de charbon, ou la prospection pétrolière, ou encore pour détecter les métaux précieux et terres rares dans les déchets électroniques (ordinateurs, téléphones portables, tablettes…). Il est également possible de caractériser des matières nucléaires par activation neutronique en mesurant les rayonnements *gamma* retardés des fissions induites, entre les impulsions du générateur de neutrons ou après arrêt de l'irradiation, selon la période des fragments de fission émettant ces rayonnements [11].

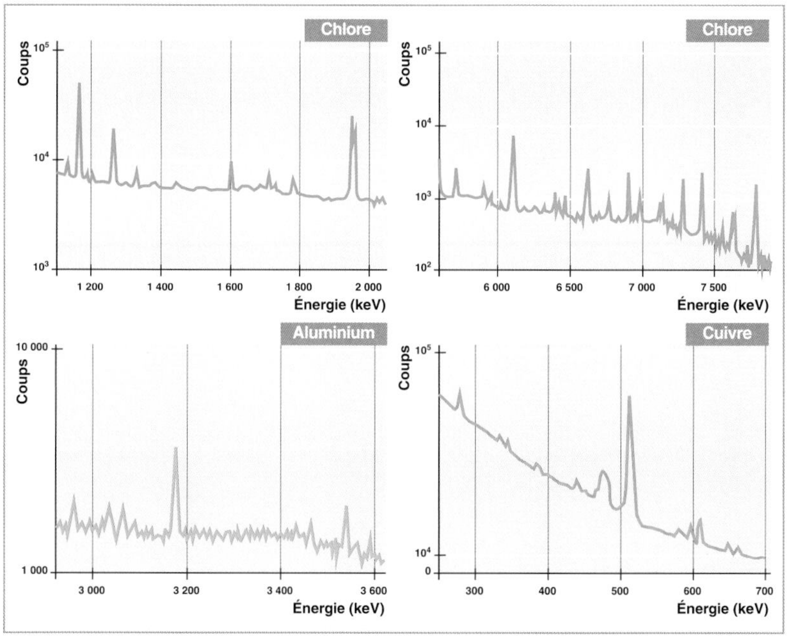

Cédric CARASCO, Nicolas ESTRE, Olivier GUETON, Fanny JALLU, Christian PASSARD, Bertrand PÉROT, Éric SIMON
Département de technologie nucléaire
et Frédérick CARREL,
DRT, Laboratoire d'intégration de systèmes et des technologies

Fig. 189. Exemples de spectres d'activation neutronique montrant les principales raies *gamma* de capture radiative d'échantillons de chlore, aluminium et cuivre [10].

▸ **Références**

[1] Voir bibliographie ci-dessous

[2] N. Estre, D. Eck, J.-L. Pettier, E. Payan, C. Roure and E. Simon, "High-Energy X-Ray Imaging Applied to Non Destructive Characterization of Large Nuclear Waste Drums", *IEEE Transactions on Nuclear Science*, vol. 62, n°. 6, December 2015, pp. 3104-3109.

[3] A. Lyoussi *et al.*, "Method and device for analysing radioactive objects using neutrons", French patent n° WO/2000/062099 (2000).

[4] H. Toubon *et al.*, "Method for Ascertaining the Characteristics of the Radiological Content of Canister of Compacted Hull and Nozzle Waste Resulting from Reprocessing at The Hague of Irradiated Fuel Assemblies from Light-Water Reactors", *Safewaste Conference*, October 2-4, 2000, Montpellier.

[5] A. Lyoussi, J. Romeyer Dherbey, F. Jallu, E. Payan, A. Buisson, G. Nurdin and J. Allano, "Transuranic waste assay detection by photon interrogation and on-line delayed neutron counting", *Nuclear Instruments and Methods in Physics Research*, B 160 (2000) pp. 280-289

[6] F. Carrel, M. Agelou, M. Gmar and F. Lainé, "Detection of high-energy delayed gammas for nuclear waste packages characterization", *Nuclear Instruments and Methods in Physics Research*, A 652, (2011) pp. 137-139.

[7] F. Carrel, M. Agelou, M.Gmar, F. Lainé, J. Loridon, J-L. Ma, C. Passard and B. Poumarède, "Identification and Differentiation of Actinides Inside Nuclear Waste Packages by Measurement of Delayed Gammas", *IEEE Transactions on Nuclear Science*, 57 (2010) 2862-2871

[8] E. Simon, B. Perot, F. Jallu and S. Plumeri, "Feasibility study of fissile mass quantification by photofission delayed gamma rays in radioactive waste packages using MCNPX", *Nuclear Instruments and Methods in Physics Research*, A 840 (2016) pp. 28-35.

[9] J.-L. Ma, C. Carasco, B. Perot, E. Mauerhofer, J. Kettler and A. Havenith, "Prompt Gamma Neutron Activation Analysis of toxic elements in radioactive waste packages", *Applied Radiation and Isotopes*, 70 (2012) pp. 1261-1263.

[10] T. Nicol, C. Carasco, B. Perot, J.L. Ma, E. Payan and E. Maeurhofer, "Quantitative comparison between PGNAA measurements and MCNPX simulations", *Journal of Radioanalytical and Nuclear Chemistry*, vol. 306, n°1 (2015) pp. 1-7.

[11] T. Nicol, B. Pérot, C. Carasco, E. Brackx, A. Mariani, C. Passard, E. Mauerhofer and J. Collot, "Feasibility study of 235U and 239Pu characterization in radioactive waste drums using neutron-induced fission delayed gamma rays", *Nuclear Instruments and Methods in Physics Research*, A 832 (2016) pp. 85-94.

▸ **Bibliographie**

[1] Lyoussi (A.), « Mesure nucléaire non destructive dans le cycle du combustible. Partie 2 », *Techniques de l'ingénieur*, BN 3, 406 (2005).

Les mesures destructives
pour la caractérisation des colis de déchets

La mesure destructive est un complément indispensable à la mesure non destructive des colis de déchets, en particulier pour les colis historiques pour lesquels les données disponibles sont parfois insuffisantes. Elle est aussi utilisée pour des colis ou des déchets récents dans le cadre des contrôles qualité comme les « **Super-COntrôles*** », voir *infra*, p. 193.

La mesure destructive peut se décomposer en trois phases : l'expertise, le prélèvement et la préparation d'échantillons, et la mesure sur échantillons.

L'expertise destructive et le prélèvement d'échantillons

La forme de l'expertise destructive va dépendre du type de colis de déchets à expertiser. Il est possible de classer les colis en deux types : les colis de déchets homogènes (par exemple, les colis de résines échangeuses d'ions enrobées dans de la résine, ou les concentrats de station de traitements d'effluents enrobés dans un liant hydraulique ou du bitume), et les colis de déchets hétérogènes (par exemple, les déchets en vrac immobilisés par du mortier ou des fûts reconditionnés dans un caisson). Pour les producteurs, dans le cadre du contrôle qualité, il peut exister un troisième type de colis de déchets non immobilisés, par exemple les déchets **FMA-VC*** en vrac qui sont injectés sur le Centre de Stockage de l'Aube (CSA) par l'ANDRA.

Pour les colis homogènes, la technique d'expertise est le *carottage*. Pour pouvoir réaliser des analyses chimiques et radiologiques sur les échantillons prélevés, le carottage doit être réalisé sous air et non par refroidissement à l'eau pour ne pas **lixivier*** les matériaux. Cette technique permet de réaliser l'expertise, à savoir l'observation du colis (la présence des différents composants du colis, la qualité de l'enrobage et la mesure du vide apical) et dans le même temps de prélever des échantillons.

Pour les colis hétérogènes, la technique d'expertise de référence est la découpe. En effet, elle permet d'observer l'interface entre les différents composants du colis et en particulier entre le liant de blocage et les déchets. Par contre, cette technique ne permet pas le prélèvement d'échantillon (autre que ponctuellement sur des déchets incorrectement bloqués). Elle est donc logiquement associée à des moyens de carottage, en particulier de l'enveloppe béton ou du mortier de blocage.

Concernant l'analyse du déchet, il est possible de réaliser des frottis (voire de récupérer quelques morceaux sur certains déchets) ou de mettre en œuvre des techniques non destructives comme la spectrométrie γ ou la caméra α avec de bons résultats, puisqu'il n'y a plus de barrière entre le détecteur et le déchet.

Pour les déchets non bloqués, l'expertise consiste en l'*inventaire* exhaustif des déchets contenus dans le colis, le tri des objets selon leur nature physique et/ou leur niveau d'activité (irradiation et/ou contamination).

L'expertise proprement dite permet d'obtenir une quantité importante d'informations sur la structure du colis et la qualité de fabrication. L'observation visuelle des carottes ou de la face découpée dans le cas des déchets hétérogènes renseigne sur la présence des différents constituants du colis (classiquement, une enveloppe béton, une protection biologique, le déchet immobilisé dans une matrice), sur la qualité de ses différents constituants (homogénéité du déchet ou du béton de l'enveloppe ou du blocage) ainsi que sur les interfaces entre ces derniers, sur la présence de vide (absence de mortier de blocage à certains endroits ou mauvais remplissage), et sur la présence d'eau libre ou de déchets interdits.

Le CEA dispose sur l'installation **CHICADE*** à Cadarache de deux cellules blindées (**ALCESTE*** et **CADÉCOL***) dédiées à l'expertise destructive sur une grande variété de colis de déchets. Ces moyens lourds, uniques en Europe, sont nécessaires car, une fois l'intégrité du colis détruite et le déchet mis à nu, les risques de contamination et/ou d'irradiation imposent de travailler à distance, avec une ventilation nucléaire, des protections biologiques et des moyens de manutention adaptés.

L'évacuation des déchets après expertise est une problématique à part entière. Les colis carottés ne sont plus intègres et ne répondent plus aux spécifications de prise en charge par les installations de stockage ou d'entreposage. Il est donc nécessaire de les reconditionner dans de nouveaux colis acceptables en entreposage. Concernant les colis découpés, les morceaux doivent être reconditionnés dans des colis compatibles avec la nature des déchets. Pour ce faire, le nombre et l'emplacement des découpes peut être imposé par le reconditionnement.

Fig. 190. Expertise d'une coque hétérogène dans la cellule CADÉCOL du CEA à Cadarache.

L'analyse sur échantillons

L'expertise destructive permet de réaliser des prélèvements d'échantillons des différents composants du colis. Il est ensuite possible de mettre en œuvre des analyses ou mesures sur ces échantillons.

La *représentativité* des échantillons est un paramètre clé, le coût des mesures en actif ne permettant pas de multiplier les analyses. Concernant les mesures de caractéristiques physiques, il est important de sélectionner des échantillons qui ne montrent pas de singularité. Par contre, pour les analyses radiologiques, on sélectionne généralement les échantillons les plus actifs. Le résultat obtenu pourra ainsi être considéré comme enveloppe et donc majorant s'il est utilisé pour estimer l'activité moyenne du colis.

Les échantillons de l'enveloppe du colis

Classiquement, sur les matériaux de l'enveloppe externe du colis ou du liant de blocage des déchets hétérogènes, les mesures sont consacrées aux propriétés mécaniques et de confinement du matériau.

Les propriétés mécaniques

Des *éprouvettes*, conformes aux normes en vigueur, sont confectionnées par découpe dans les carottes pour réaliser les tests de résistance à la compression (fig. 191).

Les propriétés de confinement

Concernant le confinement, le matériau doit empêcher les radioéléments qui se trouvent dans le déchet sous forme solide de traverser l'enveloppe du colis et migrer vers l'extérieur. Le vecteur de ce transport étant l'eau, la vitesse de cette dernière dans le matériau est donc considérée comme majorante par rapport à celle des radioéléments. La propriété de confinement recherchée est donc le coefficient de diffusion de l'eau tritiée, le tritium étant utilisé comme traceur pour la mesure [1]. Les matériaux étant soit inactifs, soit faiblement contaminés, les essais peuvent être réalisés sous hotte ou en boîte à gants. Le principe de la méthode (illustré sur la figure 192) est de mesurer la cinétique de diffusion de l'eau tritiée à travers une éprouvette du matériau placée entre deux compartiments, le premier avec du tritium et le second dans lequel on mesure l'activité du tritium ayant traversé l'éprouvette.

La mesure de *perméabilité* aux gaz permet également de rendre compte de la capacité du matériau à confiner les gaz radioactifs. Pour cela, on place une éprouvette du matériau dans un réacteur qui permet de garantir l'étanchéité sur le côté de l'éprouvette. L'application d'une pression d'azote sur une face de l'éprouvette et la mesure du débit de gaz sur la face opposée permet de calculer un coefficient de perméabilité fonction de l'humidité relative du matériau (voir la figure 193). Au-delà de ces essais sur échantillons, il est aussi intéressant de mesurer directement les gaz émis par le colis, comme décrit sur la figure 178, ou par le bloc de déchet.

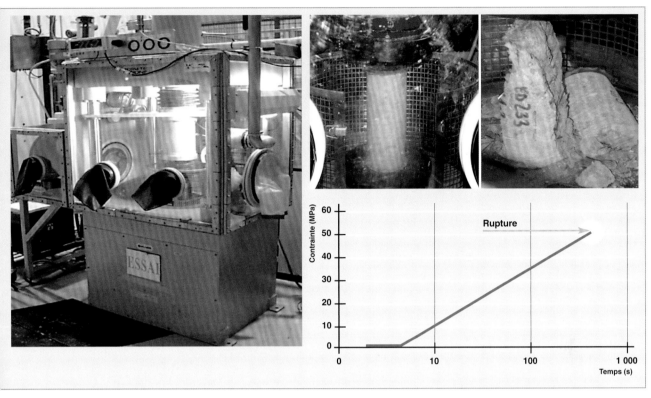

Fig. 191. Essai de résistance mécanique en boite à gants d'échantillons d'enveloppe de colis. La courbe représente l'accroissement de la force de compression appliquée jusqu'à la rupture.

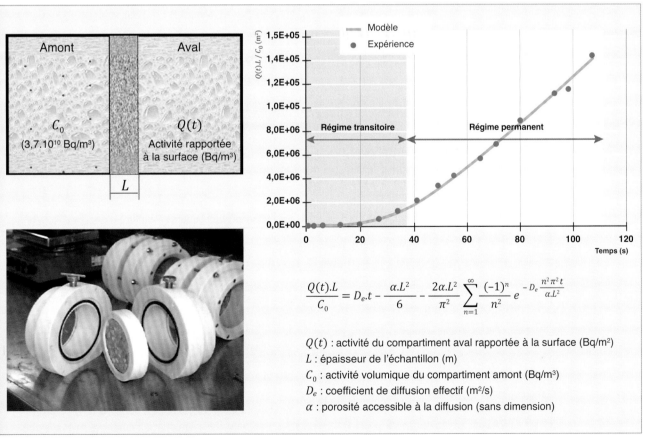

$$\frac{Q(t).L}{C_0} = D_e.t - \frac{\alpha.L^2}{6} - \frac{2\alpha.L^2}{\pi^2} \sum_{n=1}^{\infty} \frac{(-1)^n}{n^2} e^{-D_e \frac{n^2\pi^2 t}{\alpha.L^2}}$$

$Q(t)$: activité du compartiment aval rapportée à la surface (Bq/m^2)

L : épaisseur de l'échantillon (m)

C_0 : activité volumique du compartiment amont (Bq/m^3)

D_e : coefficient de diffusion effectif (m^2/s)

α : porosité accessible à la diffusion (sans dimension)

Fig. 192. Mesure du coefficient de diffusion effectif D_e de l'eau dans du béton en utilisant les équations de Fick.

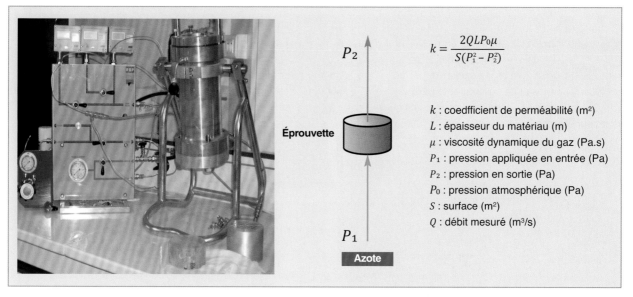

Fig. 193. Mesure de la perméabilité aux gaz selon la loi de Darcy. L'éprouvette de béton est placée dans la cellule, puis une pression de 2 bars est appliquée sur la face basse de l'éprouvette et l'on mesure le débit de gaz traversant celle-ci.

Les échantillons de déchet

Pour les matériaux constituant le déchet homogène, il est nécessaire de contrôler les caractéristiques de tenue mécanique et de confinement, mais aussi les informations radiologiques du déchet ainsi que l'analyse chimique de certains composés comme les toxiques chimiques, ou les complexants organiques pouvant accélérer le transport de certains radioéléments.

Les propriétés de confinement

Le confinement vise à empêcher les radioéléments de sortir de la matrice. Est mis en œuvre dans ce cas un test de lixiviation. Un échantillon du matériau est placé dans une solution qui est périodiquement analysée pour déterminer la vitesse de transfert des radioéléments de la matrice de déchets vers la solution. Pour les radioéléments gazeux, des tests de perméabilité aux gaz sont aussi réalisés sur la matrice de déchets homogènes.

Les essais de résistance mécanique ou les mesures de propriété de confinement mettent en jeu des quantités significatives de déchet. La quantité d'émetteurs α ou le niveau d'irradiation impliquent de réaliser ces tests en boîte à gants ou en cellule blindée.

Les mesures radiochimiques et chimiques

Les mesures radiochimiques et chimiques permettent de garantir le respect des spécifications ainsi que de s'assurer de la conformité des colis de déchets. La réalisation de ce programme de caractérisation nécessite une stratégie analytique qui prend en compte la nature de la matrice, celle du déchet primaire (caractère homogène ou hétérogène…) et de son conditionnement, son niveau d'activité, les isotopes à rechercher (spectre radiologique, contamination, radionucléides ou éléments volatils). Le programme analytique est généralement divisé en trois volets qui sont :

1. Les mesures des principaux radionucléides au moment de la caractérisation ;

2. la mesure des radionucléides à vie longue, d'activités plus faibles mais déterminants pour le stockage à long terme ;

3. la mesure des toxiques chimiques.

Pour les déchets solides, après broyage éventuel et homogénéisation, une mise en solution des échantillons est nécessaire, les analyses étant généralement faites sur des solutions aqueuses. Elle doit être adaptée à la matrice (déchets et milieu d'enrobage) et elle est fonction des radionucléides ou de l'élément à doser. C'est pour cela que des techniques complémentaires peuvent être utilisées, comme par exemple une dissolution par différents milieux acides avec récupération des éléments volatils et un traitement thermique (voire une combustion). Ces minéralisations multiples permettent de solubiliser l'ensemble des éléments et de conserver en solution les éléments particulièrement volatils. Par ailleurs, le prélèvement analysé doit être représentatif de l'échantillon.

Peu d'analyses sont possibles sur les solutions de minéralisation sans préparation. Il s'agit principalement de mesures de spectrométrie *gamma* et des toxiques chimiques.

Des protocoles d'*extraction* par des méthodes de précipitation, extraction liquide – liquide ou par chromatographie d'échange d'ions sont alors mis en œuvre en fonction des radionucléides (chimie de l'élément) et de la technique de mesure, radiométrique ou isotopique. Ils permettent de séparer les interférents et de concentrer le radionucléide à mesurer. Ces méthodes d'extraction sont spécifiques à chaque émetteur et à chaque matrice et peuvent être associées pour obtenir des solutions parfaitement décontaminées.

Les solutions résultantes font alors l'objet de mesures de caractérisation isotopique. Ces techniques sont soient basées sur les propriétés de désintégration (mesures des émetteurs *bêta* par scintillation liquide ultra bas bruit de fond, des émetteurs *gamma* ou *alpha* avec des chaines de spectrométrie très performantes…), soit sur leur masse spécifique (mesure par spectrométrie de masse à couplage plasma).

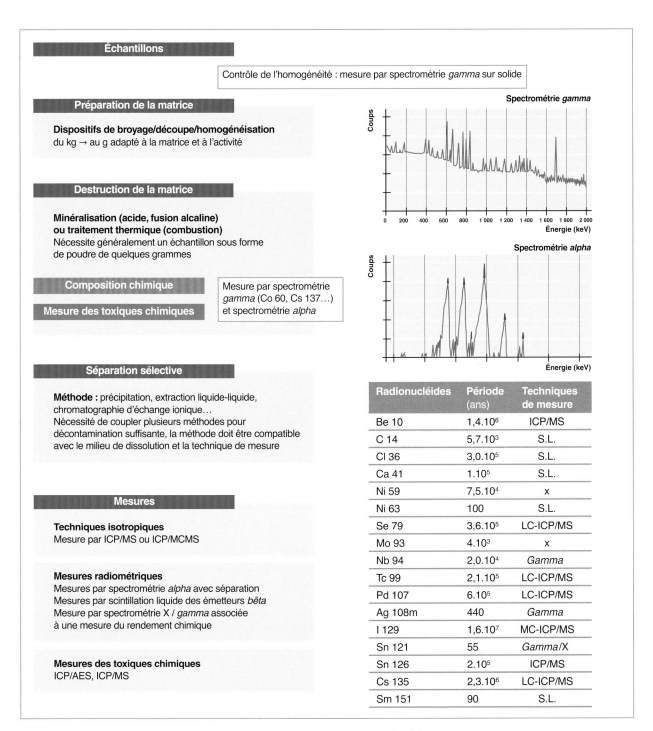

Fig. 194. Stratégie d'analyse radiochimique et chimique d'échantillons issus d'un colis de déchets.

En plus des isotopes émetteurs *gamma* et *alpha*, les émetteurs *bêta* purs les plus recherchés sont le tritium, le carbone 14, le nickel 63 ou le strontium 90. Ils sont mesurés par scintillation liquide (S.L).

Finalement, le processus complet illustré sur la figure 194, associant différentes techniques de mesures à des méthodes chimiques de séparation/concentration, permet la caractérisation radiochimique et chimique de l'échantillon.

En analysant divers prélèvements, il est ainsi possible d'établir la caractérisation du colis de déchets et d'estimer son homogénéité. Le même schéma analytique peut aussi être appliqué au déchet avant son conditionnement.

Maïté Bertaux, Jérôme Comte,
Département d'étude des combustibles
Anne Duhart-Barone et Hervé Lamotte,
Département de services nucléaires

▸ **Références**

[1] T. Wattez, A. Duhart and S. Lorente, "Modeling of Nuclear Species Diffusion Through Cement-Based Materials", *Transport in porous media*, **98** (2013), pp. 699-713.

La combinaison des méthodes de mesure

Les méthodes de mesure non destructives, passives et actives, et les méthodes destructives présentent des complémentarités exploitées dans le cadre de la caractérisation et le contrôle, par exemple pour la sécurité (voir *infra*, p. 249) et également pour des colis de déchets radioactifs.

Dans ce cadre, les « **Super-COntrôles*** » (**SCO***) sont des examens de second niveau réalisés à la demande de l'ANDRA sur certains colis de **faible et moyenne activité à vie courte** (**FMA-VC***) destinés au stockage en surface au **Centre de Stockage de l'Aube** (**CSA***). Ils permettent de vérifier la conformité des caractéristiques géométriques, radiologiques, physiques et chimiques des colis aux critères d'acceptation du CSA grâce à :

• Des techniques de mesures non destructives : radiographie/tomographie X, spectrométrie *gamma*, mesures neutroniques passives/actives et mesures de dégazage H 3 et C 14 ;

• des techniques de mesures destructives : carottages ou découpes pour prélèvements d'échantillons puis analyses chimiques des toxiques et radiochimiques de radionucléides d'intérêt et épreuves techniques pour mesure de porosité, perméabilité, coefficients de diffusion, résistance mécanique et lixiviation.

L'objectif est de vérifier que les caractéristiques géométriques, radiologiques, physiques et chimiques des colis sont conformes aux spécifications applicables et aux descriptifs des dossiers d'agrément du **CSA***.

Les super-contrôles nécessitent de combiner les différentes techniques de mesure pour une caractérisation la plus complète possible des colis et également pour réduire les incertitudes de mesure.

Les contrôles non destructifs associent des techniques de caractérisation physique par imagerie photonique de haute énergie (radiographies et tomographies) et radiologique par spectrométrie *gamma*, mesures neutroniques passives et actives. Le choix des techniques et de leur couplage dépend des caractéristiques du colis (masse, volume, matrice, radionucléides déclarés et leurs activités α, β…), des attendus de l'expertise (activité α à 300 ans, activités totales α, β…) et d'un objectif de minimisation des incertitudes de quantification, fortement dépendantes des effets de matrice et de localisation.

L'imagerie est souvent utilisée en première étape du super-contrôle car elle constitue un apport essentiel pour la modélisation, l'interprétation et la réduction des incertitudes des mesures radiologiques (*gamma* et neutrons). Outre l'évaluation des caractéristiques dimensionnelles du bloc déchet, de

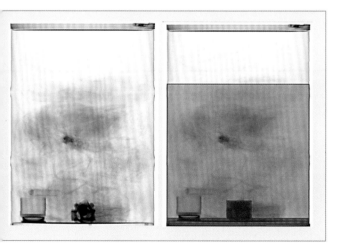

Fig. 195. Radiographie X d'un colis de 220 litres (à gauche) et géométrie retenue pour la modélisation Monte-Carlo (à droite en rouge, une matrice homogène de déchets légers jusqu'à 58 cm de remplissage et des objets métalliques denses au fond du fût).

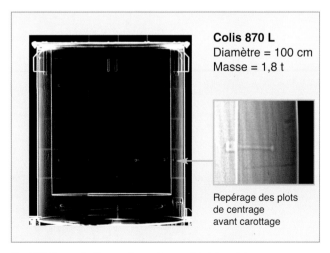

Colis 870 L
Diamètre = 100 cm
Masse = 1,8 t

Repérage des plots de centrage avant carottage

Fig. 196. Exemple d'une radiographie montrant des plots de centrage, réalisée avant une expertise destructive afin de déterminer les positions de carottages.

Installation Nucléaire de Base* (INB*) CHICADE du CEA est une plateforme expérimentale dédiée à la caractérisation des déchets radioactifs, de la **R&D*** à l'assistance pour la gestion opérationnelle de ces déchets.

Implantée sur le Centre d'Études de CADARACHE, l'INB-156 CHICADE est une plateforme collaborative pluridisciplinaire unique dédiée à la caractérisation nucléaire, de l'échantillon, de l'ordre du microgramme, jusqu'au colis de déchets radioactifs de plusieurs tonnes, soit **du Bq jusqu'au TBq**.

Elle regroupe ainsi des moyens de caractérisation non destructive, parmi lesquelles la spectrométrie *gamma*, la mesure neutronique passive et active (fig. 197), l'imagerie haute énergie (fig. 198), l'interrogation photonique active, la mesure de dégazage ; et des moyens de caractérisation destructive, comme le prélèvement d'échantillons par carottage et découpes (figs. 199 et 200), la mesure de propriétés physico-chimiques (diffusion perméabilité), l'analyse radiochimique et chimique (Chimie séparative et extractive, spectrométrie α et γ, dosage des émetteurs β à vie longue) ainsi que la conception, fabrication et qualification de chambres à fission pour la mesure de flux neutronique en réacteurs.

  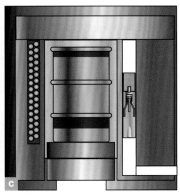

Fig. 197. a) Spectrométrie *gamma* sur fût de 200 litres. b) Cellule de mesure neutronique SYMETRIC. c) Modélisation Monte-Carlo de SYMETRIC où sont visibles sur la gauche 33 compteurs à He 3 (en coupe) et à droite le générateur de neutrons (en position verticale).

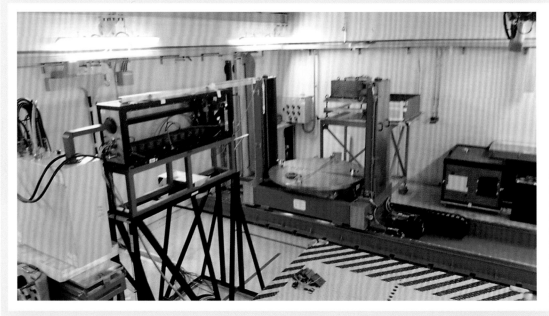

Fig. 198 Moyens d'imagerie en évolution (extension à une charge maximale de 4,5 t, et accélérateur 20 MeV) dans la cellule d'irradiation CINPHONIE de CHICADE.

La combinaison des méthodes de mesure

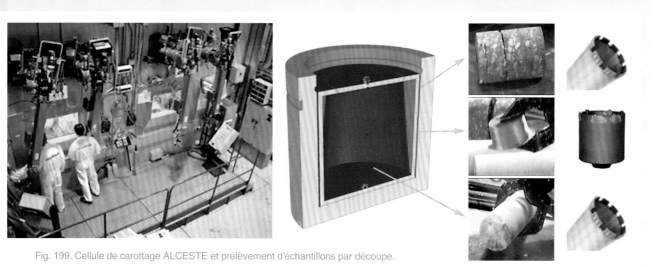

Fig. 199. Cellule de carottage ALCESTE et prélèvement d'échantillons par découpe.

Le poste de spectrométrie *gamma* comprend deux voies de mesure : (1) une voie « basse énergie » (typiquement moins de 1 MeV) équipée d'un détecteur au germanium hyper pur (GeHP) de type planaire, de surface 3 700 mm², principalement utilisée pour déterminer la composition isotopique du plutonium et de l'uranium ; (2) une voie « large bande d'énergie » dans la gamme [0 - 4 MeV] équipée d'un détecteur GeHP coaxial de 40 % d'efficacité relative destinée à l'identification et à la quantification des radioéléments mesurables. Pour chaque voie, la visée *gamma* et la distance entre le cristal de germanium et le colis à mesurer sont ajustées mécaniquement en fonction des caractéristiques physiques du colis déterminées par imagerie photonique (hauteurs, dimensions, posi-

tions du déchet au sein de la matrice) et de son débit de dose au contact mesuré préalablement.

Les mesures neutroniques passives et actives sur des fûts de 200 litres sont réalisées dans la cellule SYMETRIC. Le colis est positionné sur un support rotatif dans une cavité délimitée par des parois constituées de graphite renfermant trois blocs de détection identiques constitués chacun de 33 détecteurs à He 3. Les détecteurs sont associés à des préamplificateurs de charge reliés à une électronique de comptage des coïncidences entre neutrons issus des fissions spontanées (mesure passive) ou induites par l'utilisation d'un générateur de neutrons (interrogation neutronique active).

Fig. 200. Cellule CADÉCOL : découpes et carottages en voie humide de colis jusqu'à 5 m³.

la qualité de son confinement, de l'absence de déchets interdits ou réglementés, elle permet de caractériser les structures internes de la matrice en termes de localisation, homogénéité et répartition en densité des matériaux constitutifs.

Par exemple, dans le cadre d'une mesure d'activité *alpha* par mesure non destructive sur colis de 220 litres, on réalise successivement une imagerie photonique sur la totalité du colis, puis des mesures par spectrométrie *gamma* et des mesures neutroniques. L'imagerie photonique renseigne sur la densité des matériaux présents et le niveau de remplissage dans le colis, informations utilisées dans le modèle numérique pour affiner le calcul des corrections d'atténuation des rayonnements dans le colis et ainsi réduire les incertitudes en spectrométrie *gamma* et mesures neutroniques. De plus, la spectrométrie *gamma* permet de mesurer la composition isotopique du Pu. En combinaison avec la mesure neutronique, est ainsi déterminée la contribution de chaque isotope du Pu.

Dans le cadre d'une expertise destructive par carottage sur des colis bétonnés, il est également possible d'utiliser l'imagerie photonique pour cibler les zones de carottages (enveloppe externe ou déchet) lorsque la structure interne du colis n'est pas connue avec suffisamment de précision, pour éviter des objets qui pourraient détériorer le carottier (plots de centrage ou objets métalliques).

Enfin, en préalable aux analyses radiochimiques, il peut être nécessaire de réaliser des spectrométries *gamma* sur des échantillons prélevés dans le colis, afin de déterminer leur activité, d'optimiser le protocole d'analyse, sous hotte ou en boîte à gants et de vérifier l'homogénéité des échantillons.

Les développements de méthodes de caractérisation se poursuivent, pour partie en collaboration avec l'ANDRA. Nous pouvons citer, par exemple :

- L'**Imagerie Haute Énergie*** (**IHE***) – Bi-énergie qui permettra d'accéder, en plus de la densité, au numéro atomique moyen dans un colis de déchets ;

- l'étude de l'externalisation des moyens d'imagerie *in situ*, afin de permettre la caractérisation physique de colis anciens sur leur site d'entreposage[16] ;

- l'**Interrogation Photonique Active** (**IPA***) pour l'évaluation de la masse de matière fissile présente dans les colis denses et volumineux ;

- la technique **CRDS*** (*Cavity Ring Down Spectroscopy**) pour la mesure du tritium émis lors du dégazage d'un colis de déchets ;

- la **Spectrométrie de Masse par Accélérateur*** (**SMA***), méthode de mesure par accélération de particules développée en alternative à la scintillation liquide pour la mesure de radionucléides à vie longue Cl 36, I 129, Ca 41, et Be 10 à bas niveau de radioactivité.

Enfin, le développement de l'IHE et de l'IPA est associé à un accroissement des capacités expérimentales au CEA avec l'acquisition d'un accélérateur linéaire (LINAC) d'électrons de 9 MeV d'énergie couplé à une cible de conversion X, permettant un gain substantiel sur le temps de mesure qui est ainsi passé de quelques heures à quelques minutes. Les études en cours visent à utiliser un faisceau plus énergétique (20 MeV) et plus intense pour examiner des colis denses de grand volume.

La caractérisation des colis d'enrobés bitumineux

Dans le cadre des études sur la reprise des plus de 60 000 colis d'enrobés bitumineux entreposés sur le site du CEA Marcoule, qui incorporent des boues radioactives issues des opérations de retraitement de combustibles usés, le CEA a étudié la combinaison de plusieurs postes de mesure nucléaire non destructive pour caractériser, le plus précisément possible, leur contenu physique et radiologique [1]. Le système représenté sur la figure 201 comprend trois postes de mesure avec, pour chacun, un temps d'acquisition alloué de 20 minutes par colis en vue d'une mise en œuvre industrielle :

- Un poste d'imagerie *gamma* basse résolution (centimétrique) au Co 60, avec des scintillateurs de type BGO, pour mesurer la densité de l'enrobé avec une précision de l'ordre de 10 %, ainsi que sa hauteur et sa forme de remplissage avec une précision centimétrique, informations nécessaires à la correction des effets de matrice des mesures neutroniques et de spectrométrie *gamma* ;

- un poste de spectrométrie *gamma* décomposé en deux sous-ensembles :

 - une chaîne de mesure classique constituée d'un détecteur GeHP coaxial de haute efficacité (100 % d'**efficacité relative***) et d'écrans (plaques de plomb) pour adapter le flux *gamma* atteignant le détecteur en fonction de l'activité du colis mesuré : ce poste permet de mesurer l'activité β des principaux émetteurs γ (Cs 137, Co 60, Eu 154, etc.) avec une incertitude de l'ordre de 30 % ;

---

16. Le projet TOMIS vise à développer un tomographe mobile permettant de caractériser *in situ* des colis de déchets radioactifs ou équipements à démanteler, voir https://www.andra.fr/download/site-principal/document/communque-de-presse/20170105_cp-aap.pdf.

- un système anti-Compton constitué d'un détecteur GeHP planaire entouré d'un scintillateur BGO (détecteur véto), pour mesurer l'activité α de l'Am 241 *via* sa raie γ à basse énergie (59,5 keV), malgré le bruit de fond Compton important dû au Cs 137, avec une incertitude de l'ordre de 50 % et une limite de détection comprise entre 0,1 et 8 GBq (activité α de l'Am 241), selon l'activité du Cs 137. Le détecteur GeHP permet, en outre, de quantifier la masse d'uranium (voire de thorium dans certains colis) *via* les raies XK d'auto-fluorescence induite au sein même de l'enrobé bitumineux par les rayonnements du Cs 137 [2], cela avec une incertitude de l'ordre de 50 % et une limite de détection inférieure au kg d'U (ou de Th), d'autant plus faible que l'activité du Cs 137, à l'origine de la fluorescence, est grande ;

• un poste de mesure neutronique principalement constitué de graphite, contenant 99 compteurs proportionnels à He 3 de longueur utile 50 cm, de diamètre 5 cm et de pression 4.10^5 Pa, ainsi qu'un générateur de neutrons émettant 5.10^8 n/s. Ce poste qui fonctionne selon deux modes :

- la mesure passive des coïncidences entre neutrons prompts de fission pour déterminer l'activité du principal émetteur du plutonium par fission spontanée, le Pu 240,

avec une incertitude de l'ordre de 30 % et une limite de détection de l'ordre de 0,1 g de Pu 240. Un indicateur de présence de curium, basé sur le ratio entre comptage des coïncidences et comptage total, est aussi estimé pour limiter le risque d'une forte surestimation de l'activité du Pu 240 ;

- l'interrogation neutronique active pour déterminer la masse fissile totale (principalement due au Pu 239 et à l'U 235 dans ces colis) et l'activité du Pu 239, avec une incertitude de l'ordre de 50 % et une limite de détection inférieure à 1 g de Pu 239 tant que la masse d'U 235 ne dépasse pas 15 g, car l'uranium induit un bruit de fond pour l'estimation de la masse de plutonium.

Ces mesures sont complétées par des données *a priori* fournies par le producteur des colis d'enrobés bitumineux (AREVA), telles que la composition isotopique du plutonium, l'enrichissement de l'uranium ou la composition chimique de l'enrobé, données qui ont significativement varié selon les périodes de production (type de combustibles et taux de combustion, évolutions du procédé). La figure 202 présente le synoptique d'interprétation combinée des données mesurées avec celles fournies *a priori*.

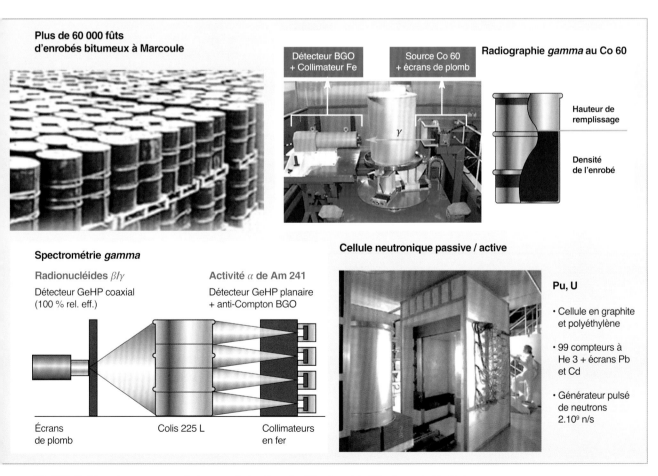

Fig. 201. Système de mesures nucléaires non destructives des fûts d'enrobés bitumineux de Marcoule.

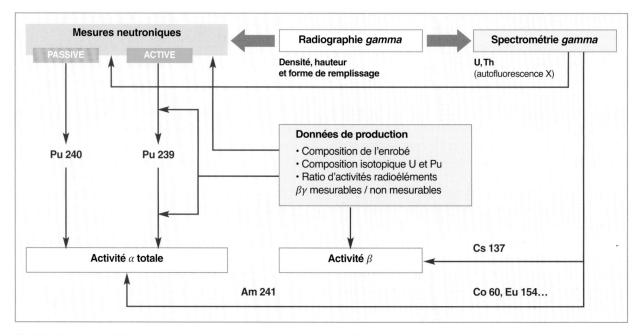

Fig. 202. Schéma simplifié d'interprétation des mesures combinées et des données du producteur des colis d'enrobés bitumineux de Marcoule.

Les progrès technologiques permettraient aujourd'hui d'améliorer les performances ou de simplifier certains postes de ce système de mesure, conçu à la fin des années 90, comme par exemple, de réduire drastiquement (d'une ou deux décades) la durée des acquisitions en imagerie par l'utilisation d'un système basé sur un accélérateur linéaire (voir *supra*, p. 179) à la place de celui au Co 60. Il serait aussi possible d'améliorer le taux de traitement des impulsions des chaînes de spectrométrie *gamma* de l'ordre d'une décade, par l'utilisation d'électroniques numériques actuelles, en remplacement des électroniques analogiques utilisées alors. Cela permettrait de limiter le recours aux écrans de plomb sur la chaîne classique (détecteur coaxial) et, éventuellement, de se passer de la chaîne anti-Compton, tout en conservant des performances similaires en termes de limites de détection, ceci grâce à un taux de comptage plus grand qui compenserait la perte du bon rapport signal sur bruit permise par l'anti-Compton. Initialement conçu pour effectuer un tri des colis d'enrobés bitumineux en vue d'en envoyer une partie au **Centre de Stockage en surface de l'Aube* (CSA*)**, ce système reste aujourd'hui une référence en termes de combinaison de méthodes de mesure nucléaire non destructives.

▸ **Références**

[1] B. Pérot, J.-L. Artaud, C. Passard and A.-C. Raoux, "Experimental Qualification With a Scale One Mock-Up of the 'Measurement and Sorting Unit' for Bituminized Waste Drums", ASME 2003 9th International Conference on Radioactive Waste Management and Environmental Remediation (ICEM2003), 21-25 Sept. 2003, Oxford, England. Paper no. ICEM2003-4597, pp. 479-486 http://dx.doi.org/10.1115/ICEM2003-4597.

[2] P. Pin and B. Pérot, "Characterization of uranium in bituminized radioactive waste drums by self-induced X-ray fluorescence", ANIMMA 2013, Third International Conference on Advancements in Nuclear Instrumentation, Measurement Methods and their Applications, 23-27 June 2013, Marseille, France, *IEEE Transactions on Nuclear Science*, vol. 61, n°. 4 (2014), pp. 2131-2136.

Lionel Boucher, Fanny Jallu,
Bertrand Pérot, Christophe Roure
et Hervé Lamotte,

Département de technologie nucléaire

La combinaison des méthodes de mesure

Perspectives

Le domaine des mesures des déchets radioactifs est en constante évolution [1], porté d'une part par des exigences toujours croissantes en termes de sensibilité et de précision, d'autre part par les avancées technologiques en instrumentation (détecteurs, électronique, sources de rayonnements…) mais aussi grâce aux moyens de calcul numérique ou de traitement des données (grands calculateurs) qui permettent aujourd'hui de simuler les mesures de façon très représentative, pour les améliorer et en tirer un maximum d'informations. Pour les années à venir, certaines techniques en cours de développement sont très attendues, comme la photofission qui devrait permettre de mesurer les matières nucléaires dans les colis denses de grand volume, ou l'imagerie photonique multi-énergie pour mieux identifier les matériaux en accédant à leur numéro atomique moyen. La réduction des incertitudes liées aux effets de matrice et de localisation du contaminant, la recherche d'alternatives aux compteurs à hélium 3 dont l'approvisionnement pose problème, constituent également des axes de recherche importants en mesure neutronique. La CRDS (Cavity Ring Down Spectroscopy) devrait permettre à terme de détecter le tritium dans les rejets gazeux des colis et la SMA (Spectrométrie de Masse par Accélérateur) pourrait constituer un complément à la scintillation liquide pour la mesure de radionucléides à vie longue (Cl 36, I 129, Ca 41, Be 10) à bas niveau de radioactivité. Par ailleurs, la chromatographie ionique couplée à l'ICP-MS devrait permettre de simplifier les préparations chimiques des échantillons à ana-

lyser, ainsi que de réduire la dose aux opérateurs pour ceux de haute activité, en évitant les opérations de séparation préalables comme la chromatographie ou l'extraction liquide-liquide. Le développement d'un procédé de spéciation du carbone 14 dans certains déchets solides devrait aussi permettre d'améliorer le terme source pour les études d'impact sur l'ingestion de ce radioélément potentiellement relâché par certaines installations de stockage des déchets. Enfin, il faut souligner que la possibilité de combiner mesures non destructives et destructives dans une même installation du CEA, l'INB CHICADE à Cadarache, constitue un atout majeur, unique en Europe, pour une caractérisation la plus complète possible et la plus précise des colis de déchets radioactifs.

Bertrand Pérot,
Département de technologie nucléaire

▶ **Référence**

[1] B. Pérot, F. Jallu, C. Passard, O. Gueton, PG. Allinei, L. Loubet, N. Estre, E. Simon, C. Carasco, C. Roure, L. Boucher, H. Lamotte, J. Comte, M. Bertaux, P. Fichet, F. Carrel et A. Lyoussi, "The characterization of radioactive waste", EPJ N, *Nuclear Sciences & Technologies*, 2018.

L'instrumentation et la mesure
pour l'assainissement et le démantèlement

La finalité des opérations d'**Assainissement***, de **Démantèlement*** et de Déclassement (**A&D***) est la diminution du **terme source*** contenu (activation) ou retenu (contamination) dans une installation nucléaire en respectant les prescriptions de l'autorité de sûreté [1] dans un cadre économique maîtrisé.

L'état radiologique d'un procédé ou d'une installation renseigne sur la qualité des opérations à engager pour réduire le terme source, en particulier, il justifie les phases d'assainissement, fixe le scénario (séquences d'opérations) de démantèlement et projette le niveau de déclassement. En phase d'exploitation, l'évaluation du niveau radiologique des équipements des procédés est également nécessaire, par exemple pour préparer les opérations de maintenance afin d'optimiser les interventions du personnel et la gestion des déchets. Pour cela, la radioprotection s'appuie sur des cartographies de débit de dose et de contamination surfacique. L'extension de ces pratiques à l'ensemble des zones de l'installation, dont les cellules de haute activité, pour les opérations d'A&D nécessite des instruments et des méthodes spécifiques, principalement des techniques d'analyse *in situ*.

En mesures nucléaires *in situ*, le traitement des données de mesure brutes (généralement c.s^{-1}, Gy.h^{-1}, γ.cm^{-2}.s^{-1}…) à l'aide notamment de codes de calcul est une étape décisive afin d'aboutir à l'estimation précise de l'activité du terme source (Bq). L'accroissement des puissances de calcul et l'évolution des codes de simulation permettent aujourd'hui de coupler les outils de modélisation 3D, de **CAO*** avec les codes de transport de particules utilisés jusqu'alors sans interfaces graphiques. Ces nouveaux moyens de calcul offrent de nouvelles perspectives et ouvrent des capacités d'implantation d'instruments (capteurs) dans l'ensemble des procédés d'A&D. La caractérisation radiologique et physico-chimique intervient alors dans toutes les étapes du projet de démantèlement d'une installation ou de déclassement d'un site, depuis la caractérisation initiale, durant les phases d'assainissement, jusqu'aux contrôles finaux des surfaces, en vue de leur déclassement. Cette instrumentation est utile à la performance des procédés dans des conditions sûres.

La démarche d'instrumentation-mesure, pour la phase d'A&D des installations nucléaires, s'appuie sur des modèles opérationnels simplifiés de production des déchets. Le modèle *a priori* le plus communément admis est la représentation de l'A&D par une chaîne de production de colis de déchets qui tend vers le déclassement des installations. Les produits sont : un ensemble de colis de déchets et une installation ou un site où, dans le cas optimal, les contraintes dues à la radioactivité ont été retirées (déclassement). La performance des opérations d'A&D dépend donc de la qualité radiologique et physico-chimique des éléments à retirer, qui constitue l'**information stratégique dans un champ de contraintes variées**.

Ainsi, les opérations d'A&D visent à faire décroître le contenu radiologique des installations dans des conditions sûres et efficientes et atteindre ainsi un niveau de déclassement fixé. La performance industrielle est alors définie à partir d'indicateurs mesurables tels que l'évolution de l'activité dans une installation, sa répartition, la masse de matière fissile…

La spectrométrie *gamma in situ* (voir *infra*, p. 203) est une technique largement répandue pour la caractérisation radiologique des équipements, elle est parfois couplée avec des techniques d'imagerie et de caractérisation physico-chimique (voir respectivement *infra*, pp. 209, 215 et 221). Ces techniques sont les méthodes de cartographie couramment exploitées. Pour l'élaboration de ces cartographies, les imageurs *gamma* et *alpha* jouent un rôle déterminant pour la détection de points de concentration et le suivi des opérations d'assainissement et de démantèlement (voir *infra*, p. 217).

Lors des opérations d'assainissement et de démantèlement, le maintien de conditions sûres est une exigence. Parmi ces exigences, la qualité du confinement est un indicateur d'importance majeure pour éviter la dissémination d'aérosols radioactifs. Par exemple, le système smartDog (voir *infra*, p. 225) est un équipement pour qualifier le confinement dans une zone d'intervention grâce à la mesure de la vitesse de passage de l'air.

Enfin, la caractérisation radiologique en milieu sévère conduit à favoriser la robotisation de la collecte des données radiologiques, et physico-chimiques. Les premiers robots capteurs (voir *infra*, p. 227) connaissent dès lors un développement conséquent, renforcé par le contexte de situations accidentelles, dont Fukushima.

La spectrométrie *gamma* appliquée à la caractérisation d'objets issus des chantiers d'assainissement-démantèlement-déclassement

Pour l'ensemble des opérations d'assainissement-démantèlement-déclassement (A&D), il est utile de connaître la localisation, la nature et le niveau de la contamination ou/et de l'activation des objets à traiter, qu'il s'agisse de sols, de composants d'installation ou de déchets. Les photons *gamma* sont une « sonde » de choix pour cette caractérisation. La mesure par spectrométrie de photons *gamma* permet non seulement une caractérisation des radionucléides présents mais aussi une évaluation de leur répartition spatiale.

La spectrométrie *gamma* appliquée à l'A&D se caractérise par une grande dynamique de mesure (du Bq.g^{-1} jusqu'à 10^9 Bq. g^{-1}), de forts contrastes spatiaux, un nombre important d'isotopes émetteurs *gamma* à mesurer et une nécessité de mesure *in situ* à des fins cartographiques. Ces contraintes se traduisent par le développement de méthodes de collimation novatrices et le couplage avec des solutions d'étalonnage numériques avancées.

En conséquence, en plus de détecteurs classiquement utilisés (GeHp, NaI[Tl]), les détecteurs portables fonctionnant à température ambiante ont connu un essor important, particulièrement les détecteurs équipés de cristaux CdZnTe.

Le lecteur trouvera deux exemples d'application montrant comment, en tenant compte de l'atténuation et de la diffusion des photons *gamma* dans la matière, un profil de contamination dans des objets radioactifs est déterminé.

La spectrométrie *gamma* à température ambiante, cas des cristaux CdZnTe

La taille des sondes est un paramètre technique déterminant pour la mise en œuvre *in situ* de la spectrométrie *gamma* pour l'A&D. Un des grands avantages de la technologie CdZnTe est la compacité des sondes.

Les détecteurs à base de cristaux : CdTe ou CdZnTe ont été initialement développés pour l'imagerie Infra-rouge ou X [1]. La technologie CdTe a connu une évolution à la fin des années 90, avec des possibilités d'utilisation en spectrométrie *gamma*. Le CdTe est un semi-conducteur possédant une largeur de gap de 1,47 eV (contre 0,64 eV pour Ge), ce qui lui permet d'être polarisé à température ambiante, répondant aux exigences de mesure *in situ* en milieux sévères. Les numéros

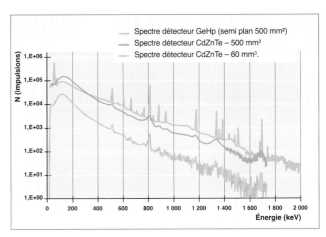

Fig. 203. Spectres *gamma* émis par un composant du circuit primaire d'un Réacteur à Eau sous Pression.

atomiques de Cd et Te étant respectivement égaux à 48 et 52, contre 32 pour Ge, la probabilité d'absorption des rayonnements *gamma* par effet photoélectrique est ainsi supérieure pour un volume donné. Les volumes actuels des cristaux sont compris entre : 0,5 mm^3 et 1 500 mm^3. En adaptant le volume du cristal à la dynamique de mesure attendue, ces détecteurs permettent de réaliser des spectres de qualité (fig. 203) pour des débits de dose compris entre 1μGy.h^{-1} et 10 Gy.h^{-1} (pour le Cs 137 ou Co 60), dernier avantage de ce type de technologie pour la mesure *in situ*.

Des détecteurs de type CdZnTe sont couramment utilisés lors de la caractérisation de cellules de haute activité de retraitement de combustibles usés, avant ou en cours d'assainissement (fig. 204).

La dimension des sondes, l'absence de dispositif de refroidissement, la résolution et la dynamique de mesure font des sondes équipées de cristaux de CdZnTe un équipement de référence dans le cas de caractérisation d'équipements fortement contaminés ou activés. La mesure de bas taux de comptage (1Bq/g) ou de spectres complexes (déchets, actinides...) est assurée par des détecteurs de type scintillateurs (NaI[Tl], LaBr$_3$...) voire de type semi-conducteurs tel que le GeHp.

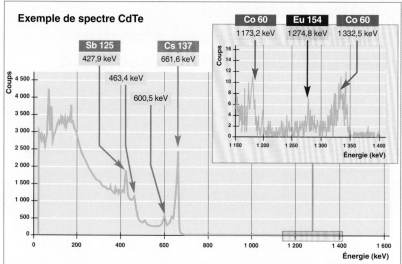

Exemple de spectre CdTe

Fig. 204. Spectre *gamma* obtenu au moyen d'un détecteur CdZnTe de 20 mm³ de volume pour la caractérisation radiologique d'une cuve contenant des produits de fission.

l'angle solide avec un collimateur (fig. 205), réduction définissant un segment (tranche).

Face à la diversité des systèmes d'acquisition (détecteur + collimateur) et des équipements à caractériser, l'étalonnage expérimental étant exclu, une méthode d'étalonnage par simulation numérique s'impose. Le rendement global de détection est alors décomposé en deux termes :

• Un premier terme, le rendement intrinsèque du détecteur $K(E)$ à l'énergie E, permet de relier un taux de comptage $\dot{n}_0(E)$ [coups/s] à un débit de fluence $\Phi_0(E)$ [cm^{-2}.s^{-1}] étalon. Cet étalonnage est effectué en laboratoire avec des sources étalons ponctuelles placées à distance du détecteur ;

La méthode de « *gamma-scanning* » d'équipements radioactifs

Sur les chantiers d'A&D il est parfois utile d'évaluer la distribution de la radioactivité dans un équipement, par exemple dans une cuve de réacteur [2] ou encore sur des équipements d'internes de cuve [3]. Ces données sont fondamentales pour optimiser les opérations d'A&D, plus précisément les modalités d'intervention, définir les tenues de travail appropriées, ou encore évaluer les catégories et volumes de déchets associés. Pour cela la technique de scrutation *gamma* (*gamma-scanning*) est utilisée : elle consiste à mesurer un spectre *gamma* sur plusieurs tranches de l'objet. Chaque spectre *gamma* est le résultat d'une acquisition réalisée en réduisant

• un deuxième terme, obtenu par simulation, consiste à modéliser la source radioactive pour calculer une fonction de transfert géométrique $FT_{i,j}(E)$ [exprimée en {γ.cm^{-2}.s^{-1}}/{(γ.s^{-1} à la source)}]. Ce terme relie une activité unitaire du milieu émetteur (source) à un débit de fluence *gamma* sans choc $\Phi_{i,j}(E)$ au point de mesure. Cette étape implique de maîtriser les données d'entrée de modélisation, qu'il s'agisse de la géométrie de l'équipement à caractériser ou de la composition des matériaux qui le constituent, afin d'évaluer puis combiner les termes d'influence pour estimer l'incertitude associée à l'activité (Bq).

Si l'on suppose que la résolution ou capacité à différencier la partie de l'objet observée du bruit de fond est suffisante, alors le vecteur colonne constitué des valeurs $\dot{n}_{1 \to t}(E)$ est une représentation de la distribution de la radioactivité dans les N segments, suivant l'axe de déplacement du système de mesure (fig. 205).

Pour évaluer l'activité contenue dans l'équipement, le vecteur fluence sans choc $\Phi_i(E)$ est déterminé à partir des résultats de mesures de spectrométrie *gamma*, le taux de comptage constaté dans la raie d'énergie E, $\dot{n}_l(E)$ corrigé par le rendement intrinsèque $K(E)$. Le détecteur est alors exploité en « flux-mètre *gamma* ».

$$\Phi_i(E) = \frac{\dot{n}_i(E)}{K(E)}$$

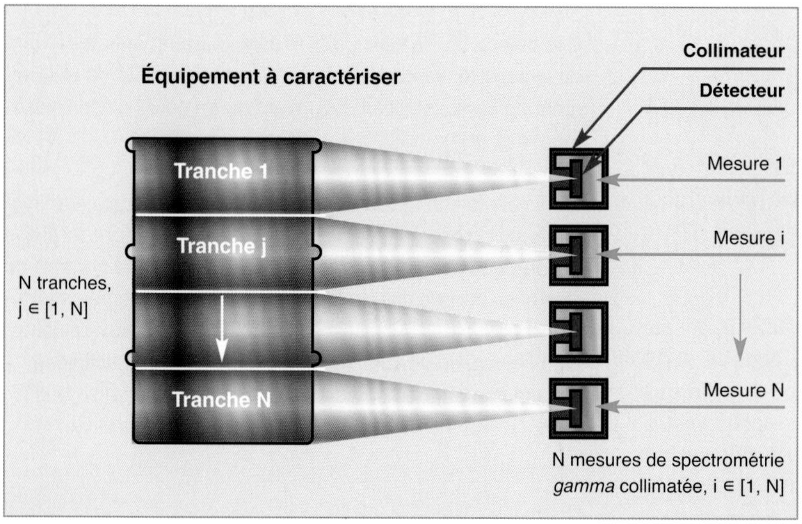

Équipement à caractériser

Collimateur

Détecteur

Tranche 1 — Mesure 1

Tranche j — Mesure i

N tranches, $j \in [1, N]$

Tranche N — Mesure N

N mesures de spectrométrie *gamma* collimatée, $i \in [1, N]$

Fig. 205. Schéma de principe de la mesure de spectrométrie par la méthode de « γ-scanning ».

Dans le cas d'un équipement observé suivants N segments, la contribution de la fluence sans choc (cm^{-2}.s^{-1}) de chaque tranche j est calculée au niveau de chaque point de mesure i. Les fonctions de transfert géométriques $FT_{i,1 \rightarrow j}(E)$ pour une énergie E sont exprimées sous forme d'une matrice carrée M de taille $N \times N$ (N points de mesure x N segments, $i = j$).

L'activité A_j (Bq) d'un segment j peut être obtenue après inversion de la matrice M et application du vecteur de fluence sans choc $\Phi_i(E)$ au point de mesure i.

$$A_j(E) = \sum_{i=1}^{N} M^{-1}(i, j)(E) . \dot{\Phi}_i(E)$$

La méthode de « *gamma-scanning* » appliquée à un composant périphérique du cœur du réacteur PHÉNIX

Dans le cadre des études pour le démantèlement du réacteur PHÉNIX (prototype de réacteur nucléaire à neutrons rapides refroidi au sodium situé sur le site nucléaire de Marcoule [Gard] qui a fonctionné de 1973 à 2010), et plus particulièrement pour l'évaluation du terme source, la caractérisation radiologique des structures situées en périphérie de cœur par spectrométrie *gamma* a été réalisée puis comparée aux résultats de calculs d'activation neutronique.

L'objet caractérisé, un Gros Rondin graphite (GRg), est un élément constitutif de la protection neutronique latérale du cœur du réacteur. Il se décompose en quatre parties : une tête de préhension en acier pour sa manutention, un bloc acier supérieur, le rondin graphite (modérateur de neutron) contenu dans une virole en acier et le pied en acier venant s'insérer dans le faux sommier. Le GRg a une longueur totale de 3 450 mm et un diamètre de 158 mm.

Le GRg est manutentionné dans la Hotte à Éléments Neufs (HEN). La hotte est une protection biologique. Les tranches sont obtenues en déplaçant le GRg dans la hotte par pas de 200 mm.

Pour l'opération de caractérisation, plusieurs instruments de mesures ont été mis en œuvre :

• Un détecteur semi-conducteur de type GeHp. Ce détecteur non collimaté est utilisé pour déterminer la qualité des radionucléides émetteurs *gamma* puis confirmer les résultats de calculs. Le spectre est composé de 100 % de photons issus du Co 60, principal produit d'activation émetteur *gamma* dans les aciers ;

• trois détecteurs semi-conducteurs de type CdZnTe placés dans un collimateur hémisphérique en plomb chemisé de cuivre (voir fig. 206) : ce dispositif de mesure permet de caractériser le GRg par tranche de 200 mm *(gamma-scanning)* à une distance de 400 mm de l'axe du GRg. Trois sondes de volume 5, 20 et 60 mm³ ont été utilisées afin de couvrir la dynamique de mesure.

Fig. 206. Outils de mesures mis en œuvre pour la caractérisation radiologique d'un Gros Rondin de graphite du réacteur PHÉNIX.

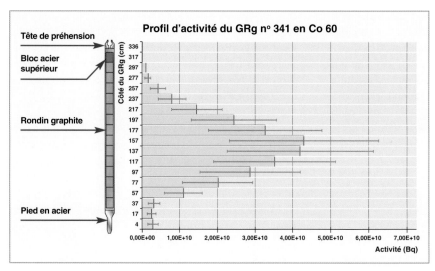

Fig. 207. Évaluation par *gamma-scanning* du profil d'activité du Gros Rondin graphite, équipement périphérique du cœur du réacteur PHÉNIX.

La mesure de la profondeur de contamination radioactive des bétons au moyen du ratio Pic / Compton

La caractérisation radiologique par méthode non destructive des sols bétons contaminés est un sujet d'intérêt dans l'ensemble des phases d'assainissement et de retrait des surfaces contaminées, par exemple pour le déclassement d'une installation (ASN, 2016). Depuis une dizaine d'années, le CEA développe avec ses partenaires[16] une méthode non destructive de caractérisation radiologique des sols bétons contaminés des **Installations Nucléaires de Base* (INB*)** permettant d'estimer l'activité globale et la profondeur de migration de la contamination de radionucléides émetteurs *gamma* dans les sols bétons à partir de mesures *in situ*. Une technique de mesure consiste à effectuer deux acquisitions de spectrométrie *gamma* pour une zone d'intérêt (fig. 208) : une première mesure avec le détecteur collimaté sans bouchon **a**, puis une deuxième mesure en plaçant un bouchon **b** devant le collimateur de façon à évaluer le signal parasite ou bruit, hors angle solide. Le résultat obtenu par différence des deux spectres est une valeur nette.

La méthode de traitement du spectre net s'appuie ensuite sur la détermination des comptages n_1 et n_2 (surfaces sous les pics, de deux régions énergétiques ΔE_1, et ΔE_2 dont les taux

16. En collaboration avec l'Institut Kurchatov [4, 5].

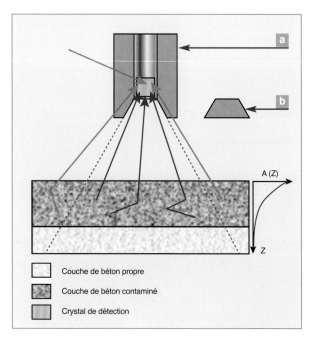

Fig. 208. Schéma du système de mesure de spectrométrie *gamma*, appliquée à la mesure de profondeur de contamination dans les bétons. Collimateur (a) pièce de réduction de l'angle solide (b) pièce permettant d'obturer l'angle afin d'évaluer le niveau du bruit ; A(Z) est la fonction de répartition du contaminant dans l'épaisseur Z de béton contaminé.

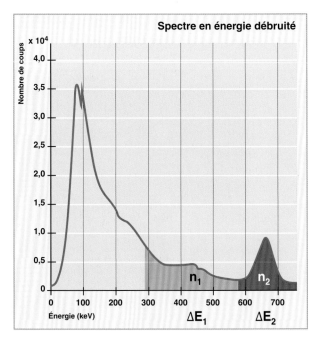

Fig. 209. Décomposition du spectre *gamma* net en deux zones d'intérêt : surface n_1 d'une partie du fond Compton, surface sous le pic d'absorption totale n_2, cas du Cs 137 (énergie caractéristique : 662 keV).

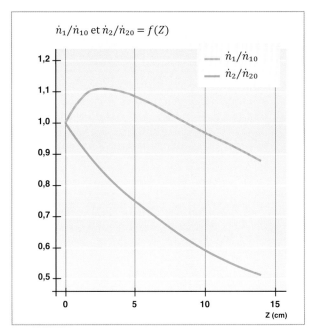

$\dot{n}_1/\dot{n}_{10}$ et $\dot{n}_2/\dot{n}_{20} = f(Z)$

Fig. 210. Analyse des spectres *gamma* des bétons contaminés : variations des ratios de taux de comptage $\dot{n}_1/\dot{n}_{10}$ et $\dot{n}_2/\dot{n}_{20}$ dans chaque région ΔE_1 et ΔE_2 en fonction de la profondeur de contamination Z en Cs 137 dans le béton.

de comptage $\dot{n}_1$ et $\dot{n}_2$ varient suivant la profondeur de contamination. La zone énergétique ΔE_1 est une partie du fond Compton, et la zone énergétique ΔE_2 encadre le pic d'absorption totale (fig. 209).

$\dot{n}_{10}$ et $\dot{n}_{20}$ sont les taux de comptage relevés respectivement dans les deux zones d'intérêts ΔE_1 et ΔE_2 pour le cas d'une contamination surfacique, ou autrement dit sans migration de la contamination. Pour évaluer l'influence de la migration du contaminant dans le substrat la variation des rapports $\dot{n}_1/\dot{n}_{10}$ et $\dot{n}_2/\dot{n}_{20}$ est observée en fonction de la profondeur de contamination pour une distribution exponentielle de la migration de la contamination dans un béton.

La variation du taux de comptage $\dot{n}_1$ dépend du cumul de deux phénomènes, les rayonnements *gamma* résultant du Compton dans le détecteur et ceux du Compton dans le substrat. Pour une activité donnée, le flux Compton issu du substrat augmente avec la profondeur de migration du contaminant pour les petits angles de diffusion. En revanche, la diffusion Compton dans le détecteur est proportionnelle au flux sans choc. Il diminue avec la profondeur de migration du contaminant. Ces deux composantes se compensent (fig. 210, courbe orange) donc jusqu'à une certaine profondeur à partir de laquelle la diffusion Compton dans le substrat devient négligeable. Le taux de comptage $\dot{n}_2$ (flux sans choc) dépend de la profondeur de contamination en suivant la loi d'atténuation en $e^{-\mu z}$ (courbe bleue de la figure 210).

Sachant que les taux de comptage $\dot{n}_1$ et $\dot{n}_2$ sont proportionnels à l'activité totale de la couche de béton contaminée, que $\dot{n}_1$ varie peu avec la profondeur de contamination et que $\dot{n}_2$ varie nettement avec la profondeur de contamination, alors le rapport $\dot{n}_1/\dot{n}_2$ est une fonction de la profondeur de contamination. Dès lors, la seule connaissance des deux taux de comptage $\dot{n}_1$ et $\dot{n}_2$ déterminés à partir d'un spectre mesuré sur le terrain permet de remonter à l'activité totale et à l'épaisseur de la couche de béton contaminée tout en s'appuyant sur des fonctions d'étalonnage et des paramètres de calibration surfacique préalablement déterminés à partir de simulations Monte-Carlo. Ces simulations Monte-Carlo consistent, après avoir modélisé le dispositif de mesures et son environnement ainsi que le terme source, à reproduire un spectre *gamma* attendu au niveau du détecteur en simulant les processus d'interaction et de transport des photons dans la matière et ce pour différentes profondeurs de contamination z.

Les nouvelles technologies de détecteurs couplées avec des méthodes de traitement numérique sont largement utilisées dans le cadre des opérations d'A&D. L'incertitude associée à la caractérisation radiologique dépend de la distribution du contaminant dans l'équipement et de la qualité physico-chimique des écrans. Le traitement combiné de différentes technologies est donc une nécessité, elle fonde la pertinence [performance] des mesures *in situ*. Les imageurs, la modélisation 3D, ou encore les techniques d'analyse physico-chimique sont aujourd'hui des techniques indissociables de la spectrométrie *gamma*.

Mehdi Ben Mosbah,
Département de technologie nucléaire

Philippe Girones,
Département des projets d'assainissement-démantèlement

Charly Mahé et Julien Venara,
Département de recherche sur des technologies pour l'enrichissement, le démantèlement et les déchets

▸ **Références**

[1] V. Ivanov, J. Mintcheva, A. Berlozov and A. Lebrun, *Performance Evaluation of New Generation CdZnTe Detectors for Safeguards Applications*, Symposium on International Safeguards, Vienna (2014).

[2] P. Girones *et al.*, "Underwater Radiological Characterization of a Reactor Vessel", *ICEM'05*, Glasgow (UK) (2005).

[3] J. Venara, M. Ben Mosbah and C. Mahé, *Radiological Characterization Methods Specifically Applied to the Preparation of the Dismantling of PHENIX Fast Reactor*, ASME 2013 15th International Conference on Environmental Remediation and Radioactive Waste Management, American Society of Mechanical Engineers, ASME (2013).

[4] A.V. Chesnokov et al., "Collimated Detector Technique for Measuring a 137Cs Deposit in Soil under a Protected Layer", *Appl. Radiat. Isot.* vol. 48, n°.9, pp. 1265-1272 (1997).

[5] A.V. Chesnokov et al., "Method and device to measure 137Cs soil contamination *in situ*", *Nuclear Inst. And Meth.*, A 420, pp. 336-344 (1999).

▸ **Bibliographie**

ASN, *Guide de l'ASN n°14, Assainissement des structures dans les installations nucléaires de base*, Paris, ASN (2016).

Girones (P.), *Methodology for determining the radiological status of a process: Application to decommissioning of fission product storage tanks*, Athènes, AIEA (2006).

208

La spectrométrie *gamma* appliquée à la caractérisation d'objets issus des chantiers d'assainissement-démantèlement-déclassement

L'imagerie *gamma* et *alpha in situ* pour l'assainissement-démantèlement des installations nucléaires

utilisation de l'imagerie dans l'industrie nucléaire n'a cessé de croître depuis la mise au point, dans les années 90, d'un prototype de *gamma* caméra à base de **sténopé*** appelé « Aladin » [1]. Les caméras sont aujourd'hui utilisées pour la localisation des zones irradiantes (points chauds) ou des taches de contamination dans les installations nucléaires, pour soutenir l'exploitation ou lors des phases d'assainissement, et de démantèlement des installations nucléaires.

Les résultats sont utilisés pour l'optimisation de la gestion des déchets nucléaires, pour la définition et le suivi des opérations d'assainissement et de démantèlement ou encore lors du suivi de chantier favorisant la démarche **ALARA*** pour l'optimisation de la dosimétrie du personnel intervenant.

Cet article synthétise quelques-unes des principales techniques non destructives de caractérisation *in situ* actuellement utilisées pour la localisation de points ou zones de concentration de contaminant émetteurs *alpha* ou/et *gamma*.

La *gamma* caméra

Les *gamma* caméras compactes sont composées de tube intensificateur d'image assurant la collecte du signal recueilli sur un scintillateur et d'une « optique » placée en amont. Une matrice CCD et des cartes électroniques permettent de réaliser la mise en forme et la numérisation du signal (fig. 211).

La quantité de signal cumulée sur le scintillateur diffère selon l'optique utilisée. Le sténopé est un trou de faible diamètre percé dans un collimateur double cône en matériau dense : alliage de tungstène (fig. 211, {1}). Ce dispositif réduit l'angle solide de 45°, par exemple. Il est placé devant un scintillateur (fig. 211, {2}) BGO ou CsI[Tl], suivant la sensibilité recherchée, le BGO étant moins sensible que le CsI[Tl]. Le rayonnement *gamma* produit un « éclairement » ponctuel localisé du scintillateur puis par cumul une image *gamma* dont la résolution spatiale est comprise entre : 2 à 4,6°. L'angle solide et la résolution dépendent de l'énergie des photons γ observés.

Deux images sont collectées sur le CCD qui est placé derrière un intensificateur : l'image *gamma* et une image visible.

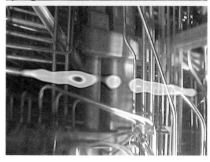

Fig. 212. *Gamma* caméras Aladin avec instrumentation complémentaire (CdZnTe, lasers, sonde de débit de dose), en bas, une image *gamma* d'équipements en cellule de haute activité.

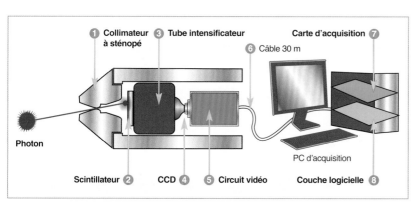

Fig. 211. Architecture de la *gamma* caméra à sténopé.

Ces images sont collectées sur le même axe optique (fig. 211). Pour obtenir l'image *gamma*, un obturateur « transparent » aux rayonnements *gamma* est engagé et place le scintillateur dans le noir.

La première version industrielle des *gamma* caméras équipées de sténopé, baptisée « Cartogam », [2] permet de localiser, en quelques minutes, des sources générant un débit de dose, au niveau de la *gamma* caméra, de moins de 0,1 μGy.h^{-1} à plusieurs dizaines de Gy.h^{-1}. La maîtrise du rapport signal/bruit est garantie par la protection en matériau dense placée autour de l'électronique. Cette protection optimisée représente l'essentiel de la masse qui est de 17 kg.

Une meilleure sensibilité, et résolution spatiale, pour une dynamique d'acquisition supérieure avec une solution de traitement des bruits parasites sont les objectifs recherchés par les opérateurs. La recherche de technologies adaptées aux différents usages et aux performances énoncées ci-dessus a conduit à retenir l'utilisation de masques codés, dont le premier avantage opérationnel est de réduire la masse de la *gamma* caméra.

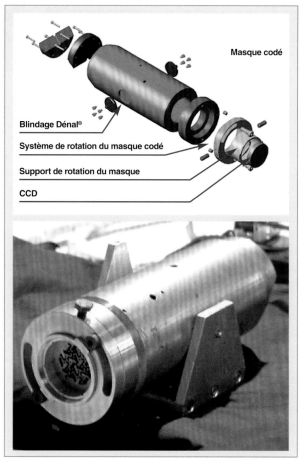

Description technique de la gamma *caméra à masque codé*

Le masque codé est une optique à collimation comme le sténopé. Le collimateur est percé de trous suivant un motif qui nécessite une déconvolution pour l'obtention d'une image de localisation de points de concentration de la radioactivité.

Par rapport à une configuration sténopé, le masque codé améliore la sensibilité car cette « optique » est percée de multiples trous permettant d'éclairer jusqu'à 50 % de la surface du scintillateur. Les masques utilisés dans l'industrie nucléaire sont en alliage de tungstène. Le motif élémentaire composé de pleins et de trous répond aux caractéristiques des masques de type HURA *(Hexagonal Uniformly Redundant Arrays)*, la théorie mathématique utilisée pour le

Fig. 214. Exemple de *gamma* caméra à masque codé.

dimensionnement de ces masques est issue de la théorie de Fennimore et Cannon [FERNIMORE & CANNON, 1978]. Le masque est caractérisé par le rang (nombre de trous), et par son épaisseur (fig. 213). On note que l'usinage par imprimantes 3D est compatible avec les formes complexes des maques, solution technique qui pourrait « démocratiser » la production de ce type d'équipement.

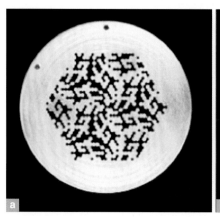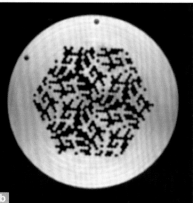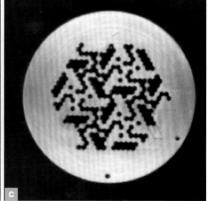

Fig. 213. Exemple de masques codés : a) Rang 9 (4 mm) ; b) Rang 9 (6 mm) ; c) Rang 6 (12 mm).

Fig. 215. Exemple de résultats comparatifs (à gauche : image masque codé, à droite : image sténopé).

Les masques peuvent être implantés sur des caméras classiques en lieu et place de « l'optique » sténopé (fig. 214).

L'utilisation des masques codés permet d'améliorer la résolution spatiale ainsi que le rapport signal sur bruit lié à la présence de source parasite hors du champ d'observation de l'imageur (fig. 215).

L'image brute (codée par le masque) n'est pas directement exploitable puisqu'elle correspond au résultat de la modulation du signal brut par le motif du masque. Une étape de décodage est alors nécessaire [3]. Le décodage s'appuie sur une matrice de décodage dépendante du masque utilisé. La matrice de décodage est établie en deux étapes, la première numérique puis physique à partir d'un étalonnage en laboratoire.

La matrice numérique représente le motif du masque. Elle est composée de 1 et de -1. La valeur d'une cellule hexagonale pleine est fixée à 1, une cellule transparente a pour valeur -1. Le motif du masque est étendu (répétition du motif élémentaire à la périphérie du motif central), il est inscrit dans une image noire de taille double au motif élémentaire du masque (fig. 216).

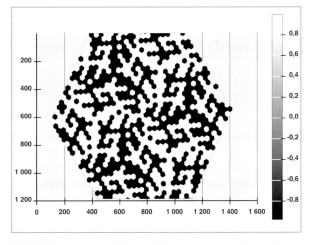

Fig. 216. Exemple de matrice de décodage, masque de rang 9.

L'étalonnage ou « correction » de la matrice numérique est effectué sur la base de l'image *gamma* brute appelée « *shadowgram* » correspondant à la projection sur le scintillateur du motif élémentaire du masque codé utilisé. Cet étalonnage est effectué en laboratoire en plaçant une source ponctuelle centrée face à la *gamma* caméra. La comparaison géométrique, ou correction de parallaxe, des deux images : matrice

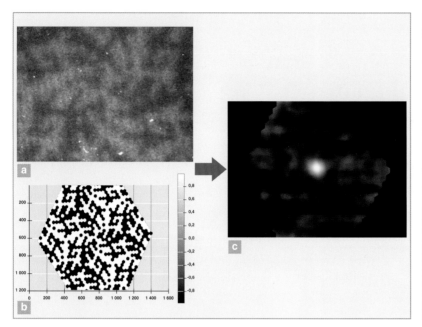

Fig. 217. Décodage du « *shadowgram* » ; a) image brute (shadowgram) ; b) Matrice étendue ; c) Résultat du décodage avec cache.

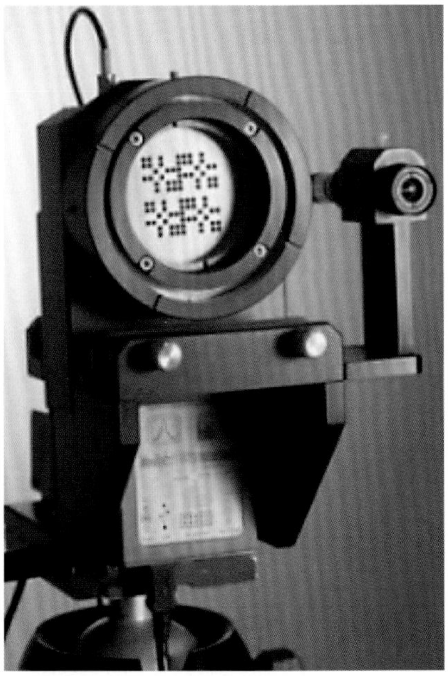

Fig. 218. prototype de la caméra *gamma* GAMPIX développée par le CEA.

numérique et *shadowgram*, permet l'établissement de la matrice de décodage.

Le décodage est effectué sur le signal utile issu du CCD, c'est-à-dire le signal brut vu à travers un « cache » ne prenant en compte que les pixels inclus dans le motif élémentaire du masque.

Le décodage est effectué sur la base de la fonction de corrélation entre l'image brute vue à travers le « cache » et la matrice de décodage étalonnée. Les transformées de Fourier des images sont utilisées afin d'accélérer les temps de calcul. Le décodage se résume alors au produit de convolution des deux matrices : image brute et matrice de décodage corrigée (étalonnée). Des traitements d'images complémentaires sont ensuite effectués à l'issue du décodage : isolement des parties réelles, suppression des valeurs négatives et conversions. Pour obtenir un meilleur décodage et améliorer les performances de la *gamma* caméra, les pertes de sensibilité du scintillateur (en particulier aux bordures) peuvent être corrigées. Une carte de sensibilité est ainsi effectuée pour chaque scintillateur. Les pertes sont compensées par cette matrice normalisée en fin d'acquisition.

Pour s'affranchir du bruit de fond, on utilise la propriété d'antisymétrie des masques codés. La tête de la *gamma* caméra est équipée afin de pouvoir effectuer une rotation de 60 ° du masque. Nous obtenons les deux positions pour l'acquisition : masque et antimasque où un « plein » devient un « trou » et inversement. Le résultat final pour la scène observée est obtenu en effectuant la soustraction des deux images *gamma* brutes (masques et antimasques). La sous-traction est réalisée pixel par pixel, le signal sous un plein en position masque correspondant à ce même signal sous un trou en position antimasque. Le signal net décodé est donc quasi nul sous un plein du masque, le bruit résultant se limite ainsi aux fluctuations statistiques δ du bruit en position antimasque par rapport au bruit en position masque.

Depuis le milieu des années 2000, le CEA a entrepris le développement d'une nouvelle génération de caméras *gamma*. Cette nouvelle génération est construite autour du détecteur pixellisé Timepix, hybridé à un substrat semi-conducteur d'un millimètre de CdTe, et d'un masque codé [4]. Ce système présente plusieurs avancées majeures par rapport aux premières technologies : masse significativement réduite (de l'ordre de deux kilogrammes), sensibilité améliorée de plusieurs décades, notamment pour la détection à basse énergie (> 100 keV), simplicité de déploiement et d'utilisation [5]. La caméra *gamma* iPIX est disponible commercialement depuis le milieu de l'année 2015 (fig. 218).

Les développements désormais engagés par plusieurs équipes du CEA portent sur l'ajout de nouvelles fonctionnalités (spectro-imagerie [6], amélioration de la sensibilité de détection pour les émetteurs de type : Cs 137 et Co 60, combinaison du fonctionnement en mode masque codé et en mode Compton), afin de faire franchir une nouvelle étape aux systèmes d'imagerie *gamma*.

Exemple d'utilisation de la gamma caméra pour la localisation de points chauds en 3D, suivi d'assainissement

La faisabilité de la localisation spatiale des points de concentrations de la contamination *in situ* dépend généralement de la configuration de mesure. Certaines interventions « simples » permettent l'utilisation de télémètre laser afin de connaître la distance exacte entre la *gamma* caméra et l'élément observé. Il est cependant assez rare que l'élément irradiant observé soit directement dans le champ de vue de la *gamma* caméra. Une mesure de triangulation est alors nécessaire pour connaître la position exacte du point chaud dans l'espace.

L'exemple choisi pour illustrer la caractérisation radiologique à partir d'imageur *gamma* est une cuve placée dans un local inaccessible. Cette scène est caractérisée par une configuration radiologique favorable. Le composant principal, la cuve, contient la source principale et elle est isolée du bruit par des murs de forte épaisseur, les protections biologiques. Une opération importante d'assainissement a été réalisée sur cette cuve contenant des produits de fission. Il s'agit alors d'instrumenter cette opération d'assainissement pour réaliser :

• Le point zéro préambule de l'opération ;

• le suivi d'assainissement ;

• l'état final de fin d'assainissement.

Les séquences de mesure débutent par une cartographie de débit de dose réalisée suivant une ligne à l'aplomb du carottage pratiqué en toiture suivant un pas de 50 cm. La hauteur totale de la case est de 550 cm. La séquence d'acquisitions de mesures sera ensuite reproduite durant la période d'assainissement (fig. 219) pour observer l'évolution du débit de dose (DdD).

Après chaque phase d'assainissement, le profil de débit de dose de la cuve vide est tracé. L'évolution du niveau du débit de dose est proportionnelle aux résultats d'activité volumique estimée par analyse destructive sur l'effluent de décontamination. Ce couple de techniques d'analyse est couramment exploité et répond aux besoins de suivi opérationnel. La mesure du débit de dose dans les premières phases apporte le constat d'un fort contraste dû à la concentration de la source en fond de cuve. Après le retrait de la source principale, le **contraste moins marqué est un handicap pour l'interprétation et exige une sélectivité** spatiale plus prononcée.

La scène traitée est simple. Elle ne comporte qu'une source concentrée en fond de cuve qu'il convient de suivre pour valider la qualité de l'opération d'assainissement. Malgré la simplicité de la scène, les techniques de localisation des sources radioactives ou point singulier d'accumulation de la contamination, élément déterminant pour vérifier la pertinence du traitement ont nécessité l'exploitation d'une *gamma* caméra. L'image ici couplée à un modèle 3D affine la localisation des points de concentration mise en évidence avec le traitement de débit de dose (fig. 210). Ces résultats apportent cependant une précision spatiale qu'aucune méthode ne permet d'atteindre (< 3 °).

Ces techniques d'imagerie pour le suivi des opérations d'assainissement dans des contextes plus complexes devien-

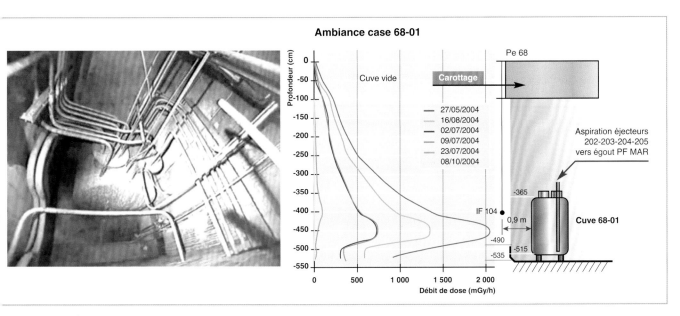

Fig. 219. À droite, résultats de mesure de débit de dose durant la séquence d'assainissement, à gauche photographie de la configuration de la cuve contenant des produits de fission.

nent désormais les techniques de référence. Leur utilisation réduit le volume de réactif grâce à une évaluation de la cible position et taille de la source. Elle réduit aussi le volume de déchets en offrant une « vision » précise pour les opérations de dépose en limitant la taille des déchets et la « contamination opératoire ».

L'*alpha* caméra

L'*alpha* caméra est un instrument permettant de localiser, à distance, une contamination *alpha*. Le phénomène observé est la radio-luminescence du diazote induite par les interactions *alpha* dans l'air. L'interaction des particules *alpha* s'accompagne d'une émission de photons dans l'UV proche du visible. La longueur d'onde λ des raies prépondérantes est comprise entre 280 nm et 390 nm (spectre discret).

Les émissions principales d'UV provoquées par l'interaction des particules *alpha* sont concentrées à proximité de la source radioactive compte tenu du faible parcours des particules *alpha* dans l'air. En revanche, la détection et l'inté-

gration d'un signal UV est rendu possible à distance et à travers des matériaux translucides comme, par exemple, le plexiglas qui équipe les parois de boîtes à gants.

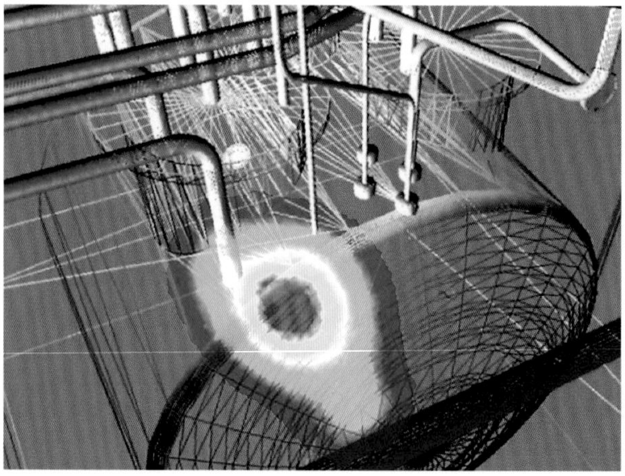

Pour la réalisation d'images UV, la proximité du spectre visible, impose de faire les acquisitions dans l'obscurité ou *via* l'utilisation d'intensificateurs d'images dits « *Solar Blind* » permettant de travailler dans ce cas, dans une semi-obscurité. Il n'est cependant pas envisageable dans l'état actuel des connaissances, de travailler en pleine lumière pour ces mesures. La première caméra, développée au CEA, associe un capteur CCD refroidi (par de l'azote liquide) et adapté à la détection d'UV grâce à un objectif grand angle pour la collecte des photons UV. Le traitement du signal est ensuite réalisé sur un PC déporté.

Un dispositif expérimental a été testé dans un laboratoire équipé de boîtes à gants où des actinides sont manipulés. L'image obtenue (fig. 220) est utile pour les opérations d'assainissement, elle oriente les gestes pour l'assainissement et réduit ainsi la dosimétrie des opérateurs. Cependant, les conditions d'acquisition sont lourdes et nécessitent la mise dans le noir de l'ensemble de la boîte à gants, voire du local.

Face aux résultats encourageants de la première génération d'imageurs *alpha*, le dispositif actuellement étudié est désormais constitué d'un capteur CCD intensifié à haute performance utilisant une unité d'intensification à double plaque de micro-canaux permettant des possibilités de gains lumineux et une haute sensibilité dynamique pour l'observation de phénomènes à faibles signaux photoniques.

Afin d'obtenir l'efficacité quantique maximale aux longueurs d'onde prépondérantes du phénomène, aucun filtre n'a été ajoutée au dispositif de mesure. Le capteur CCD est combiné à une photocathode multi-alkali optimisée pour le rayonnement UV. Son spectre de réponse s'étend de 180 à

Fig. 220. Image *gamma* de la cuve superposée à un modèle filaire 3D.

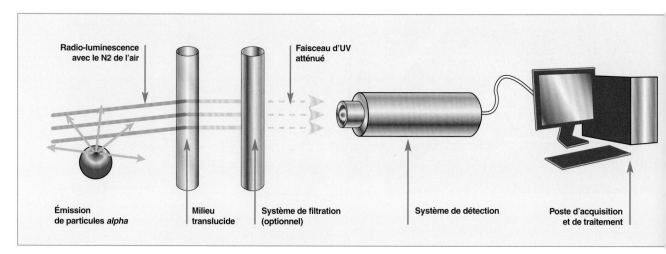

Fig. 221. Schéma de principe de la détection de particules *alpha* à distance.

Fig. 222. Exemple d'utilisation de l'imagerie *alpha* pour la caractérisation de boîtes à gants (les zones colorées correspondent à des traces de contamination α).

▸ **Références**

[1] H. Carcreff et G. Thellier, « Dispositif de localisation en temps réel de sources de rayonnement », Brevet n° EP 0674188 A1, publié le 27/09/1995.

[2] O. Gal, C. Izac, F. Jean, F. Lainé, C. Lévêque and A. Nguyen, "CARTOGAM – a portable *gamma* camera for remote localization of radioactive sources in nuclear facilities", *Nucl. Instrum. Meth.*, vol. A 460, pp. 138-145, 1999.

[3] M. Gmar, O. Gal, C. Le Goaller, O. P. Ivanov, V. N. Potapov, V. E. Stepanov *et al.*, "Development of Coded-Aperture Imaging with a compact *Gamma* Camera", IEEE NSS, 2003.

[4] M. Gmar, M. Agelou, F. Carrel, V. Schoepff, "GAMPIX: a new generation of *gamma* camera", *Nuclear Instruments and Methods in Physics Research*, section A, vol. 652, pp. 638-640, 2011.

[5] F. Carrel *et al.*, "GAMPIX: a New *Gamma* Imaging System for Radiological Safety and Homeland Security Purposes", Proceedings of the IEEE Conference/RTSD workshop, 2011.

[6] H. Lemaire *et al.*, "Implementation of an imaging spectrometer for localization and identification or radioactive sources", *Nuclear Instruments and Methods in Physics Research*, section A, vol. 763, pp. 97-103, 2014.

[7] F. Lamadie *et al.*, *Alpha imaging: first results and prospects*, IEEE 2004, Nuclear Science Symposium.

[8] C. Mahé *et al.*, "Development of a Dual *Alpha-Gamma* Camera for Radiological Characterization", IEEE 2017, Nuclear Science Symposium.

800 nm. L'ensemble a une efficacité quantique de l'ordre de 20 % pour une longueur d'onde comprise entre 200 nm et 440 nm. Compte tenu de sa haute sensibilité, l'image est exploitable dès une ambiance lumineuse de 10^{-6} lux. Enfin, un objectif UV standard associé à une lentille UV permet de collecter les photons UV avec une transmission supérieure à 60 % à partir de 230 nm.

Cet imageur est toujours en phase d'amélioration et il est désormais possible d'envisager un système d'imagerie duale *alpha / gamma* [8].

Conclusion

Les opérations d'inventaire en amont des radionucléides pour l'élaboration des scénarios d'assainissement démantèlement puis de suivi d'assainissement ont été le socle du développement des imageurs. Aujourd'hui, les technologies sont matures, leur exploitation est courante.

Les images sont souvent couplées à d'autres résultats de mesures pour cartographier rapidement un équipement, un local. Sans la localisation des points de concentration de la contamination, l'acquisition et le traitement de spectre *gamma* sont, par exemple, délicats voire impossibles. L'image *gamma* constitue le pivot des techniques de caractérisation *in situ*, de cartographie radiologique.

Mehdi Ben Mosbah,
Département de technologie nucléaire
Vincent Schoepff, Frédérick Carrel,
Laboratoire d'intégration des systèmes et des technologies
Julien Vénara et Charly Mahé,
Département de recherche sur les technologies pour l'enrichissement, le démantèlement et les déchets

Le couplage des méthodes de mesures nucléaires *in situ* pour l'assainissement-démantèlement-déclassement

La cartographie radiologique et physico-chimique est une représentation spatiale de la distribution de variables radiologiques et physico-chimique. Elle est une synthèse et un support de référence pour la rédaction de scénarios d'A&D puis pour le suivi de la performance des opérations (fig. 223).

La qualité d'une carte dépend du nombre et de la qualité de paramètres (variables) rassemblés sur un support unique. Chaque point de la carte est caractérisé à minima par l'activité ou le débit de dose, et la distribution spatiale de la source, par exemple (débit de dose, x, y, z, fig. 223). Pour l'acquisition *in situ* des données, par exemple, l'imageur *gamma* est couplé à une instrumentation complémentaire (fig. 224) dont :

• Une sonde de spectrométrie *gamma* compacte (type CdZnTe), collimatée dans un fourreau en plomb chemisé de cuivre, et associé à un pointeur laser permettant de localiser avec précision le point de mesure ;

• une sonde de débit de dose ambiant (sans collimateur) ;

• une caméra couleur miniature.

La mesure de spectrométrie *gamma* collimatée est ici exploitée pour identifier puis quantifier les radionucléides présents dans le point chaud détecté par imagerie *gamma*. Les instru-

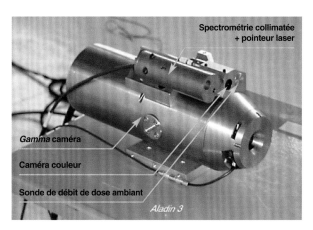

Fig. 224. *Gamma* caméra type Aladin 3 et instrumentation associée.

ments sont adaptés aux conditions opératoires, pour la sonde CdZnTe, le choix du volume de détection dépend du débit de dose attendu au niveau de la *gamma* caméra. Le traitement du spectre *gamma*, pour la déclaration en activité, s'appuie sur un étalonnage numérique (voir *supra*, p. 203). Cet étalonnage dépend en particulier de la valeur de la distance qui sépare le détecteur de la source, un télémètre est alors utilisé. Des configurations de mesure imposent des méthodes de localisation de la source radioactive avancée, c'est le cas, par exemple, lorsqu'un « point chaud » est situé derrière un écran opaque (une cuve, une tuyauterie, un sol, etc.). Une série de

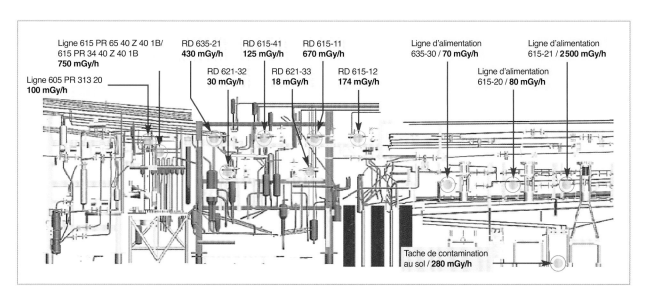

Fig. 223. Cartographie radiologique par couplage de mesures de débit de dose et d'image *gamma*, d'équipements de génie des procédés dans une usine de retraitement de combustibles usés.

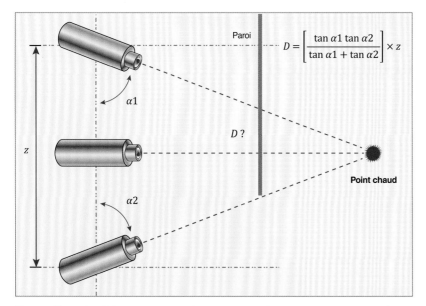

$$D = \left[\frac{\tan \alpha 1 \, \tan \alpha 2}{\tan \alpha 1 + \tan \alpha 2} \right] \times z$$

Fig. 225. Illustration de la mesure de position du point chaud par technique de triangulation.

Le couplage de méthodes de mesures nucléaires *in situ* : exemple de caractérisation de l'état radiologique des cuves de Stockage de Produits de Fission (SPF)

Le cas des cuves, contenant des effluents contaminés, est un sujet représentatif pour l'application des méthodes de cartographie par instrumentation couplée. Par exemple, les cuves SPF sont constituées de nombreux internes : serpentins de refroidissement, barres de support, pulseur... La distribution de la contamination est donc complexe. La méthodologie de la triangulation des points chauds est adaptée à la caractérisation d'équipements présentant ce type de répartition hétérogène de l'activité. Elle doit cependant être complétée car le bilan radiologique de ce type d'équipement consiste à distinguer, d'une part, un *premier* terme source lié aux points chauds ayant pour origine une rétention de substances radioactives et d'autre part, un *second* terme source lié à un dépôt surfacique de substances radioactives. De plus, il existe des volumes d'effluents radioactifs constituant un troisième terme source volumique dont l'activité est connue (analyse sur prélèvements). Face à la complexité de la distribution du terme source, il est supposé, que la contamination surfacique est uniquement déposée sur les parois internes de la cuve. De plus, le principal radionucléide émetteur *gamma* est le produit de fission Cs 137.

Sur la base de ces hypothèses, une méthodologie de caractérisation radiologique d'une cuve par mesure *in situ* consiste à combiner différentes techniques de mesure nucléaire :

• Dans un premier temps, l'**imagerie *gamma*** permet de localiser par triangulation les points chauds puis de quantifier leurs activités. L'inspection par imagerie *gamma* est réalisée sur toute la hauteur de la cuve *via* deux génératrices (P1, P3, fig. 226). Pour chaque point de mesure la position de l'axe optique de la *gamma* caméra en site et azimut est relevée (fig. 225) ;

• dans un deuxième temps, un *gamma-scanning* par spectrométrie collimatée est réalisé suivant n tranches (voir *supra*, p. 204). Pour chaque point de mesure la contribution des points chauds ainsi que celle du volume d'effluents au vecteur débit de fluence *gamma* mesurée (γ.cm^{-2}.s^{-1}) sont soustraites. Cette opération est réalisée par simulation avec un code de calcul après modélisation de la géométrie de

mesures est alors réalisée afin d'obtenir la distance (D, fig. 225) entre la *gamma* caméra et le point chaud mesuré. Cette méthode s'appuie sur une triangulation du centre du point chaud. Elle consiste à centrer le point chaud sur l'image et relever les positions (z, fig. 225) et angles ($\alpha 1$, $\alpha 2$, fig. 225) exacts de l'axe optique de la *gamma* caméra.

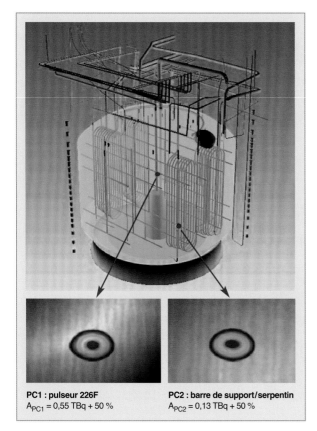

PC1 : pulseur 226F
$A_{PC1} = 0{,}55$ TBq + 50 %

PC2 : barre de support/serpentin
$A_{PC2} = 0{,}13$ TBq + 50 %

Fig. 226. Points chauds *gamma* détectés par imagerie dans une cuve de produits de fission.

mesure, du terme source lié aux points chauds et du terme source lié au volume d'effluent en fond de cuve. Après soustraction, il est donc considéré que le vecteur flux résultant est uniquement dépendant du terme source lié aux dépôts surfaciques internes à la cuve ;

• enfin, une fois le modèle radiologique élaboré, composé des trois contributions : points chauds, contamination surfacique, et volume d'effluents contaminés, les profils de débits de dose ambiants mesurés sont confrontés aux profils calculés (fig. 227) afin de valider l'expression de l'activité totale retenue dans la cuve.

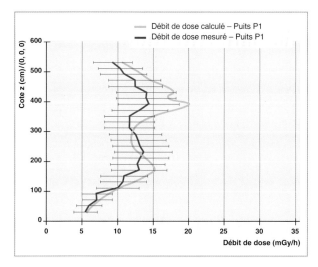

Fig. 227. Validation du modèle radiologique (répartition de la contamination et valeur de l'activité totale) par comparaison des débits de dose *gamma* théoriques et mesurés.

Les investigations radiologiques par sonde à fibre optique à luminescence optiquement stimulée

La dosimétrie à distance constitue un des outils essentiels de l'A&D. En situation de parfaite accessibilité, la caméra *gamma* (2D) est l'outil idéal pour l'inspection radiologique. Toutefois, pour des installations d'accès restreints ou difficiles, *e.g.* internes de cuves, réacteurs, piscines d'entreposage, etc., les inspections de leur état initial et de l'évolution lors de la décontamination peuvent s'avérer complexes, chronophages et coûteuses car elles sont alors réalisées à l'aide de détecteurs ponctuels (0D) déplacés point par point (chambres d'ionisation, détecteurs CZT ou **compteur Geiger-Müller***).

Les détecteurs Geiger-Müller (GM) ou les diodes silicium sont abondamment utilisés mais posent cependant quelques problèmes : ils sont fragiles, nécessitent un apport de haute tension, ainsi que l'application d'une procédure de post-traitement en raison de la linéarité limitée du signal (aux faibles

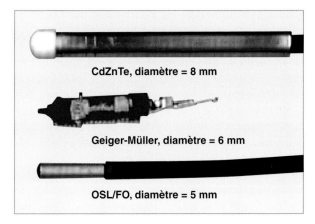

Fig. 228. Vue de trois sondes utilisées pour les cartographies radiologiques en A&D.

flux) *en fonction de l'activité.* Enfin, la gamme en débit de dose (DdD) de ces détecteurs est souvent restreinte (trois décades).

Un cas critique est l'inspection au travers de conduites de petit diamètre (< 1 cm) et de faible rayon de courbure au travers desquelles les capteurs traditionnels ne passent pas (fig. 228).

Dans ce contexte, le CEA a développé la technologie OSL/FO *(Optically Stimulated Luminescence/Fiber Optics)* depuis 1995. Une sonde OSL/FO contenant un cristal d'alumine réduite au carbone (Al_2O_3:C, Landauer) est reliée par un cordon optique à une unité de mesure (fig. 229 et *supra*, p. 94) située hors zone (non contaminable). Ce type de cordon est suffisamment flexible pour franchir les différentes courbures et suffisamment résistant (tresse métallique) pour supporter des efforts d'écrasement et de traction/propulsion. La carto-

Fig. 229. Dispositif OSL/FO développé par le CEA pour les investigations radiologiques en A&D en accès restreint ou difficiles. L'unité de lecture est pilotée par un PC portable (liaison USB) et peut utiliser jusqu'à 16 points de mesure (16 sorties).

graphie de débit de dose est alors réalisée point par point (repères curvilignes disposés en périphérie de cordon).

Un faisceau laser est alors transmis par fibre optique jusqu'en extrémité de sonde, stimulant l'émission OSL collectée par la même fibre et rapatriée vers l'instrumentation pour y être enregistrée et traitée [2-4]. Il s'agit d'une mesure opérationnelle, puisque la sonde OSL est lue et remise à zéro en ligne et à distance aux périodes définies par l'utilisateur.

Le signal OSL est proportionnel à la dose reçue entre deux stimulations laser successives. Le débit de dose (DdD) moyen est alors estimé en divisant la dose par le temps d'intégration (~ 1 % d'incertitude en dose). L'alumine présentant une très faible perte d'information (faible *fading*) à température ambiante (~ -1 % par décade), il est possible de faire varier le temps d'intégration dans une très large gamme (typiquement de 5 minutes à plusieurs jours si besoin), particulièrement en contexte de faible activité. Ainsi, par combinaison de la gamme de dose ([5 mGy - 5 Gy]) et de la gamme de temps, une gamme en DdD d'au moins six ordres de grandeur peut être atteinte avec le dispositif OSL/FO (typiquement [1 μGy/h - 1 Gy/h]). Pour des DdD très inférieurs au Gy/h, il est possible de laisser la sonde en place lors des mesures OSL. L'estimation du signal OSL s'effectue alors par soustraction d'une ligne de base permettant ainsi d'éliminer la radioluminescence et l'**effet Cerenkov*** indésirables induits par le rayonnement sur la fibre de déport. Dans le cas contraire (débits de dose élevés), il est nécessaire de remonter la sonde pour effectuer les mesures OSL.

Cette technologie a été éprouvée sur plusieurs infrastructures en démantèlement : l'Atelier Pilote de Marcoule (APM), l'usine UP1 et le RNG [1]. Les relevés obtenus par OSL/FO sont ensuite utilisés pour reconstituer l'activité contenue dans des composants par simulation numérique. Pour cela, ils sont couplés avec des résultats de spectrométrie *gamma* et d'imagerie. La technologie OSL/FO présente l'avantage d'un positionnement des détecteurs dans les composants au plus près des points de concentration de la contamination à caractériser.

Conclusion

La cartographie radiologique et physicochimique établie à partir de mesures à distance a pour objet la définition d'un espace maitrisé, élément impératif pour l'étude et la réalisation des opérations d'assainissement démantèlement. Chaque résultat est caractéristique d'une « dimension » de l'objet ou du champ à caractériser : la localisation avec les imageurs (x, y, z), l'activité et la nature des radionucléides avec la spectrométrie *gamma* (Bq), le débit de dose avec les techniques OSL et les imageurs (Gy/h), la caractérisation élémentaire avec la technique LIBS. Enfin, c'est l'agrégation des résultats qui définit la cartographie, puis le traitement combiné qui réduit l'incertitude associée aux grandeurs d'intérêt.

La mise en œuvre industrielle de capteurs en milieux hostiles est délicate et nécessite de normaliser les moyens de déplacement ou robot capteurs. C'est un sujet récent et majeur pour l'industrie de l'A&D mais aussi dans les situations accidentelles (voir *infra*, p. 227).

Mehdi BEN MOSBAH,
Département de technologie nucléaire

Charly MAHÉ, Julien VENARA,
Département de recherche sur les technologies pour l'enrichissement, le démantèlement et les déchets

Frédérick CARREL et Sylvain MAGNE,
Laboratoire d'intégration de systèmes et des technologies

▶ **Références**

[1] S. MAGNE, P.G. ALLINEI, Conf. ATSR, La Grande Motte, 5-7 octobre 2016.

[2] G. RANCHOUX, S. MAGNE, J.-P. BOUVET et P. FERDINAND, *Radiat. Prot. Dosim.*, 100 (1-4), 2002, pp. 255-260.

[3] S. MAGNE, L. AUGER, J.-M. BORDY, L. DE CARLAN, A. ISAMBERT, A. BRIDIER *et al.*, *Radiat. Prot. Dosim.*, 131 (1), 2008, pp. 93-99.

[4] S. MAGNE, L. DE CARLAN, J.-M. BORDY, A. ISAMBERT, A. BRIDIER et P. FERDINAND, *IEEE Trans. Nucl. Sci.*, 58 (2), 2011, pp. 386-394.

[5] C. LE GOALLER, C. MAHÉ, F. DELMAS, F. LAMADIE and P. GIRONÈS "Association of innovative on-site measurement devices for characterization", ICEM'05, Glasgow (UK), 2005.

La spectroscopie de plasma induite par laser (LIBS)

La caractérisation chimique de l'état initial d'une installation en vue de son démantèlement, et plus généralement des déchets, est actuellement réalisée en laboratoire d'analyse sur prélèvements. Ces prélèvements, souvent difficiles à effectuer, sont réalisés en nombre limité. Le développement de techniques d'analyse chimique *in situ* s'avère donc nécessaire pour minimiser les coûts, les délais, les doses et nuisances subies par les opérateurs mais aussi pour optimiser le volume et le tri des déchets générés vers les bonnes filières.

La spectrométrie de plasma produit par laser (LIBS – *Laser Induced Breakdown Spectroscopy*) est une technique très bien adaptée à l'analyse in situ ou en milieu hostile de par son caractère tout optique et sa capacité à effectuer des mesures de quelques secondes à quelques minutes sans prélèvement, ni préparation d'échantillons.

Principe et caractéristiques de la technique LIBS

La LIBS *(Laser-Induced Breakdown Spectroscopy)* est une technique d'analyse élémentaire par spectrométrie d'émission optique. Son principe (fig. 230a) est basé sur l'analyse du spectre d'émission optique d'un plasma résultant de la vapo-

risation d'une faible quantité de matière par ablation laser (typiquement 10^{-9} g par impulsion laser). Un laser impulsionnel et un système optique de focalisation permettent d'obtenir au niveau de la surface du matériau un éclairement suffisant (typiquement de l'ordre de quelques 10^9 W/cm² sur une surface de diamètre de quelques dizaines à quelques centaines de μm) pour produire le plasma. Après l'impulsion laser, celui-ci se détend et se refroidit en émettant un rayonnement lumineux dans le domaine de longueurs d'onde allant de l'UV lointain au proche IR et caractéristique des éléments le constituant (fig. 230b). Le spectre lumineux émis est enregistré à l'aide d'un spectromètre équipé d'un détecteur le plus souvent résolu temporellement.

Chaque matériau ayant une signature spectrale propre, un traitement global ou partiel des spectres via des méthodes chimiométriques (traitements statistiques de données) peut permettre, si une base de données a été préalablement créée, une reconnaissance instantanée du matériau. L'analyse quantitative quant à elle est réalisable en déterminant les concentrations élémentaires à partir de courbes d'étalonnage établies avec des échantillons de même nature et de concentrations connues. Les caractéristiques typiques de cette technique sont indiquées dans le tableau 9, page suivante.

En terme de sensibilité, les limites de détection atteignables par la technique LIBS se situent à plusieurs ordres de grandeur au-dessus de celles des technologies de mesures nucléaires conventionnelles (spectroscopie *gamma*, *alpha*, détection de neutrons). En revanche, elle permet de détecter des éléments chimiques stables et d'identifier la nature des matériaux. Des mesures isotopiques sont possibles en exploitant le décalage spectral des raies d'émission des isotopes d'un élément. Elles sont relativement aisées pour les isotopes de l'hydrogène (H/D/T) [1] mais plus délicates pour les éléments lourds, le décalage isotopique étant faible. La mesure isotopique de certains éléments est également possible par le biais d'une variante de la LIBS (LAMIS) basée sur la détection des raies moléculaires [2].

De par leur rapidité de mesure, les systèmes LIBS permettent l'analyse systématique des matériaux en vue de piloter des procédés de tri et de conditionnement des déchets nucléaires. Les enjeux sont, par exemple, dans un contexte légitimement de plus en plus réglementé de certifier que des matériaux interdits n'ont pas été introduits par erreur dans des fûts de déchets ou de pouvoir insérer une quantité optimale de maté-

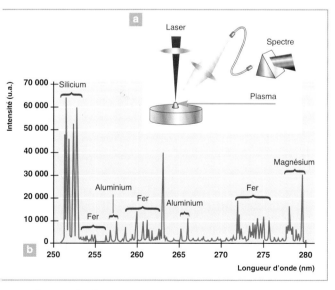

Fig. 230. Schéma de principe de la technique LIBS (a) et un exemple spectre LIBS (b).

Tableau 9.

Caractéristiques de la technique LIBS		
	Caractéristiques	**Commentaires**
Temps de mesure	1 seconde à quelques minutes	L'accumulation de tirs laser permet d'améliorer la sensibilité de détection et la précision des mesures.
Type de matériaux	Solide, liquide, gaz	
Éléments détectables	Tous les éléments du tableau périodique	L'utilisation de spectromètre à large bande spectrale (spectromètre à échelle) permet des analyses multi-élémentaires simultanées.
Sensibilité	0,1 à 1 000 ppm	La sensibilité de détection dépend de l'élément chimique.
Précision de mesure	< 10 %	En laboratoire
Mesures isotopiques	H, D, T	
	B, C, N, O, Cl, Sr, Zr	Par la méthode LAMIS (dérivée de la LIBS)
	Autres éléments	Dans des conditions de laboratoire particulières
Analyse qualitative	Reconnaissance de matériau	Par la signature spectrale basée sur le traitement global des spectres à l'aide de méthode chimiométrique. Une base de données doit être préalablement créée.
Analyse sans étalonnage	Concentration des différents éléments	En cours de développement, cette méthode est donc à considérer pour le moment comme semi-quantitative.
Adaptabilité au terrain	Analyse à distance	Possible si aucun obstacle
	Analyse déportée	Avec transport de lumière par fibres optiques
	Sans prélèvement	
	Sans préparation d'échantillon	
	Mesure non sensible aux radiations	Toutefois, les composants optiques peuvent perdre leurs performances sous forte radiation.

riaux réglementés dans les fûts de déchets. L'inventaire des matériaux permet également d'aider à la préparation des scénarios de démantèlement lors des phases d'inventaire dans le but d'optimiser les différentes étapes du démantèlement.

Configurations instrumentales et exemples de mises en œuvre

L'analyse *in situ* impose d'adapter le système de mesure à l'échantillon, plutôt que l'inverse comme il est d'usage en analyse de laboratoire (incluant le prélèvement, le transport et la préparation de l'échantillon). Pour prendre en compte les contraintes de chantier, les opérateurs du démantèlement peuvent choisir le système LIBS parmi différentes configurations instrumentales possibles, qui peuvent être classées en quatre familles (voir le tableau 10).

La configuration dite « transportable » est intéressante quand il est possible de prélever des échantillons et que l'on souhaite réaliser l'analyse sur le site même, en évitant tout transport d'échantillons en dehors de l'installation.

La configuration dite « à distance » telle que le système équipant le robot-véhicule Curiosity sur Mars [3] est séduisante mais nécessite qu'il n'y ait pas d'obstacles entre le système et

l'objet à caractériser. Dans le cas de zone contaminée ou radioactive, ce cas s'avère peu répandu.

Les configurations dites « portable » et « déporté » semblent être les plus pertinentes pour l'analyse sur site d'installations en vue ou en cours de démantèlement. À la conception, ces appareils LIBS peuvent être prévus pour être peu intrusifs et dédiés au type d'analyse visé, et permettent des mesures

Fig. 231. Illustration du robot-véhicule Curiosity équipé d'un système LIBS à distance.

Tableau 10.

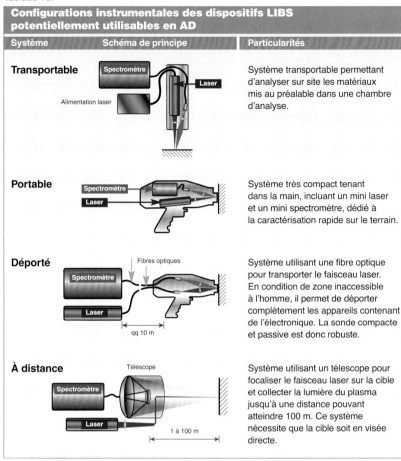

Configurations instrumentales des dispositifs LIBS potentiellement utilisables en AD

Système	Schéma de principe	Particularités
Transportable		Système transportable permettant d'analyser sur site les matériaux mis au préalable dans une chambre d'analyse.
Portable		Système très compact tenant dans la main, incluant un mini laser et un mini spectromètre, dédié à la caractérisation rapide sur le terrain.
Déporté		Système utilisant une fibre optique pour transporter le faisceau laser. En condition de zone inaccessible à l'homme, il permet de déporter complètement les appareils contenant de l'électronique. La sonde compacte et passive est donc robuste.
À distance		Système utilisant un télescope pour focaliser le faisceau laser sur la cible et collecter la lumière du plasma jusqu'à une distance pouvant atteindre 100 m. Ce système nécessite que la cible soit en visée directe.

Dans le cas d'un environnement radiologique peu sévère, un système LIBS portable peut permettre à un opérateur d'identifier la nature du matériau par une simple mesure au contact des différents objets ou structures à caractériser [4]. À titre d'exemple, nous pouvons citer les essais effectués par le CEA avec un appareil commercial[17] (fig. 232a) sur un nombre important d'échantillons (244 dont des alliages métalliques, des plastiques, des peintures, des verres, des bétons). La mise au point d'un traitement de données, mettant en œuvre la méthode chimiométrique des K plus proches voisins (K-NN), a permis la reconnaissance automatique de 100 % des grandes familles de matériaux et 90 % des nuances pour une même famille de matériau métallique. À titre d'illustration, l'analyse en composantes principales (ACP) des données obtenues permet de visualiser le regroupement des échantillons en nuages de points correspondant chacun à un type d'alliage (fig. 232b).

Dans le cas d'un environnement radiologique plus sévère, le système LIBS déporté est plus adapté et permet à

dans des zones d'accès limité comme les cellules blindées, les boîtes à gants ou les piscines d'entreposage. Ils peuvent être aisément télé-opérables.

l'aide d'une sonde passive compacte de faire des mesures au contact de façon télé-opérée. Un tel système a été développé au CEA[18] et a permis de faire l'analyse chimique des peintures dans une installation en démantèlement. L'objectif était de mesurer la quantité et la répartition d'uranium fixé sur les murs des anciens Ateliers de Traitement de l'Uranium enrichi (ATUe – CEA Cadarache) [fig. 233a]. La contamination en uranium, fixée depuis des années sur la peinture par un vernis, a pu être détectée avec une sensibilité de 1 μg/cm², valeur comparable à celle du contaminamètre portable CoMo 170 (fig. 233b et 233c). De plus, le système LIBS a permis de détecter simultanément tous les éléments présents dans la peinture (Ti, U, Na, K, Mg, Ca, Sr, Ba, Zr, Cr, Fe, Al, Si, Cu, Pb, Li, Mn).

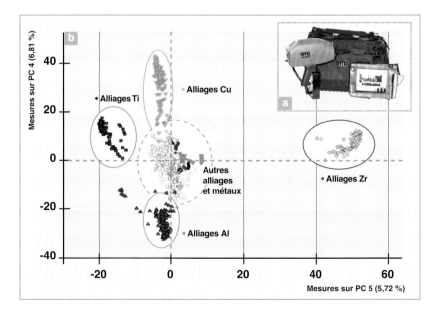

Fig. 232. (a) Système LIBS portable utilisé ; (b) Exemple de diagramme des scores obtenu par analyse en composantes principales sur différents échantillons métalliques.

17. EASYLIBS (société IVEA, Orsay, France).
18. En collaboration avec la société IVEA (Orsay, France).

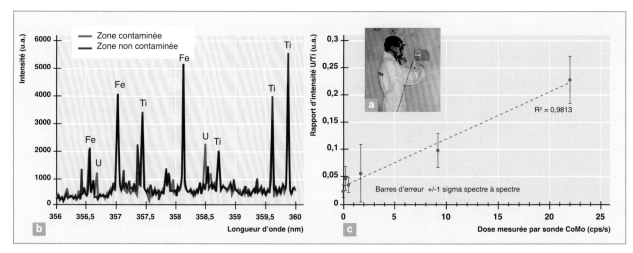

Fig. 233. (a) Mesures aux Ateliers de Traitement de l'Uranium enrichi (Cadarache) utilisant le prototype de système LIBS portable ; (b) Exemple de spectre montrant la détection ou non de l'uranium ; (c) Droite d'étalonnage d'une raie d'uranium en fonction de la dose mesurée par sonde CoMo 170.

Actuellement les développements de la technique LIBS sont en train d'être transposés du laboratoire vers le terrain, en particulier sur des sites en assainissement ou démantèlement. En complément des outils d'analyse radiologique, la technique LIBS offre des possibilités d'analyses chimiques (notamment sur site), de plus en plus exigées par l'évolution de la réglementation concernant les contraintes de stockage des déchets [5].

Nadine Coulon, **Daniel** L'Hermite,
Évelyne Vors **et Jean-Baptiste** Sirven,
Département de physico-chimie

▶ **Références**

[1] A.A. Bol'Shakov *et al.*, "Laser ablation molecular isotopic spectrometry (LAMIS): current state of the art', *J. Anal. At. Spectrom.*, **31** (2016), pp. 119-134.

[2] L. Mercadier *et al.*, "*In Situ* Tritum Measurements and Control by Laser Techniques", *American Nuclear Society*, **60**, n°3 (2011), pp. 1049-1052.

[3] P.-Y. Meslin *et al.*, "Soil Diversity and Hydration as Observed by ChemCam at Gale Crater, Mars", *Science*, **341** (2013), pp. 1238670-1 à 1238670-10.

[4] E. Vors *et al.*, "Evaluation and optimization of the robustness of a multivariate analysis methodology for identification of alloys by laser induced breakdown spectroscopy", *Spectrochim. Acta Part.*, B 117 (2016), pp. 16-22.

[5] Ph. Girones *et al.*, « Assainissement et Démantèlement », partie « Évaluation de l'état radiologique, physique, chimie de l'installation à assainir ou à démanteler », monographie DEN, éd. Le Moniteur (2017).

▶ **Bibliographie**

L'Hermite (D.) et Sirven (J.-B.), « LIBS : Spectrométrie d'émission optique de plasma induit par laser », *Techniques de l'ingénieur*, P2870 (2015).

Cremers (D.A.) and Radziemski (L.J.), "Handbook of Laser Induced Breakdown Spectroscopy", Wiley, New York (2006).

Hahn (D.W.) *et al.*, "Laser-Induced Breakdown Spectroscopy (LIBS), Part I: Review of Basic Diagnostics and Plasma – Particle Interactions: Still-Challenging Issues Within the Analytical Plasma Community", *Appl. Spectrosc.*, **64**, p. 335A (2010).

Hahn (D.W.) *et al.*, "Laser-Induced Breakdown Spectroscopy (LIBS), Part II: Review of Instrumental and Methodological Approaches to Material Analysis and Applications to Different Fields", *Appl. Spectrosc.*, **66**, p. 347 (2012).

L'instrument de contrôle de la non-rétrodiffusion des aérosols

Les opérations d'assainissement-démantèlement produisent des poussières ou des aérosols radioactifs dont il faut éviter la dispersion hors de l'enceinte de confinement. Le confinement des chantiers est donc un des aspects majeurs de la sûreté de ces opérations. Ce chapitre présente un équipement spécifique développé au CEA permettant le contrôle continu du confinement dynamique des enceintes en structure souple.

Un appareil, utilisé pour garantir le confinement dynamique des enceintes de confinement, a été développé spécialement pour les opérations d'assainissement et ou démantèlement : le SMART-DOG[19]. C'est un tube de Venturi, de 100 mm de diamètre, muni d'un convertisseur calculant la vitesse de l'air à partir de la différence de pression statique (fig. 234). Cette mesure de la vitesse d'air permet de valider de manière directe et continue les performances du confinement de l'enceinte. L'implantation du SMART-DOG doit être sur une des parois de l'enceinte de confinement (fig. 235).

Une vitesse à respecter au travers de ce SMART-DOG a été définie suite aux essais de traçage gazeux sur une maquette à échelle 1. Une vitesse mesurée à plus de 1 ms^{-1} au niveau

---

19. SMART-DOG : Système de Mesure et d'Alarme garantissant la non RéTrodiffusion – *Dismantling Operations Guarantee.*

du SMART-DOG permet de garantir dans le temps le maintien du bon fonctionnement du confinement dynamique de l'installation et les conditions de sûreté des opérations.

Dès que la vitesse est ≤ 1 m.s^{-1} ou > 4 m.s^{-1} (la valeur de 4 m.s^{-1} a été retenue pour limiter les contraintes mécaniques sur la structure de l'enceinte de confinement lorsque cette dernière est en matériau souple), une alarme visuelle et sonore retentit, entraînant l'arrêt des opérations et une recherche du dysfonctionnement par le personnel présent.

Le dysfonctionnement peut être dû à :

• Une rupture du confinement statique (étanchéité de l'enceinte) : dans ce cas, il est nécessaire de remettre le confinement statique en état (amélioration de l'étanchéité) ou d'augmenter le débit d'extraction jusqu'à ce que la vitesse d'air au niveau du SMART-DOG soit > 1 m.s^{-1} ;

• une baisse du débit d'extraction due au colmatage du (ou des) étage(s) de filtration : dans ce cas, il faut reprendre le réglage de l'installation de ventilation de l'enceinte de confinement pour obtenir la vitesse de > 1 m.s^{-1}.

Depuis le développement du SMART DOG, la plupart des opérations de démantèlement sont fondées sur un confinement dynamique validé par une vitesse d'air mesurée *via* un

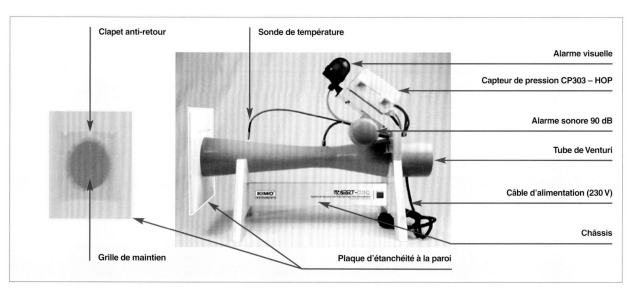

Fig. 234. Le dispositif de contrôle du confinement de l'air, SMART-DOG.

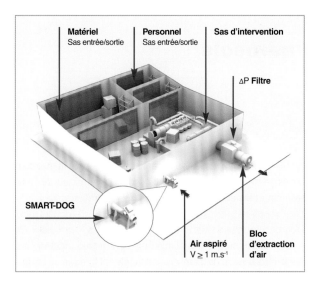

Fig. 235. Schéma de principe de l'utilisation du SMART-DOG sur une enceinte de confinement.

SMART-DOG. Ce principe et ce matériel ont fait l'objet d'autorisation de la part de l'Autorité de Sûreté pour des opérations de démantèlement. Le retour d'expérience d'opérations réalisées ou en cours est positif.

Conclusion

La vitesse > 1 ms⁻¹ mesurée à l'aide d'un SMART-DOG, sans toutefois dépasser 4 ms⁻¹ pour limiter les contraintes mécaniques sur la structure, permet de garantir la fonction confinement des opérations de démantèlement et/ou assainissement dans des enceintes souples de chantier, quel qu'en soit le volume.

Dominique Bois et Jérôme Ducos,
Unité d'assainissement-démantèlement de Marcoule

Instruments pour la caractérisation des sites nucléaires accidentés

Les interventions de caractérisation radiologique et physico-chimique de sites nucléaires en démantèlement voire accidentés sont en général réalisées en milieux hostiles. (Activité surfacique > 10 000 Bq/cm² et débits de dose souvent élevés (> 100 mGy/h) [1]. L'homme ne pouvant intervenir directement, le **positionnement des instruments** dans la scène à caractériser est alors un sujet d'intérêt. Si le bras télé-opéré [1] ou encore les supports mécaniques spécifiques [2] ont fait leurs preuves, le « robot capteur » est un équipement de référence pour des interventions de caractérisation radiologique et physico-chimique en milieu sévère. Le robot capteur regroupe l'ensemble des moyens pour assurer le déplacement, la vision artificielle, la commande [3] de collecte des données et la transmission à un opérateur.

Il existe de nombreux robots pour les interventions dans l'industrie nucléaire [4]. Ces équipements sont spécialisés dans l'investigation, la maintenance, ou encore l'exploitation. Les robots dédiés à l'investigation radiologique ou physico-chimique sont équipés d'instruments [5]. La difficulté de réalisation des opérations de caractérisation en milieu hostile conduit à intégrer l'ensemble des instrumentations (fig. 236, [6]) sous forme de module, réduisant ainsi le nombre d'opérations de mise en situation (« plongée »). En général, la caméra dans le domaine du visible est l'équipement autour duquel sont distribués les matériels d'acquisition dimensionnelle et l'instrumentation nucléaire et physico-chimique (fig. 236).

Le module d'instruments (fig. 236) associé à une plateforme (fig. 236) constitue le robot capteur. La plateforme est composée du système mécanique et de la commande pour assurer le déplacement puis le positionnement des instruments dans la scène [7].

La fiabilité des équipements en milieu hostile est une exigence industrielle classique. Le temps de séjour du robot

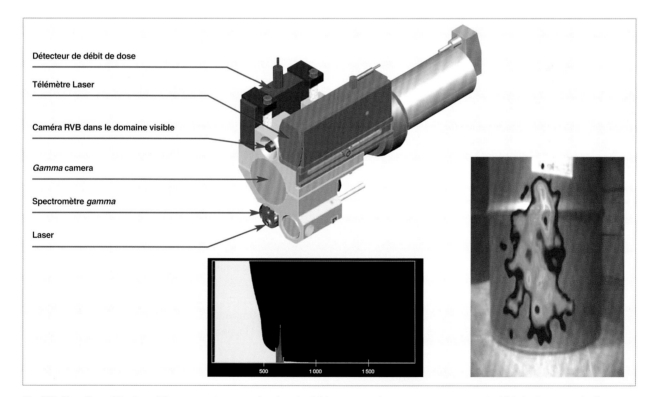

Fig. 236. Eyes@gamV1, dispositif regroupant une caméra dans le visible, une caméra *gamma*, une mesure de débit de dose, un relevé télémétrie 1D et une spectrométrie *gamma* équipée d'un détecteur CdZnTe ; un spectre *gamma* de Cs 137 est illustré ainsi qu'une image *gamma* en bas à droite.

Les chars filoguidés
Les trois versions de Robots d'Inspection à Commande Avancée (RICA)

Fig. 237. Robots d'Inspection à Commande Avancée (RICA) [6] [8], à gauche présentation de l'ensemble de la gamme, à droite le robot RICA version III équipé du bloc de mesure eyes@gam V1.0.

capteur est très variable, de quelques minutes à plusieurs mois. Les matériels embarqués subissent donc les effets de l'irradiation. Les effets des radiations sur les composants électroniques peuvent être soit diffus, associés généralement aux **effets de la dose** cumulée, ou encore localisés, associés aux **effets singuliers** induits principalement par des déplacements atomiques individuels.

L'effet de dose se traduit par une dégradation progressive des performances des composants électroniques sous l'effet d'une exposition prolongée à l'irradiation. Cet effet peut être minimisé soit en utilisant des technologies appropriées dites « durcies » soit encore par blindage par l'ajout de barrières physiques atténuant les effets des radiations. Tandis que les effets singuliers sont provoqués par le passage d'une particule unique (ion lourd ou neutron, par exemple) et provoquent principalement sur les composants électroniques des effets de déplacement. Ces déplacements induisent des défauts dans les matériaux des composants électroniques modifiant leurs propriétés électroniques et plus particulièrement diminuent leur durée de vie.

Pour répondre à la notion de fiabilité en milieux sévères, un classement des robots a été proposé. Il traduit leur « tolérance » aux rayonnements [5], à l'image des catégories des travailleurs, et leur capacité à être maintenus dans un niveau de contamination de la scène. Le niveau de contamination est exprimé en Repère en Concentration Atmosphérique (RCA) [9] (tableau 11).

Le déport hors milieu sévère des équipements sensibles, carte électronique, ordinateur, est la première ligne de défense. Le lien entre le robot capteur et les opérateurs est alors névralgique, dans un contexte où la transmission sans fil est délicate à cause de la forte épaisseur des murs et leur composition. Les robots sont essentiellement filoguidés pour des raisons de fiabilité voire de faisabilité de la liaison opérateur robot capteur (fig. 237).

La catastrophe de Fukushima, en mars 2011, a nécessité le développement de moyens d'intervention pour la caractérisation radiologique des enceintes de réacteurs, plus particulièrement l'inspection du corium des réacteurs 1, 2 et 3. De nombreuses missions dans les bâtiments réacteurs ont été assurées avec des robots. Les premiers sont des plateformes standards (militaires), Packboot et Warrior de la société iRobot, équipés d'instrumentations dédiées aux objectifs de l'inspection des bâtiments [10]. Les limites de

Tableau 11.

Proposition de catégorisation des robots capteurs pour l'inspection des milieux hostiles [5]		
Catégories	**Dose absorbée**	**Contamination atmosphérique**
Low (L)	$< 10^3$ Gy	< 1 RCA
Medium (M)	10^3 à 10^4 Gy	1 RCA << 4 000 RCA
High (H)	$> 10^4$ Gy	> 4 000 RCA

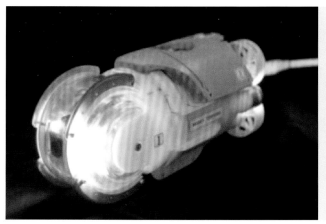
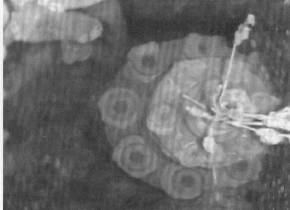

Fig. 238. Robot Mini-Mambo (Tepco), image du corium Fukushima (Tepco).

ces équipements, en particulier la faible tenue à l'irradiation, sont à l'origine de développements spécifiques, dont le robot Quince [11], ou encore en 2017 le robot Mini-Mambo avec lequel les premières images du corium ont été collectées (fig. 238). Le retour d'expérience de ces nombreuses opérations a permis de valider l'exploitation de robot capteur pour la caractérisation radiologique et physico-chimique d'équipements fortement irradiants.

Les perspectives d'évolution sont nombreuses, en particulier la suppression de la liaison filaire, car elle limite les opérations, en distance et en manœuvrabilité, ou encore l'intégration d'instrumentation comme la *gamma* caméra Compton qui présente deux caractéristiques techniques qui facilitent l'intégration, du fait de sa compacité et de sa légèreté. Dans le cadre des opérations de démantèlement, une plateforme équipée d'une liaison sans fil portant une caméra Compton

et un spectromètre *gamma* a été assemblée et testée [12]. Dans ce cas, le robot capteur résulte de l'assemblage de briques technologiques industrielles existantes (fig. 239).

Philippe GIRONES,
Département des projets d'assainissement-démantèlement
Charly MAHÉ et Julien VENARA,
Département de recherche sur les technologies pour l'enrichissement, le démantèlement et les déchets

▸ **Références**

[1] P. GIRONES, L. BOISSET and C. DUCROS, "First report from an advanced radiological inventory for a spent fuel reprocessing plant," SFEN, Decommissioning Challenges, Avignon, 2013.

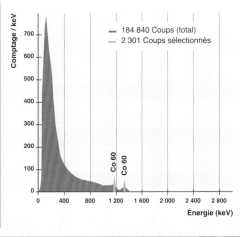

Fig. 239. Exemple de robot sans fil équipé d'une caméra Compton pour la cartographie radiologique de composants.

[2] P. Girones, "Underwater Radiological Characterization of a Reactor Vessel," ICEM05, Glasgow, 2005.

[3] J.-P. Laumond, *La robotique : une récidive d'Héphaïstos*, Paris, Collège de France, 2012.

[4] R. Bogue, "Robots in the nuclear industry: a review of technologies and applications", *Industrial Robot: An International Journal*, vol. 38, n° 2, pp.113-118, 2011.

[5] J. Seyssaud, C. Moitrier and P. Girones, "Robotic D&D: Smart Robots," *WMS Journal*, vol. 1, n° 4, 2016.

[6] P. Girones, « Véhicule d'inspection téléguidé pour la localisation et la mesure d'activité de sources radioactives », *France Patent* 2925702, 26 juin 2009.

[7] L. Bruzzone, "Review article: locomotion systems for ground mobile robots in unstructured environments," 2012.

[8] N. Mahjoubi, C. Ducros, P. Girones and L. Boisset, "Robotic trio The French CEA gives an overview of its experience in the robotic inspection of facilities under decommissioning," *Nuclear Engineering International*, pp. 15-19, novembre 2015.

[9] CEA, "CEA.fr," mars 2012. [Online]. Available: http://www.cea.fr/entreprises/Documents/RGR%202012.pdf. [Accessed 31 08 2017].

[10] T. Trainer, "Deployment of Unmanned Systems after March 2011 Incident," *JRSJ*, vol. 32, n° 2, pp. 133-136, 2014.

[11] K. Nagatani, S. Kiribayashi, Y. Okada, K. Otake, K. Yoshida, S. Tadokoro, T. Nishimura *et al.*, "*Gamma*-ray irradiation test of electric components of electric components of rescue mobile robot QUINCE," IEEE International symposium, pp. 56-60, 2011.

[12] C. Le Goaller, « Dispositif d'Imagerie *Gamma* Amélioré », France Patent FR2879304A1, 26/01/2007.

L'instrumentation, la mesure et l'analyse pour la protection de l'homme et de l'environnement

Les divers secteurs de la sphère du nucléaire (industrie, environnement, santé et recherche) mettent en œuvre des **radionucléides*** (**RNs***) présents sous différentes formes physico-chimiques et susceptibles d'atteindre une grande diversité de milieux. Le maintien d'une recherche active pour mesurer et analyser ces RNs et appréhender leur impact sanitaire (radio-toxicologie humaine) et/ou environnemental (éco-toxicologie) découle à la fois de la pression réglementaire et de la posture responsable et anticipative qu'adoptent les principaux acteurs du domaine.

Une bonne connaissance du mesurage et du devenir de ces RNs est donc indispensable pour mieux maîtriser leur impact et concevoir des stratégies de prévention, de diagnostic ou de traitement de la contamination. De nombreux développements portent sur les techniques d'analyse et de spéciation de ces RNs, que ce soit en laboratoire ou sur site. À titre d'illustration les techniques de préparation et de mesure du tritium, qu'il soit sous forme solide, liquide ou gazeuse sont décrites. En effet, l'intégration du tritium au sein des organismes pose de nombreuses questions concernant son impact sur l'homme en fonction de sa spéciation.

De nouveaux systèmes de détection pour la mesure des faibles doses et des traces de radioactivité sont également développés utilisant la spectrométrie *gamma* que ce soit au sol ou embarquée (voiture, hélicoptère, drone…), pour la cartographie radiologique post-accidentelle d'un site.

La gestion et le contrôle des rejets liquides et gazeux ainsi que des déchets solides, représentent également un des enjeux majeurs du nucléaire et requièrent le développement de techniques et méthodes d'analyse. Par exemple, c'est ainsi que les rejets en H 3 ou C 14 sont contrôlés dans le cadre de la surveillance d'installations nucléaires.

Un autre domaine où toute une panoplie de techniques complémentaires est développée par le CEA concerne les activités de contrôles de sécurité et de non-prolifération. Des techniques non intrusives sont, par exemple, mises en œuvre comme l'imagerie X en rétro-diffusion pour l'analyse sur site d'objets suspects, les systèmes de détection passifs à base de scintillateurs plastiques pour la détection de menaces radiologiques ou nucléaires ou les techniques basées sur la photofission, développée initialement pour caractériser les colis de déchets radioactifs et appliquées avec succès pour la détection de matières nucléaires dans les transports.

Les techniques d'interrogation neutronique ou de spectrométrie optique par laser sont également développées pour détecter des explosifs, drogues ou matières nucléaires grâce à leur capacité de détermination élémentaire sur site.

Enfin, en laboratoire, des analyses isotopiques de très haute précision, en particulier de l'uranium et du plutonium, sont réalisées grâce au développement de techniques de plus en plus fines de spectrométrie de masse et permettent dans le cadre de la non-prolifération de contrôler les activités des installations nucléaires.

Mesure des faibles doses et détection des traces de radioactivité

La mesure des faibles doses et la détection des traces de radioactivité, que ce soit pour la protection de l'homme ou de l'environnement, nécessitent des concepts et des développements expérimentaux prenant en compte :

• L'analyse des formes physico-chimiques acquises par ces éléments potentiellement toxiques dans la biosphère et les organismes afin de relier spéciation chimique et effet(s) biologique(s) ;

• l'étude des mécanismes de migration, capture, transformation ou élimination dans les différents compartiments des modèles biologiques considérés ;

• l'identification et la caractérisation de cibles moléculaires susceptibles d'expliquer la spécificité du mode d'action ;

• l'intégration des données biochimiques, structurales, cinétiques et/ou thermodynamiques, dans une approche de modélisation aux différents niveaux de complexité du vivant ;

• l'élaboration de solutions de remédiation pour décontaminer, dépolluer ou décorporer (*e.g.* traitement de la contamination) les RNs qui seraient accidentellement répartis dans certains compartiments de la biosphère ou incorporés par l'homme.

De tels enjeux de recherche nécessitent, d'une part, une collaboration interdisciplinaire entre chimistes, radiochimistes, physico-chimistes, biochimistes, biologistes, pharmaciens et modélisateurs et, d'autre part, le soutien et développement d'outils analytiques, d'instrumentation et de mesure performants, afin de mieux surveiller et contrôler l'**exposition potentielle de l'homme et de l'environnement**.

Dans ce chapitre, les exemples sont focalisés sur la partie environnementale qui a conduit à de nombreux développements dans le domaine de la mesure et de l'instrumentation.

Exposition potentielle de l'homme et de l'environnement

Rappelons que l'irradiation naturelle (bruit de fond) qui représente près de 85 % de la radioactivité totale (naturelle et artificielle), est due pour plus de 70 % aux rayonnements telluriques (U 238, Th 232, K 40 et descendants) et pour 15 % aux rayonnements cosmiques (C 14, H 3…). À cette irradiation naturelle s'ajoute la composante due aux activités humaines (hors incident ou accident) qui résulte principalement de l'industrie nucléaire (U, Pu, actinides mineurs (*e.g.* Np, Am, Cm…), Produits de Fission (*e.g.* Cs, I) et Produits d'Activation (*e.g.* Co) et des applications médicales (*e.g.* Cs, I, Tc, Tl…), voir fig. 240 ci-dessous).

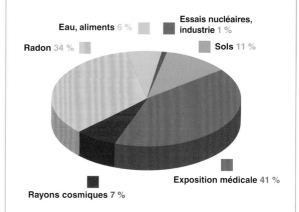

Fig. 240. Contribution relative des sources d'exposition du public à la radioactivité naturelle, médicale et industrielle. L'équivalent de dose annuelle moyenne est de 2.4 mSv.

Analyse de traces dans l'environnement

La surveillance et le contrôle de l'impact des activités industrielles sur l'environnement, ainsi que l'évolution de la législation, constituent un défi permanent lancé aux analystes. La variabilité et l'hétérogénéité des milieux, le fait que l'environnement soit un système très dispersif, les multiples formes physico-chimiques que peuvent y prendre les éléments traces figurent comme autant de facteurs à considérer pour améliorer les techniques analytiques dans plusieurs domaines, dont principalement :

• Le prélèvement et la préparation des échantillons concernant la variabilité et l'hétérogénéité intrinsèque des milieux environnementaux (sols, sédiments…) ;

• les techniques d'analyse de traces sur échantillons que nous pouvons regrouper en deux grandes catégories en fonction de la nature (organique ou inorganique) du polluant. Parmi les techniques les plus utilisées en laboratoire, nous trouvons les méthodes (fig. 241) combinant la séparation par différentes techniques chromatographiques ou électrocinétiques et la détection par des techniques spectrométriques des espèces séparées (éléments, molécules, complexes…) ;

La géostatistique

La géostatistique provient historiquement de l'étude de besoins rencontrés dans le secteur minier : contrôle des teneurs, optimisation de maille, cartographie des ressources, prévision des réserves récupérables, étude de scénarios d'exploitation… Cette méthode d'analyse d'une grandeur spatialisée considérée comme une variable aléatoire, permet de déterminer sa valeur la plus probable en tout point de l'espace à partir de l'analyse statistique des quelques points où la valeur de la grandeur a été mesurée. Elle a été utilisée pour la première fois par Daniel KRIGE pour estimer la teneur probable d'un bloc de minerai à partir de mesures sur des échantillons puis autour de celui-ci [1]. Mais c'est Georges MATHERON qui développa par la suite un outil d'analyse statistique appelé le « variogramme » et sa méthode d'estimation, qu'il appela le « krigeage » en mémoire du géologue [2]. De nos jours, la géostatistique est exploitée dans des domaines comme l'océanographie, la météorologie, le génie civil, l'environnement, la géologie, la surveillance de la qualité de l'air et des sols, la santé et bien d'autres. La géostatistique utilise également une combinaison des données d'observations, mais à la différence des méthodes classiques d'interpolation, elle tient compte à la fois de l'information relative à leur position et du caractère aléatoire du phénomène étudié. L'utilisation de la méthode du krigeage passe par une étape d'analyse des données, basée sur le variogramme (espérance mathématique et variance de la donnée spatialisée). La carte de l'interpolation est alors accompagnée d'indicateurs de fiabilité des résultats.

La spéciation

L'étymologie du mot spéciation est issue du domaine des sciences du vivant et correspond à l'apparition de différences entre deux populations d'une même espèce, entraînant leur séparation entre deux populations (Larousse). Ce mot est maintenant couramment utilisé en chimie et en biologie. La spéciation [3] désigne la distribution d'un élément chimique selon différentes espèces chimiques dans un système, une espèce chimique étant la forme que peut prendre l'élément dans le milieu. La spéciation de l'élément est définie par sa composition isotopique, son état électronique ou d'oxydation et/ou sa structure moléculaire ou complexe. Selon le domaine considéré, la spéciation peut décrire des processus différents. La spéciation chimique, de nature statique, décrit le processus opérationnel d'identification et de quantification d'une espèce chimique contenant un élément donné. La spéciation biologique ou environnementale, de nature plus dynamique, concerne la transformation d'une espèce en une autre par un processus dynamique. La connaissance de la spéciation des éléments à l'état de trace et d'ultratrace dans les milieux biologiques et environnementaux est ainsi indispensable pour obtenir des informations sur leur mode d'action et leur devenir dans la biosphère et la géosphère. Cette connaissance est obtenue en associant le plus souvent une approche par calcul et l'utilisation de techniques analytiques [4].

• la **spéciation*** des RNs dans les milieux complexes de l'environnement ;

• l'analyse *in situ*, c'est-à-dire au plus près du besoin, avec des équipements robustes et transportables.

Pour illustrer ces deux derniers domaines, nous avons choisi deux exemples concernant : i) les développements de la spectrométrie *gamma* comme outil de cartographie et ii) la spéciation du tritium pour la surveillance des installations dans l'environnement.

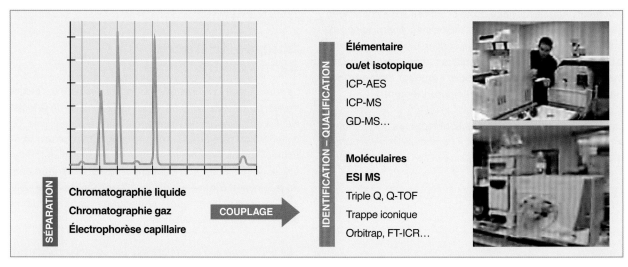

Fig. 241. Exemple de techniques analytiques de séparation, d'identification et de quantification des éléments et des molécules. **ICP-AES***, **ICP-MS***, **GD-MS***, **ESI-MS***.

Mesure des faibles doses et détection des traces de radioactivité

La spectrométrie *gamma* à haute résolution pour la cartographie de sites

La **spectrométrie *gamma*** à haute résolution offre actuellement un outil d'analyse performant pour effectuer des mesurages environnementaux. Dans le cadre de la caractérisation radiologique d'un site (radioactivité naturelle ou artificielle) ainsi que pour le démantèlement d'installations nucléaires, la cartographie des radionucléides est un atout important. Le principe consiste à déplacer un spectromètre HPGe (germanium hyper-pur) sur le site à étudier (fig. 242) et, à partir des données nucléaires et de positionnement, de localiser, d'identifier, et de quantifier les radionucléides présents dans le sol. Ce spectromètre a été développé suite à une intercomparaison où un exercice orienté intervention/crise a montré les limites des outils actuels [5]. La connaissance des paramètres d'un spectre *in situ* a suscité la création d'un simulateur modélisant la réponse d'un spectromètre se déplaçant au-dessus d'un sol contaminé. Ce simulateur a permis de développer les algorithmes de cartographie et de les tester dans des situations extrêmes. Ainsi, ces études ont conduit à la réalisation d'un prototype donnant en temps réel les informations nécessaires sur l'identification et la localisation possible des radionucléides. Le travail réalisé sur la déconvolution des données permet de présenter en post-traitement une carte de l'activité du sol par radionucléide mais également de donner une indication sur la profondeur de la source. Le prototype, nommé OSCAR (Outil Spectrométrique de CArtographie de Radionucléides), a ainsi été testé sur des sites contaminés avec des résultats en accord avec les mesures de référence.

Fig. 242. Utilisation de la spectrométrie *gamma in situ* avec un détecteur germanium à droite et une chambre d'ionisation à gauche [5].

La spectrométrie *gamma* appliquée à l'environnement

La spectrométrie *gamma* est une technique non destructive de mesure nucléaire utilisée pour identifier et quantifier des éléments radioactifs par la mesure de l'énergie et du nombre des rayonnements *gamma* émis par la source. Le flux de photons *gamma* émis par la source interagit en déposant l'intégralité ou une partie de son énergie dans le cristal de détection. Cette mesure réalisée sur une certaine durée permet de construire un spectre : histogramme donnant le nombre de photons détectés en fonction de leur énergie. L'identification est possible car les noyaux atomiques ont une structure en niveaux d'énergie de sorte qu'ils ne peuvent émettre (ou absorber) que des photons d'énergies particulières. Ces niveaux d'énergie ou raies d'émission sont caractéristiques de chaque radio-émetteur *gamma*. Les raies se matérialisent sous forment de pics dans le spectre (voir *supra*, p. 171). Les applications de la spectrométrie *gamma* aux mesures pour l'environnement sont confrontées à des signaux de niveaux relativement faibles (mesure de traces, temps d'acquisition longs) et complexes (spectres issus de mélange de radionucléides à déconvoluer) sur des surfaces parfois étendues (cartographie *gamma* de sites).

Les mesures sur sites accidentés et la cartographie *gamma*

À la suite d'un rejet radioactif dans l'environnement, il est primordial de disposer des mesures de radioactivité afin de les confronter aux calculs fournis par les modèles de dispersion atmosphérique. En effet ces mesures permettent de recaler le modèle de calcul entaché de nombreuses incertitudes (modèle de calcul, quantités de radionucléides rejetées, météo…). L'objectif final est de sérier les zones contaminées par un calcul validé par les mesures [6, 7].

Les systèmes HÉLINUC et AUTONUC pour la cartographie *gamma* de sites

Dans le cadre de ses missions d'intervention en cas d'incident ou d'accident nucléaire au profit du ministère de la défense et du groupe INTRA (INTervention Robotique sur Accidents), le CEA a développé un ensemble d'outils de caractérisation radiologique des sols allant d'un système aéroporté (HÉLINUC) pour une caractérisation globale jusqu'à la mesure plus résolue dans l'espace par moyens pédestres.

Le système HÉLINUC a été créé au début des années 80 pour répondre aux besoins de caractérisation post-accidentelle du ministère de la défense (fig. 243). À la création du Groupe INTRA, les missions de HÉLINUC ont été étendues à l'intervention au profit des exploitants nucléaires civils EDF,

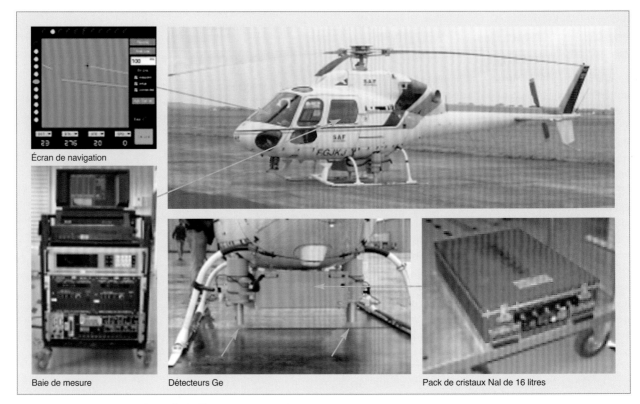

Écran de navigation

Baie de mesure   Détecteurs Ge   Pack de cristaux NaI de 16 litres

Fig. 243. Présentation du système HÉLINUC pour la cartographie *gamma* d'un site [8].

AREVA et CEA. Le système HÉLINUC a depuis fait l'objet de travaux de R&D continus afin d'améliorer sa sensibilité, la qualité des mesures et l'analyse des données spectrales. Un spectre *gamma* étant enregistré chaque seconde, le CEA dispose aujourd'hui d'une suite logicielle permettant d'analyser ces mesures de façon automatique et en temps réel.

HÉLINUC permet d'établir en quelques heures un diagnostic radiologique dans un périmètre de quelques kilomètres carrés à quelques centaines de kilomètres carrés en identifiant les radionucléides présents avec une sensibilité allant du niveau de la radioactivité naturelle à celui d'une situation accidentelle grave. HÉLINUC est également utilisable pour la recherche et la localisation rapide de sources radioactives ponctuelles. Depuis sa création, HÉLINUC est utilisé pour établir des blancs radiologiques des installations et de leur proche environnement. En cas d'incident à conséquences radiologiques, ces cartographies sont utilisées en comparaison des mesures post-accidentelles pour caractériser les conséquences de l'incident. Plus de 200 cartographies *gamma* ont ainsi été établies en vingt-cinq ans ; nous disposons aujourd'hui d'une cartographie de référence de l'ensemble des sites nucléaires français civils et militaires. Hélinuc a aussi été utilisé en préalable à des actions d'assainissement sur plusieurs sites DAM afin de délimiter de façon rapide et globale les zones à assainir puis d'établir une cartographie post-assainissement des lieux.

Par exemple, le site de Tchernobyl a été survolé en juin 2000. Une cartographie césium-137 du site, effectué par le système HÉLINUC [8], est fournie sur la figure 244.

Un système de mesure autoporté nommé AUTONUC a également été développé (fig. 244) pour affiner la caractérisation des zones polluées. L'amélioration de la résolution spatiale des cartographies est d'un facteur 100 par rapport à HÉLINUC, mais la surface couverte par heure de mesure est également 100 fois plus faible. Afin de réduire les temps d'intervention et les coûts associés, les cartographies AUTONUC sont ainsi réservées aux zones d'intérêt radiologique définies de façon globale par HÉLINUC.

Ces systèmes sont complétés par un système de cartographie *gamma* piéton, permettant d'accéder à des zones où un accès routier est impossible.

Le choix de ces différents systèmes va dépendre des surfaces à cartographier, des limites de détection et de la résolution spatiale à atteindre. Les performances des différents systèmes sont données dans le tableau 12.

Tableau 12.

Performances des différents systèmes de cartographie *gamma*		
Système	**Résolution spatiale**	**Surface couverte**
HÉLINUC	1 à 2 ha/mesure	5 à 10 km²/h
AUTONUC	100 m²/mesure	1 à 2 km²/h
Système pédestre	5 m²/mesure	400 m²/h

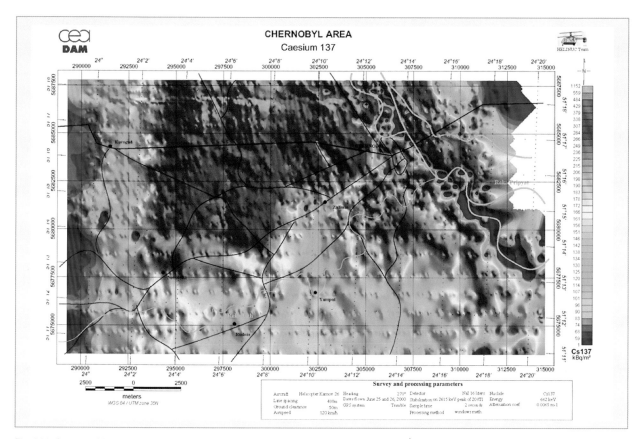

Fig. 244. Cartographie du césium-137 de la zone d'exclusion de Tchernobyl effectuée par HÉLINUC en juin 2000 [8].

Fig. 245. Présentation du système AUTONUC.

Le tritium dans l'environnement : spéciation et analyse

L'intégration du **tritium*** au sein des organismes vivants entraîne différents questionnements concernant son impact sur l'homme, car les processus de transfert dans les réseaux trophiques dépendent de sa forme chimique initiale, qui doit donc être clairement définie. Un intérêt sociétal récent est porté à cet élément, suite notamment à la parution de rapports faisant état de concentrations élevées en tritium sous forme organique dans des organismes marins [RIFE 2011, AGIR 2007]. À la suite de ces rapports, l'Autorité de Sûreté

Nucléaire (ASN) a publié un « livre blanc » ou synthèse des connaissances dans le domaine [9] et a défini des thèmes de recherche prioritaires concernant les différentes formes du tritium et l'étude de leurs effets comme :

« Quelles sont les formes chimique de tritium présentes dans l'environnement ? » ; « Quel est son comportement dans l'environnement ? » ; « Y a-t-il une accumulation de tritium dans les produits de la chaîne alimentaire ? » ; « Y a-t-il une potentielle bioaccumulation dans les organismes vivants ? » ; « Quel est l'impact du tritium sur l'environnement et *in fine* sur l'homme ? » ; « Faut-il reconsidérer sa radiotoxicité ? ».

Pour répondre à ces questions, la connaissance de la forme initiale du tritium (T) dans les rejets (hydrogène tritié (HT), eau tritiée (HTO), tritium organiquement lié (TOL), molécules organiques tritiées, particules tritiées) est primordiale, d'où l'importance à la fois de la validation des procédures analytiques et des études de spéciation.

Au début des années 2010, plusieurs définitions des fractions de tritium organiquement lié (TOL) coexistaient.

a) Pour l'analyste, la discrimination des fractions échangeables (TOL-E) et non échangeables (TOL-NE) du tritium organiquement lié (fig. 246) est inhérente au caractère labile des liaisons dans lesquelles les isotopes d'hydrogène sont impliqués. Sur cette base, une étape d'échange labile a été mise au point pour séparer les deux fractions ;

b) Pour l'environnementaliste, une composante liée à la gêne stérique et donc la capacité d'échange inhibée et/ou réduite dans le cas des macromolécules du vivant est prise en compte ;

c) Pour le dosimétriste, un pool échangeable, composé à la fois du tritium présent dans l'eau constitutive de l'échantillon et du TOL-E, est parfois considéré. À cela, il faut ajouter que toute contamination à partir d'une molécule organique tritiée (acide aminé, protéine...) est souvent présentée de manière trop simplifiée comme une contamination avec du TOL.

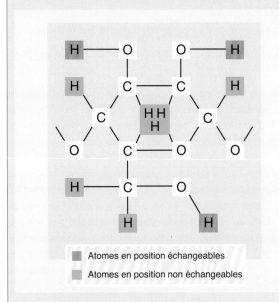

Fig. 246. Répartition des atomes d'hydrogène échangeables et non échangeables dans la cellulose.

N.B. : Le CEA a dirigé la publication de la méthode 384 de la CETAMA [10] portant sur l'analyse du tritium dans les matrices environnementales et a fortement contribué à la rédaction de la norme XP M60-824 (Mesurage du tritium de l'eau libre et du tritium organiquement lié dans les matrices environnementales) parue en 2016. Un dossier de recommandation sur la mesure du rayonnement *bêta* par scintillation liquide est également en cours de rédaction par le CEA.

Les besoins d'analyse du tritium sont très importants, à la fois dans les applications de fusion et celles de fission. Le tritium émet un rayonnement *bêta* (β^-) de faible énergie, 5,68 keV en moyenne, ce qui le rend très difficile à analyser tant au laboratoire que sur le terrain (installation en fonctionnement ou en démantèlement). Les méthodes d'analyse dépendent de la forme du tritium (solide, liquide, gaz), et, dans les analyses environnementales, on distingue également le tritium lié à l'eau libre du tritium organiquement lié, que ce dernier soit échangeable ou non).

En ce qui concerne les méthodes de mesures du tritium à l'état gazeux, de nombreux appareils commerciaux existent car la préparation du matériau est minimale. Les chambres d'ionisation en particulier sont utilisées en radioprotection pour mesurer le tritium gazeux (gamme typique de quelques kBq/m³ à 10^{12}-10^{15} Bq/m³). Plus récemment, le CEA a développé une technique de mesure non destructive, la spectroscopie laser à cavité résonante ou CRDS (*Cavity Ring Down Spectroscopy*) pour caractériser le dégazage en tritium des colis de déchets tritiés. Cette méthode de spectroscopie d'absorption par mesure du temps de vie des photons piégés dans une cavité optique spécifique est une technique très sensible et très sélective ne nécessitant pas d'étalonnage et intégrable dans un dispositif relativement compact [11].

Pour les mesures du tritium à l'état liquide, la technique de scintillation liquide (fig. 247) est la plus performante. Du fait de sa faible énergie, le rayonnement *bêta* du tritium n'est pas observé directement mais il interagit avec des molécules scintillantes émettant des photons. Les effets d'atténuation du signal, encore appelés « affaiblissement lumineux ou *quenching* », et les effets parasites ont entraîné le développement et la commercialisation de différents types d'appareils (appareils bas bruit de fond, appareils avec plusieurs photomultiplicateurs...). Il existe différents appareils de terrain et de laboratoire avec des performances très diverses, du fait notamment des préparations nécessaires avant la mesure. À titre d'exemple, pour les analyses de traces notamment, les méthodes de conservation des échantillons sont essentielles. Autre exemple, pour les déchets issus du démantèlement, du fait de la faible énergie du rayonnement associé, la présence de quantités importantes ou non de tritium peut être largement masquée par d'autres radionucléides (*alpha, bêta, gamma*).

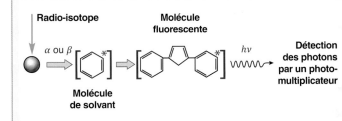

Fig. 247. Principe de mesure du tritium par scintillation liquide.

Pour les liquides et surtout pour les solides, les méthodes de préparation des échantillons avant la mesure par scintillation liquide sont essentielles pour aboutir à des déterminations exactes. Les méthodes de pyrolyse, de combustion sous oxygène, de minéralisation par attaque acide et/ou de distillation sont alors utilisées. Pour l'analyse d'échantillons issus de chantiers de démantèlement, la méthode de pyrolyse, plus rapide, est privilégiée. Des fours multitubes robustes (fig. 248) permettent de diminuer les durées analytiques et sont adaptés à tout type d'échantillon (boue, plastique, béton, métal, huile...). Pour améliorer l'exactitude de la mesure, le rendement de pyrolyse doit être déterminé au préalable pour la matrice concernée.

Étant donnés les besoins analytiques pour les déterminations de tritium, d'autres techniques non destructives sont développées. On peut citer par exemple deux méthodes en développement, la calorimétrie et l'autoradiographie digitale [12].

Fig. 248. Fours de pyrolyse multitubes pour l'analyse du tritium.

Mesure de la teneur en hydrogène d'échantillons dans l'environnement

En complément de ces actions génériques, le CEA a mis en service, depuis 2011, un analyseur élémentaire CHNS-O, afin de mesurer les teneurs en hydrogène des échantillons analysés et ainsi réduire fortement l'incertitude sur les teneurs en tritium des diverses fractions. En plus du pourcentage d'hydrogène, l'utilisation de l'analyseur a permis la mesure des teneurs en carbone, azote et oxygène dans les mêmes échantillons, fournissant ainsi une aide à l'optimisation des procédures analytiques et également une première information sur les molécules porteuses d'atomes de tritium dans des échantillons environnementaux. En effet, des eaux d'échanges riches en oxygène et hydrogène indiquent la présence de molécules de type sucre alors que des eaux d'échanges riches en azote et hydrogène indiquent la présence de molécules de type acides aminés.

Notons que, d'un point de vue analytique, la procédure expérimentale à suivre pour quantifier le tritium diffère en fonction de la forme (gazeuse, liquide, organique) considérée. De plus, les concentrations de tritium à mesurer dans l'environnement (fig. 249) étant très faibles (quelques Bq/L) avec un bruit de fond naturel non négligeable, la maîtrise de la détection à de très faibles concentrations est un prérequis indispensable.

Les axes de développement en cours et futurs concernent (i) l'étude de faisabilité de préparation d'un Matériau de Référence Certifié (MRC) pour l'analyse du tritium organiquement lié, (ii) l'organisation d'exercices inter-laboratoires et (iii) la quantification de l'activité en scintillation liquide principalement lors de la réalisation d'une courbe d'affaiblissement lumineux[20].

Des études sur l'optimisation de la procédure d'échange isotopique ont montré que les seules propriétés physico-chimiques de l'hydrogène n'étaient sans doute pas suffisantes pour expliquer son devenir lors de l'échange labile, et *a fortiori* dans des échantillons de l'environnement [13]. Ce sont les principales molécules organiques du monde du vivant (protéines, acides aminés, lipides...) qui influent sur la distribution du tritium dans l'environnement (fig. 250) [14]. De ce fait, seule l'analyse du TOL sans distinction des fractions échangeables et non échangeables fait l'objet de la norme XP M60-824 et est introduite dans les plans de surveillance environnementale des centres tritigènes.

20. Ces thématiques sont notamment développées au travers de la participation au Bureau de Normalisation d'Équipements Nucléaires (BNEN) et l'animation de groupes de travail nationaux (CETAMA) et internationaux (OBT-WG, en collaboration avec le Canadian National Laboratory).

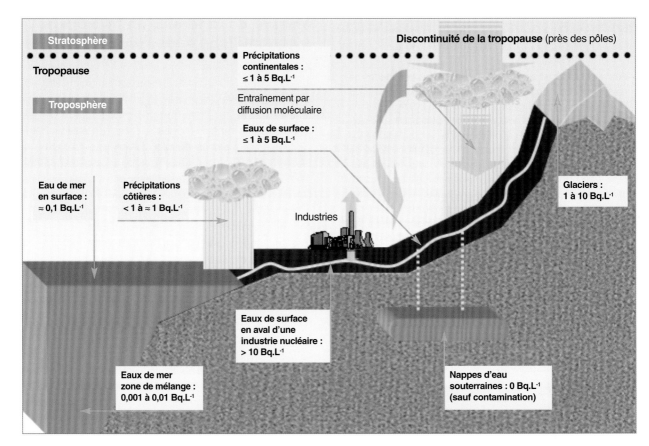

Fig. 249. Niveaux de tritium dans les eaux de l'environnement.

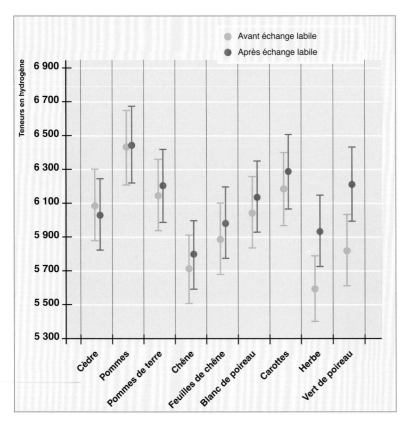

Fig. 250. Évolution des teneurs en hydrogène avant et après échange labile sur divers végétaux de l'environnement [14].

Devant la grande diversité de comportement des molécules organiques du cycle du vivant, de nouvelles études sont envisagées dont les objectifs principaux seront de :

• Comprendre plus finement les mécanismes d'échanges des atomes d'hydrogène labiles dans des matrices d'intérêt environnemental ;

• déterminer si les divers phénomènes mis en jeu (échange isotopique, solubilisation de molécules constitutives) se compensent ou sont synergiques ;

• vérifier, pour les matrices étudiées, si l'analyse du TOL-NE déterminée par la méthode actuelle est entachée d'un biais ou non ;

• améliorer les connaissances sur les temps de résidence des composés présents dans la matière organique tritiée.

Pour atteindre ces objectifs, en plus des outils utilisés classiquement pour l'analyse élémentaire et l'analyse des fractions de tritium, un outil original, développé afin de réaliser un échange isotopique (ligne de marquage en phase vapeur par voie douce), sera utilisé. Ce dispositif est constitué d'une boîte à gants, dont la température et la pression partielle de vapeur – et donc le rapport (T/H) – sont contrôlées. La ligne de marquage au tritium constitue une méthodologie innovante à fort potentiel permettant de déterminer la fraction d'hydrogène labile dans la matière organique dans des conditions environnementales. Elle permettra de s'affranchir d'une potentielle solubilisation de molécules organiques, tout en réalisant un suivi cinétique de l'échange des atomes d'hydrogène entre l'échantillon et l'atmosphère de marquage.

Éric ANSOBORLO,
Département de recherche sur les procédés
pour la mine et le recyclage du combustible
Frédéric CHARTIER, Pascal FICHET,
Département de physico-chimie
Nicolas BAGLAN, Laurent BOURGOIS
et Christophe MOULIN,
Département analyse, surveillance, environnement

▸ **Références**

[1] D. G. KRIGE, "A statistical approach to some basic mine valuation problems on the Witwatersrand", *J. of the Chem., Metal. and Mining Soc. of South Africa*, (1951), **52**(6), pp. 119-139.

[2] G. MATHERON, *Traité de géostatistique appliquée*, Éditions Technip, Paris, (1962).

[3] D.M. TEMPLETON, F. ARIESE, R. CORNELIS, L.G. DANIELSSON, H. MUNTAU, H.P. VAN LEEUWEN and R. ŁOBINSKI, "Guidelines for terms related to chemical speciation and fractionation of elements. Definitions, structural aspects, and methodological approaches", *Pure Appl. Chem.*, (2000), 72, p. 1453.

[4] C. BRESSON, F. CHARTIER, E. ANSOBORLO and R. ORTEGA, "Analytical tools for speciation in the field of toxicology", *Radiochim. Acta*, (2013), 101, pp. 349-357.

[5] F. PANZA, « Développement de la spectrométrie *gamma in situ* pour la cartographie », Thèse IRSN-Université de Strasbourg, Instrumentation nucléaire (2012).

[6] ASN (2012) CODIRPA, « Éléments de doctrine pour la gestion post-accidentelles d'un accident nucléaire ».

[7] D. DUBOT et L. GUILLOT, *Site pollués : évaluations radiologiques et chimiques*, (2011).

[8] GUILLOT *et al.*, "Use of the airborne detection system HELINUC in emergency or post emergency situations: example of Chernobyl survey", ECORAD (2001).

[9] ASN 2010 : Livre Blanc du Tritium (2010).

[10] Note Technique CEA, DEN/DRCP/CETAMA/NT/2013/03. Analyse des radionucléides dans l'environnement : analyse du tritium dans les matrices environnementales, *Méthode 384*. (2013).

[11] C. BRAY, A. PAILLOUX and S. PLUMERI, "Tritiated water detection in the 2.17 *μ*M spectral region by cavity ring down spectroscopy", *Nuclear Instruments & Methods in Physics Research*, 789, pp. 43-49, (2015).

[12] P. FICHET *et al.*, "Tritium analysis in building dismantling process using digital autoradiography", *Journal of Radioanalytical and Nuclear Chemistry*, **291**, pp. 869-875, (2012).

[13] N. BAGLAN and G. ALANIC, "Contribution of elemental analysis and UV-Vis spectrophotometry to the understanding of E-OBT elimination stage", *Fusion Sci. Technol.*, (2011), **60**, pp. 948-951.

[14] A. BACHETTA, *Analyse et spéciation du tritium dans des matrices environnementales*, Thèse Université Pierre et Marie Curie, Paris VI (2014).

▸ **Bibliographie**

[RIFE 2011] RIFE 2011 : Radioactivity in Food and the Environment N°11. Environment Agency (UK) report ISSN 1365-6414. (2006).

[AGIR 2007] AGIR 2007 : Advisory Group on Ionising Radiation, Review of risks from tritium documents of the health Protection agency: radiation, chemical and environmental hazards. REC 4. Available from: http://www.hpa.org.uk/publications. (2007).

Détection et mesure de rejets et d'effluents liquides et gazeux

L'impact de l'évolution réglementaire sur les méthodes et les outils mis en jeu

La mesure des concentrations et des flux de polluants atmosphériques chimiques ou radioactifs au voisinage des installations émettrices est un élément important dans le processus de compréhension, de gestion et d'information de ces émissions.

Les outils métrologiques doivent permettre d'apporter des données fiables et représentatives du fonctionnement d'une installation, notamment nucléaire, en vue de répondre à différents systèmes de reportage comme l'information réglementairement du public sur les rejets d'**effluents*** issus des installations, au travers notamment d'un rapport annuel publié sur Internet [par exemple http://www.cea.fr/Pages/surete-securite/rapports-transparence-securite-nucleaire.aspx] ; il s'agit aussi de permettre une évaluation robuste des risques environnementaux et sanitaires induits par l'installation.

L'arrêté du 7 février 2012, dit arrêté « **INB*** », impose ainsi un certain nombre d'obligations aux exploitants d'Installations Nucléaires de Base (INB) visant à maîtriser leurs rejets d'effluents et à limiter l'impact des installations sur l'environnement, tel que le recours aux meilleures techniques disponibles ou le réexamen périodique des conditions de rejets. Les procédés de traitement des effluents doivent également être régulièrement réévalués ce qui peut conduire si nécessaire à une révision des prescriptions lorsqu'une optimisation ou une diminution des rejets est possible.

La surveillance des émissions mise en place doit permettre de :

• Quantifier le débit et le volume des effluents rejetés ou transférés ;

• quantifier les rejets de substances, radioactives ou non, dans l'étude d'impact ;

• vérifier le respect de toute valeur limite applicable ;

• rechercher dans les effluents la présence de substances issues de l'installation et dont l'émission n'est pas prévue dans l'étude d'impact ;

• détecter un dysfonctionnement de l'installation, au moyen d'alarmes reportées dans des conditions telles qu'elles permettent d'interrompre sans délai tout rejet concerté non conforme ou, pour les rejets permanents, de suspendre toute opération susceptible de les produire.

En complément de l'arrêté du 7 février 2012 précité, la décision n° 2013-DC-0360 de l'Autorité de Sûreté Nucléaire du 16 juillet 2013, dite « décision environnement », relative à la maîtrise des nuisances et de l'impact sur la santé et l'environnement des installations nucléaires de base précise un certain nombre de dispositions, telles que les règles de comptabilisation des rejets, tant radioactifs que chimiques, ainsi que le programme de surveillance de l'environnement à mettre en œuvre par les exploitants d'INB. Cette décision fixe également les performances analytiques à atteindre pour les mesures réalisées dans le cadre des programmes de surveillance des rejets d'une part, et de l'environnement d'autre part.

Ainsi, l'article 3.2.18 précise que les effluents liquides radioactifs font l'objet d'un contrôle en continu de leur activité réalisé au niveau de la canalisation de rejets. Ce contrôle de la radioactivité est réalisé à l'aide de deux chaînes de mesure indépendantes équipées chacune d'une alarme réglée à un seuil d'activité volumique dont le déclenchement entraîne l'arrêt automatique du rejet. En cas de mélange (précisé à l'article 4.1.13 de l'arrêté du 7 février 2012) entre des effluents liquides radioactifs et des effluents liquides non radioactifs rejetés en continu, cette surveillance est réalisée en un point de la canalisation situé en amont du point de mélange avec ces autres effluents.

L'article 3.2.21 précise la surveillance des rejets d'effluents gazeux. L'exploitant doit assurer une surveillance au niveau des cheminées de rejet d'effluents radioactifs gazeux comprenant notamment :

• Une mesure en continu du débit ;

• une analyse périodique des prélèvements réalisés en continu dans la cheminée, selon des conditions (fréquence et paramètres mesurés) permettant de vérifier, le cas échéant, le respect des limites de débit d'activité ;

• une mesure en continu de l'activité *bêta* globale avec enregistrement permanent lorsque ce paramètre constitue un indicateur d'éventuelles anomalies ou dépassements ou permet de caractériser les effluents rejetés.

À noter que sur le plan international, des normes existent depuis les années 70. Aujourd'hui, une série de normes (NF M60-822-0 à 3) concernant les effluents gazeux a été élaborée entre 2010 et 2013, touchant les deux radionucléides prépondérants dans les rejets des installations nucléaires : le **tritium*** et le carbone 14. Enfin, ayant rapport aux effluents liquides, une première norme sur l'échantillonnage des effluents liquides dans les cuves ou canalisations de rejet ainsi que la mesure du m³ rejeté a été publiée en 2012 (NF M 60-825).

De manière classique, les rejets radioactifs liquides et gazeux des installations sont différenciés selon les éléments suivants :

• Tritium ;

• Carbone 14 ;

• Iode (halogènes) ;

• Autres produits de fission ou d'activation (émetteurs *bêta/ gamma* et émetteurs *alpha*) ;

• Gaz rares.

Le suivi des émissions atmosphériques de gaz et particules

Parmi les rejets atmosphériques d'effluents atmosphériques, sont distingués ceux qui sont dits « permanents », c'est-à-dire rejetés de manière continue depuis un émissaire de rejet, et ceux dits « ponctuels » ou encore concertés, toujours émis depuis un émissaire de rejet (donc contrôlé) mais dont la durée est limitée dans le temps. C'est le cas, par exemple, des rejets lors des tests périodiques des pièges à iode. Enfin, une dernière catégorie de rejets est considérée, elle concerne les rejets dits « diffus », c'est-à-dire non canalisés vers un émissaire de rejet surveillé et qui, par conséquent, ne font pas l'objet d'une mesure de leur activité à l'émission, mais d'une estimation enveloppe de celle-ci. Par exemple, il s'agit de rejets issus d'une évaporation de gaz dans une installation d'entreposage de déchets radioactifs ; Les effluents atmosphériques se trouvant sous les formes suivantes : gaz, poussières et/ou aérosols, tous les effluents atmosphériques des installations nucléaires, susceptibles d'être radioactifs, sont filtrés par des dispositifs adaptés à la nature des rejets afin de réduire le rejet de substances radioactives dans l'atmosphère.

Les mesures sur les effluents atmosphériques permettent de déterminer des indices de radioactivité par type de rayonnement et par radionucléide spécifique. Le contrôle des rejets atmosphériques est réalisé à partir de mesures en continu, qui renseignent ainsi sur le débit des effluents, les activités de gaz rares et d'émetteurs *bêta* et *alpha*, avec enregistrement permanent (fig. 251). Ce type de dispositif de mesure est muni d'alarme sonore et visuelle avec report au poste central de sécurité. Ce contrôle est également assuré à partir d'analyses en différé des activités du tritium, du carbone14, de l'iode, de l'activité *alpha* et *bêta* totales, sur des prélèvements ponctuels ou en continu. Des mesures en différé d'activité de gaz rares peuvent également être réalisées, avant rejet concerté par exemple, sur un prélèvement ponctuel dans des capacités d'entreposage de l'installation concernée. Enfin, une spectrométrie *alpha* et une spectrométrie *bêta-gamma* (cette dernière permet notamment de déterminer l'activité des émetteurs *bêta* purs) peuvent être réalisées sur des prélèvements ponctuels ou en continu.

Le contrôle continu permet de disposer en temps réel des résultats de la mesure, mais il est moins précis que la surveillance en différé qui intègre sur la semaine ou le mois l'activité rejetée. Le contrôle en temps réel permet notamment de déclencher les alarmes en cas de dépassement de seuils. La comptabilisation des rejets et le contrôle de non-dépassement des limites annuelles sont réalisés à l'aide de la surveillance en différé.

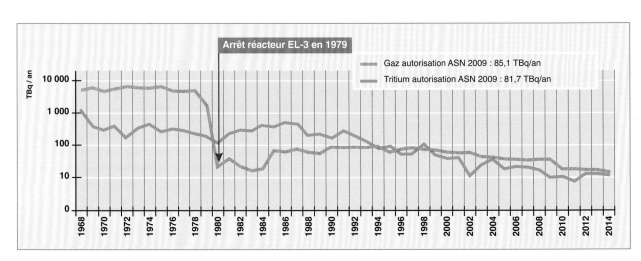

Fig. 251. Courbe de suivi des rejets de gaz rares et tritium sur une installation du centre CEA de Paris-Saclay.

Les filtres qui retiennent les particules fines (aérosols) font l'objet d'une surveillance en continu et d'analyses *a posteriori*. Les gaz qui traversent ces filtres sans être piégés sont contrôlés en continu dans une **chambre d'ionisation***. La chambre d'ionisation fait partie des détecteurs à gaz dont le principe est de faire passer les particules chargées ou les photons issus des substances radioactives constitutives du rejet à travers un gaz présent dans le détecteur afin de créer des paires ion-e- qui migrent sous l'effet d'un champ électrique de polarisation pour être collectées sur des électrodes donnant ainsi une impulsion de charge ou de courant qui est mesurée. Le nombre de paires ion-e- est proportionnel à l'énergie déposée par la particule ionisante. Ce type de détecteur permet uniquement des mesures globales de rejets de gaz car il est étalonné avec un gaz de référence figurant dans les rejets potentiels de l'installation. Des mesures plus sensibles encore sont effectuées en différé dans le laboratoire d'analyse sur des échantillons représentatifs prélevés au point de rejet (cheminée).

L'échantillonnage des aérosols et de l'iode est réalisé au moyen de dispositifs de prélèvement raccordés à la cheminée (type DPRC pour Dispositif de Prélèvement des Rejets Cheminées) par passage du flux d'air sur filtre papier et sur cartouches à haut débit. Ces dispositifs effectuent, en aval des derniers équipements d'épuration de l'installation concernée et avant rejet dans l'atmosphère, un prélèvement continu des aérosols par filtration. Les filtres sont remplacés selon une périodicité variable (toutes les semaines ou tous les mois) pour faire l'objet d'une mesure par **compteur proportionnel*** afin de déterminer la radioactivité *alpha* globale et *bêta* globale ou par spectrométrie *gamma* pour mesurer précisément des émetteurs *gamma* comme le césium 137. Les compteurs proportionnels fonctionnent selon le même principe que les chambres d'ionisation (réaction d'une particule chargée avec un gaz) mais permettent en plus une amplification de la charge dans le gaz (processus de multiplication électronique) ce qui permet de produire un signal électrique plus important et par suite obtenir un meilleur rapport Signal/Bruit. Les seuils de décision[21] (SD) associés à ce type de mesure sont de l'ordre de 10^{-5} Bq/m^3 sur des filtres ayant prélevé les aérosols pendant 24h et des temps de comptage de l'ordre de 1h30 pour les mesures *alpha* et *bêta* globales par compteur proportionnel et d'environ 15h pour les spectrométries *gamma*. Pour des durées de prélèvement et de comptage plus longues par spectrométrie *gamma* et *alpha*, les seuils de décision peuvent avoisiner les 10^{-7} Bq/m^3. Les installations susceptibles de rejeter des halogènes (iodes notamment) sont équipées, en aval des derniers dispositifs d'épuration de l'installation concernée et avant rejet à l'atmosphère, d'un DPRC muni de

deux cartouches en série contenant du charbon actif changées régulièrement (à une fréquence hebdomadaire par exemple). L'analyse en différé par **spectrométrie *gamma**** des gaz sorbés sur le charbon permet d'évaluer les activités en halogènes, comme l'iode 131, éventuellement rejetées par l'installation. Le **seuil de décision* (SD*)** associé à ce type de mesure est de l'ordre de 10^{-3} Bq/m^3 pour des temps de comptage de l'ordre d'une demi-heure.

Des dispositifs spécifiques sont mis en place pour le piégeage du tritium et du carbone 14. Il s'agit de barboteurs dont le principe de fonctionnement repose sur le prélèvement de l'air à un débit déterminé (environ 30 litres/heure), pendant une durée choisie. Après filtration des aérosols de l'air, le dispositif piège la vapeur d'eau tritiée (HTO) ou le carbone 14 sous forme 14CO$_2$ par barbotage dans l'eau pour le tritium et dans la soude pour le carbone 14. Le gaz tritium ou le C14 sous forme organique sont, quant à eux, oxydés dans un four équipé d'un catalyseur puis piégés par le même principe dans les deux derniers biberons du barboteur (fig. 252).

Après écoulement de la durée de barbotage préalablement choisie, les quantités de tritium et de carbone 14 contenues dans l'eau des récipients de collecte sont mesurées en laboratoire par comptage en **scintillation liquide***. Les activités totales du tritium et du carbone 14 ainsi déterminées sont rapportées au volume d'air passé dans l'appareil (en Bq/m^3 d'air). La technique de scintillation liquide est bien adaptée à la mesure d'émetteurs *bêta* « mous » : les électrons de faible énergie issus de la désintégration produisent de la lumière dans le liquide scintillant qui les baigne sans avoir à traverser de fenêtre.

Une autre méthode pour la mesure et la quantification du tritium est la **spectrométrie de masse***. Les **limites de détections* (LD)** ou seuils de décisions (SD) associées aux techniques de mesure du tritium sont de l'ordre de quelques Bq/L pour la scintillation liquide et de l'ordre de 0,003 Bq/L pour la

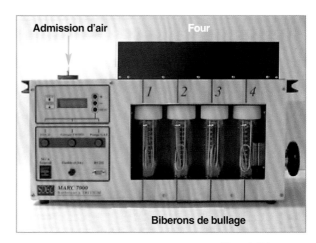

Fig. 252. Barboteur tritium pour le piégeage du tritium de l'air.

---

21. La nécessité de déterminer et d'utiliser un seuil de décision SD apparait lorsque les fluctuations de bruit de fond rendent le résultat trop incertain et font ainsi apparaitre un doute sur la présence même de radioactivité dans l'échantillon mesuré. En pratique, la limite de détection LD = 2xSD.

spectrométrie de masse. À l'exception de la mesure par l'hélium-3, toutes les techniques passent par une étape où le tritium se trouve dans une molécule d'eau (HTO, eau tritiée), soit parce qu'il s'agit de l'état initial du tritium de l'échantillon (tritium libre), soit parce que ce dernier se retrouve dans l'eau synthétisée par une combustion de l'échantillon (tritium organiquement lié). Ainsi, dans l'air, la vapeur d'eau tritiée peut être prélevée par aspiration à travers un volume connu d'eau à faible teneur en tritium, ou à travers des colonnes de desséchant solide, tel que le silicagel, par exemple. L'air passe à travers le collecteur à un débit constant connu pendant une période de temps déterminée, de sorte que l'on peut déterminer le volume total d'air échantillonné. La quantité totale d'eau tritiée récupérée dans le collecteur est divisée par le volume total de l'air échantillonné pour déterminer la concentration du tritium dans l'air, sous forme d'eau tritiée. Les autres composés tritiés habituellement présents dans l'air, hydrogène et méthane tritiés, ne sont pas collectés par les absorbants mentionnés ci-dessus. Pour prélever le tritium qu'ils contiennent, il faut préalablement les oxyder en eau tritiée en présence d'un catalyseur. Une autre méthode a été mise au point et brevetée par l'**IRSN*** (système PREV'AIR). Elle consiste à condenser la vapeur d'eau atmosphérique sur un échangeur froid ; cette technique permet de collecter en quelques minutes de la vapeur d'eau en quantité mesurable. La mesure du tritium est faite directement sur l'eau de condensation, sans dilution par l'eau du collecteur. Une technique par scintillation liquide directe ou après pyrolyse a été mise en place par le CEA (voir *infra*, p. 238).

Les limites de détection (LD) ou seuils de décisions (SD) associés à la mesure du carbone 14 par scintillation liquide sont de l'ordre de 10^{-2} Bq/m³ air. À titre de comparaison, le niveau naturel de carbone 14 dans l'air est de 6.10^{-2} Bq/m³.

Le suivi des rejets dans les milieux liquides

Comme pour les effluents radioactifs gazeux, sont distingués les rejets d'effluents liquides permanents provenant d'effluents rejetés de façon continue par une canalisation ou une conduite de rejet et les rejets ponctuels ou concertés.

Les contrôles sur les effluents liquides rejetés comportent une mesure en continu de l'activité globale rejetée (mesures *bêta* et *gamma*) reliée à des alarmes et reportée à un tableau de contrôle, ainsi que des analyses en différé (périodicité journalière à semestrielle) des activités *alpha* et *bêta* globales, des radionucléides émetteurs *bêta* purs spécifiques, comme le tritium, des radionucléides émetteurs *bêta-gamma* (Cs, Sr, etc.) et émetteurs *alpha* (Am, Pu, etc.).

Les mêmes techniques d'analyses en différé, sur prélèvement d'eau, que celles utilisées pour les effluents atmosphériques sont utilisées pour les effluents liquides. Ainsi sont retrouvés

Fig. 253. Tri-four à pyrolyse pour l'extraction du tritium et du carbone 14 d'effluents liquides.

les compteurs proportionnels pour les mesures *alpha* et *bêta* globales, la scintillation liquide pour les mesures de tritium et de carbone 14, la spectrométrie *gamma* pour l'identification d'émetteurs *gamma* (Cs 137, halogènes) et la spectrométrie *alpha* pour la quantification des **transuraniens*** notamment (isotopes du plutonium, par exemple). Les seuils de décision associés à ces mesures sont de l'ordre de 10^{-2} Bq/L pour les analyses par compteur proportionnel (durée de comptage de l'ordre de 2h30), de 10^{-3} Bq/L pour la mesure du carbone 14, de quelques Bq/L pour celle du tritium, des halogènes et des émetteurs *gamma* et enfin d'environ 10^{-4} Bq/L pour les émetteurs *alpha* et pour des temps de comptage relativement longs (plusieurs jours).

Des techniques plus avancées peuvent être mises en œuvre. Ainsi, pour les effluents liquides contenant du tritium et du carbone 14, une extraction en simultané peut être réalisée en effectuant une pyrolyse de l'échantillon liquide avant la mesure par scintillation liquide. Le matériel utilisé est un four à pyrolyse tri-tubes (fig. 253).

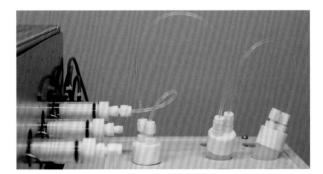

Fig. 254. Système de barbotage pour piégeage des gaz de pyrolyse.

Détection et mesure de rejets et d'effluents liquides et gazeux

Ce four à pyrolyse est constitué de deux zones de chauffages indépendantes. Il est possible de programmer une rampe de température dans la première, où se situe l'échantillon, tandis que la seconde est maintenue à 950 °C. L'échantillon est balayé par un courant d'azote pendant la montée en température, tandis que la seconde partie du four l'est par un courant d'oxygène supplémentaire afin d'oxyder les gaz dégagés lors de la pyrolyse sur la première zone. Les deux gaz sont réglés à des débits identiques : 150 mL/min. Les gaz sont piégés en sortie, le tritium dans un premier barboteur (HCl 0.1M) maintenu à 4 °C, tandis que le carbone 14 est piégé dans les barboteurs 2 et 3 (carbosorb®) (fig. 254).

Les rendements de pyrolyse sont réalisés sur des solutions aqueuses dont l'activité est connue de manière précise. Les rendements de pyrolyse classiquement obtenus sont de l'ordre de 90 à 100 % sur les matrices aqueuses [1].

Franck JOURDAIN
Département de technologie nucléaire
et René BRENNETOT,
Département de physico-chimie

▸ **Références**

[1] R. BRENNETOT *et al.*, "H-3 Measurement in Radioactive Wastes: Efficiency of the Pyrolysis Method to Extract Tritium from Aqueous Effluent, Oil and Concrete", *Fusion and Science Technology*, Tritium-2016, special edition, vol. 71, 2017.

Les contrôles de sécurité et de non-prolifération

Introduction

Dans le domaine de la sécurité (lutte anti-terroriste), les mesures nucléaires non intrusives jouent un rôle majeur car elles permettent de détecter et d'identifier rapidement, et de façon sûre, une large panoplie de **menaces NRBC(E)*** (**Nucléaires, Radiologiques, Bactériologiques, Chimiques – Explosifs**). Au-delà de la spectrométrie et des caméras *gamma* très largement utilisées dans l'industrie nucléaire (voir sections et chapitres précédents), des techniques spécifiques en application à la sécurité sont développées pour inspecter les personnes, bagages, conteneurs ou véhicules, telles l'imagerie X pour localiser des objets ou zones suspects, voire identifier certaines menaces comme les explosifs, les portiques radiologiques passifs avec discrimination neutron-*gamma* et identification isotopique, l'activation neutronique pour détecter diverses matières illicites comme les explosifs, les drogues ou les toxiques de guerre, et la **photofission*** pour les matières nucléaires. Également, des méthodes optiques comme la spectroscopie sur plasma induit par laser (**LIBS***, ***Laser-Induced Breakdown Spectroscopy***, voir *infra*, p. 171) ont été développées pour détecter des traces d'explosifs ou de toxiques de guerre sur des surfaces contaminées. La LIBS peut aussi être utilisée dans le cadre des **garanties nucléaires*** de l'**AIEA*** (voir coup de projecteur à la fin de ce chapitre), en complément des mesures nucléaires non intrusives comme la spectrométrie *gamma* ou les mesures neutroniques, pour s'assurer que les matières et installations nucléaires sont utilisées exclusivement à des fins pacifiques. Des analyses de haute précision sont aussi réalisées en laboratoire sur des échantillons prélevés par les inspecteurs afin de déterminer la composition isotopique et la teneur en uranium et plutonium.

L'imagerie X en rétrodiffusion pour l'analyse de colis suspects

En matière de lutte anti-terroriste, lorsqu'un colis suspect est abandonné, une radiographie X conventionnelle peut être réalisée par les services de déminage. L'interprétation de l'image fournit des informations nécessaires à l'identification du contenu du colis et permet d'orienter les suites à donner. En radiographie, l'imageur est placé au plus proche du colis et la source de rayonnement X du côté opposé, avec un léger recul. Ainsi, la radiographie ne peut pas traiter certaines situations, comme le cas d'un bagage abandonné contre une paroi ou s'il contient un composant opaque aux rayonnements X.

La technique d'imagerie X par rétrodiffusion peut pallier ce manque si elle est statique et portable, car elle permet de réaliser une image du contenu d'un colis d'un seul côté, sans déplacer ce dernier. Un système dual avec les deux fonctions d'imagerie complémentaires, par transmission et par rétrodiffusion, a donc été intégré dans un seul équipement, robuste, portable, autonome en énergie d'alimentation et utilisable pour la recherche d'explosifs ou de matériaux illicites[22]. Le dispositif peut aussi être utilisé pour la localisation et le dimensionnement de sources radioactives dans un colis suspect.

L'imagerie X en rétrodiffusion utilise une source de rayonnement X qui irradie le colis suspect, un détecteur X pixelisé et un imageur qui enregistre sur le détecteur une image du rayonnement rétrodiffusé par le colis. L'ensemble du dispositif (source, imageur et détecteur X) se situe du même côté du colis (fig. 255).

22. Projet ANR DIRTACOS (Dispositif d'Imagerie en Rétrodiffusion et Transmission pour l'Analyse de COlis Suspects), www.agence-nationale-recherche.fr/?Projet=ANR-13-SECU-0006.

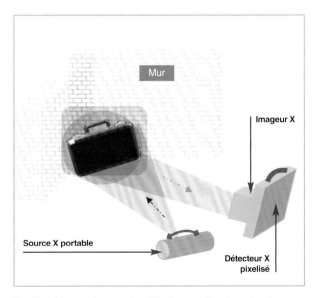

Fig. 255. L'imagerie X en rétrodiffusion pour l'analyse de colis suspect.

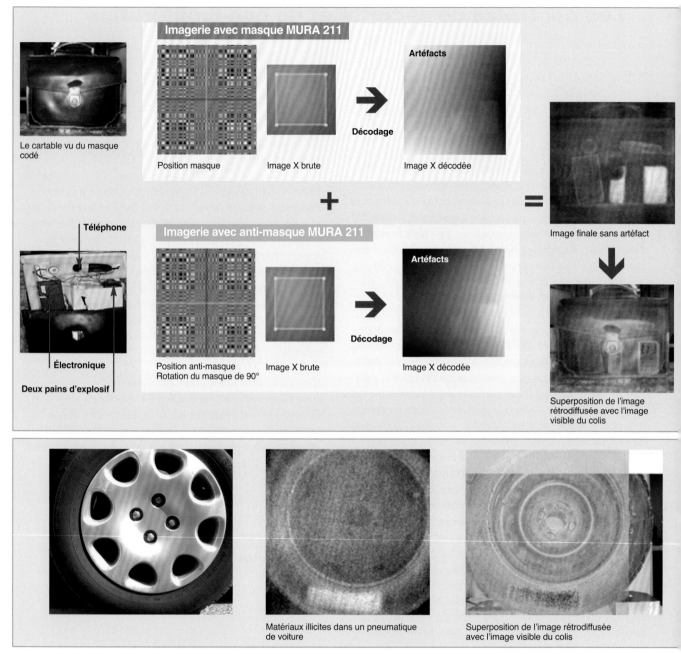

Fig. 256. Images en rétrodiffusion X, en haut d'un cartable suspect contenant deux pains d'explosifs fictifs, un boîtier électronique et un téléphone cellulaire, en bas d'un pneumatique de voiture suspect contenant un matériau illicite.

L'image est formée par la technique d'imagerie par **sténopé***. Le rayonnement X rétrodiffusé est imagé, au travers d'un trou de faible diamètre, sur un plan de détection. Cette technique est bien adaptée pour les sources intenses mais dans le cas de sources peu intenses comme le rayonnement X rétrodiffusé, on réalise l'image à l'aide d'un ensemble de multi-sténopés codé qui forme un « masque » suivant un motif spécifique, l'image finale étant obtenue après décodage de l'image brute.

Il est à noter que lorsque la source est étendue dans un champ de vue proche (masque et détecteur proches de la source), il apparaît dans l'image décodée de nombreux artéfacts de décodage.

Ceux-ci peuvent être corrigés par l'addition d'une image masque décodée avec une image anti-masque décodée (l'anti-masque est obtenu en remplaçant dans le motif du masque des trous par de la matière et réciproquement). Certains motifs de masque (par exemple, les masques

MURA pour *Modified Uniformity Redundant Array*) sont anti-symétriques et permettent d'obtenir l'anti-masque par simple rotation de 90° du masque (fig. 256). Compte tenu du domaine spectral d'utilisation du dispositif, de la taille du champ à analyser et de la résolution spatiale souhaitée, un masque en alliage de tungstène de 0,5 mm d'épaisseur percé de 88 620 trous de 0,35 mm de diamètre a été réalisé suivant un motif MURA de rang 211.

La figure 256 présente des images en rétrodiffusion obtenues en 320 secondes d'acquisition [1].

Ce prototype a montré la possibilité de réaliser un système dual permettant de faire de la radiographie ou de l'imagerie en rétrodiffusion (avec un champ d'analyse de 40 x 40 cm^2 et une résolution millimétrique). Une première image rétro-diffusée est obtenue après 20 secondes d'acquisition. Cette image peut être superposée à l'image visible du colis vue du masque, ce qui permet de localiser les objets suspects.

L'imagerie en rétrodiffusion met en évidence les matériaux légers (de numéro atomique Z faible). Une des perspectives d'applications de cette technique, en dehors de la sécurité globale, est potentiellement le contrôle non destructif de matériaux composites (matériaux à base de carbone tissé en 3D, mousse d'aluminium, plastiques, pneumatiques, bois d'œuvre massifs et lamellés collés…), notamment pour la recherche de défauts et d'inclusions dans le secteur aéro-nautique.

Les portiques radiologiques passifs

Le CEA, grâce à sa contribution à des projets sur la sécurité, a développé une expertise sur les systèmes de détection passifs destinés au contrôle des véhicules ou des personnes communément nommés « ***Radioactive Portal Monitor**** » (**RPM**, fig. 257). L'ambition est de substituer aux détecteurs neutroniques à hélium 3, gaz en pénurie mondiale et devenu très coûteux, des scintillateurs plastiques standards en poly-vinyltoluène (PVT).

Deux techniques sont exploitées : la discrimination neutron-*gamma*, et la reconnaissance isotopique.

La discrimination neutron-*gamma* : Il s'agit d'extraire une information quantitative caractéristique de la présence de neutrons parmi des évènements *gamma* en utilisant comme détecteur un ou plusieurs scintillateurs plastiques stan-dards[23].

Fig. 257. Les portails de contrôle radiologique pour le contrôle des véhicules.

La technique couramment utilisée pour réaliser cette discri-mination est la « ***Pulse Shape Discrimination**** » (**PSD***, fig. 258). Cette technique est adaptée aux scintillateurs orga-niques liquides ou aux scintillateurs plastiques dopés de fai-bles volumes car la différence de forme entre les impulsions dues aux rayonnements *gamma* et aux neutrons est signifi-cative, ce qui permet leur différentiation. Pour les applica-tions RPMs, les volumes de détecteurs étant beaucoup plus importants, de l'ordre de plusieurs dizaines de litres, l'appli-cation de la PSD n'est pas suffisante pour distinguer les impulsions neutron et *gamma*.

Le CEA a proposé une solution alternative, la ***Pulse Time Discrimination**** (**PTD**, fig. 259), qui permet d'obtenir une discrimination neutron/*gamma* efficace pour les scintillateurs

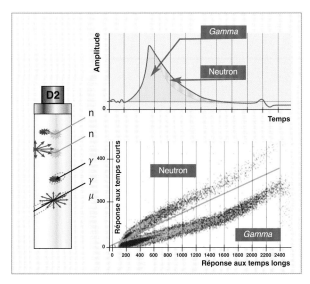

Fig. 258. Pulse Shape Discrimination (PSD).

---

23. Le principe a été qualifié durant le projet européen SCINTILLA : http://www.scintilla-project.eu/

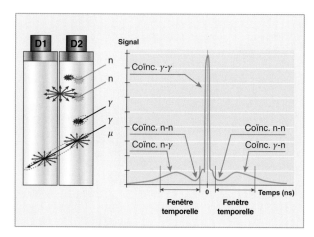

Fig. 259. Pulse Time discrimination (PTD).

plastiques de grand volume. La PTD repose sur l'analyse de l'amplitude et la coïncidence d'impulsions provenant de deux détecteurs mitoyens séparés par une interface de conversion (absorbant neutronique en gadolinium ou cadmium). Un spectre temporel de collection des impulsions est utilisé pour séparer les contributions neutron et *gamma*. L'ensemble du processus de discrimination est décrit dans le brevet [2]. Ce faisant, il est possible de discriminer un neutron parmi cent mille photons *gamma* dans un détecteur plastique.

La reconnaissance isotopique : un dispositif original de reconnaissance isotopique (fig. 260) permet l'identification et le classement des isotopes malgré la faible résolution en énergie et l'absence de pics photoélectriques des spectres issus de scintillateurs plastiques standards PVT. Le principe est basé sur la comparaison d'un spectre inconnu en cours d'acquisition avec un ensemble de spectres connus référen-

cés dans une base de données. La comparaison des spectres consiste à calculer la distance géométrique entre les spectres de référence (représentés sous forme de vecteurs) et la valeur normalisée du spectre inconnu. Ce processus d'identification est décrit dans le brevet [3].

Les spectres de référence sont créés pour l'ensemble des sources qui présentent un intérêt dans le cadre de l'identification d'isotopes. Ces isotopes peuvent, par exemple, être les Cs 137, Co 60, Na 22, Am 241, Co 57 et tout autre isotope présentant un intérêt dans un cadre applicatif donné. Chaque spectre est représenté sous la forme d'un vecteur avec un nombre de dimensions égal au nombre de canaux dans le spectre. Les coordonnées d'un vecteur sont le nombre de coups dans chaque canal et on mesure sa « distance » (au sens mathématique) avec les vecteurs des différents spectres de référence. Ces distances représentent le degré d'éloignement du spectre inconnu par rapport aux spectres de référence. Plus la distance est grande, plus le spectre inconnu est différent du spectre de référence correspondant, voir la figure 260.

Le CEA avec ses partenaires[24] mettra en œuvre ce type de portiques de détection de menaces radiologiques ou nucléaires sur trois sites douaniers. L'un des enjeux est de faire la preuve qu'il est possible de différencier dans le trafic les produits naturellement radioactifs de ceux qui pourraient représenter une menace pour la sécurité, facilitant ainsi le travail des douaniers.

24. Projet H2020 C-BORD coordonné par le CEA depuis juin 2015 pour une durée de 42 mois, regroupe parmi ses 18 partenaires, issus de 9 pays européens, 5 laboratoires du CEA impliqués dans le développement de 4 technologies d'inspection.

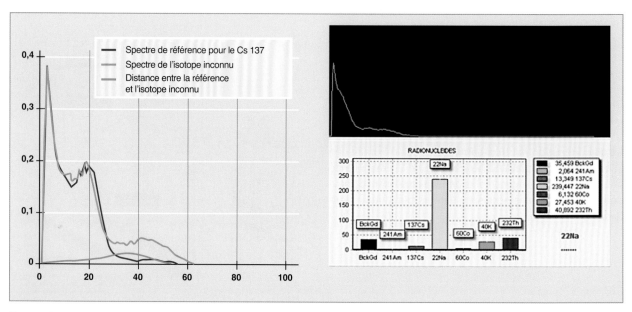

Fig. 260. Reconnaissance Isotopique à partir de spectres issus de scintillateurs plastiques.

Les contrôles de sécurité et de non-prolifération

Optimisation du contrôle non intrusif dans les conteneurs maritimes

Il s'agit de combiner plusieurs technologies pour parfaire le contrôle non intrusif dans les conteneurs maritimes, à la recherche d'explosif, de drogue, de matière radioactive et de tout produit illicite ou non déclaré. Les technologies d'inspection non intrusive basées sur des mesures de rayonnements ainsi qu'un nez électronique avaient bénéficié de développements initiés par le CEA et ses partenaires[25] (fig. 261)

Les principaux défis à relever sont : pour les portiques radiologiques passifs, substituer aux détecteurs neutron à hélium 3, gaz en pénurie mondiale et devenu très coûteux, des plastiques scintillants ; pour l'inspection neutronique, mettre en œuvre un système compact incluant un générateur de neutrons à forte émission mais faible bruit ; pour la photofission, réaliser une première sur un site douanier en détectant des matières nucléaires ; pour le nez électronique, être en mesure de discriminer les particules chimiques dans le volume d'un conteneur de 40 pieds de longueur (12 m).

Il s'agira aussi de faire la démonstration de l'efficacité de la combinaison des techniques et d'adapter les moyens à la mise en œuvre en grandeur réelle sur des sites douaniers notamment[26].

---

25. Projets européens EURITRACK, Eritr@C, SCINTILLA et SNIFFER, ou projets CEA du programme de R&D contre les menaces NRBCE (DEMIP, INSPEC, IRMA).

26. Les douanes du port de Rotterdam aux Pays-Bas, du port de Gdansk en Pologne et celles des contrôles aux frontières en Hongrie valideront la mise en œuvre des équipements sur le terrain.

Les outils C-BORD :
inspection non intrusive des conteneurs

Sniffer
- Substituer au chien un nez électronique.
- Inspecter sans ouvrir le conteneur.

Portique de détection
- Détecter et localiser la source radioactive potentielle.
- Identifier le radioélément.
- Déterminer les produits naturellement radioactifs.
- Remédier à la pénurie des détecteurs neutron à hélium 3.

Inspection neutronique
- Identifier la composition chimique élémentaire des contenus.
- Levée de doute de l'image X-rays sans dépotage.

Photofission
- Détection matière nucléaire (uranium, plutonium).

Radiographie X
- Interpréter les images.
- Localiser en profondeur.

Grand port maritime : Rotterdam (installations fixe)

Port maritime : Gdańsk (équipement re-localisable)

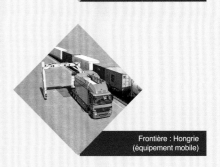

Frontière : Hongrie (équipement mobile)

Fig. 261. Optimisation du contrôle non intrusif dans les conteneurs maritimes.

La détection neutronique de matières illicites avec la technique de la particule associée

La **technique de la particule associée*** (**TPA***) est une méthode de caractérisation élémentaire par interrogation neutronique permettant la détection des explosifs, drogues, armes chimiques ou matières nucléaires. Elle peut être utilisée en contrôle de sécurité de second niveau pour les bagages ou conteneurs de transport, dans les aéroports, ports maritimes, postes frontière, etc. La figure 262 montre qu'elle donne une information sur la localisation des éléments interrogés, ce qui la rend complémentaire à l'imagerie X utilisée en 1er niveau. Des neutrons de 14 MeV sont produits par réaction de fusion deutérium-tritium (D-T) dans un tube scellé transportable. La détection de la particule *alpha*, émise simultanément et à l'opposé du neutron à l'issue de la réaction de fusion D-T permet de déterminer sa direction et son temps de vol jusqu'à interaction, grâce au temps de coïncidence entre la détection *alpha* et celle du rayonnement *gamma* induit, par exemple par diffusion inélastique (n,n'γ). Le spectre *gamma* des scintillateurs, NaI(Tl) ou LaBr3(Ce), permet ensuite d'identifier les matériaux interrogés, en s'ap-

puyant sur une base de signatures élémentaires. Une déconvolution spectrale permet de séparer les contributions des éléments, notamment celles du carbone, de l'azote et de l'oxygène pour différencier les matières organiques bénignes des matières illicites.

Plusieurs applications de la TPA ont été étudiées dans le cadre de projets liés à la sécurité (voir la figure 263)[27] :

- La détection de matières illicites (explosifs, drogues, produits de contrebande) dans les conteneurs de transport, avec des scintillateurs NaI de grand volume et un système d'inspection pour camions ;

- la sécurisation des zones portuaires avec un sous-marin où sont intégrés un générateur de neutrons compact, une électronique développée par le CEA et un scintillateur

---

27. Projets européens EURITRACK (FP6), Eritr@C (DG-JLS), UNCOSS (FP7), C-BORD (H2020) et projets CEA du programme de recherche sur les menaces NRBC-E (nucléaires, radiologiques, bactériologiques, chimiques et explosifs). Ces projets sont le fruit d'une étroite collaboration entre équipes CEA DEN, DRT LIST et DAM DIF.

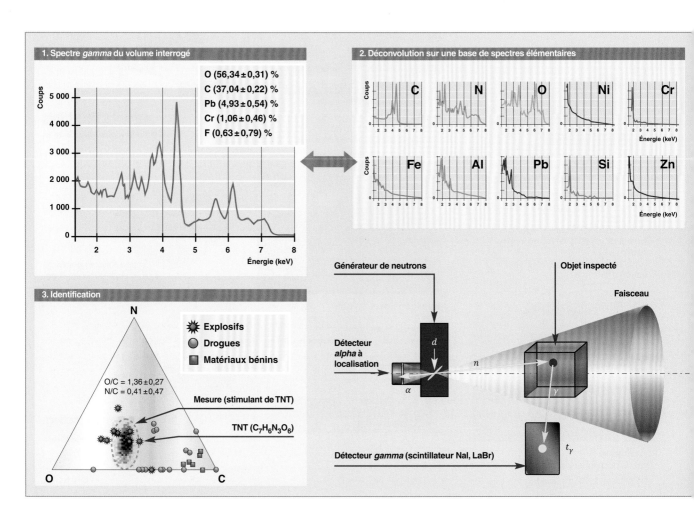

Fig. 262. Principe de la technique de la particule associée.

Fig. 263. Illustration d'applications de la Technique de la Particule Associée (TPA) pour le contrôle des matières illicites.
a) le système EURITRACK pour l'inspection des conteneurs de transport ; b) le sous-marin UNCOSS ; c) la maquette du système IRMA pour la détection des matières nucléaires.

haute résolution LaBr, télé-opéré depuis la surface pour vérifier la présence de charges explosives dans des objets métalliques (mines, torpilles, bombes aériennes…) repérés sur les fonds marins d'anciennes zones de conflit (mer Adriatique, mer du Nord) ;

• la détection d'éléments entrant dans la composition d'armes chimiques (As, Br, I, S, F, Cl, P…), avec des détecteurs NaI ou LaBr selon l'énergie des raies *gamma*, respectivement supérieure ou inférieure à 1 MeV ;

• la détection des matières nucléaires : les neutrons et rayonnements *gamma* prompts des fissions induites par les neutrons rapides sont détectés en coïncidence par des scintillateurs plastiques.

Actuellement, les développements de la TPA se poursuivent dans le cadre de projets européens, qui combinent les principales techniques de mesure nucléaire non intrusives envisageables pour l'inspection des conteneurs de transport. Le système d'interrogation neutronique sera compact et facilement transportable, tirera partie des dernières évolutions technologiques en matière de générateur de neutrons à particule associée et d'électronique numérique, tout en bénéficiant des enseignements des projets précédents sur la radioprotection (écrans proches de la source) et l'agencement des détecteurs *gamma* (à proximité du générateur pour favoriser la compacité du système).

La détection de matière nucléaire dans les conteneurs de transport par photofission

Le trafic illicite de matériaux radiologiques ou de matière nucléaire (principalement les isotopes du plutonium ou de l'uranium) au sein des conteneurs maritimes représente l'un des principaux risques relatifs à la problématique NR (Nucléaire – Radiologique), notamment concernant la fabrication de **bombes « sales* »** ou radiologiques. Afin de contrôler de manière non intrusive un conteneur et de détecter la présence éventuelle de matière nucléaire, les

méthodes non destructives sont bien adaptées. Les méthodes passives, fondées sur la détection des rayonnements spontanément émis par les radioéléments d'intérêt (*gamma* ou neutrons), se caractérisent par leur relative simplicité de déploiement mais présentent des limitations lorsqu'un blindage enveloppe la matière nucléaire et atténue la signature d'intérêt. Dans ce cas, les méthodes actives non destructives se révèlent être une alternative séduisante. Ces dernières se décomposent en deux étapes : une étape d'irradiation à l'aide d'un faisceau de particules incidentes, afin d'induire des réactions de fission, suivie d'une seconde étape visant à détecter les particules promptes et retardées émises par ces réactions. Pour les applications dans le domaine de la sécurité, les méthodes basées sur une irradiation à l'aide d'un faisceau de photons de haute énergie (énergie supérieure à 6 MeV) et permettant d'induire des réactions de **photofission*** (fission induites par photons), présentent un réel intérêt.

En se fondant sur un retour d'expérience de plus de vingt ans lié à l'application de la photofission pour la caractérisation des colis de déchets radioactifs, le CEA travaille depuis plusieurs années sur l'utilisation de la photofission pour détecter la matière nucléaire au sein de conteneurs maritimes. Certaines contraintes spécifiques à ce domaine doivent être prises en compte telles que la minimisation de la durée du contrôle à quelques minutes, une masse de matière nucléaire à détecter de l'ordre du kilogramme, l'énergie maximale d'irradiation inférieure à 10 MeV[28] [4]. Un prototype de portique, adapté à l'analyse de tranches de conteneurs remplies de différents types de matrices (vinyle, métal, etc.), a été déployé lors de multiples campagnes expérimentales. La faisabilité de la détection des principales signatures d'intérêt de la photofission, neutrons retardés et *gamma* retardés (pour ces derniers, comptage au-dessus d'un seuil en énergie pris égal à 3 MeV), a été validée et un premier couplage avec les techniques d'imagerie haute énergie a été

---

28. La faisabilité de la photofission a pu être démontrée expérimentalement dans le cadre du projet DEMIP DEtection de Matière nucléaire par Interrogation Photonique, projet du programme transverse NRBC-E mené par l'institut LIST avec la collaboration du CEA DAM DIF pour les expérimentations.

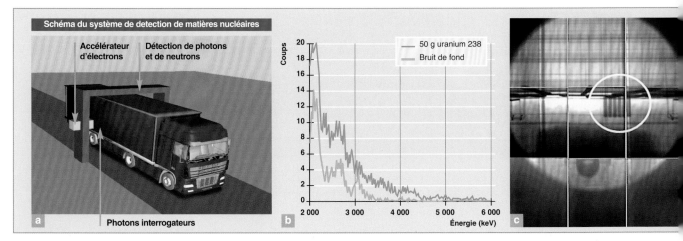

Fig. 264. a) schéma de principe du portique utilisant la photofission pour l'analyse de conteneurs. b) mise en évidence du signal dû aux rayonnements *gamma* retardés (en rouge) par rapport au bruit de fond (en bleu). c) image haute énergie réalisée sur une tranche de conteneur (matière nucléaire identifiée dans le cercle blanc).

réalisé. Ces approches complémentaires reposent sur l'utilisation d'un unique **accélérateur linéaire*** (**LINAC**) d'électrons, ce dernier produisant un faisceau de photons de haute énergie par rayonnement de freinage au sein d'une cible de conversion en tungstène.

Plusieurs améliorations de l'instrumentation dédiée aux techniques fondées sur la photofission sont étudiées par le CEA et ses partenaires [5], notamment le déploiement de scintillateurs plastiques de grandes dimensions pour le comptage des rayonnements *gamma* retardés de haute énergie. Le couplage avec l'imagerie haute énergie constituera l'un des points-clés de ce système et la démonstration finale sur site est prévue à partir de la fin 2018, en partenariat avec les douanes de Rotterdam.

La spectroscopie sur plasma induite par laser

Dans le cadre des contrôles de matières nucléaires menés par l'**AIEA***, la technique **LIBS*** *(Laser-Induced Breakdown Spectroscopy)*, dont les principes ont été présentés au chapitre consacré à la spectrométrie de plasma induite par laser (LIBS), *supra*, p. 221, est applicable aux contrôles de non-prolifération. En effet, les spectres LIBS, traités par analyse chimiométrique, permettent d'identifier, de manière immédiate, des matériaux sensibles à partir d'une base de données d'apprentissage préétablie. Comme déjà indiqué au chapitre dédié à « l'instrumentation et la mesure dans l'amont du cycle », *supra*, p. 129, il est ainsi possible de déterminer l'origine géographique de concentrés d'uranium *(yellow cakes)*. Il est aussi possible de reconnaître des nuances d'alliages métalliques (3 aciers inox, 4 aciers maraging, 3 inconels, 1 monel et 2 alliages spéciaux) [6] : un modèle chimiométrique robuste a été établi de manière à obtenir un taux d'identification optimal, en aveugle, avec une base de données acquise auparavant (nuances de la 1re colonne). Des spectres ont été acquis sur trois échantillons inconnus 1, 2, et 3, les résultats présentés dans le tableau 13 montrent une identification correcte des nuances d'aciers maraging C, A et B respectivement.

Tableau 13.

Taux d'identification (%) des échantillons inconnus avec la technologie LIBS			
Nuances prédites	**Inconnu 1**	**Inconnu 2**	**Inconnu 3**
Maraging A	0	76	16
Maraging B	0	0	44
Maraging C	92	0	16
Maraging D	8	0	4
Inconel A	0	20	20
Monel	0	4	0

Les résultats montrés précédemment ont été obtenus avec un instrument LIBS de laboratoire. Actuellement, la mise sur le marché d'instruments portables LIBS permet d'envisager des contrôles de matériaux sur site. Avec l'instrument portable de la figure 265, le CEA a participé à une campagne de mesures comparatives organisée par l'AIEA pour l'identification de matériaux sensibles (*yellow cakes**, alliages…) avec des systèmes portables utilisant différentes techniques optiques : LIBS, spectrométrie **Raman***, **FTIR*** (*Fourier Transform InfraRed spectroscopy*) et **XRF*** (*X-Ray Fluorescence*) [7].

Cette technique est également étudiée pour des applications liées à la Sécurité, où l'une des craintes est la possibilité d'attaque chimique par des groupes terroristes. Les toxiques de guerre, une fois répandus sur une zone, peuvent rester nocifs pendant plusieurs dizaines d'années, d'où l'importance de pouvoir les identifier et les détecter sur le terrain.

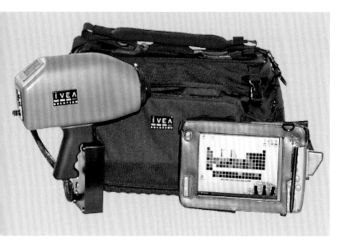

Fig. 265. Instrument LIBS portable[29].

Le CEA a mis au point un protocole de mesure permettant au système LIBS portable de la figure 265 de détecter et d'identifier les toxiques de guerre les plus courants : gaz sarin, tabun, soman, moutarde, VX, ainsi que la Lewisite. C'est par la détection simultanée de deux éléments chimiques parmi le phosphore, le soufre, le chlore, le fluor et l'arsenic que l'identification est rendue possible (fig. 266). L'évaluation des performances du système a été faite avec des toxiques de guerre réels sur différents supports (bois, béton, peinture) dans un laboratoire spécialisé. La réponse est instantanée puisqu'un seul tir laser est nécessaire à la mesure. Les éléments repérés ainsi que le toxique de guerre suspecté sont immédiatement affichés. Des performances ont pu être estimées [8], notamment la sensibilité de détection a été évaluée à 15 μg/cm² pour le chlore.

29. EasyLIBS de la société IVEA.

Les performances obtenues par ce système sont compatibles avec des besoins du terrain. Notamment, il permettrait à la sécurité civile ou aux militaires situés en zone de conflit de baliser les zones suspectées d'être contaminées, ou de contrôler la contamination du matériel et des personnes.

Les mesures isotopiques de l'uranium et du plutonium

Les mesures isotopiques d'U et de Pu sur les échantillons prélevés notamment par les inspecteurs de l'AIEA sont réalisées par des techniques de **spectrométrie de masse à thermo-ionisation*** (**TIMS**, *Thermal ionization mass spectrometry* consistant à associer une source d'ionisation par chauffage d'un filament sur lequel est déposé l'échantillon, à un spectromètre de masse) ou de **spectrométrie de masse à source plasma multi-collecteurs*** (**ICP-MS-MC**, *Multicollector-Inductively Coupled Plasma Mass Spectrometry*, fig. 267), consistant à associer une source d'atomisation et d'ionisation très énergétique, le plasma à couplage inductif, avec un spectromètre de masse doté de plusieurs détecteurs autorisant la mesure simultanée des ions. Cette technique permet des mesures de rapports isotopiques de très haute précision. Des méthodes de purification chimique sont nécessaires en amont des mesures afin de s'affranchir des problèmes d'interférences isobariques (exemple de l'interférence à la masse 238 entre l'uranium et le plutonium) qui dégradent la qualité et la fiabilité des résultats. Les séparations chimiques sont réalisées en boîte à gants sur des résines échangeuses d'ions et permettent d'obtenir une fraction pure de chacun des éléments avant leur mesure par spectrométrie de masse. Les incertitudes obtenues sur les rapports isotopiques sont de l'ordre de quelques pour mille et en adéquation avec les niveaux d'incertitudes requis par l'AIEA. Afin de connaître avec le moins

Fig. 266. Utilisation du système LIBS portable sur des toxiques de guerre et vue de l'interface où les points rouges indiquent les éléments chimiques détectés.

Fig. 267. Spectromètre de masse avec plasma à couplage inductif et MultiCollecteur (ICP-MS-MC), équipé d'une boîte à gants autour de la source afin de permettre la manipulation d'échantillons radioactifs.

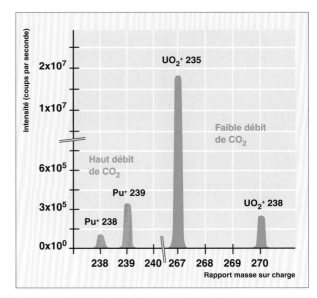

Fig. 268. Illustration de la réactivité différentielle de l'uranium et du plutonium vis-à-vis du CO_2 sur un ICP-MS-MC nucléarisé, équipé d'une cellule de collision-réaction. L'isotopie de l'uranium est mesurée à faibles débits de CO_2, celle du plutonium à plus hauts débits [9].

d'incertitude possible (0,2-0,3 %) les concentrations en U et en Pu, la technique de la dilution isotopique est considérée comme l'une des plus performantes et des plus fiables (voir encadré p. 168). Son principe, applicable à tout élément possédant au moins deux isotopes, consiste à ajouter à l'élément à doser une quantité connue de « traceur » composé du même élément chimique mais de composition isotopique différente. En mesurant le rapport isotopique de ce mélange échantillon-traceur par spectrométrie de masse, la quantité de l'élément dans l'échantillon peut être déterminée avec une incertitude de quelques pour mille. Des traceurs isotopiques enrichis en U 233 et Pu 242 sont principalement utilisés afin de garantir les résultats les plus justes possible. Plusieurs analyses indépendantes sont réalisées sur un même échantillon pour vérifier la faible dispersion des résultats et la reproductibilité d'analyse.

Ces protocoles de séparation et de mesure isotopique sont éprouvés et d'une très grande fiabilité mais sont néanmoins longs, délicats, et s'accompagnent d'une production de déchets solides et liquides non négligeable. De nombreux développements sont en cours afin de réduire les temps d'analyse, les volumes d'effluents et de déchets et de travailler sur des quantités d'échantillons les plus faibles possible.

Le premier axe de développement concerne la résolution directe d'interférences isobariques par l'utilisation d'instruments équipés de cellule de collision-réaction. Les compositions isotopiques précises de l'uranium et du plutonium ont pu être mesurées directement par ICP-MS-MC (sans séparation chimique préalable) par l'utilisation de CO_2 dans la cellule de collision-réaction de l'instrument, à des niveaux d'incertitude équivalents aux mesures réalisées par TIMS après purification chimique U/Pu sur résine échangeuse d'ions. L'interférence Pu+ 238/U+ 238 a pu être résolue

Fig. 269. Microsystème séparatif basé sur la technique d'électrophorèse capillaire couplée à un spectromètre de masse ICP-MS pour la séparation de l'uranium et du plutonium et des mesures isotopiques en ligne.

in situ à deux débits de CO_2 du fait de la réactivité différentielle de l'uranium et du plutonium vis-à-vis de ce gaz (fig. 268). L'uranium étant très réactif vis-à-vis du CO_2 (formation d'oxydes et de doubles oxydes), sa composition isotopique a pu être mesurée à faibles débits de CO_2 sous forme UO_2^+. À ce débit, le plutonium, moins réactif, ne forme pas de doubles oxydes en quantité suffisante pour interférer de manière significative avec le signal de l'uranium. L'isotopie du plutonium est quant à elle mesurée à haut débit de CO_2 sur le signal de Pu^+ après réaction totale de l'uranium avec le CO_2.

Un autre axe concerne le développement de microsystèmes séparatifs dédiés à la séparation de l'uranium et du plutonium et directement couplés à un ICP-MS pour la mesure en ligne de leur composition isotopique (fig. 269). Le procédé analytique repose sur l'utilisation de l'**électrophorèse capillaire*** (méthode de séparation des constituants selon leur vitesse de migration dans un liquide sous l'effet d'un champ électrique). Sous l'effet du champ électrique, les espèces chargées de l'échantillon se réorganisent en fonction de leur mobilité électrophorétique vis-à-vis de celles de l'électrolyte. L'uranium et le plutonium après séparation peuvent être mesurés directement par ICP-MS-MC. Ces développements innovants permettent de réduire d'un facteur 100 les quantités d'échantillons et les volumes d'effluents contaminés. De plus, le temps d'analyse est réduit de plusieurs jours à quelques heures, tout en conservant des performances analytiques équivalentes.

Bertrand PÉROT**, Cédric C**ARASCO**,**
Département de technologie nucléaire

Rémy MARMORET**, Anne-Sophie L**ALLEMAN**, Gilles F**ERRAND**,**
Département de conception
et de réalisation des expérimentations

Karim BOUDERGUI**, Gwenolé C**ORRE**, Vladimir K**ONDRASOVS**,**
Frédérick CARREL**, Guillaume S**ANNIÉ**,**
Laboratoire d'intégration de systèmes et des technologies

Évelyne VORS**, Daniel L'H**ERMITE**, Hélène I**SNARD**,**
Frédéric CHARTIER **et Thomas V**ERCOUTER**,**
Département de physico-chimie

▸ **Références**

[1] A.-S. LALLEMAN *et al.*, "A dual X-Ray backscatter system for detecting explosives: image and discrimination of a suspicious content", IEEE-Nuclear Science Symposium Record, (2011), pp. 299-304, Oct. 2011, Valencia.

[2] G. CORRE, V. KONDRASOVS, S. NORMAND et G. SANNIE, « Système et procédé de détection de rayonnement neutron, *gamma* et muon avec des scintillateurs plastiques contigus », Brevet WO/2015/032872.

[3] G. CORRE, K. BOUDERGUI, V. KONDRASOVS et G. SANNIE, « Procédé d'identification d'un isotope, programme pour l'identification d'un isotope et dispositif d'identification d'isotopes », Brevet WO/2016/062775A1.

[4] M. AGELOU *et al.*, "Detecting Special Nuclear Materials Inside Cargo Containers Using Photofission", IEEE Nuclear Science Symposium Conference Record, (2009), pp. 936-939.

[5] F. CARREL, on behalf of the C-BORD consortium, "The H2020 C-BORD project: advanced non-destructive techniques to improve control of cargo containers", Proceedings of the IAEA International Conference on Nuclear Security, 2016.

[6] E. VORS, K. TCHEPIDJIAN and J.-B. SIRVEN, *Spectrochim. Acta Part B*, 117, (2016), pp. 16-22.

[7] EC-JRC ITU, "Technology demonstration workshop on chemical substance identification instruments" (2015).

[8] D. L'HERMITE, E. VORS *et al.*, *Environ Sci Pollut Res.*, **23** (2016), pp. 8219-8226.

[9] A. GOURGIOTIS, M. GRANET, H. ISNARD, A. NONELL, C. GAUTIER, G. STADELMANN, M. AUBERT, D. DURAND, S. LEGAND and F. CHARTIER, *Journal of Analytical Atomic Spectrometry*, **25** (2010), pp. 1939-1945.

▸ **Bibliographie**

PEROT (B.) et SANNIE (G.), « Détection neutronique de matières illicites avec la technique de la particule associée », *Éditions Techniques de l'Ingénieur*, RE 177, février 2015.

Conclusion

Conclusion

Comme nous l'avons vu tout au long de cette monographie, la mesure en milieu nucléaire fait appel à une vaste palette d'instruments et de techniques de mesure. Le but de ces mesures est, bien sûr, d'acquérir une représentation fiable et précise de l'état et de l'évolution des systèmes nucléaires, afin de les piloter, de les gérer et de garantir leur sûreté. Certains de ces instruments, dédiés à la détection directe ou indirecte de rayonnements nucléaires ou atomiques, sont spécifiques du domaine nucléaire; d'autres techniques de mesure plus conventionnelles (mesure de température, de débit, de pression…) sont également utilisées, mais leur mise en œuvre en milieu nucléaire n'est pas toujours simple ni facile et encore moins immédiate.

L'instrumentation et la mesure en milieu nucléaire obéissent ainsi à des exigences spécifiques, liées à la fois à l'impératif de sûreté des installations, et au caractère hostile du milieu :

- **La robustesse :** le taux de panne ou d'indisponibilité doit être le plus faible possible surtout si le capteur est situé dans un endroit peu accessible ou soumis à de forts niveaux de rayonnements. Il est souvent préférable à l'usage d'installer un dispositif plus résilient, quitte à sacrifier un peu ses performances ;

- **la qualification :** tout instrument inséré dans une chaîne de mesure en milieu nucléaire devra subir au préalable des essais de qualification répondant à un cahier des charges rigoureux. Ces tests très longs mobilisant des ressources matérielles et humaines importantes dans un environnement sévère (irradiation, corrosion, hautes températures, hautes pressions…), l'instrument devra être conçu et qualifié en conséquence. Toute modification apparaissant comme nécessaire *a posteriori* exige la reconduction du processus de qualification dans son ensemble. L'important effort lié à la qualification d'un instrument en milieu nucléaire incite donc au conservatisme et peut parfois être un frein à la mise en œuvre rapide de nouvelles technologies plus performantes ;

- **la redondance :** il faut garantir une réponse fiable et précise des instruments, notamment ceux liés à la sûreté, y compris quelquefois en situation accidentelle. Si le composant du capteur est actif, il faut également pouvoir assurer son alimentation et l'acquisition des données qui s'ensuit. En fonction des besoins, différents moyens comme la mise

en parallèle ou la diversification des capteurs seront mis en œuvre.

Compte tenu de la très grande variété des techniques de mesure utilisées et de l'instrumentation associée, la complémentarité de ces méthodes de mesure doit être exploitable. Une méthode de mesure seule est rarement suffisante pour caractériser un système. Ainsi, les grandeurs mesurées avec différentes méthodes concourent à déterminer de façon fiable et précise « l'image » de l'objet à caractériser.

À titre d'exemple, comme il est montré *supra*, p. 169, « La caractérisation des déchets radioactifs », la détermination non destructive de la quantité d'émetteurs α et/ou de la quantité de matière fissile dans des colis de déchets radioactifs fait appel aussi bien à la mesure neutronique passive couplée à la spectrométrie *gamma* qu'à la mesure neutronique active associée à l'imagerie photonique. Cette association de méthodes de mesure permet de lever un grand nombre d'indéterminations et de réduire les incertitudes de mesure sur les grandeurs recherchées. Ainsi, les mesures de rayonnement (X, *gamma*, neutrons, *alpha*, *bêta*), les mesures d'environnement (températures, pressions, débits, contamination), chimiques (pH, spectrométrie, concentration des impuretés), mécaniques (niveaux, dimensions, fissures), optiques (imagerie) et même acoustiques (ultrasons) sont toutes mises en œuvre afin de concourir à la meilleure détermination et au suivi de l'état d'une installation nucléaire.

Tout au long des différents chapitres de cette monographie, il a été montré que l'instrumentation et la mesure en milieu nucléaire sont indispensables tant au bon fonctionnement des installations et laboratoires qu'au bon déroulement des essais et expériences mises en œuvre. De remarquables réalisations ont ainsi vu le jour notamment pour :

- Assurer le bon fonctionnement des réacteurs électrogènes (*e.g.* mesure de débit et de température par ultrasons et méthodes optiques respectivement, voir *supra*, p. 65) ;

- améliorer la compréhension de phénomènes physiques *via* notamment une meilleure connaissance de données expérimentales servant à alimenter les modèles théoriques associés (*e.g.* caractérisation des échauffements nucléaires au moyen de mesures par TLD et OSL, voir *supra*, p. 94) ;

- caractériser les matériaux et combustibles lors des expériences d'irradiation (*e.g.* mesure précise des élongations sous flux ou encore mesure en ligne des flux neutroniques rapides au moyen du système FNDS, voir *supra*, p. 106) ;

- aider à la conduite, à la surveillance et à la gestion des usines de fabrication, et d'enrichissement du combustible et de traitement des combustibles usés (*e.g.* contrôle nucléaire de procédé des ateliers de retraitement de combustible irradié à La Hague au moyen de combinaison de mesures nucléaires non destructives, voir *supra*, p. 127) ;

- caractériser et gérer les déchets radioactifs (*e.g.* super-contrôles et caractérisation de colis de déchets de grands volumes au travers de l'association de méthodes de mesures nucléaires non destructives combinées aux méthodes de caractérisation destructives, voir *supra*, p. 169) ;

- optimiser les opérations d'assainissement-démantèlement (*e.g.* imagerie *in situ* par *gamma* et/ou *alpha* caméras ou encore caractérisation des actinides et produits de fission par la technique LIBS, voir *supra*, p. 201) ;

- protéger l'Homme et l'environnement (*e.g.* détection neutronique de matières illicites avec la technique de la particule associée, voir *supra*, p. 229).

Cependant, certaines limitations de l'instrumentation et de la mesure en milieu nucléaire ont été également pointées. En particulier, en situation accidentelle, les instruments peuvent être endommagés ou rendus inopérants notamment à la suite de la perte de leur alimentation électrique quand la plupart des zones d'intérêt deviennent inaccessibles, rendant de nouvelles mesures très difficiles. Le retour d'expérience de l'accident de Fukushima en 2011 au Japon illustre bien ce défaut d'accès à l'information en situation accidentelle. Il a d'ailleurs entraîné en France et dans le monde toute une série de réflexions et de programmes de recherche sur l'instrumentation et la mesure nucléaire nécessaires en cas d'accident grave. Des avancées notables ont été ainsi réalisées par le CEA et ses partenaires concernant notamment les équipements de détection du **corium*** et du relâchement des produits de fission dans les réacteurs nucléaires de puissance.

La recherche en instrumentation et mesure en milieu nucléaire est à orienter en fonction des grands enjeux et priorités de la politique nucléaire française : extension de la durée de fonctionnement des réacteurs du parc actuel, mise en service industrielle des réacteurs de 3ᵉ génération (type **EPR***) et conception de nouveaux réacteurs de 4ᵉ génération, notamment les réacteurs à neutrons rapides refroidis au sodium.

Les développements en instrumentation et mesure en milieu nucléaire sont aussi portés par les besoins de l'ensemble du cycle du combustible, de la prospection de l'uranium au retraitement des combustibles usés en passant par la caractérisation des déchets radioactifs et l'assainissement-démantèlement des installations nucléaires en fin de vie, sans oublier la défense et la sécurité nationales qui nécessitent aussi l'utilisation de techniques de mesure de pointe parfois identiques à celles utilisées dans le domaine de l'énergie nucléaire.

Sans rentrer dans les détails, nous pouvons succinctement faire état de quatre thèmes de recherche et développement de l'instrumentation et des méthodes de mesure en milieu nucléaire identifiés notamment dans le cadre des travaux d'expertise de l'ANCRE (Alliance Nationale de Coordination de la Recherche pour l'Énergie). Le premier est la mesure nucléaire dans un milieu opaque. Il concerne aussi bien les mesures thermohydrauliques à travers des parois métalliques dans les réacteurs à eau – mesures non intrusives – que la visualisation ou les mesures de rayonnement dans un métal liquide comme le sodium pour les réacteurs de 4ᵉ génération. Les capteurs acoustiques par ultrasons sont particulièrement adaptés à cet environnement.

Le deuxième thème concerne la connaissance à tout instant du niveau de sous-criticité d'une installation nucléaire. Cette connaissance est particulièrement importante pour les opérations de chargement/déchargement du combustible dans les réacteurs, ainsi que pour les différentes opérations du cycle du combustible électronucléaire, notamment celles qui requièrent la manipulation ou le mélange d'**actinides*** en milieu liquide.

Le troisième thème concerne l'association de méthodes de mesure et leur interprétation combinée s'appuyant sur l'utilisation de plusieurs capteurs, soit de même nature, soit mesurant des paramètres physiques complémentaires. Les grandeurs d'intérêt sont ensuite obtenues à partir des analyses de corrélation entre les signaux fournis par chaque capteur. Les mesures non destructives de caractérisation des déchets utilisent déjà des approches de ce type, notamment dans le cadre des **Super-COntrôles***. Typiquement, il s'agit d'associer la mesure neutronique passive et active, la spectrométrie *gamma* et l'imagerie photonique active et passive pour accéder de la manière la plus précise aux paramètres caractéristiques de colis de déchets radioactifs. L'interprétation combinée de ces mesures permet de réduire les incertitudes sur les paramètres déclarés, et donc, sur les marges visées. De même, la mesure de certains paramètres cinétiques d'un cœur de réacteur nucléaire est obtenue par l'analyse des corrélations entre plusieurs détecteurs de flux de neutrons (bruit neutronique).

Enfin, le quatrième thème concerne l'instrumentation *in situ*, à demeure ou mobile, voire isolée, avec ses contraintes de durée de vie, de gestion de son alimentation/polarisation et de la capacité de transmission des signaux mesurés éventuellement sans fils. De nombreuses applications allant de la maintenance préventive aux opérations d'assainissement-démantèlement, en passant par la caractérisation de déchets jusqu'aux mesures en cœur de réacteur sont en développement permanent pour permettre entre autres de limiter les traversées de câbles, sources potentielles de pertes d'étanchéité.

Le développement d'une nouvelle instrumentation ou d'une nouvelle technique de mesure est toujours un travail exaltant de longue haleine, mobilisant des compétences scientifiques et technologiques variées (détection, modélisation, traitement du signal, algorithmique, analyse et traitement des incertitudes…) et repoussant souvent les limites du domaine du possible. En ce sens, l'instrumentation et la mesure en milieu nucléaire présentent de fortes similarités avec celles développées pour le spatial avec ses contraintes de fiabilité élevée en milieu hostile et son aspect conservateur.

En outre, comme il n'existe pas de mesure valable sans incertitudes associées, une métrologie adaptée (incertitude, étalonnage, calibrage…) doit toujours faire partie intégrante de la réflexion sur le développement d'une instrumentation et d'une méthode de mesure.

Par ailleurs, les avancées obtenues grâce aux instruments et méthodes de mesure spécifiquement développés pour les besoins du nucléaire peuvent être avantageusement appliquées dans bien d'autres domaines. Un bel exemple d'utilité publique : la médecine nucléaire qui prend avantage des technologies développées tant pour le diagnostic comme l'imagerie (X, RMN[30], TEP[31]) que pour la thérapie (radiothérapie, hadronthérapie, radioimmunothérapie). Autres exemples : la sécurité globale (détection des menaces **NRBC(E)*** dans les conteneurs de transport, bagages, lieux publics…), la stérilisation des aliments par irradiation, le nucléaire au service de l'art (radiographies de statues anciennes, analyse de la momie de Toutankhamon, découverte de tombes égyptiennes sous les pyramides), la datation (chronologie basée sur des ratios isotopiques), l'environnement (traçage isotopique) ou la propulsion spatiale (des thermogénérateurs radioisotopiques équipent toutes les sondes spatiales expédiées loin du soleil).

Enfin, l'analyse objective de la valeur ajoutée d'une instrumentation-mesure performante est très complexe à réaliser car l'instrument de mesure est consubstantiel du système nucléaire lui-même. Néanmoins une instrumentation-mesure performante permet, en plus, d'assurer la sûreté et la sécurité des réacteurs et installations nucléaires, de gagner des marges de fonctionnement, concourant ainsi à la compétitivité économique de l'industrie nucléaire (prolongement de la durée de vie, optimisation du fonctionnement des usines du cycle, réduction de volumes de déchets…).

Quant aux perspectives d'évolution, elles s'orientent vraisemblablement vers plus de points de mesure, plus de grandeurs mesurées, plus de mesures en un même point, davantage d'association de techniques de mesure… mais gare à la surenchère ! Il reste plus que jamais indispensable de réfléchir à l'**information nécessaire et suffisante pour caractériser un système** et permettre ainsi de prendre les bonnes décisions. L'essor actuel de l'électronique et de la microélectronique, des sciences des matériaux, de l'informatique, de l'algorithmique et des capacités de stockage et traitement des données va probablement conduire à de nombreux développements pratiques, en particulier pour les capteurs et la centralisation du traitement ; mais c'est ainsi qu'il a suffi d'une araignée qui avait tissé sa toile dans un capteur automatisé de Météo-France pour que les ordinateurs annoncent automatiquement qu'il neigeait à Dinard, un matin d'octobre.

L'expertise humaine est, et restera toujours, indispensable à l'analyse de la mesure.

Bernard BONIN,
Direction de l'énergie nucléaire / Directeur scientifique
Christophe DESTOUCHES, **Abdallah** LYOUSSI
Département d'études des réacteurs
et Henri SAFA,
Institut international de l'énergie nucléaire

▶ **Bibliographie**

PERDIJON (J.), *La Mesure : Histoire, science et philosophie*, Dunod, 2012.

---

30. Résonance magnétique nucléaire.
31. Tomographie par émissions de positons.

Glossaire – Index

Les entrées du présent glossaire suivies du signe + sont des **termes recommandés** qui ont été publiés au *Journal officiel*. Consultez leur définition sur le site *www.franceterme.culture.fr*

ACC : Atelier de Compactage des Coques et embouts issus du retraitement des combustibles nucléaires irradiés, à l'usine AREVA de La Hague. 159, 182.

Accélérateur : dispositif servant à communiquer, sous l'action d'un champ électrique, une énergie cinétique très élevée à des particules chargées. Dans le cas d'un accélérateur Van de Graaf, le champ accélérateur est électrostatique. 15, 55, 92, 99, 104, 112, 179, 180, 182-184, 194, 196, 198, 199, 256.

ACP (Analyse en Composantes Principales) : méthode d'analyse permettant de regrouper les éléments d'une population en familles selon les combinaisons de critères qui les différencient le mieux. 135, 223.

Actinides : éléments terres rares de numéro atomique compris entre 89 et 103. Ce groupe correspond au remplissage de la sous-couche électronique 5f et 6d. Les actinides sont dotés de propriétés chimiques très voisines entre elles. 125, 129-131, 143, 147, 149, 150, 157, 158, 161, 174, 182-184, 186, 203, 214, 264.

Activité⁺ : 1) Pour une substance radioactive : nombre de transitions nucléaires spontanées par unité de temps au sein d'un radionucléide ou d'un mélange de radionucléides. Elle est exprimée en **Becquerel*** (Bq). Un becquerel correspond à une désintégration par seconde.
2) Dans une réaction chimique : l'activité chimique d'une espèce correspond à la concentration active de cette espèce. Au sein d'une solution les interactions d'ordre électrostatique entre les différentes espèces amoindrissent leur potentiel de réactivité. Il faut donc corriger le terme de concentration par un coefficient inférieur à l'unité, appelé « coefficient d'activité ». L'activité, substituée à la concentration de l'espèce chimique, permet l'application de la loi d'action de masses.

ADC : *Analog to Digital Converter* (ou CAN : Convertisseur Analogique-Numérique) : système électronique permettant de convertir une grandeur analogique, comme le signal électrique d'un détecteur, en valeur numérique. 122.

A&D : assainissement-démantèlement et déclassement des installations nucléaires. 201, 203, 204, 207, 220.

Aéroballs (AMS – *Aeroball Measurement System*) : le système Aéroball est un système d'instrumentation mettant en jeu des pièces mobiles constituées par des trains de billes en acier. Ces trains de billes qui circulent dans des conduits, pénètrent dans la cuve par le couvercle. Les trains de billes sont mus par de l'azote comprimé. La mesure de flux repose sur l'activation des billes lorsqu'elles sont placées sous flux de neutrons ; le comptage de l'activité de celles-ci se fait au moyen de détecteurs fixes placés sur des râteliers situés à l'extérieur de la cuve mais dans le bâtiment réacteur. 24.

AFNOR : Association française de normalisation. 156.

AIEA : l'Agence Internationale de l'Énergie Atomique est un organisme établi par les Nations-Unies pour surveiller et encourager les utilisations pacifiques de l'énergie nucléaire. 28, 62, 136, 208, 249, 256-258.

ALARA *(As Low As Reasonably Achievable)* **:** principe de radioprotection qui consiste à minimiser les rejets ou les doses radioactives autant que raisonnablement possible, compte tenu des contraintes économiques et sociales. 209.

ALCESTE : cellule blindée de grandes dimensions dédiée à la caractérisation de colis de déchets radioactifs de grand volume, située dans l'INB CHICADE au CEA Cadarache. Les opérations effectuées dans cette cellule sont des prélèvements et fractionnements d'échantillons sur les colis par carottage ou découpe. 187.

Alpha* :** voir **Radioactivité.

***Alpha* caméra :** dispositif permettant l'imagerie de sources radioactives émettrices *alpha*. 214, 264.

Analyse élémentaire : analyse du contenu en éléments chimiques d'un échantillon de matière. 77, 221.

ANDRA : Agence Nationale pour la gestion des Déchets RAdioactifs. 169, 187, 193, 196.

APC : Analyse en Composantes Principales. 218.

ASN : Autorité de Sûreté Nucléaire. 237, 241, 244.

Assainissement radioactif⁺ : ensemble d'opérations visant à réduire la radioactivité d'une installation ou d'un site, notamment par décontamination ou par évacuation de matériels. 201.

ASTRID *(Advanced Sodium Technological Reactor for Industrial Demonstration)* **:** démonstrateur d'intégration technologique permettant la démonstration de sûreté et de fonctionnement à l'échelle industrielle de réacteurs rapides refroidis au sodium de 4ᵉ génération, à l'étude au Commissariat à l'Énergie Atomique et aux Énergies Alternatives. 65, 78, 79, 81, 82, 84-86.

Autoprotection⁺ : phénomène d'absorption préférentielle des neutrons par les atomes lourds en périphérie d'une masse de combustible. Selon la géométrie du combustible, cette absorption peut réduire plus ou moins la pénétration des neutrons à l'intérieur du combustible. En interrogation neutronique active (voir **INA***), ce phénomène conduit à sous-estimer de façon significative la quantité de matière nucléaire quand celle-ci se trouve sous forme d'amas compact (et non dispersée). 136.

Autoradiographie : méthode mettant en œuvre des écrans sensibles aux rayonnements *bêta* de faible énergie (comme ceux du H 3 ou du C 14) et aux émetteurs *alpha* (actinides) qui permet de réaliser une image de la radioactivité présente dans un échantillon, par exemple des déchets radioactifs mis au contact des écrans. 142, 171, 176, 239.

Barre de commande⁺ (ou *barre de contrôle*) **:** barre ou ensemble de tiges solidaires mobiles contenant une matière absorbant les neutrons (bore, cadmium…) et qui, suivant sa position dans le cœur d'un réacteur nucléaire, influe sur sa **réactivité***. Dans le cas d'un ensemble de tiges solidaires, l'expression **grappe de commande***⁺ est aussi utilisée. Le terme *barre de contrôle* est déconseillé. 68.

BCC : voir **Bouchon Couvercle Cœur***. 68.

Becquerel (Bq) : unité caractérisant l'**activité*** d'une quantité de **nucléides* radioactifs*** pour laquelle le nombre moyen de désintégrations (ou de transitions isomériques) nucléaires par seconde est égal à 1. Le becquerel a remplacé le curie : 37 milliards de becquerels égalent 1 curie (Ci) ; Le becquerel étant une unité très petite, on utilise fréquemment ses multiples : méga, giga, téra becquerel (MBq, GBq, TBq correspondant respectivement à 10^6, 10^9, 10^{12} Bq). 11.

Bêta (rayonnement) : voir **Radioactivité***. 59, 114, 159, 164, 178, 191, 238, 243-246, 263.

Bêta (neutronique) : fraction de **neutrons retardés**, exprimée généralement en pcm (pour cent mille). Certains produits de fission produits dans le cœur du réacteur émettent des neutrons, parfois avec un retard allant jusqu'à quelques dizaines de secondes après la fission. Ces neutrons contribuent de façon marginale au bilan neutronique, mais c'est grâce à eux que la réaction en chaîne peut être pilotée et stabilisée. Le « bêta effectif » est le produit de *bêta* par un coefficient supérieur à l'unité, qui rend compte de la plus grande efficacité neutronique des neutrons retardés dans le cœur, du fait de leur énergie plus faible que celle des neutrons prompts. 191.

BNEN : Bureau de Normalisation d'Équipements Nucléaires. 156, 239.

Boîte à gants+ **:** enceinte dans laquelle du matériel peut être manipulé tout en étant isolé de l'opérateur. La manipulation se fait au moyen de gants fixés de façon étanche à des ouvertures disposées dans la paroi de l'enceinte. L'enceinte est, en général, mise sous faible dépression pour confiner les substances radioactives. 12, 57, 58, 143, 155, 163, 165, 166, 188-190, 196, 214, 241, 257, 258.

Bombe radiologique (ou « **bombe sale** ») **:** engin utilisant un explosif conventionnel mais à fort potentiel de contamination en raison de l'emploi de matériaux radioactifs. 255.

Bouchon couvercle cœur (BCC) : structure située au-dessus du cœur d'un réacteur à neutrons rapides, supportant le passage de l'instrumentation et des barres de commande. 68.

Bremsstrahlung : rayonnement de freinage émis suite à la décélération d'une charge au voisinage du champ électromagnétique du noyau (par exemple, le freinage d'un électron de haute énergie (quelques MeV à quelques dizaines de MeV), lors de son passage dans le champ coulombien d'un noyau). 179, 182.

CABRI : réacteur de recherche implanté à Cadarache, dédié aux études de sûreté. 87, 88, 117, 120, 121, 125.

CADÉCOL (CAsemate DÉcoupe de COLis) **:** cellule blindée de carottage et découpe par voie humide de colis de déchets jusqu'à 5 m³ située dans l'installation nucléaire de base (INB) CHICADE du CEA Cadarache. 187, 188, 195.

Caloporteur+ **:** liquide ou gaz utilisé pour assurer le transfert de la chaleur de la fission nucléaire à un échangeur de chaleur dans lequel de la vapeur est produite pour entraîner l'alternateur. Le liquide ou le gaz refroidi retourne ensuite au réacteur. Les réacteurs CANDU utilisent l'eau lourde comme caloporteur. 11, 32, 37, 39, 65, 80, 89, 103, 139.

CAN (**Convertisseur Analogique-Numérique**) ou **ADC :** *Analog to Digital Converter*) **:** système électronique permettant de convertir une grandeur analogique, comme le signal électrique d'un détecteur, en valeur numérique. 122.

CAO : se dit d'un logiciel pour la Conception Assistée par Ordinateur. 201.

CBFC : conteneurs de déchets radioactifs béton-fibres cylindriques destinés à un stockage en surface. 184.

Cellule blindée ou **cellule de haute activité :** enceinte blindée destinée à recevoir des objets fortement radioactifs. Ces objets peuvent être traités par télémanipulation. 12, 44, 47, 57, 140, 142, 155, 165, 166, 190, 201, 203, 209, 223.

CETAMA : Commission d'Établissement des Méthodes d'Analyse. 132, 160, 167, 168, 238, 239, 241.

Chambre à fission : chambre d'ionisation destinée à la détection de neutrons, l'ionisation étant due aux produits de fission induits par réaction nucléaire des neutrons sur un dépôt de matière fissile. 20, 22, 23, 91, 92, 98, 104-106, 119.

Chambre d'ionisation : détecteur de rayonnement à remplissage gazeux fondé sur le phénomène d'ionisation des atomes ou molécules du gaz de remplissage. 95, 245.

Chambre d'ionisation à dépôt de bore : chambre destinée à la détection de neutrons, grâce à l'ionisation due aux particules *alpha* et aux noyaux de lithium produits par réaction nucléaire des neutrons avec le bore. 119.

CHICADE (CHImie pour la Caractérisation des DEchets) : une Installation Nucléaire de Base (INB) du CEA Cadarache qui comprend une plateforme expérimentale dédiée à la caractérisation des déchets radioactifs, de la **R&D*** à l'assistance pour la gestion opérationnelle de ces déchets. 187, 194, 199.

CINPHONIE (Cellule d'Interrogation Photonique et Neutronique) **:** casemate d'irradiation installée dans l'INB CHICADE au CEA Cadarache et dédiée à l'Imagerie Haute Énergie (voir **IHE***) et à l'Interrogation Photonique Active (IPE). Elle peut aussi être utilisée pour l'interrogation neutronique (voir **INA***). 179, 180, 183, 194.

CIP : Cabri International Program, comportant 12 essais de type **RIA***. 117.

Circuit de refroidissement primaire+ **:** système en boucle fermée ou ensemble de boucles fermées qui permet d'extraire la chaleur des **éléments combustibles** présents dans le **cœur*** d'un réacteur par circulation d'un fluide **caloporteur*** en contact direct avec ces éléments combustibles. 33, 35, 37.

Circuit de refroidissement secondaire+ **:** système assurant la circulation du fluide caloporteur qui extrait la chaleur du **circuit de refroidissement primaire***. 37.

Coefficient de température+ **:** coefficient qui traduit la variation du **facteur de multiplication*** des neutrons dans un réacteur lorsque sa température change. Un coefficient de température négatif est un critère important de stabilité du cœur. 90, 91, 119.

Cœur+ **:** région d'un réacteur nucléaire, contenant le **combustible nucléaire***, qui est agencé de manière à permettre une réaction de fission en chaîne. Le terme **cœur** peut également désigner la quantité de combustible nucléaire placée dans cette région (« charge de combustible ») : cet emploi est déconseillé. 9, 11, 12, 19, 27, 31-33, 36, 37, 39, 40, 43, 48, 51-53, 59, 60, 62, 65, 68, 69, 74, 76, 81, 82, 89-92, 95, 96, 98, 99, 108, 110-114, 117-123, 136, 205, 206, 264, 265.

Coïncidences neutroniques (comptage des) : méthode de caractérisation des matières nucléaires comme le plutonium qui consiste à détecter au moins deux neutrons prompts émis lors d'une fission (spontanée ou induite), par exemple pour distinguer les radioéléments qui émettent principalement des neutrons corrélés par fission spontanée, comme le Pu 240, de ceux qui émettent majoritairement des neutrons célibataires par réaction (α,n) comme le Pu 238 et l'Am 241. Voir aussi **Multiplicités neutroniques***. 175, 175.

Collectron (sigle anglais : **SPND** – *Self Powered Neutron Detector*) : détecteur de neutrons ou de rayons *gamma* sans source d'alimentation électrique externe, qui produit un signal résultant de l'émission d'électrons par une électrode à partir de la capture neutronique ou de l'absorption des photons *gamma*. 19, 23, 24, 53, 104, 111.

Compteur à scintillation : instrument qui détecte et mesure le rayonnement *gamma* en comptant les éclats lumineux (scintillations) induits par le rayonnement.

Compteur Geiger-Müller : instrument destiné à détecter et à mesurer les rayonnements ionisants. Il comporte un tube contenant un gaz qui se décharge électriquement quand un rayonnement ionisant le traverse. 219.

Compteur proportionnel : détecteur à remplissage gazeux fondé sur le phénomène d'ionisation. Le passage de la particule ionisante dans le gaz produit une impulsion électrique dont l'amplitude est proportionnelle au nombre de charges primaires produites dans le gaz par la particule incidente. 21, 78, 245, 246.

Compton : voir **Effet Compton***.

Condenseur : composant d'un réacteur nucléaire dont le rôle est de condenser la vapeur sortant de la turbine pour la transformer en eau par le contact avec des tubes refroidis par circulation d'eau froide. 38, 39, 43, 58.

Contamination[+] : présence indésirable, à un niveau significatif, de substances chimiques, **radioactives*** ou bactériologiques à la surface ou à l'intérieur d'un milieu quelconque. 257, 263.

Contamination radioactive[+] (ou **contamination***[+]) : voir **Contamination***.

Contrôle-commande : ensemble des systèmes qui, dans une installation nucléaire, effectuent automatiquement des mesures et assurent des fonctions de régulation ou de protection. 17.

Corium[+] : mélange de matériaux fondus résultant de la fusion accidentelle du cœur d'un réacteur nucléaire. 51, 53-57, 62, 228, 229, 264.

Courant de Foucault : courant induit qui prend naissance, par exemple, dans un conducteur en mouvement dans un champ magnétique ou encore dans un conducteur immobile soumis à une variation de champ magnétique. 43.

CPU : *Computing Processing Unit*. 122.

CRDS *(Cavity Ring Down Spectroscopy)* : technique de spectroscopie optique qui permet de caractériser des échantillons gazeux par mesure de l'absorption d'une onde lumineuse (laser) dans une cavité résonante (utilisé notamment pour détecter le tritium). 78, 196, 199, 238.

Critique[+] : se dit d'un milieu où s'entretient une réaction de fission en chaîne au cours de laquelle apparaissent autant de neutrons qu'il en disparaît. 11, 45, 84, 87-92, 94-96, 98, 99, 119, 136, 219.

CSA : Centre de Stockage de l'Aube pour les déchets radioactifs à vie courte (site de Soulaines). 169, 187, 193, 198.

DDF : débitmètre à distorsion de flux. 73, 84.

Débit de dose[+] : quotient de l'accroissement de **dose*** par l'intervalle de temps, quantifiant l'«intensité» d'une irradiation. L'unité légale est le gray par seconde (Gy.s⁻¹). 12, 15, 51, 52, 96, 98, 159, 169, 179, 195, 201, 209, 210, 213, 217, 219, 220, 227, 228.

Déchet nucléaire[+] : **déchet radioactif*** ou déchet susceptible d'avoir été contaminé ou activé, provenant d'une installation nucléaire de base, et qui, à ce titre, est pris en charge par les filières d'élimination des déchets radioactifs. Voir aussi **Contamination*** et **Activation***.

Déchet radioactif[+] : objet ou matière contenant des substances **radioactives*** dont aucune utilisation ultérieure n'est prévue ou envisagée et pour lesquels la réglementation exige une gestion spécifique. Les déchets radioactifs ultimes sont des déchets radioactifs qui ne peuvent plus être traités dans les conditions techniques et économiques du moment, notamment par extraction de leur part valorisable ou par réduction de leur caractère polluant ou dangereux. Les déchets sont classés en catégories selon leur **activité*** et la durée de cette activité (p. ex. : déchets **HA-VL*** pour « déchets de Haute Activité à Vie Longue »). 169.

Demi-vie : voir **Période d'un nucléide radioactif***[+].

Démantèlement[+] : ensemble des opérations techniques pour démonter et éventuellement mettre au rebut un équipement ou une partie d'une installation nucléaire. 10-12, 15, 28, 166, 173-176, 201, 203 et suiv.

Désextraction : voir **Extraction***.

Dilution isotopique : principe de dosage fondé sur l'ajout dans un mélange d'une quantité connue d'un isotope donné. 258.

Dollar : unité de **réactivité.*** Le dollar est défini par le rapport réactivité/proportion de neutrons retardés = 1, le sous-multiple étant le cent. 118.

Données Nucléaires de Base (**DNB**) **:** ensemble de données d'entrée caractérisant un phénomène nucléaire. 89.

Doppler (**effet**) : en neutronique, élargissement des résonances de sections efficaces neutroniques sous l'effet de l'agitation thermique des noyaux-cibles. Cet effet contribue à assurer la stabilité d'un réacteur nucléaire, en diminuant la réactivité de son cœur lors d'une élévation de sa température. 118.

Dose[+] : quantité d'énergie communiquée à une masse spécifique par un rayonnement ionisant. Terme général souvent précisé par un qualificatif (« absorbée », « collective », « efficace », « équivalente », « individuelle ») qui lui confère un sens particulier. 152, 159, 163, 168, 169, 171, 179, 182, 190, 195, 199, 201, 203, 209, 210, 213, 217, 219-221, 224, 227, 228, 231, 233, 258, 267.

Dosimètre[+] : appareil de mesure d'une **dose*** d'un rayonnement neutronique ou photonique. Dosimètre à activation, dosimètre à luminescence. 19, 24, 25-28, 90, 94, 95, 103, 104, 106, 117, 119-121.

Dosimétrie : mesure de la **dose*** d'un rayonnement neutronique ou photonique. 10, 19, 24-26, 28, 75, 90 ,91, 94, 96, 97, 99, 103, 104, 106, 119, 209, 214, 219.

dpa (Déplacements Par Atome) : nombre de fois que chaque atome d'un échantillon donné de matière solide a été éjecté de son site sous l'action d'un rayonnement. Cette unité est bien adaptée pour quantifier l'effet des irradiations dans les métaux. 15, 102, 108.

DRX : Diffraction de rayons X. 59, 135, 141, 142.

EBSD (*Electron Backscatter Diffraction*) : la diffraction d'électrons rétrodiffusés est une technique d'analyse microstructurale permettant de mesurer l'orientation des cristaux dans les matériaux. 141.

Effet Čerenkov : émission de lumière visible qui apparaît lorsqu'une particule chargée se déplace dans un milieu donné à une vitesse supérieure à celle de la lumière dans ce milieu. Le rayonnement est émis comme une onde de choc qui accompagne la particule. Ainsi, la décroissance de noyaux **radioactifs** *bêta* libère des électrons à des vitesses supérieures à celle de la lumière dans l'eau, avec laquelle ils interagissent en cédant leur énergie sous forme d'émission d'un cône de lumière bleue. Le même phénomène peut se produire dans la matière, lors d'un accident de **criticité**. 98, 220.

Effet Compton : la diffusion d'un photon *gamma* sur un électron peut transférer de l'impulsion et de l'énergie cinétique à celui-ci. Cet effet est utilisé dans certains détecteurs. 23, 103, 166, 197, 198, 206, 207, 212, 229.

Effet Doppler : décalage entre la fréquence de l'onde émise et celle de l'onde reçue lorsque l'émetteur et le récepteur sont en mouvement l'un par rapport à l'autre. En physique des réacteurs, l'effet Doppler a pour conséquence une variation de la section efficace d'interaction des neutrons avec certains isotopes, entraînant ainsi une variation de la réactivité du cœur. 118.

Effet photoélectrique : absorption totale d'un photon par un électron atomique, conduisant à l'éjection de ce dernier hors de l'atome. Ce phénomène est utilisé dans certains détecteurs de photons. 23, 61, 203.

Efficacité quantique ou **rendement quantique :** rapport entre le nombre de charges électroniques et le nombre de photons incidents sur une surface photoréactive. 214, 215.

Efficacité relative : grandeur utilisée en spectrométrie *gamma* qui quantifie l'efficacité d'un cristal de **Germanium Hyper Pur*** (**Ge HP***) rapportée à celle d'un cristal scintillateur NaI normalisé de dimensions 3"×3" (ortho-cylindre de 7,62 cm de longueur et de diamètre) pour le rayonnement à 1,332 MeV d'une source ponctuelle de Co 60 à 30 cm de chaque détecteur. Ainsi, un détecteur GeHP de 100 % d'efficacité relative présente la même efficacité qu'un détecteur NaI 3"×3". 159, 195, 196.

Effluents : sous-produits sous forme liquide ou gazeuse, résidus d'un traitement chimique. Dans certains cas, ces résidus indésirables sont rejetés dans l'environnement ; une autre option largement pratiquée dans l'industrie nucléaire est d'en recycler la fraction valorisable, d'en séparer la fraction toxique et de la conditionner dans une matrice adaptée pour pouvoir rejeter le reste sans nuisance significative pour l'environnement. 38, 151, 154, 174, 187, 218, 219, 243, 244, 246, 258, 259.

Électrophorèse capillaire : méthode de séparation des constituants selon leur vitesse de migration dans un liquide sous l'effet d'un champ électrique. 234, 259.

END : Examens Non Destructifs. 10, 111, 112, 113, 115, 139, 140.

Enrichissement⁺ : processus qui, dans le cas de l'uranium, permet d'augmenter par divers procédés (diffusion gazeuse, ultracentrifugation, excitation sélective par laser) la concentration de l'**isotope 235** (**fissile***) par rapport à l'isotope 238 prédominant dans l'uranium naturel. 10, 113, 129, 131, 136, 137, 144, 175, 197, 264.

ÉOLE : réacteur de recherche (**maquette critique**) installée à Cadarache, dédiée à la physique des réacteurs. 11, 87-89, 93, 95.

Épithermiques (neutrons) **:** neutrons situés dans la gamme d'énergie de 1 eV à 20 keV environ et ayant ainsi une vitesse supérieure à celle des **neutrons thermiques***. Dans cette région d'énergie, les **sections efficaces*** d'interaction neutron-noyau sont affectées par la présence de résonances et peuvent varier de ce fait de plusieurs ordres de grandeur. 25.

EPMA (*Electron Probe Microanalysis*) **:** méthode de détermination de la composition élémentaire d'un échantillon par analyse des rayonnements émis sous irradiation locale par un faisceau d'électrons. 142.

Équation de Nordheim : équation gouvernant la cinétique d'évolution de la population neutronique dans un cœur de réacteur. 91.

Équilibre séculaire : dans les chaînes de désintégration radioactives telles que celles de l'uranium et du thorium, situation où l'activité de chacun des radioéléments de la chaîne est constante et égale à celle du noyau père (uranium 235 ou 238, thorium 232), le taux de production étant égal au taux de désintégration à chaque maillon. 135.

ESI-MS (*ElectroSpray Ionization-Mass Spectrometry*) **:** spectrométrie de masse à source d'ionisation électrospray. Technique d'analyse permettant d'identifier et de quantifier des molécules d'intérêt par mesure de leur masse. L'électrospray est produit par application d'un champ électrique sur un liquide contenant les molécules de façon à les ioniser. L'ESI-MS permet également de caractériser la structure chimique des molécules en les fragmentant. 150, 234.

Espèce chimique : forme spécifique d'un élément, définie par sa composition isotopique, son état électronique ou d'oxydation et/ou sa structure moléculaire ou complexe. 234.

Extraction (par solvant) : opération consistant à utiliser la différence d'affinité chimique d'une espèce entre des complexants en phase organique et des complexants en phase aqueuse pour assurer son transfert d'une phase à l'autre. Par convention, l'extraction correspond au transfert de la phase aqueuse vers la phase organique, et la **désextraction*** à l'opération inverse. 147.

Facteur de conversion⁺ : rapport entre le nombre de noyaux fissiles produits et détruits dans un cœur ou une portion de cœur de réacteur. Un réacteur est **isogénérateur** quand son facteur de conversion vaut 1. S'il est supérieur à un, il est **surgénérateur**. 90.

Facteur de multiplication⁺ (**infini⁺** k_∞ **et effectif⁺** k_{eff}) **:** valeur moyenne du nombre de nouvelles **fissions*** induites par les **neutrons** issus d'une fission initiale. Pour évaluer le facteur de multiplication, si les fuites des neutrons vers les assemblages de combustible voisins ou hors du réacteur ne sont pas prises en compte, celui-ci est qualifié d'infini et noté k_∞ ; dans le cas contraire, il est qualifié d'effectif et noté k_{eff}. 90.

FIB (*Focussed Ion Beam*) **:** technique de nano-usinage permettant la fabrication de lame mince pour **microscope électronique en transmission** (épaisseur de quelques dizaines à quelques centaines de nanomètres) ou d'échantillon sous forme de pointes de quelques dizaines de nanomètres de rayon de courbure pour analyse par **SAT** (**Sonde Atomique Tomographique**). Un faisceau intense d'ions lourds de quelques dixièmes à quelques dizaines de keV est envoyé sur la zone à découper. 48, 141.

Fissile⁺ : se dit d'un noyau pouvant subir la **fission*** par absorption de **neutrons**. En toute rigueur, ce n'est pas le noyau appelé fissile qui subit la fission mais le noyau composé formé suite à la capture d'un neutron. 90, 91, 93, 98, 102, 104-106, 110, 113, 129, 139-141, 147, 149, 159, 160, 163, 179, 182, 184, 186, 196, 197, 202, 263.

Fission⁺ : division d'un noyau lourd en deux fragments dont les masses sont du même ordre de grandeur. Cette transformation, qui est un cas particulier de désintégration radioactive de certains noyaux lourds, dégage une quantité importante d'énergie et est accompagnée par l'émission de neutrons et de rayonnement gamma. La fission des noyaux lourds dits « **fissiles*** » peut être induite par une collision avec un neutron. 15, 17, 19, 20, 22, 23, 25, 27, 52, 57, 62, 63, 74, 77, 78, 86, 87, 90-94, 96, 98, 99, 102-109, 111, 115, 118, 119, 125, 131, 137-145, 147, 150-152, 157-159, 163, 171, 174, 175, 179, 181, 182-186, 194, 195, 197, 199, 204, 208, 213, 218, 231, 233, 238, 244, 249, 253, 255, 256, 259, 264.

Fluence⁺ : grandeur utilisée notamment pour quantifier l'irradiation des matériaux. C'est le nombre de particules (par exemple, des neutrons) arrivant par unité de surface durant l'irradiation. 19, 24, 26, 28, 46, 81, 86, 91, 99, 103, 104, 106, 107, 113, 204, 205, 218.

FMA : se dit d'une catégorie de déchets de faible ou moyenne activité, à vie courte (FMA-VC) ou à vie longue (FMA-VL). Voir aussi **Activité*** et **Déchet radioactif***. 187, 193.

FPGA *(Field-Programmable Gate Array)* **:** circuits intégrés programmables où peuvent être exécutés des opérations et algorithmes de traitement du signal. 122.

FTIR *(Fourier Transform InfraRed spectroscopy)* **:** la **spectroscopie infrarouge** est une technique d'analyse chimique basée sur l'absorption d'un rayonnement infrarouge par le matériau à analyser. Elle couvre une large gamme d'applications chimiques, en particulier pour l'identification et la quantification des polymères et des composés organiques. 256.

Fugacité (pour une substance gazeuse) **:** homologue de l'**activité*** (dans l'acception [2] de ce glossaire). La fugacité d'un gaz est égale à sa pression partielle, pondérée par son coefficient d'activité. C'est aussi la pression qu'aurait le gaz réel s'il se comportait comme un gaz parfait. 37, 41.

Gamma **:** **photons** de haute énergie, émis en particulier lors de réactions nucléaires ou lors de la désexcitation des noyaux atomiques. 12, 15, 19, 20, 22, 43, 51, 52, 57-63, 75, 77, 86, 90, 93, 95, 97, 99, 103, 104, 106-108, 110-116, 118, 119, 129, 133-137, 139-141, 143-145, 151, 153, 155, 157-159, 163-166, 168, 171-179, 182-186, 190-198, 202-205, 207, 209-212, 213, 215, 217, 218, 219, 221, 227, 228, 229-231, 234-236, 238, 241, 244, 245, 246, 249, 251, 252, 254-256, 259, 263, 264.

Gamma **caméra :** dispositif permettant l'imagerie des émetteurs *gamma**. 12, 209-211, 213, 215, 217, 218, 227, 228, 229.

Garanties nucléaires : système de dispositions et contrôles par lequel la communauté internationale peut s'assurer que les matières et installations nucléaires sont utilisées exclusivement à des fins pacifiques. 249, 258.

GeHP : voir **Germanium Hyper Pur***.

Générateur de vapeur (GV) **:** dans un réacteur nucléaire, échangeur permettant le transfert de la chaleur d'un fluide caloporteur primaire à l'eau du circuit secondaire de refroidissement, et la transformant en vapeur qui entraîne le groupe turbo alternateur. 31-33, 39, 43, 58, 66, 67, 85.

Géostatistique : étude des variables régionalisées (historiquement dans le domaine des gisements miniers) utilisée notamment dans le domaine de l'assainissement-démantèlement pour réaliser des cartographies de la contamination. 176, 177, 234.

Germanium Hyper Pur : semi-conducteur utilisé comme détecteur pour la **spectrométrie** *gamma** de précision. 134, 159, 166, 171-174, 185, 195-197, 203, 205.

GMN : Gestion des Matières Nucléaires. 163, 165.

Gray : unité de **dose*** radioactive absorbée, correspondant à l'absorption d'une énergie d'un joule par kilo de matière. 132.

HÉLINUC : appareillage héliporté couplant un capteur *gamma* et un GPS, permettant la cartographie *gamma* d'un site. 14, 235-237, 241.

ICP-AES *(Inductively Coupled Plasma Atomic Emission Spectrometry)* **:** spectrométrie d'émission atomique à source plasma à couplage inductif : technique d'analyse élémentaire qui consiste à atomiser et ioniser l'échantillon avec une torche à plasma puis à analyser les photons, émis par la désexcitation des atomes, par spectrométrie d'émission optique. 150, 234.

ICP-MS *(Inductively Coupled Plasma Mass Spectrometry)* **:** spectrométrie de masse à source plasma à couplage inductif : technique d'analyse élémentaire et isotopique très sensible qui consiste à atomiser et ioniser l'échantillon avec une torche à plasma puis à analyser les ions, caractéristiques des éléments, par spectrométrie de masse. Plusieurs types de spectromètre de masse existent, principalement à filtre quadripolaire (ICP-QMS) ou à secteur magnétique (SF-ICPMS pour *Sector Field* ICPMS). Ce dernier spectromètre permet une meilleure résolution en masse et peut être équipé de plusieurs détecteurs pour mesurer simultanément différents isotopes et améliorer ainsi les incertitudes sur les résultats des mesures isotopiques (ICP-MS MC). 28, 59, 132, 143, 150, 199, 234, 258, 259.

IHE (**Imagerie à Haute Énergie**) **:** acronyme regroupant les techniques d'imagerie par transmission photonique (radiographie, tomographie) fondées sur une source de photons très énergétiques (plusieurs MeV en moyenne). Ces derniers sont produits par un accélérateur linéaire (LINAC) d'électrons projetés sur une cible appropriée (tungstène, tantale) et y générant ce rayonnement de freinage (**Bremsstrahlung***) photonique. 179, 180, 196.

ILL (**Institut Laue-Langevin**) **:** organisme international de recherche basé à Grenoble, dédié aux sciences et techniques neutroniques. 121, 122, 123.

Imagerie : technique de mesure non-destructive permettant d'obtenir une image d'un objet ou d'un phénomène. 12, 13, 15, 69-71, 105, 112-114, 139, 157, 175, 176, 179, 180, 184, 193-196, 198, 199, 202, 203, 209, 210, 212, 213, 215, 217, 218, 220, 230, 231, 249-251, 254-256, 263-265.

INA (**Interrogation Neutronique Active**) **:** méthode de mesure neutronique des matières nucléaires, en particulier des isotopes fissiles, reposant sur la détection des neutrons de fissions induites par une source extérieure de neutrons (générateur électrique, source isotopique). 136, 137, 179, 181, 182, 195, 197.

INB+ : voir **Installation Nucléaire de Base***.

Indice de spectre : voir **Spectrométrie des neutrons***. 11, 90, 91, 93, 105.

Installation nucléaire de base+ (**INB+**) **:** installation nucléaire qui, par sa nature et ses caractéristiques ou en raison des quantités ou des activités de toutes les substances radioactives qu'elle contient, est soumise à une réglementation spécifique dont le respect relève de l'Autorité de Sûreté Nucléaire. Les réacteurs nucléaires, les usines de fabrication du combustible nucléaire ou de traitement des combustibles usés sont par nature des **INB*** ; les centres de stockage de déchets radioactifs et les laboratoires le sont selon l'activité des substances détenues. 194, 199, 206, 243.

IPA (**Interrogation Photonique Active**) **:** méthode de mesure des actinides consistant à y induire des **photofissions*** avec des photons de haute énergie (plus de 6 MeV, produits par exemple par un accélérateur linéaire d'électrons ou LINAC) puis à détecter les neutrons et rayonnements *gamma* retardés émis. 179, 182, 194, 196.

IRSN : Institut de Radioprotection et de Sûreté Nucléaire. 53, 62, 117, 121, 136, 241, 246.

JANNUS : plate-forme d'outils de recherche comprenant des accélérateurs de particules et des moyens de caractérisation pour l'étude des matériaux sous irradiation. 102.

LIBS : abréviation de l'anglais *Laser Induced Breakdown Spectroscopy* (en français : « spectrométrie d'émission optique de plasma induit par laser » ou « spectroscopie de plasma induit par laser »). Technique d'analyse chimique élémentaire qualitative et quantitative par spectrométrie d'émission optique de plasma induit par laser. 77, 78, 129, 135, 136, 153, 155, 220-224, 249, 256, 257.

Limite de détection (**LD**) **:** quantité minimale d'une grandeur mesurable susceptible d'être distinguée du bruit de fond compte tenu des incertitudes inhérentes au processus de mesure utilisé. 77, 78, 129, 135, 136, 153, 155, 220-224, 249, 256, 257.

Lixiviation : mise en contact d'un corps solide avec un liquide, avec l'idée d'en extraire certains éléments. Par extension, on parle de lixiviation pour toute expérience portant sur l'altération d'un solide dans un liquide. 59, 190, 193.

LLB : Laboratoire Léon Brillouin (CEA Paris-Saclay), dédié aux sciences et techniques nucléaires. 123-125.

LVDT *(Linear Variable Differential Transformer)* **:** capteur inductif permettant la mesure précise de petits déplacements. 102, 110.

MAGENTA : Magasin d'Entreposage Alvéolaire des matières fissiles (CEA Cadarache). 163, 164.

Maquette critique : réacteur mettant en jeu de très faibles puissances, dédié à des études expérimentales de neutronique. Son comportement neutronique est directement extrapolable aux phénomènes physiques rencontrés dans les réacteurs de puissance, à un *facteur de représentativité* près, grâce à la linéarité des équations de la neutronique. 89-92, 94, 95, 98, 99.

MCNP : code américain de calcul Monte-Carlo pour le transport de neutrons, photons (rayonnements X et *gamma*) et de particules chargées. 134, 175, 176, 186.

MEB : Microscope électronique à Balayage. 48, 49, 59, 135, 141, 142.

MEMS : système électromécanique miniaturisé *(Micro Electro-Mechanical System)*. 33.

Microsystème chimique : réacteur chimique miniaturisé, mettant en jeu des millilitres de réactif dans des systèmes capillaires, utilisé pour la recherche en chimie et la chimie analytique.

MOX (**combustible**)+ **:** combustible nucléaire à base d'un mélange d'oxydes d'uranium (naturel ou appauvri) et de plutonium. L'utilisation de combustible MOX permet le **recyclage** du plutonium. 93, 113, 147.

MTR *(Material Testing Reactor)* **:** réacteur expérimental destiné à l'étude du comportement des matériaux et combustibles sous irradiation. 57, 58, 62, 88, 101, 103, 104, 106-108, 110, 114, 116, 120.

Multiplicités neutroniques (**comptage des**) **:** méthode de caractérisation des matières nucléaires qui consiste à compter le nombre de neutrons prompts détectés, issus d'une fission spontanée ou induite. Cette méthode apporte des informations supplémentaires sur la nature des émetteurs neutroniques (différenciation Pu vs. Cm, par exemple) par rapport au simple comptage des « **Coïncidences neutroniques*** ». 174.

NaI : cristal scintillant utilisé pour la détection et la spectrométrie moyenne résolution énergétique des rayonnements X et *gamma*. 52, 61, 62, 166, 172, 203, 254, 255.

Neutrons prompts (ou **neutrons instantanés**+) **:** neutrons émis directement au moment même de la **fission***. 22, 90, 159, 179, 181-183, 197.

Neutrons retardés+ **:** neutrons émis par les fragments de **fission*** avec un retard de quelques secondes en moyenne après la fission. Bien que représentant moins de 1 % des neutrons émis, ce sont eux qui, par ce décalage dans le temps, permettent *in fine* le pilotage des réacteurs. Voir aussi *bêta** effectif. 90, 95, 181-183, 255.

Neutrons thermiques+ (ou **neutrons lents**) **:** neutrons en équilibre thermique avec la matière dans laquelle ils se déplacent. Dans les réacteurs nucléaires à eau, les neutrons thermiques vont à une vitesse de l'ordre de 2 à 3 km/s et leur énergie est de l'ordre d'une fraction d'**électronvolt**. 15, 20, 21, 25, 90, 106, 113, 114, 121, 123, 129, 136, 159, 175, 181, 182, 184.

Neutrophage : se dit d'un matériau qui a la capacité d'absorber fortement les neutrons. 113, 118, 175.

NGRS *(Natural Gamma Ray Sonde)* **:** sonde utilisée en prospection minière dans les puits de forage pour la mesure de la teneur en uranium avec un détecteur *gamma* NaI (scintillateur). 133, 134, 137.

NRBC(E) : sigle qualifiant les risques ou agressions de nature Nucléaire, Radiologique, Biologique ou Chimique (Explosifs). 12, 249, 265.

Nucléide+ **:** espèce nucléaire caractérisée par son nombre de masse, son numéro atomique et son état d'énergie nucléaire. Voir aussi **Radionucléide***.

Oklo : site gabonais où se sont allumés spontanément plusieurs réacteurs nucléaires naturels au cours de l'histoire géologique de la Terre. 131.

Optode : capteur optique qui mesure une substance spécifique, généralement à l'aide d'un transducteur chimique. 42.

ORPHÉE : réacteur de recherche dédié principalement à l'étude de la matière par diffraction de neutrons. 88, 123-125.

pcm : unité de **réactivité*** (pour cent mille, c'est-à-dire 10^{-5}). 89.

Période d'un nucléide radioactif+ (ou **période radioactive**) **:** durée nécessaire pour la désintégration de la moitié des atomes d'un échantillon d'un **nucléide*** radioactif*. La période constitue une propriété caractéristique de chaque **isotope radioactif**. Le terme « demi-vie », calqué de l'anglais, est une forme impropre. 19.

Période radioactive : voir **Période d'un nucléide radioactif***.

Photofission : réaction nucléaire consistant en la **fission de noyaux d'actinides par des photons de haute énergie** (plus de 6 MeV), produits, par exemple, par un accélérateur d'électrons. 179, 182-184, 186, 199, 231, 249, 253, 255, 256, 259.

Photomultiplicateur (ou **PM**) **:** composant d'un détecteur à scintillation permettant la conversion des photons lumineux de scintillation en signal électrique et son amplification. 60, 61, 94, 97, 171, 238.

Photoneutron : rayonnement neutronique produit par réaction nucléaire avec des photons de haute énergie (plusieurs MeV). 183.

Poisons (**neutroniques**+) **:** éléments dotés d'un pouvoir élevé de capture des **neutrons** utilisés pour compenser, du moins en partie, l'excédent de **réactivité*** des milieux **fissiles***. Quatre éléments naturels sont particulièrement neutrophages : le bore (grâce à son **isotope** B 10), le cadmium, l'hafnium et le gadolinium (grâce à ses isotopes Gd 155 et Gd 157). Certains sont dits « consommables » car ils disparaissent progressivement au cours de la combustion en réacteur. Beaucoup de **produits de fission*** sont des poisons neutroniques. 38.

Poison consommable : poison neutronique* introduit à dessein dans un réacteur pour contribuer au contrôle des variations à long terme de la réactivité grâce à sa disparition progressive.

Polyvinyltoluène (**PVT**) **:** matériau plastique scintillant utilisé notamment dans les portiques de sécurité (voir **RPM***) pour la détection des rayonnements *gamma* et neutroniques. 251, 252.

Portique radiologique passif *(Radioactive Portal Monitor* ou **RPM**) **:** système de mesure utilisé pour détecter la présence de matières radioactives dans les sites sensibles comme les centres nucléaires, les ports maritimes, les postes aux frontières (il existe des portiques pour piétons, bagages, véhicules, conteneurs...). 251.

Produits de fission+ **:** **nucléides*** fabriqués directement ou indirectement par la **fission*** nucléaire. 19, 22, 52, 57, 77, 78, 102, 104, 105, 111, 131, 139-143, 147, 150-152, 157, 158, 171, 175, 179, 183, 204, 213, 218, 233, 244, 264.

PTE : Pouvoir Thermo-Électrique.

Pulse Shape Discrimination (**PSD**) ou **discrimination sur la forme des impulsions** : technique de traitement du signal qui permet de différencier rayonnements neutroniques et *gamma* dans les scintillateurs organiques en analysant la traîne des impulsions dont la longueur diffère selon le rayonnement, ce qui permet, par exemple, d'identifier le type de menace détectée dans les applications sécurité (*gamma* : menace radiologique comme une bombe sale ; neutron : menace nucléaire). 67, 115, 251.

Pulse Time Discrimination (**PTD**) ou **discrimination sur le temps des impulsions** : technique de traitement du signal qui permet de différencier rayonnements neutroniques et *gamma* dans les scintillateurs en analysant la forme temporelle des signaux (voir aussi **PSD***). 251, 252.

Pyrométrie optique : méthode de mesure de la température d'un corps par la caractérisation de l'intensité lumineuse émise par ce corps. 54, 108.

Radioactive Portal Monitor (**RPM**) : voir **Portique radiologique passif***.

Radioactivité : propriété que possèdent certains éléments naturels ou artificiels dont le noyau est instable, d'émettre spontanément des particules α, β ou un rayonnement γ. Est plus généralement désignée sous ce terme l'émission de rayonnements accompagnant la désintégration d'un élément instable ou la fission. 155, 171, 176, 196, 199, 201, 204, 210, 231, 233, 235, 236, 243-245.

Radio-luminescence : luminescence provoquée par un rayonnement luminescent. 214.

Radiolyse : dissociation de molécules par des rayonnements ionisants. 38, 39, 101, 177.

Radionucléide RN (ou **nucléide radioactif**, **isotope radioactif**, **radio-isotope**) : **nucléide*** instable d'un élément qui décroît ou se désintègre spontanément en émettant un rayonnement. 74, 93, 131, 140, 150, 156, 163, 171-173, 175, 176, 190, 191, 193, 196, 197, 199, 203, 205, 206, 215, 217, 231, 235, 236, 244, 246.

RAMAN (spectrométrie) : le spectre lumineux diffusé par une substance illuminée par un rayonnement monochromatique infrarouge comporte des raies provenant du couplage entre le rayonnement émis et les vibrations et rotations des molécules traversées (effet Raman). L'analyse de ces raies renseigne sur les molécules en présence. 35, 114, 142, 155, 256.

Rayonnement Čerenkov : voir **Effet Čerenkov***.

Réacteur à Eau Bouillante+ (**REB**+) : réacteur dans lequel l'ébullition de l'eau se fait directement dans le cœur. 19, 89, 108, 157.

Réacteur à Eau sous Pression+ (**REP**+) : réacteur dans lequel la chaleur est transférée du cœur à l'échangeur de chaleur par de l'eau maintenue sous une pression élevée dans le circuit primaire afin d'éviter son ébullition. 51, 81, 203.

Réacteur expérimental d'irradiation : voir **MTR***.

Réactivité+ : quantité sans dimension permettant d'évaluer les petites variations du **facteur de multiplication k** autour de la valeur critique et définie par la formule $\rho = (k - 1)/k$. Sa valeur étant très petite, elle est généralement exprimée en cent millièmes, en prenant pour unité le **pcm** (pour cent mille). Dans un réacteur, la réactivité est nulle lorsqu'il est **critique**, positive s'il est **surcritique** et négative s'il est **sous-critique**. 11, 19, 20, 39, 81, 89-91, 95, 96, 117-119, 121, 152, 258, 259.

REB+ : voir **Réacteur à Eau Bouillante***.

R&D : Recherche et Développement. 31, 51, 65, 66, 83, 85, 99, 108, 110, 117, 135, 148, 153, 156, 194, 236, 253.

Registre à décalage : circuit électronique constitué de bascules synchrones et permettant notamment de dater, de mesurer des coïncidences entre impulsions neutroniques. 175.

REP+ : voir **Réacteur à Eau sous Pression***.

Réseau de Bragg : structure optique dans laquelle une modulation périodique d'indice de réfraction donne au système les propriétés d'un filtre à bande étroite. La fréquence de résonance du filtre est très sensible aux caractéristiques du réseau. Les réseaux de Bragg gravés sur des fibres optiques sont utilisés pour des mesures de déformations, de contraintes ou de températures. 80.

RIA : Accident d'insertion de réactivité (*Reactivity Insertion Accident*). 117, 118, 121.

RJH : réacteur expérimental Jules Horowitz, actuellement en construction sur le site de Cadarache. Le RJH est dédié à l'étude des matériaux sous irradiation, à l'étude de certaines situations accidentelles et à la production de radio-isotopes à usage médical. 11, 12, 87, 88, 106-109, 111-113, 115, 143.

RNR-Na+ (ou **réacteur rapide refroidi au sodium**+) : réacteur à neutrons rapides refroidi au sodium. 65, 69.

SAPHIR (**Système d'Activation PHotonique et d'IRradiation**) : **accélérateur*** linéaire dédié à la photofission et à l'activation photonique au CEA Paris-Saclay. 183.

SAX : Spectroscopie d'Absorption des rayons X. 142.

Scintillateur : matériau susceptible d'émettre de la lumière sous l'effet d'un rayonnement ionisant. Couplés à un amplificateur (**photomultiplicateur**), les scintillateurs sont utilisés pour la détection de particules. 52, 55, 56, 60-62, 133, 166, 171, 172, 174, 180, 183, 196, 197, 203, 209-212, 231, 251, 252, 254-256, 259.

SCO ou « **Super-COntrôles** » : examens de second niveau réalisés sur des colis de déchets radioactifs à la demande de l'ANDRA, ceux de premier niveau étant réalisés par les producteurs de déchets. 169, 187, 193, 264.

Section efficace+ : aire équivalente d'interaction qui caractérise la probabilité que se produise une interaction d'un type déterminé entre une particule incidente, ou un rayonnement incident, et une particule cible, et qui permet d'évaluer le nombre d'interactions entre un flux de particules ou de rayonnement et un système de particules cibles. Pour les réacteurs nucléaires, on distingue principalement les réactions induites par les neutrons : fission, capture, et diffusion élastique. 19, 23-26, 183, 184.

Seuil de décision : seuil de détection au-dessus duquel on déclare la présence probable d'un élément ou d'une substance dans un échantillon donné. 245.

SIMS : spectrométrie de masse d'ions secondaires. Puissante méthode d'analyse de la composition élémentaire de la surface d'un matériau. 59, 142.

SIN : Système d'Imagerie Neutronique du réacteur **RJH***. 113.

SLRT (**Spectroscopie Laser à Résolution Temporelle**) : méthode d'analyse chimique fondée sur l'analyse de la fluorescence induite dans un échantillon par un pulse laser. 129, 130, 135.

SMA (Spectrométrie de Masse par Accélérateur) : méthode de mesure par accélération de particules développée en alternative à la scintillation liquide pour la mesure de radionucléides à vie longue. 104, 196, 199.

Sonde luminescente : sonde optique fondée sur le phénomène de luminescence (émission de lumière prompte ou retardée induite par une irradiation). 97.

Sorbonne : paillasse ventilée utilisée dans les laboratoires de chimie. 155.

Spéciation⁺ : distribution d'un élément selon des **espèces chimiques** définies dans un système. 15, 129, 130, 135, 150, 199, 231, 233, 234, 237, 241.

Spectrométrie : mesure et interprétation de spectres de quantité liées à la constitution physique ou chimique d'un corps ou à l'analyse d'une onde. Par exemple, la **spectrométrie de masse*** est fondée sur la séparation des atomes ou des molécules d'un corps en fonction de leur rapport masse sur charge. La **spectrométrie gamma*** consiste en la mesure de l'énergie des rayonnements *gamma* émis par une source. Elle renseigne sur la nature et l'activité des radionucléides de cette source.

Spectrométrie de masse : technique de mesure de la masse d'une espèce chimique par ionisation et accélération de cette espèce dans des champs électrique et magnétique croisés. 28, 78, 104, 132, 136, 143, 145, 150, 155, 165, 168, 191, 196, 199, 231, 245, 246, 257, 258.

Spectrométrie de masse à thermo-ionisation (*Thermal ionization mass spectrometry*, **TIMS**) **:** association d'une source d'ionisation par chauffage d'un filament sur lequel est déposé l'échantillon dans un **spectromètre de masse***. Cette technique permet des mesures de rapports isotopiques des éléments de très haute précision. 168, 257.

Spectrométrie de masse à source plasma multi-collecteurs (*Multicollector-Inductively Coupled Plasma Mass Spectrometry*, **ICP-MS-MC**) **:** association d'une source d'atomisation et d'ionisation très énergétique, le plasma à couplage inductif, avec un **spectromètre de masse** doté de plusieurs détecteurs autorisant la mesure simultanée des ions. Cette technique permet des mesures de rapports isotopiques des éléments de très haute précision. 133, 143, 150, 257.

Spectrométrie des neutrons : méthode expérimentale donnant la distribution en énergie des **neutrons** émis par une source. Le spectre de neutrons ainsi déterminé peut être intégré sur des bandes en énergie plus ou moins larges. On en déduit alors le poids de chaque bande, ou **indice de spectre***.

Spectrométrie gamma : mesure de l'énergie des rayonnements *gamma* émis par une source. Elle renseigne sur la nature et l'activité des radionucléides de cette source. 15, 26, 52, 57-59, 75, 77, 90, 98, 103, 104, 112, 133, 135, 136, 139-141, 157, 163-166, 171, 173, 175, 182, 190, 191, 193-198, 202, 203, 204, 205-207, 217, 220, 227, 228, 231, 234, 235, 241, 245, 246, 249, 263, 264.

SPND : voir **Collectron***.

Sténopé : en imagerie avec des caméras *gamma* (comme en photographique), trou dans un écran situé devant le capteur, par lequel passent les rayonnements, ce qui permet de former l'image (inversée) de la distribution spatiale de la contamination *gamma*. 209-211, 250.

SUPERPHÉNIX : prototype de réacteur à neutrons rapides, refroidi au sodium. 65, 77, 79, 82, 85.

Taux de combustion⁺ : au sens propre, il correspond au pourcentage d'atomes lourds (uranium et plutonium) ayant subi la **fission*** pendant une période donnée. Couramment utilisé pour évaluer la quantité d'énergie thermique par unité de masse de matière **fissile*** obtenue en réacteur entre le chargement et le déchargement du combustible, il s'exprime en mégawatts·jour par tonne (MW·j/t). Le **taux de combustion de rejet** est le taux auquel l'assemblage combustible, après plusieurs cycles d'irradiation, doit être définitivement déchargé (voir **Burn-up** et **Combustion massique⁺**). 48, 140-144, 158, 160, 197.

Taux de réaction⁺ : nombre de réactions d'un type donné entre les neutrons et la matière (capture, fission, diffusion, production, etc.) par unité de temps et de volume. 23, 24, 87, 90, 93, 105.

TBP : phosphate de tri-n-butyle (en anglais *Tri-Butyl Phosphate*). Cette molécule est utilisée comme **extractant** dans le procédé de séparation **PUREX**. 150.

Technique de la particule associée (TPA) : méthode d'activation neutronique fondée sur la détection de la particule alpha émise simultanément et à l'opposé du neutron de 14 MeV lors de la réaction de fusion deutérium-tritium, ce qui permet de signer son instant d'émission (pour remonter au temps de vol) et sa direction, afin de localiser en 3D le lieu d'origine des rayonnements *gamma* induits. La TPA est notamment utilisée dans le domaine de la sécurité pour détecter des substances illicites comme les explosifs, drogues, armes chimiques… 150, 184, 254, 255.

Temps de doublement : dans le domaine de l'exploitation des réacteurs nucléaires : durée nécessaire pour que le flux neutronique dans un réacteur soit multiplié par 2.
Pour un réacteur surgénérateur, le temps de doublement a aussi une autre acception : c'est le temps mis par un réacteur surgénérateur pour produire autant de matière fissile qu'il en avait lui-même au départ. Ce temps de doublement caractérise les capacités de déploiement d'une filière. 91, 119.

Temps de refroidissement (TR) : durée qui sépare le déchargement et le retraitement du combustible usé. 24, 26, 144.

Ténacité : quantité caractéristique d'un matériau, mesurant sa résistance à la propagation de fissures. 27, 45, 46, 114.

Terme source⁺ : partie de l'inventaire en **radionucléides*** ou en produits chimiques, répertoriés selon leur nature et leur quantité, qui est prise en compte pour l'évaluation des rejets d'une installation nucléaire en fonctionnement normal, incidentel ou accidentel ou des rejets d'un **colis de matières radioactives** ou d'un colis de déchets radioactifs. Le « terme source » est une donnée d'entrée dans les modèles de calcul qui évaluent les conséquences des rejets dans l'environnement. L'expression « **inventaire mobilisable** » (ou « **terme source mobilisable** ») peut être également utilisée pour désigner la partie de l'inventaire en radionucléides ou en produits chimiques susceptible d'être mise en jeu dans une installation nucléaire en fonctionnement normal, incidentel ou accidentel. 52, 53, 57, 177, 199, 201, 205, 218, 219.

Thermocouple : assemblage de deux métaux de pouvoirs thermoélectriques différents. Les thermocouples sont largement utilisés pour mesurer des températures. 15, 31-33, 35, 51-54, 102, 109, 113, 119, 120, 152.

TIMS : voir **Spectrométrie de masse à thermo-ionisation***. 143, 155, 167, 168, 257, 258.

TLD (*Thermo-Luminescent Detector*) **:** détecteur fondé sur le phénomène de thermo-luminescence. 91, 94, 95, 99, 263.

TPA : voir **Technique de la Particule Associée***.

Traitement (**des combustibles usés**) ou (**retraitement⁺**) **:** opération consistant à extraire des **combustibles usés** les matières valorisables en vue de leur **recyclage** et à conditionner le reste, alors considéré comme un **déchet***, sous une forme appropriée. Le terme « **retraitement** » est également utilisé. 42, 127, 139, 143, 145, 147-150, 153, 154, 156-158, 160, 161, 182, 196, 203, 217, 264.

Transducteur (ou **traducteur**) **:** dispositif convertissant un signal physique en un autre. Par exemple, un cristal piézoélectrique peut être utilisé comme transducteur sonore. 34, 43, 69, 106, 107.

Transuraniens : tous les éléments dont le numéro atomique est supérieur à celui de l'uranium. Ces noyaux lourds sont produits dans les réacteurs nucléaires par capture **neutronique**. Ils se répartissent en sept familles de nucléides : uranium, neptunium, plutonium, américium, curium, berkélium et californium. 53, 163, 172, 246.

Tritium : isotope de l'hydrogène dont le noyau contient deux neutrons et un proton. Le tritium est radioactif, émetteur *bêta* de période 12 ans.

UGXR *(Underwater Gamma and X-Ray)* **:** dénomination des bancs d'examens non destructifs (END) *gamma* et X immergés dans les piscines réacteur et d'entreposage des éléments irradiés du réacteur **RJH***.

Vitrification de déchets radioactifs+ (ou **vitrification**+) **:** opération consistant à incorporer les déchets radioactifs dans du verre pour leur donner un **conditionnement** stable, sous forme de colis susceptibles d'être **entreposés** ou **stockés**.

XRF *(X-Ray Fluorescence)* **:** la **fluorescence** des **rayons X** est une technique d'analyse non destructrice qui permet l'identification et la quantification des éléments dans des échantillons solides ou liquides. Sous l'effet d'un faisceau de rayons X, les atomes de l'échantillon vont réémettre des photons X caractéristiques, c'est le phénomène de fluorescence X.

***Yellow cake* :** après extraction du minerai d'uranium, celui-ci est purifié pour obtenir un concentré minier d'uranium appelé « *yellow cake* ».

Table des matières

Conclusion

Ont collaboré à cet ouvrage :

Christiane Alba-Simionesco,
Pierre-Guy Allinei,
Catherine Andrieux-Martinet,
Éric Ansoborlo,
Nicolas Baglan,
François Baqué,
Loïc Barbot,
Mehdi Ben Mosbah,
Sébastien Bernard,
Maïté Bertaux,
Gilles Bignan,
Patrick Blaise,
Dominique Bois,
Bernard Bonin,
Lionel Boucher,
Karim Boudergui,
Alexandre Bounouh,
Laurent Bourgois,
Viviane Bouyer,
René Brennetot,
Carole Bresson,
Laurent Brissonneau,
Fabrice Canto,
Chantal Cappelaere,
Cédric Carasco,
Sébastien Carassou,
Hubert Carcreff,
Frédérick Carrel,
Matthieu Cavaro,
Frédéric Chartier,
Guy Cheymol,
Yves Chicouène,
Jérôme Comte,
Bernard Cornu,
Gwénolé Corre,
Nadine Coulon,
Jean-Louis Courouau,
Laurent Couston,
Marielle Crozet,
Jean-Luc Dautheribes,
Jean-Marc Decitre,
Jules Delacroix,
Christophe Destouches,
Binh Dinh,
Denis Doizi,
Christophe Domergue,
Jérôme Ducos,
Gérard Ducros,
Anne Duhart-Barone,
Céline Dutruc-Rosset,
Cyrille Eléon,
Éric Esbelin,
Nicolas Estre,
Sébastien Evrard,
Damien Féron,
Gilles Ferrand,
Pascal Fichet,
Philippe Fougeras,
Damien Fourmentel,
Olivier Gastaldi,
Benoît Geslot,
Jean-Michel Girard,
Marianne Girard,
Philippe Girones,
Christian Gonnier,
Adrien Gruel,
Olivier Gueton,
Philippe Guimbal,

Éric Hervieu,
Jean-Pascal Hudelot,
Hélène Isnard,
Fanny Jallu,
Franck Jourdain,
Christophe Journeau,
Vladimir Kondrasovs,
Christian Ladirat,
Guillaume Laffont,
Anne-Sophie Lalleman,
Fabrice Lamadie,
Hervé Lamotte,
Christian Latgé,
Florian Le Bourdais,
Alain Ledoux,
Daniel L'Hermite,
Christian Lhuillier,
Laurent Loubet,
Abdallah Lyoussi (responsable de thème),
Charly Mahé,
Carole Marchand,
Clarisse Mariet,
Rémi Marmoret,
Frédéric Mellier,
Frédéric Michel,
Christophe Moulin,
Gilles Moutiers,
Paolo Mutti,
Frédéric Navacchia,
Anthony Nonell,
Daniel Parrat,
Christian Passard,
Kévin Paumel,
Bertrand Pérot,
Sébastien Picart,
Pascal Piluso,
Yves Pontillon,
Cédric Rivier,
Gilles Rodriguez,
Danièle Roudil,
Fabien Rouillard,
Christophe Roure,
Henri Safa,
Guillaume Sannié,
Nicolas Saurel,
Vincent Schoepff,
Éric Simon,
Jean-Baptiste Sirven,
Nicolas Thiollay,
Hervé Toubon,
Julien Venara,
Thomas Vercouter,
Jean-François Villard,
Évelyne Vors,
Dominique You,
Élisabeth Zekri…

… et, bien sûr, l'ensemble des membres
du Comité scientifique des monographies
DEN :

Bernard Bonin (Rédacteur en chef),
Georges Berthoud, Gérard Ducros,
Damien Féron, Yannick Guérin,
Christian Latgé, Yves Limoge,
Gérard Santarini, Jean-Marie Seiler,
Étienne Vernaz (Directeurs de Recherche).

Le groupe Infopro Digital, certifié ISO 14001,
est engagé dans une démarche environnementale.
Cet ouvrage est imprimé en EU sur un papier issu de forêts gérées durablement.

Achevé d'imprimer sur les presses FINIDR, n° imprimeur : 132294
Lípová 1965 | 737 01 Český Těšín | République tchèque
Dépôt légal : juin 2019